生物产业高等教育系列教材（丛书主编：韦革宏）

生物技术制药

（第二版）

主　　编　张林生
副 主 编　贾良辉　李军超
编　　委　（按姓氏笔画排序）
　　　　　王媛媛　朱维宁　李长富　李军超
　　　　　张林生　罗自卫　姜军坡　贾良辉
　　　　　徐　磊　黄　洁　谢全亮

科　学　出　版　社
北　京

内 容 简 介

本书以生物技术制药的基本理论和方法为主线，翔实地介绍了现代生物技术在制药领域中的应用。该领域内容多，涉及面广，共分 10 章，第一至七章分别介绍了生物技术制药发展及概述、基因工程制药、细胞工程制药、微生物工程制药、酶工程制药、蛋白质工程制药和抗体工程制药；第八、九章分别介绍了生物化学制药和生物技术制药的下游技术；第十章介绍了医药生物制品等内容。本书为学生未来应用现代生物技术从事生物药物的研究开发及生产奠定了基础。

本书可作为高等院校本科生、研究生及生物新药研发相关工作人员的教材或参考书。

图书在版编目（CIP）数据

生物技术制药 / 张林生主编. -- 2 版. -- 北京：科学出版社，2024.11.
ISBN 978-7-03-079353-9

Ⅰ.TQ464

中国国家版本馆 CIP 数据核字第 202415ZM01 号

责任编辑：丛　楠　马程迪 / 责任校对：严　娜
责任印制：赵　博 / 封面设计：马晓敏

科学出版社 出版
北京东黄城根北街 16 号
邮政编码：100717
http://www.sciencep.com

三河市骏杰印刷有限公司印刷
科学出版社发行　各地新华书店经销

*

2008 年 3 月第　一　版　开本：787×1092　1/16
2024 年 11 月第　二　版　印张：15 3/4
2025 年 1 月第十五次印刷　字数：413 000

定价：69.80 元
（如有印装质量问题，我社负责调换）

丛 书 序

人类社会的发展历程始终伴随着对各类自然资源的开发和利用。生物资源因其具有的易用性、可再生性和功能多样性等特征，在社会生产中扮演着重要角色。随着科技进步，人们基于生物学原理，通过生物技术和生物工程手段，开发出一系列服务于食品、医药、能源、环境等领域的产品与技术，推动了现代生物产业的蓬勃发展。生物产业涵盖农业、畜牧业、渔业、林业、食品、生物医药、生物能源和环境保护等多个领域，已成为21世纪最具创新活力、影响最为深远的新兴产业之一。以生命科学前沿领域的不断创新为主要动力，通过保护性开发与利用生物资源，大力发展生物产业，有助于解决目前人口增长、粮食安全、气候变化和环境污染等全球性挑战，既是我国经济高质量发展的强大助力，也是新质生产力发展的重要增长点。

生物产业的发展关键在于科技创新，这既包括生命科学领域基础理论的突破，也涉及生物技术和生物工程的工艺与设备的革新和升级，是一个横跨多学科的系统性工程。在这一发展过程中，迫切需要大量具备坚实理论基础、创新理念素养和综合实践能力的优秀人才，在生物产业发展的各环节发挥关键性支撑作用。国家和社会发展的这种强烈需求对我国高校的生物相关专业教育教学提出了更高的要求，不仅要夯实基础教学，还要加强知识更新、学科交叉、实践能力培养，以及学科体系的综合性和系统性建设。为此，西北农林科技大学牵头组织福建农林大学、内蒙古农业大学、东北农业大学、湖北大学等多所国内院校的百余位教师，联合科学出版社，合作编写了本套"生物产业高等教育系列教材"，期望以新形态教材建设带动课程建设，通过构建系统化、现代化的教材体系，完善生物产业课程教学体系，满足新兴生物产业发展对创新人才培养的需求。

"生物产业高等教育系列教材"的编写人员均为长期从事生命科学领域教学的一线教师，并且具有丰富的生物产业技术研发与生产实践经验。他们基于自己对生物产业发展历程和趋势的深刻理解，按照本领域课程教学的要求与学生学习的习惯和规律，围绕着生物产业发展这一主线，编写了13本教材，涵盖了从基础研究到技术工艺和工程实践的完整产业体系。其中，《生物化学》《微生物学》《免疫学基础》是对生命学科基础知识的介绍；《细胞工程》《基因工程》《酶工程》《发酵工程》《蛋白质工程》《生物分离工程》是对生物产业发展几个核心工程技术的分别论述；《生物工艺学》和《生物技术制药》介绍了当前生物产业中的核心行业及其关键技术；而《生物工程设备》和《生物发酵工厂设计》则聚焦生物资源产业化过程中至关重要的设备与工厂建设。

"生物产业高等教育系列教材"具备两个突出特点，一是农业特色鲜明，二是形式和内容新颖。农业作为生物产业的重要组成部分，凭借新兴工程技术推动农业现代化，是我国生物产业发展的重要任务之一。本系列教材的编写人员，多数来自农林院校，或者有从事农林相关领域教学和研究的经历。因此，本系列教材在涵盖生命科学基础理论知识和通用工程技术的同时，特别注重现代生物技术在农林牧渔业中的应用，为推动现代农业发展和培养相关领域的人才提供了有力支持。此外，为了丰富教学形式，提升知识更新速度，以及加强实践教学效果，本系列中的多本教材采用了数字教材或纸数融合教材的形式。这种创新形式不仅拓展了教材的内容,也有助于将生命科学领域的最新研究成果与生物产业发展的最新动态实时融入教学过程,从而有效地实现培养创新型生物产业人才的目标。

2024 年 1 月 1 日

前 言

生物技术是一门新兴的、综合性的学科，以现代生命科学理论为基础，应用生命科学研究成果，结合化学、物理学、数学、工程学和信息学等学科的科学原理，采用先进的科学技术手段，按照人类需求预先设计改造和利用生物体的科学技术。现代生物技术发展突飞猛进，尤其是人工智能（AI）技术的渗透，使传统的技术和方法得到了优化和改善。

生物制药已进入生物技术时代，生物技术的核心是分子生物学和基因工程。分子生物学的迅速发展推动生命科学的不断进步，新成果、新技术不断涌现，基因工程、细胞工程、微生物工程、蛋白质工程等学科的发展，以及生物大分子的分离纯化技术和生物反应器的应用，为生物制药奠定了基础，生产工艺的自动化、生产管理的信息化和全面质量管理的实施，使得生物制药正在成为综合性的高科技生物技术工业。现代生物技术的发展使生物制药在产品结构上发生了很大变化，特别是基因工程产品的不断更新，改变了生物制药的面貌。与此同时，生物制药在生产工艺上采用先进的仪器设备及科学技术手段，也极大地提高了医药制品质量。

基因技术革命是一场改变人类自身命运的技术变革，开启了人类探索自身生命秘密的崭新领域。从 DNA 重组与转化的成功到现在基因编辑与治疗技术的成熟，生物技术经过 40 多年的飞速发展，已深入医、农、工等众多领域。基因克隆不仅可以培育出自然界无法产生的新物种，而且可以培养携带人类基因的动植物体作为生物反应器生产基因工程产品，还可制造用于人体脏器移植的器官，解决供体器官来源不足的问题。相信在不远的将来，基因工程在医药领域乃至整个人类生活与发展中将发挥更大的作用。

生物技术研究的最终目标是生产人类需要的产品，因此与很多科学研究不同，现代生物技术在很大程度上是由经济的发展所推动的。商业投资支撑着现代生物技术的研究，对于商业回报的预期也使人们在现代生物技术发展的早期阶段积极地进行投资。基因产业不仅能在医药、农业和材料制造方面发挥作用，还应用在军事、采矿、环保等各个领域。现代生物医药产业是一个多元化的行业，无论是应用的技术范围还是设计的技术领域，对于传统的遗传学、分子病理学、生物物理学等的技术和观念都是一个非常大的突破。生物技术制药研究属于高科技领域，它是一个国家基础研究和各前沿学科研究进展的具体体现，涉及分子生物学、细胞生物学、生物工程学、组合化学、计算机科学等多门学科，同时联合应用超微量分离分析技术、细胞培养技术、基因重组技术、标准化技术等多种技术。生物药物的阵营很庞大，发展很快。全世界的医药产品已有一半是生物合成的，特别是分子结构复杂的药物，生物合成不仅比化学合成法简便，而且有更高的经济效益。生物制药的研究内容多，很难在一本书中详述，本书力图从生物技术角度介绍生物制药的相关内容；另外，生物技术制药是在其他学科发展的基础上建立的，其相关的基础知识同学们通过其他课程的学习都有所了解，但未能系统化，或者没能综合运用到生产实践中，生物技术制药虽然不能涵盖所有药物产品，但它从基本原理上提供了一个思路，起到抛砖引玉的作用。

本书于 2008 年第一次出版，作为高校生物、药学等专业相关课程的教材，获得一致好评。基于近几年该领域的新技术、新方法层出不穷，尤其是人工智能在各领域的渗透，生物制药技术发展迅速，新药种类不断扩充，特此对本书进行修订。

参加本书第二版编写的人员有：西北农林科技大学张林生（第一章），西北大学朱维宁

（第二章），西北农林科技大学李长富、李军超（第三章），西北农林科技大学贾良辉（第四章），石河子大学谢全亮（第五章），西北大学黄洁（第六章），西北农林科技大学徐磊（第七章），沈阳农业大学王媛媛（第八章），西北农林科技大学罗自卫（第九章）和河北农业大学姜军坡（第十章）。

  生物技术制药发展日新月异，新技术不断涌现，新资料浩如烟海，尽管我们参阅了许多书籍和期刊文献，但限于水平，不足之处在所难免，欢迎广大读者提出宝贵意见。

编 者

2024 年 7 月

目　录

第一章　绪论 ………………………………… 1
　第一节　生物技术制药的发展 ……………… 1
　　一、生物技术制药的发展简史 …………… 2
　　二、生物技术制药现状和发展前景 ……… 6
　第二节　生物技术制药概述 ………………… 14
　　一、生物药物的分类 ……………………… 14
　　二、生物药物的发展特点 ………………… 16
　　三、天然生物材料制药 …………………… 17
第二章　基因工程制药 ……………………… 20
　第一节　概述 ………………………………… 21
　　一、基因工程制药的相关概念及产品 …… 21
　　二、基因工程制药的基本技术和方法 …… 23
　　三、基因工程制药的发展 ………………… 24
　　四、基因工程制药技术的应用及现状 …… 24
　第二节　基因工程制药的基本过程 ………… 25
　　一、基因工程制药中常用的工具酶 ……… 26
　　二、基因工程制药中常用的载体 ………… 26
　　三、基因工程制药的关键技术 …………… 27
　第三节　转基因动物制药 …………………… 30
　　一、转基因动物制药的基本方法 ………… 30
　　二、转基因动物在制药中的应用 ………… 33
　　三、存在的问题和展望 …………………… 34
　第四节　转基因植物制药 …………………… 36
　　一、转基因植物制药的基本方法 ………… 36
　　二、转基因植物在制药中的应用 ………… 40
　　三、存在的问题和展望 …………………… 40
第三章　细胞工程制药 ……………………… 42
　第一节　细胞融合与单克隆抗体生产
　　　　　制备技术 …………………………… 43
　　一、概述 …………………………………… 43
　　二、B 细胞杂交瘤技术和单克隆抗体 …… 44
　　三、单克隆抗体的制备 …………………… 45
　　四、人源化单克隆抗体 …………………… 48
　第二节　动物细胞工程制药 ………………… 49
　　一、动物细胞工程制药的特征 …………… 49
　　二、动物细胞工程制药的基本过程 ……… 52
　　三、动物细胞大规模培养在制药中的
　　　　应用 ………………………………… 57
　第三节　植物细胞工程制药 ………………… 58
　　一、植物细胞工程的特征 ………………… 58
　　二、药用植物的细胞培养技术 …………… 60
　　三、植物细胞培养技术在制药中的
　　　　应用 ………………………………… 66
第四章　微生物工程制药 …………………… 70
　第一节　微生物药物的生产菌 ……………… 72
　　一、微生物药物生产菌的种类 …………… 72
　　二、微生物药物生产菌的菌种改良 …… 75
　第二节　微生物药物的生物合成 …………… 79
　　一、微生物药物生物合成的基本途径 …… 79
　　二、微生物药物产生菌的生理代谢
　　　　调节 ………………………………… 83
　第三节　微生物药物的发酵工艺 …………… 86
　　一、微生物药物发酵工艺过程 …………… 86
　　二、药物生产培养基的制备 ……………… 87
　　三、种子培养 ……………………………… 93
　　四、发酵工艺条件的确定及主要控制
　　　　参数 ………………………………… 94
第五章　酶工程制药 ………………………… 102
　第一节　酶工程制药概述 …………………… 103
　　一、酶的来源 ……………………………… 103
　　二、酶的生产菌 …………………………… 103
　　三、酶工程制药的基本技术 ……………… 104
　　四、酶工程在制药工业中的应用 ………… 104
　第二节　固定化酶和细胞制药 ……………… 106
　　一、固定化酶的制备 ……………………… 106
　　二、固定化酶的性质 ……………………… 113
　　三、固定化细胞的制备 …………………… 114
　　四、固定化酶和细胞在生物技术制
　　　　药中的应用 ………………………… 115
　第三节　酶非水相催化技术 ………………… 116
　　一、酶非水相催化反应体系 ……………… 117
　　二、酶非水相催化反应的影响因素 …… 117

三、酶在非水相介质中的催化特性……117
四、酶非水相催化在药物生产中的应用……117
第四节 手性药物的酶法合成……119
一、手性药物的酶法合成中所用的酶类……119
二、酶法手性合成反应的类型……121
三、提高手性药物的酶法合成对映选择性的工艺措施……122
四、酶催化工艺在制药中的应用……123
第五节 药用酶的化学修饰……124
一、药用酶化学修饰常用的修饰剂……125
二、药用酶化学修饰的方法……125
第六节 酶工程在制药中的应用……127
一、固定化细胞法生产6-氨基青霉烷酸……127
二、固定化酶法生产L-氨基酸……129

第六章 蛋白质工程制药……131
第一节 多肽和蛋白质类药物……131
一、多肽类药物的分类……131
二、蛋白质类药物的分类……132
三、多肽和蛋白质类药物的性质……132
四、多肽和蛋白质类药物的作用……133
五、多肽和蛋白质类药物的制备……135
第二节 蛋白质分子设计与合成……138
一、基于天然蛋白质结构的分子设计……138
二、蛋白质的合成技术……142
第三节 天然和重组蛋白质结构测定……145
一、X射线晶体结构分析……145
二、核磁共振波谱的溶液结构解析……147
第四节 蛋白质工程在制药中的应用……147
一、组织型纤溶酶原激活物的蛋白质工程……147
二、基于蛋白质结构的小分子药物设计……148
三、重要蛋白质类药物制造工艺……150

第七章 抗体工程制药……154
第一节 抗体的生物学基础……155
一、抗体的结构与分类……155
二、抗体多样性的遗传基础……155
第二节 抗体工程概述……155
一、抗体设计的基础理论……156
二、抗体与抗原的相互作用……157
三、抗体工程的目标……157
第三节 分子生物学技术在抗体工程中的应用……157
一、蛋白质工程技术……158
二、单克隆抗体及其应用……159
三、重组抗体技术……161
第四节 抗体工程的分析方法……162
一、抗体亲和力的测定……162
二、抗体特异性的评价……162
三、抗体疗效与毒性的评估……162
第五节 抗体工程的高通量筛选技术……163
一、抗体库的构建……163
二、噬菌体展示技术……163
三、细胞表面展示技术……164
第六节 抗体药物的研发流程……165
一、目标选择与验证……165
二、抗体药物的设计与优化……165
三、临床研究与临床试验设计……165
第七节 抗体药物的制造与质量控制……166
一、抗体药物的生产工艺……166
二、抗体药物的纯化技术……166
三、抗体药物质量的控制标准与方法……166
第八节 抗体药物的临床应用……167
一、肿瘤疾病……167
二、自身免疫病……167
三、传染性疾病与其他疾病……167
四、抗体工程未来发展趋势……168

第八章 生物化学制药……170
第一节 生化药物概述……171

一、生化药物的定义和特点 …………… 171
　　二、生化药物的分类 …………………… 171
第二节　生化药物生产的工艺
　　　　过程 ………………………………… 172
　　一、生化药物的制造方法 ……………… 172
　　二、生化药物的制备工艺 ……………… 173
第三节　氨基酸类药物 ……………………… 173
　　一、氨基酸类药物概述 ………………… 174
　　二、氨基酸类药物的一般制备方法 …… 174
　　三、亮氨酸的制造工艺 ………………… 176
第四节　糖类药物 …………………………… 177
　　一、糖类药物的一般制备方法 ………… 178
　　二、糖类药物的生产 …………………… 179
第五节　维生素及辅酶类药物 ……………… 182
　　一、维生素及辅酶类药物的一般生产
　　　　方法 ………………………………… 183
　　二、维生素及辅酶类药物的生产 ……… 183
第六节　核酸类药物 ………………………… 185
　　一、核酸类药物概述 …………………… 185
　　二、核酸类药物的一般制备方法 ……… 186
　　三、重要核酸类药物的生产 …………… 187
第七节　脂类药物 …………………………… 189
　　一、脂类药物概述 ……………………… 189
　　二、脂类药物的一般生产方法 ………… 190
　　三、重要脂类生化药物的制备工艺 …… 191

第九章　生物技术制药的下游技术 ……… 196
第一节　预处理及固液分离技术 …………… 197
　　一、发酵液的预处理 …………………… 198
　　二、细胞破碎 …………………………… 200
　　三、固液分离 …………………………… 202

第二节　沉淀 ………………………………… 203
　　一、盐析 ………………………………… 203
　　二、重金属盐沉淀蛋白质 ……………… 205
　　三、有机溶剂沉淀蛋白质 ……………… 205
　　四、加热凝固 …………………………… 206
　　五、非离子多聚物沉淀法 ……………… 206
第三节　溶剂萃取 …………………………… 206
　　一、分配定律 …………………………… 207
　　二、有机溶剂萃取 ……………………… 207
　　三、化学萃取剂萃取 …………………… 208
　　四、双水相萃取 ………………………… 208
第四节　生物药物的色谱分离 ……………… 210
　　一、常用的色谱分离法 ………………… 210
　　二、选择分离纯化的依据 ……………… 216

第十章　医药生物制品 …………………… 218
第一节　医药生物制品的基本概念 ………… 219
　　一、生物制品的分类 …………………… 219
　　二、生物制品的发展 …………………… 222
　　三、生物制品的质量管理与控制 ……… 224
第二节　医药生物制品的一般制造
　　　　方法 ………………………………… 227
　　一、病毒疫苗的制造方法 ……………… 227
　　二、细菌疫苗和类毒素的一般制造
　　　　方法 ………………………………… 230
　　三、生物制品的分包装 ………………… 232
　　四、生物制品的贮藏与运输 …………… 233
第三节　重要的医药生物制品 ……………… 234
　　一、病毒疫苗类医药生物制品 ………… 234
　　二、细菌疫苗类医药生物制品 ………… 235

主要参考文献 ……………………………… 239

《生物技术制药》（第二版）教学课件索取

凡使用本教材作为授课教材的高校主讲教师，可获赠教学课件一份。通过以下两种方式之一获取：

1. 扫描左侧二维码，关注"科学 EDU"公众号→样书课件，索取教学课件。
2. 填写下方教学课件索取单后扫描或拍照发送至联系人邮箱。

姓名：		职称：		职务：	
电话：		电子邮箱：			
学校：		院系：			
所授课程（一）：				人数：	
课程对象：□研究生 □本科（____年级） □其他____				授课专业：	
使用教材名称 / 作者 / 出版社：					
所授课程（二）：				人数：	
课程对象：□研究生 □本科（____年级） □其他____				授课专业：	
使用教材名称/作者/出版社：					
您对本书的评价及下一版的修改意见：					
推荐国外优秀教材名称/作者/出版社：			院系教学使用证明（公章）：		
您的其他建议和意见：					

联系人：丛楠　　咨询电话：010-64034871　　回执邮箱：congnan@mail.sciencep.com

第一章 绪 论

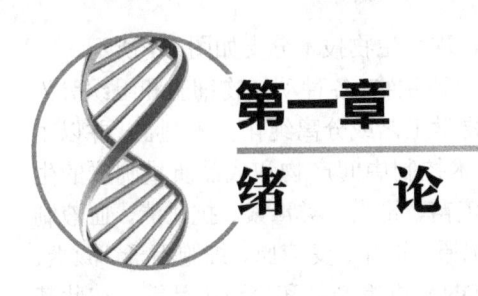

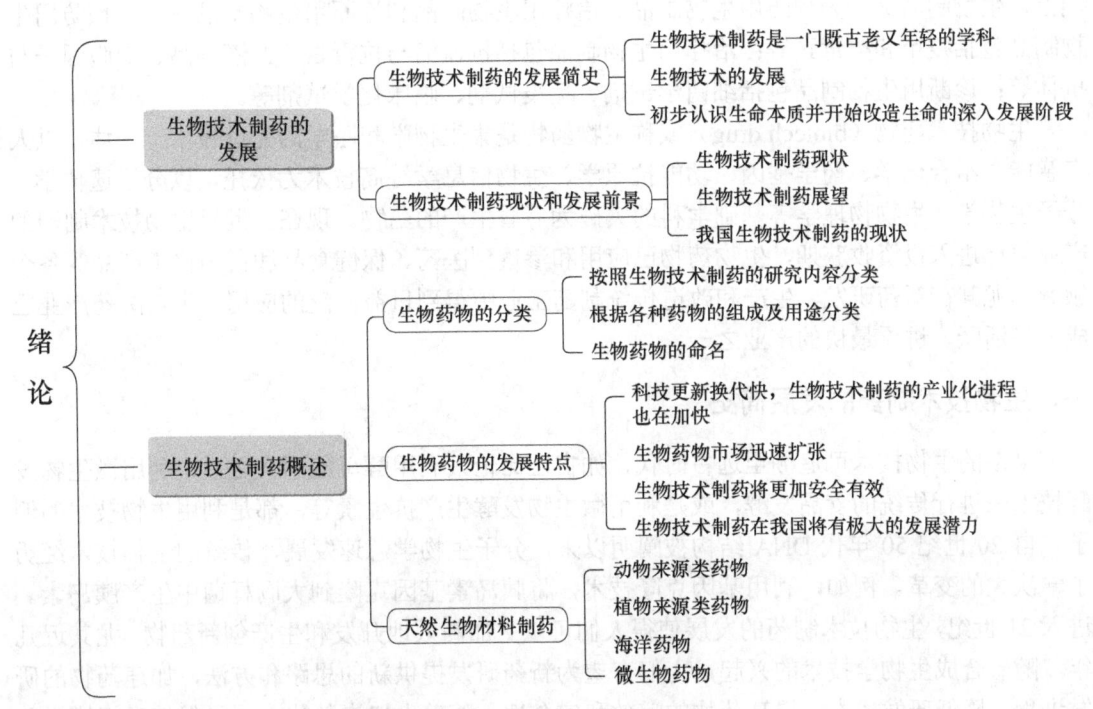

```
           ┌─ 生物技术制药的发展 ─┬─ 生物技术制药的发展简史 ─┬─ 生物技术制药是一门既古老又年轻的学科
           │                    │                      ├─ 生物技术的发展
           │                    │                      └─ 初步认识生命本质并开始改造生命的深入发展阶段
           │                    └─ 生物技术制药现状和发展前景 ─┬─ 生物技术制药现状
           │                                                ├─ 生物技术制药展望
           │                                                └─ 我国生物技术制药的现状
绪论 ──────┤
           │                    ┌─ 生物药物的分类 ─┬─ 按照生物技术制药的研究内容分类
           │                    │                ├─ 根据各种药物的组成及用途分类
           │                    │                └─ 生物药物的命名
           │                    │                ┌─ 科技更新换代快,生物技术制药的产业化进程也在加快
           └─ 生物技术制药概述 ──┼─ 生物药物的发展特点 ┼─ 生物药物市场迅速扩张
                                │                ├─ 生物技术制药将更加安全有效
                                │                └─ 生物技术制药在我国将有极大的发展潜力
                                │                ┌─ 动物来源类药物
                                └─ 天然生物材料制药 ┼─ 植物来源类药物
                                                  ├─ 海洋药物
                                                  └─ 微生物药物
```

　　近代科技史实表明,每一次技术革命浪潮的兴起,都使人们认识自然和推动社会发展的能力提高到一个新的水平。生物技术的发展也不例外,它的发展将越来越深刻地影响着世界经济、军事和社会发展的进程。近 40 年来,以基因工程、发酵工程、细胞工程、酶工程等为代表的现代生物技术迅猛发展,我国已经把生物技术作为未来高技术以赶上世界先进水平,加强了生物技术在医药、农业、工业、环保、能源、海洋生物等领域的应用。生物医药是医药产业中的朝阳产业,年复合增长率达到 15% 以上,远超全球药品市场增长率及全球 GDP 增长水平。相对于传统医药产业,生物医药产业的市场集中度较高,更有利于优势企业的发展壮大。

第一节 生物技术制药的发展

　　生物技术这个词最初是由匈牙利工程师 Karl Ereky 于 1917 年提出的。当时他提出该名词的含义是用甜菜作为饲料大规模养猪,即利用生物将原料转变为产品。鉴于生物技术的迅速发展,1982 年经济合作与发展组织对生物技术这一名词的含义进行了重新定义:生物技术是应用自然科学及工程学的原理,依靠微生物、动物、植物作为反应器将物料进行加工以提供产品来为社会服务的技术。生物技术逐步成为与微生物学、生物化学、化学工程等多学科密切相关

```
生物化学  ┐           ┌ 医药生物技术
分子生物学 │           │ 农业生物技术
基因工程  │           │ 海洋生物技术
遗传学    ├ 现代生物技术 ┤ 家畜生物技术
微生物学  │           │ 食品生物技术
细胞生物学 │           │ 生物技术诊断
化学工程  │           └ 生物技术疫苗
免疫学    ┘
```

图 1-1 现代生物技术分支

的综合性边缘学科，现代生物技术分支如图 1-1 所示。

生物制品是指以微生物、各种动植物细胞和组织等为起始材料，采用生物学工艺或分离纯化技术制备，并以生物学技术和分析技术控制中间产物和成品质量制成的生物活性制剂，包括疫苗、毒素、类毒素、抗血清、血液制品、免疫球蛋白、抗原、抗体、变应原、细胞因子、激素、酶、单克隆抗体、DNA 重组产品和诊断用品等。在此基础上，生物制品又分为预防用生物制品、治疗用生物制品和诊断用生物制品三类。预防用生物制品包括疫苗和类毒素等；治疗用生物制品包括抗血清与抗毒素、血液制品、细胞因子与抗体等；诊断用生物制品包括细菌学试剂、免疫试剂、临床化学试剂等。

生物技术药物（biotech drug）或称生物药物是集生物学和医学的先进技术于一体，以人工智能、组合化学、药学基因、功能抗原学、生物信息学等高技术为依托，以分子遗传学、分子生物学、生物物理学等基础学科的突破为后盾生产的药物。现在，世界生物技术制药的产业化已进入投资收获期，生物药物已应用和渗透到医药、保健食品和日用化工产品等各个领域，尤其在新药研发、生产和改造传统制药工业中得到日益广泛的应用，生物医药产业已成为最活跃、进展最快的产业之一。

一、生物技术制药的发展简史

早期的生物技术可追溯至远古时代，如古巴比伦人利用酵母酿酒。之后，利用微生物发酵技术来进行传统的食品发酵，或是利用微生物发酵生产抗生素等，都是利用生物技术的例子。自 20 世纪 50 年代 DNA 结构被阐明以来，分子生物学急速发展，传统的生物技术经历了一次大的变革。例如，利用基因克隆技术，将胰岛素基因克隆到大肠杆菌中生产胰岛素。进入 21 世纪，生物技术制药的发展使得人们可以更加高效地开发和生产创新药物。尤其近几年，随着合成生物学技术的兴起，人们有望为新药研发提供新的思路和方法，加速药物的研发进程，降低研发成本，提高药物的疗效和安全性。随着人口老龄化、居民保健意识增强和市场需求增长，发展生物医药产业成为加快形成新质生产力的重要途径之一。

（一）生物技术制药是一门既古老又年轻的学科

传统生物技术制药主要表现在两大方面。

1. 从生物体中直接提取 中药是生物药物的萌芽和鼻祖。我国中医很早就懂得使用中药，并发明了中药的加工、炮制和煎熬等方法，对天然中药的有效成分进行提取和加工。据《左传》记载，宣公十二年就有"麹"（类似植物淀粉酶制剂）的使用；到 4 世纪，葛洪的《肘后备急方》中也有用海藻酒治疗瘿病（地方性甲状腺肿）的记载。我国应用生物材料作为治疗药物的最早者为神农氏，他开创了用天然产品治疗疾病的先例，如用羊靥（含有甲状腺的羊头部肌肉）治疗甲状腺肿，用鸡内金止遗尿及消食健胃；10 世纪，民间使用天花患者衣服预防天花。明代李时珍著的《本草纲目》所载药物 1892 种，除植物药外，还有动物药 444 种，书中还详述了入药的人体代谢物、分泌物及排泄物等。早期的生物技术制药主要表现在生化药物方面，多从动物脏器中提取，有效成分不明确，曾有脏器制剂之称。到 20 世纪 20 年代，人们对动物脏器的有效成分逐渐有所了解，纯化胰岛素、甲状腺素、各种必需氨基酸、必需脂肪酸及多种维生素开始用于临床或保健。20 世纪四五十年代相继发现和提纯了肾上腺皮质激素和垂体激素，并通过半合成使这类药物从品种到产量得到很大发展。20世纪50年代开始利用发酵法生产氨基酸类药物，60年代以来，从生物体分离、纯化酶制剂的技术日趋成熟，酶类药物很快获得应用，尿激酶、链激酶、溶菌酶、天冬酰胺酶、激肽释放酶等已成为具有独特疗效的常规药物。

随着生物技术的发展和提高，人们在生物体的许多组织中发现了多种具有一定生理功能的有机物质，这些有机物质能起到补充生命要素、调节和恢复机体功能的作用。例如，在健康动物的胃黏膜中含有一种能分解和消化蛋白质的物质；在健康动物胰中存在着几种酶的混合物（胰酶）；动物心肌中含有一种能促进氧化磷酸化反应的细胞代谢激活剂——辅酶 Q_{10}；家禽或其他动物胆汁中含有一种能促进胆石溶解的胆烷酸；健康人尿中含有一种可使纤维蛋白溶酶原激活形成纤维蛋白溶酶的尿激酶等。生物化学家和生化制药学家从生物体的器官中用生物提取法将这些具有生物化学活性的物质提取、分离、纯化制得用于临床治疗的药物即生化药物。目前，《中华人民共和国药典》和国家药品标准收载的生化药物有多酶片、胃蛋白酶、胰蛋白酶、抑肽酶、尿激酶、弹性酶、辅酶 Q_{10} 注射液、溶菌酶、垂体后叶粉及垂体后叶注射液等。近年来，随着提取分离和纯化技术、半合成技术、结构修饰及多肽固相合成等技术的发展，应用这类新技术生产的新生化药物不断涌现。例如，根据已知天然生物活性多肽分子结构合成生长激素释放因子及其同系物的6~20多肽及低分子肝素等。

2. 与传统生物技术相伴随产生的初级发酵产品 实际上，生物技术的发展和应用可以追溯到1000多年前。而人类有意识地利用酵母进行大规模发酵生产是在19世纪，当时进行大规模生产的发酵产品有乳酸、乙醇、面包酵母、柠檬酸和蛋白酶等初级代谢产物。1928年，Flemming发现了青霉素，从此生物技术产品中增加了一大类新的产品，即抗生素。到20世纪40年代，以获取微生物的次级代谢产物——抗生素为主要特征的抗生素工业成为生物技术的支柱产业。20世纪50年代，氨基酸发酵工业又成为生物技术产业的一个新成员。到了60年代，在生物技术产业中又增加了酶制剂工业这一新成员。

（二）生物技术的发展

1982年美国Genentech公司宣布第一个基因工程药物胰岛素投放市场，标志着生物技术向着产业化大踏步地前进。1993年另一项重大生物技术——聚合酶链反应（PCR）技术被发明出来，这些基本理论的发展和技术的突破，奠定了生物技术的基础，也推动了生物技术制药的迅猛发展。

1. 现代分子生物学的建立和发展 在生物学和生物技术发展中两个最伟大的里程碑，即1953年发现了DNA双螺旋结构和20年后实现了DNA重组和转化。1953年Watson和Crick提出的DNA双螺旋模型，奠定了现代分子生物学的基础，开创了分子遗传学基本理论建立和发展的黄金时代。DNA双螺旋结构发现的最深刻意义在于，确立了核酸作为信息分子的结构基础，提出了碱基配对是核酸复制、遗传信息传递的基本方式，从而确定了核酸是遗传的物质基础，为认识核酸与蛋白质的关系及其在生命中的作用奠定了最重要的基础，为整个生命科学的发展带来了一场革命。

2. 遗传信息传递中心法则的建立 在发现DNA双螺旋结构的同时，Watson和Crick又提出DNA复制的可能模型。其后在1956年Kornbery首先发现DNA聚合酶；1958年Meselson及Stahl用同位素标记和超速离心分离实验为DNA半保留复制模型提供了证明；

1968 年 Okazaki 提出 DNA 半不连续复制模型；1972 年证实 DNA 复制开始需要 RNA 作为引物；随后发现 DNA 拓扑异构酶，并对真核生物 DNA 聚合酶特性做了分析研究，这些都逐渐完善了对 DNA 复制机制的认识。

同时，人们也认识到 RNA 在遗传信息传到蛋白质过程中起着中介作用。20 世纪 50 年代初 Zamecnik 等在形态学和分离亚细胞组分的实验中发现微粒体是细胞内蛋白质合成的部位；1957 年 Hoagland 等分离出 tRNA，并对它们在合成蛋白质中转运氨基酸的功能提出了假设；1961 年 Brenner 及 Gross 观察到在蛋白质合成过程中 mRNA 与核糖体的结合；1965 年 Holley 首次测出酵母丙氨酸 tRNA 的一级结构；特别是 20 世纪 60 年代 Nirenberg、Ochoa 及 Khorana 等几组科学家共同努力，破译了 RNA 上编码合成蛋白质的遗传密码，随后研究表明这套遗传密码在生物界具有通用性，从而认识了蛋白质翻译合成的基本过程。

上述的重要发现共同建立了以中心法则为基础的分子遗传学基本理论体系。1970 年，Temin 和 Baltimore 又同时从劳斯肉瘤病毒颗粒中发现以 RNA 为模板合成 DNA 的逆转录酶，进一步补充和完善了遗传信息传递的中心法则。

3. 对蛋白质结构与功能的进一步认识 1956～1958 年，Anfinsen 和 White 根据酶蛋白的变性和复性实验，提出蛋白质的三维结构是由其氨基酸序列来确定的。1958 年，Ingram 证明正常的血红蛋白与镰状细胞贫血患者的血红蛋白亚基的肽链仅有 1 个氨基酸残基的差异，使人们对蛋白质一级结构影响其功能有了深刻的认识。与此同时，对蛋白质研究的手段也有改进，1969 年 Weber 开始应用 SDS 聚丙烯酰胺凝胶电泳测定蛋白质分子量；20 世纪 60 年代先后分析获得血红蛋白、核糖核酸酶 A 等一批蛋白质的一级结构；1973 年氨基酸序列自动测定仪问世。我国科学家在 1965 年人工合成了牛胰岛素；在 1973 年用 X 射线衍射分析法测定了牛胰岛素的空间结构，为认识蛋白质的结构做了重要贡献。人们逐渐认识到，蛋白质是构成细胞和生物体结构的重要物质，具有催化、运输、免疫、信息传递等许多功能。一切生命活动都离不开蛋白质，蛋白质是生命活动的主要承担者和体现者。

人们也逐渐了解到蛋白质除了三维构象的变化会引起功能的改变外，不同的化学基团被微细修饰，如磷酸化和去磷酸化、酰基化、甲基化、硝基化、巯基化、泛素化修饰等，其功能也能被明显改变。近几年随着人工智能的发展，采用人工智能（artificial intelligence，AI）技术预测蛋白质的立体构象，为蛋白质的功能研究提供了新思路。

（三）初步认识生命本质并开始改造生命的深入发展阶段

20 世纪 70 年代后，基因工程技术的出现作为新的里程碑，标志着人类认识生命本质并能动地改造生命的新时代开始。

1. 重组 DNA 技术的建立和发展 分子生物学理论和技术的发展使得基因工程技术的出现成为必然。1967～1970 年 Yuan 和 Smith 发现的限制性内切核酸酶（简称限制酶），为基因工程提供了有力的工具；1972 年 Berg 等将 SV40 病毒 DNA 与噬菌体 P22 DNA 在体外重组成功，转入大肠杆菌，使本来在真核细胞中合成的蛋白质能在细菌中合成，打破了生物的种属界限；1977 年 Boyer 等首先将人工合成的生长激素释放抑制因子 14 肽的基因重组入质粒，成功地在大肠杆菌中合成得到此 14 肽；1978 年 Itakura 等将人生长激素 191 肽在大肠杆菌中表达成功；1979 年美国基因技术公司将人工合成的人胰岛素基因重组转入大肠杆菌中合成人胰岛素。迄今我国已有人干扰素、人白细胞介素-2（IL-2）、人集落刺激因子、重组乙型肝炎疫苗、基因工程幼畜腹泻疫苗等多种基因工程药物和疫苗进入生产或临床试用阶段，全球还有几百种基因工程药物及其他基因工程产品在研制中，成为当今医药业发展的重要方向，将对医学发展和人类生活做出重要贡献。

基因诊断与基因治疗是生物技术在医学领域发展的重要方面。1991 年美国将一重组的腺苷脱氨酶（ADA）基因导入患先天性免疫缺陷病（遗传性 *ADA* 基因缺陷）的女孩体内，获得成功。我国也在 1994 年用导入人凝血因子Ⅸ基因的方法成功治疗了乙型血友病患者，我国使用的基因诊断试剂盒已有近百种，基因诊断与基因治疗正在发展之中。

2. 基因组研究的进展　　目前分子生物学已经从研究单个基因发展到研究生物整个基因组的结构与功能。1977 年 Sanger 测定了 ΦX174 噬菌体 DNA 全部 5375 个核苷酸的序列；1978 年 Fiers 等测出 SV40 病毒 DNA 全部 5224bp 序列；20 世纪 80 年代 λ 噬菌体 DNA 48 502bp 序列全部被测出；一些小的病毒包括乙型肝炎（简称乙肝）病毒（HBV）、人类免疫缺陷病毒等基因组的全序列也陆续被测定；1996 年在许多科学家的共同努力下，大肠杆菌基因组 DNA 的全序列长 4×10^6bp 被测定出。测定一个生物基因组核酸的全序列无疑对理解该生物的生命信息及其功能有极大的意义。1990 年人类基因组计划（Human Genome Project）开始实施，这是生命科学领域有史以来最庞大的全球性研究计划；2000 年完成了人类基因组 31.6 亿个核苷酸的测序，获得 3 万～3.5 万个基因的一级结构，这一成果开启了人类对自身奥秘探索的新篇章。

3. 单克隆抗体及基因工程抗体制备技术的建立和发展　　1975 年 Köhler 和 Milstein 首次用 B 淋巴细胞（简称 B 细胞）杂交瘤技术制备出单克隆抗体，从此，人们利用这一细胞工程技术研制出多种单克隆抗体，为许多疾病的诊断和治疗提供了有效的手段。20 世纪 80 年代以后随着基因工程抗体技术而相继出现的单域抗体、单链抗体、嵌合抗体、重构抗体、双功能抗体等，为广泛和有效地应用单克隆抗体提供了广阔的前景。

4. 基因表达调控机制　　分子遗传学基本理论建立者 Jacob 和 Monod 最早提出的操纵子学说，打开了人类认识基因表达调控的窗口，在分子遗传学基本理论建立的 20 世纪 60 年代，人们对原核生物基因表达与调控的规律有了较深入的认识，70 年代以后才逐渐认识了真核生物基因组结构和调控的复杂性。1977 年最先发现猴 SV40 病毒和腺病毒中编码蛋白质的基因序列是不连续的，这种基因内部的间隔区（内含子）在真核基因组中是普遍存在的，揭开了认识真核基因组结构和调控的序幕。1981 年 Cech 等发现四膜虫 rRNA 的自我剪接，从而发现核酶（ribozyme）。20 世纪八九十年代，人们逐步认识到真核基因的顺式作用元件与反式作用因子、核酸与蛋白质间的分子识别与相互作用是基因表达调控的根本所在。

5. 细胞信号转导机制的研究成为新的前沿领域　　细胞信号转导机制的研究可以追溯至 20 世纪 50 年代。Sutherland 在 1957 年发现环腺苷酸（cAMP），1965 年提出第二信使学说，这是人们认识受体介导的细胞信号转导的第一个里程碑。1977 年 Ross 等用重组实验证实 G 蛋白的存在和功能，将 G 蛋白与腺苷酸环化酶的作用联系起来，深化了对 G 蛋白偶联信号转导途径的认识。20 世纪 70 年代中期以后，癌基因和抑癌基因的发现、蛋白酪氨酸激酶的发现及其结构与功能的深入研究、各种受体蛋白基因的克隆和结构功能的探索等，使近 20 年来细胞信号转导的研究有了长足的进步。目前，对于某些细胞中的一些信号转导途径有了初步的认识，尤其是在免疫活性细胞对抗原的识别及其活化信号的传递途径方面和细胞增殖控制方面等都形成了一些基本的概念，当然要达到最终目标还需相当长时间的努力。

6. 人工智能预测蛋白质三维结构 蛋白质是一切生命活动的基础物质，目前地球上已知的蛋白质大约有两亿种，每种蛋白质都有独特的空间结构。蛋白质在生物体中能够发挥多种多样的功能，主要取决于它的三维结构。近60年来，人们一直在探索蛋白质独特的形状是如何折叠成的。近几年人工智能系统 AlphaFold2 将蛋白质结构预测的准确度提高到了原子水平，可以说基本解决了"蛋白质折叠问题"，显示出 AI 对解决重大科学问题的潜力。例如，在医药领域，阿尔茨海默病、帕金森综合征、亨廷顿病等神经系统病变都与蛋白质的错误折叠有关，这直接导致蛋白质结构和功能出现异常。而 AI 的介入将使人类能更有效地了解这些错误折叠背后的机制，从而提出更加有效的治疗方案。在酶工程中，多种蛋白酶作为反应催化剂获得了广泛应用。其中很多种都是人类近年才发现的新型蛋白质，如分解原油、降解塑料等的特异酶。目前对这些蛋白质的结构和催化机制了解甚微，AI 无疑将大大加速相关研究的进展。AlphaFold 是药物发现中最有用的人工智能工具之一，它使人们能够更好地预测药物如何与体内蛋白质相互作用。AlphaFold 算法还包含植物、细菌、动物和其他生物的结构预测，为众多重要问题的解决提供了许多新机会，包括可持续性发展、粮食安全和被忽视的疾病等方面，对人类健康产生了重大而直接的影响。同时，伴随 AI 与蛋白质结构、功能预测和设计结合得愈加深入，相关产业中的应用空间也在逐渐打开。

在 AlphaFold2 基础上进行改进、演化而来的 AlphaFold3，经由对蛋白质数据库（protein data bank）的各种生物分子、化学结构的训练，提升了模型的学习效率，减少了对目标序列相关蛋白质信息的依赖。AlphaFold3 以扩散模块（diffusion module）替代了 AlphaFold2 结构模块来直接预测原子坐标，这种模型也被用于生成图像的 AI。它不仅可以处理蛋白质，还可以同时输入核酸、小分子、金属离子等物质，并预测它们会如何与蛋白质结合。

综上所述，在近半个世纪中生物技术是生命科学领域发展较快的一个前沿领域，推动着整个生命科学的发展。迄今分子生物学仍在迅速发展中，新成果、新技术不断涌现，这也从另一方面说明分子生物学发展还处在初级阶段。分子生物学已建立的基本规律给人们认识生命的本质指出了光明的前景。分子生物学的历史短，积累的资料少，在地球上千姿万态的生物携带的庞大的生命信息中，迄今人类所了解的只是极少的一部分，还未认识核酸、蛋白质组成生命的许多基本规律。可以说分子生物学的发展前景光辉灿烂，但道路仍艰难曲折。

二、生物技术制药现状和发展前景

人们认为，20世纪的科学技术是以物理学和化学的成就占主导地位，而21世纪的科学技术是以生物学的成就占主导地位。无论这种说法是否得到普遍的认同，生物技术是当今高技术中发展最快的领域似乎是不争的事实。这些进展可以给人类提供很多治疗目前难治疾病的方法、消除营养不良、改良食品的生产方式、消除各种污染、延长人类寿命、提高生命质量、为社会安全和刑侦提供新的手段。

（一）生物技术制药现状

当传统化学制药和中医药在癌症、艾滋病、冠心病、贫血、骨质疏松、糖尿病、心力衰竭、血友病和罕见遗传疾病等恶性病症面前显得力不从心，甚至束手无策时，生物医药则显示出巨大的市场潜力和良好的发展前景，目前生物技术制药研究主要集中在以下几个方面。

1. 肿瘤性疾病　　在世界范围内肿瘤患者的死亡率居首位，世界卫生组织（WHO）统计 2020 年全球确诊的癌症患者达到 1930 万，死于癌症的人数增加到 1000 万。肿瘤是多机制发生的复杂疾病，目前仍采用早期诊断、放射治疗（简称放疗）、化学治疗（简称化疗）等综合治疗手段。目前抗肿瘤生物药物急剧增加，如应用基因工程抗体抑制肿瘤，应用导向 IL-2 受体的融合毒素治疗 T 细胞（T 淋巴细胞）淋巴瘤，应用基因治疗法治疗肿瘤（如应用 γ 干扰素基因治疗骨髓瘤）。基质金属蛋白酶抑制剂可抑制肿瘤血管生长，阻止肿瘤生长与转移，这类抑制剂有可能成为广谱抗肿瘤治疗剂，已有多种化合物进入临床试验。

2. 神经退化性疾病　　阿尔茨海默病、帕金森综合征、脑中风及脊椎外伤等可用生物药物治疗。重组人长效胰岛素样生长因子-1（rhIGF-1）是利用基因工程技术合成的蛋白质，具有类似胰岛素样生长因子-1（IGF-1）的生物活性，可用于治疗胰岛素样生长因子-1 缺乏引起的疾病。神经生长因子（NGF）和脑源性神经生长因子（BDNF）可用于治疗末梢神经炎和肌萎缩。中风的有效防治药物不多，尤其是可治疗不可逆脑损伤的药物更少。

3. 自身免疫病　　许多炎症由自身免疫缺陷引起，如哮喘、风湿性关节炎、多发性硬化症、红斑狼疮等。2020 年统计全球有超过 2300 万人患有风湿性关节炎，我国类风湿关节炎患者超过 500 万人。一些制药公司正在积极攻克这类疾病，如 Genentech 公司研制的一种人源化单克隆抗体免疫球蛋白 E，用于治疗哮喘；Cetor's 公司研制出一种肿瘤坏死因子（TNF）-α 抗体用于治疗风湿性关节炎，有效率达 80%；Chiron 公司的 β 干扰素用于治疗多发性硬化。还有的公司在应用基因疗法治疗糖尿病，如将胰岛素基因导入患者的皮肤细胞，再将细胞注入人体，使工程细胞产生全程胰岛素供应。

4. 冠心病　　冠心病是一种心血管疾病，美国每年 100 万人死于冠心病。Centocor's Reopro 公司应用单克隆抗体治疗冠心病的心绞痛和恢复心脏功能取得成功，这标志着一种新型冠心病治疗药物的诞生。

（二）生物技术制药展望

　　生物医药产业是关系国计民生和国家安全的战略性新兴产业，是推进健康中国建设的重要基石。近年来，国家持续加大生物医药领域政策支持力度，鼓励生物医药产业发展与创新，并对我国生物医药产业的未来发展规划提供了指导方向。技术的创新正在为整个药物研发系统赋能，推动着创新药物的产业化。生命科学基础研究的不断深入使人类对疾病的遗传机制有了更清晰的了解；组学技术的发展、人工智能的介入，使得研究者可以更深入地了解疾病的分子机制和药物的靶点，加速新药的研发过程；基因编辑技术的突破使更多新型药物出现；不同学科前沿技术的交叉应用对药物设计、临床试验开展和药物交付等都产生了深远影响。

　　生物学的革命不仅依赖于生物技术的自身发展，也依赖于很多相关领域的技术进步，如微机电系统、材料科学、图像处理、传感器、信息和 AI 技术等。尽管生物技术的高速发展使人们难以做出准确的预测，但是基因组测序技术、蛋白质结构的分析和预测、克隆技术、遗传修饰技术、生物医学工程、疾病疗法和药物开发方面的进展正在加快。

　　生物技术将为当代重大疾病治疗创造出更多的有效药物，并在所有前沿性的医药学科形成新领域。目前热门药物生物技术如表 1-1 所示，研发的生物药物类型见表 1-2。

表 1-1 目前热门药物生物技术

技术	现状	技术	现状
组合化学	成熟领域	前导物综合鉴定技术	新生技术
药学基因组科学	发展领域	核糖酶	新生技术
蛋白质工程	发展领域	抗体酶	新生技术
基因治疗	发展领域	药物设计与人工智能	新生技术
糖类治疗剂	发展领域	功能抗原	新生技术

表 1-2 研发的生物药物类型

领域	开发药物品种	领域	开发药物品种
单克隆抗体	78	人生长激素	5
疫苗	62	组织型纤溶酶原激活物	4
基因治疗剂	28	凝血因子	3
白细胞介素	11	集落刺激因子	3
干扰素	10	促红细胞生成素	2
生长因子	10	超氧化物歧化酶	1
重组可溶性受体	6	其他	56
反义药物	6	总数	285

近几年，生物医药产业产生了新动向，下面简要介绍一下研究概况。

1. 无细胞合成（cell-free synthesis）系统　　该系统是不需要活细胞的合成生物学手段，通过体外实现并控制基因转录和蛋白质翻译，人工设计出新的具有生物学功能的产品或体系。也就是在体外实现生物学中心法则，实现遗传信息从 DNA 传递给 RNA，再翻译成蛋白质。作为合成生物学新的研究范式，无细胞合成生物学备受人们的关注，可以实现蛋白质的高效快速合成。该技术与细胞内表达系统相比，没有细胞膜的阻隔，在系统内可直接调控不同基因的转录、翻译、代谢等生物活动；不含基因组，无生长需求，无细胞毒害作用；作为一个开放体系，无传质限制，易添加底物和去除产物，可快速监测和分析。

2. 类器官芯片（organoid-on-a-chip）　　类器官芯片主要是模拟生理过程，构建高通量、高仿生的器官生理微系统，整合了类器官与器官芯片的特点，集成多种功能结构单元，如类器官培养腔、微流控、执行器、生物传感器等。类器官芯片不仅具有类器官的优势，可以模拟器官的发育过程、生理状态和功能，重现来源组织功能和生理结构，还具有器官芯片能够精确控制细胞及其微环境的优势，实现了在微米尺度上操控流体及对参数变化的动态捕捉，进一步提高了生物模型的仿真度及对实验参数变化的灵敏度。未来，类器官芯片技术可与多种创新技术有效融合，如与活细胞成像和高通量分析、基因编辑、多组学分析和人工智能等技术结合以拓展应用边界。

3. 空间组学（spatial omics）　　空间组学是从空间维度探索生命过程，主要涉及三大组学视角，即空间转录组学、空间蛋白质组学、空间代谢组学，提供从基因表达到功能性蛋白质，再到细胞代谢层面的生物信息图谱，帮助人们更完整地理解细胞状态、功能与生长过程及其分子调控机制。空间组学将会向三维空间多组学（在整个器官甚至生物体上进行基因组、转录组、蛋白质组、代谢组的测量）和时空组学（在体内通过多次测量提供时间信息）

的方向发展，为生物学领域带来更强大的研究工具。空间组学的发展仍面临着一系列复杂的技术挑战，如数据的处理与分析、样本制备、数据整合等。

4. 脑机接口（brain-computer interface，BCI） 脑机接口是建立人脑与计算机或其他外部设备之间的直接通信桥梁，不依赖于常规大脑信息输出通路，如外周神经和肌肉组织。脑机接口的信息传递是双向的，既能从大脑传递信息到计算机，进而操控与之连接的外部设备，也能从计算机传递信息到大脑，用电信号刺激脑神经。侵入式脑机接口能够更清晰和准确地记录大脑的电信号，实现复杂的功能，在医学领域的研究更加备受关注。当然，该技术也面临诸多亟待解决的难题，如信号采集问题、信号处理问题、控制设备问题、反馈环节问题，以及如何提高反馈信息的多样性、逼真度和同步性等。

5. 靶向蛋白降解嵌合体（proteolysis targeting chimera，PROTAC） 靶向蛋白降解嵌合体是直接降解致病蛋白，攻克不可成药靶点和耐药性难题。该嵌合体是特异双功能分子，由结合目的蛋白的配体、能够招募泛素-蛋白质连接酶的配体和将二者相连的连接子三部分组成。PROTAC 一端连接目的蛋白，一端连接泛素-蛋白质连接酶，拉近目的蛋白与泛素-蛋白质连接酶的距离，引起目的蛋白的多聚泛素化，使得目的蛋白被蛋白酶体识别并降解。脱离的 PROTAC 进入下一个降解循环而发挥降解目的蛋白的作用。该技术在药物研发中展现多种优势，利用生物体天然存在的蛋白质清除系统，通过降解蛋白质降低蛋白质水平而非抑制蛋白质功能，发挥治疗疾病的功能。另外，PROTAC 可以通过多次降解循环而达到降解蛋白质的目的。基于 PROTAC 的特点，与传统的小分子抑制相比，PROTAC 可以靶向"不可成药"靶点，克服药物的耐药性，使得药物的作用范围更广、活性更高。

6. T 细胞受体（TCR）-T 细胞治疗 TCR-T 细胞治疗是通过识别肿瘤表面抗原及肿瘤内部抗原而治疗实体瘤，已成为当下热门治疗方法之一。抗原特异性决定了该技术的准确性，靶抗原的选择是 TCR-T 细胞治疗的关键因素之一。理想的靶抗原是肿瘤特异性抗原（tumor specific antigen，TSA）。这类抗原只存在于肿瘤细胞中，正常细胞和组织中不表达。TSA 主要是基因突变产物，TSA 的肿瘤特异性意味着不存在免疫自身耐受，针对 TSA 的免疫反应不会损伤正常组织。尽管该项技术已在大部分接受治疗的患者中显示出一定的疗效，但仍然面临着诸多挑战，如靶向正常组织引起的免疫毒性、工程化 T 细胞中 TCR 表达不足或短暂表达、T 细胞耗竭和功能障碍、肿瘤免疫逃逸，以及如何在患者群体中鉴定共有的肿瘤特异性抗原和 TCR。

7. 腺相关病毒（adeno-associated virus，AAV） 腺相关病毒是目前常用的递送载体之一，许多病毒载体已用于基因治疗药物的递送。多数基因治疗药物采用 AAV 为递送载体，少部分临床前试验中使用了慢病毒或腺病毒为递送载体。作为递送基因疗法的有力工具，AAV 载体的开发和制造也成为基因治疗药物研发的关注焦点之一。截至 2023 年底，全球共有 965 款 AAV 基因治疗药物，覆盖 255 个靶点并涵盖 341 个适应证，164 款药物处于临床研究阶段。

8. 基因编辑疗法（gene editing therapy） 基因编辑疗法是利用基因编辑技术对个体的基因组进行精确的编辑和改造，纠正错误的基因，以治疗与基因缺陷相关的疾病。由于基因编辑带来的改变可以持续影响基因的表达，因而基因编辑疗法有望为目前无法根治的遗传疾病带来永久治愈的可能性。目前，应用最多的基因编辑工具是 CRISPR（成簇规律间隔短回文重复）/Cas9（一种能降解 DNA 分子的核酸酶）。基因编辑疗法受到世界各国的强烈关注。全球共有多款基因编辑疗法，药物发现和临床前阶段的药物数量较多，排名前 5 的适应证分别是输血依赖性β地中海贫血、肿瘤、镰状细胞贫血、1型糖尿病、杜氏肌营养不良症。虽然CRISPR/Cas9技术在治疗遗传病领域显示出巨大的潜力，但是该技术也存在着风险。安全性是重点考虑的问题，如CRISPR/Cas9的脱靶效应风险、基因编辑后的细胞可能导致的免疫反应或其他不良反应、CRISPR/Cas9技术可能造成DNA大范围重排从而引发肿瘤的风险等。

9. 干细胞疗法（stem cell therapy） 干细胞是一类具有自我更新能力的多潜能细胞。在合适条件或合适信号的诱导下，能够产生表现型与基因型和自己完全相同的子细胞，也能产生组成机体组织、器官的已特化的细胞，同时还能分化为祖细胞。干细胞具有自我更新、多向分化潜能、旁分泌效应和归巢效应等特点。据不完全统计，目前有20多种干细胞产品在全球获得批准，其中大部分是间充质干细胞，包括骨髓、脐带、脂肪等不同来源的间充质干细胞。适应证分布于膝关节软骨缺损、急性心肌梗死、脊髓损伤、移植物抗宿主病、克罗恩病、关节炎、肌萎缩侧索硬化等疾病。干细胞新药研发速度明显加快，干细胞新药临床试验数量稳步增长，临床试验发展迅速。当然在干细胞药物研发的过程中，仍需要重点关注干细胞产品的分化效率、成瘤性、异质性等安全问题，以及干细胞制备体系的标准化及临床试验设计与临床效果等。

10. 治疗性肿瘤疫苗（therapeutic tumor vaccine） 治疗性肿瘤疫苗是肿瘤免疫治疗新手段，可实现肿瘤个性化治疗。该技术是通过诱导或增强机体针对肿瘤抗原的特异性主动免疫反应，达到控制和杀伤肿瘤细胞、清除微小残留病灶和建立持久的抗肿瘤记忆等治疗作用的一类疗法。筛选合适的肿瘤抗原是设计治疗性肿瘤疫苗的关键之一。目前主要研究的肿瘤抗原分别为肿瘤相关抗原（tumor associated antigen，TAA）和肿瘤特异性抗原（tumor specific antigen，TSA）。mRNA疫苗成为肿瘤疫苗研发的热点领域，mRNA疫苗的技术障碍主要集中在mRNA分子设计和体内递送效率上。mRNA修饰及其调控区和编码区的序列设计在决定mRNA稳定性和翻译效率方面起着至关重要的作用。提高mRNA翻译效率和稳定性是技术的关键。

随着科技的不断进步和创新，生物制药技术的未来发展前景广阔。未来将有更多的精准医疗和个性化治疗方法问世。同时，随着人工智能技术的深入应用，生物医药领域的人工智能辅助诊断和治疗将更加普及。随着合成生物学、系统生物学等新兴领域的崛起和发展，生物技术制药的研发和应用将更加系统和全面。

（三）我国生物技术制药的现状

随着生物科学的发展，生物技术制药越来越多地走向大众视野。在现代生命科学中生物药物在疾病诊断、治疗和预防方面发挥着越来越重要的作用。常见的生物药物包含单克隆抗体、DNA重组技术生产的蛋白质、多肽、酶、细胞因子、血液制品等，发展迅速且应用前景广泛。目前我国生物药物市场仍处于发展初期，但具有较高的增长潜力，根据Frost和Sullivan的预测数据，我国生物药物市场规模将于2030年达到13 198亿元，我国生物药物的规模占我国医药市场的比例从2016年的约14%上升至2022年的28%左右。我国政府对生物医药产业的发展予以大力扶持，国家陆续出台了多项政策，鼓励生物医药产业发展与创新，并对我国生物医药产业的未来发展规划提供了指导方向，如《"十四五"医药工业发展规划》。

1. 生物技术制药的概况 我国生物药物的研究和开发起步较晚，直到20世纪70年代初才开始将DNA重组技术应用到医学上，但在国家产业政策的大力支持下，这一领域发展迅速，逐步缩短了与发达国家的差距。一大批国内企业包括许多上市公司纷纷涉足该行业，使国内基因工程技术的应用及产品产业化有了较大的发展。近年来我国将生物医药产业纳入战略性新兴产业，出台了一系列鼓励创新、加强知识产权保护、优化监管审批、提供财税优惠等政策措施，为生物医药企业提供了良好的发展环境。另外，我国市场需求大，随着老龄化人口比例的上升，慢性病和罕见病等疾病负担日益加重，市场对高效、安全、创新的生物药物有着较大的需求；近几年许多资金投入生物医药企业中，为新药的创新研发提供了充足的资金来源。这些条件共同推动了我国生物医药产业的良好发展，使得我国的新创生物医药企业的数量不断增加。部分企业拥有自主知识产权和自主创新研发能力，打破了国外生物药物长期垄断我国临床用药的局面。目前，国产α干扰素的销售市场占有率已经超过进口产品。我国首创一种新型重组人γ干扰素，并具备向国外转让技术和承包工程的能力，新一代干扰素正在研制之中。

目前，国内市场上国产生物药物主要有重组乙型肝炎疫苗、干扰素、白细胞介素-2、粒细胞集落刺激因子（G-CSF）、重组链激酶、重组表皮生长因子等多种基因工程药物。组织型纤溶酶原激活物（t-PA）、白细胞介素-3、重组人胰岛素、尿激酶等多肽药品逐步进入临床，乙型血友病基因治疗已获得临床疗效，遗传病的基因诊断技术达到国际先进水平。重组凝乳酶等40多种基因工程新药投入临床应用。随着我国加入人用药品技术要求国际协调理事会（ICH）和药品的审评审批效率逐渐提高，我国的生物医药企业有了更多的机会参与全球药物研发和商业化，以共享资源、技术和市场。

2. 存在的问题　　我国生物医药产业起步较晚，但发展较快，我国拥有国际上生物发酵产业中的所有主要产业，如维生素B_2、维生素C、柠檬酸、谷氨酸、淀粉酶等领域产量排名世界第一，在国际上占有举足轻重的地位。由于市场需求大，在发展中也存在一些问题，表现为研发力量不足、技术水平有待提高。在生物工程领域，对具有重要技术与经济价值的微生物工程菌及新型酶制剂的研发力度不足、相关成果较少，同时这类产品和技术的产业化程度和工业规模应用存在差距；在产品制造领域，主要停留在附加值相对较低的谷氨酸、赖氨酸、柠檬酸等有机酸产品，且部分产品产能过剩、生产技术相对落后，知识产权自主性较低，像抗生素、维生素、氨基酸、益生菌核心菌种自主率不足20%，其中氨基酸的菌种自主率不足5%。技术水平的制约（基础研究、试验设备、人才队伍）、科研成果产业化存在的较大缺陷，使得我国现有的生物医药企业规模小、创造少、引进多，具体表现为：①创新研发不足，原创药物较少，主要集中在仿制创新药领域，多数是基于国外新发现的跟随型药物；②对知识产权保护不够，仿制过多，重复生产现象严重；③资金投入不足，生物医药企业缺乏稳定和充足的资金来源，难以承受长期亏损和市场不确定性。

目前全球范围内，生物医药产业竞争日趋激烈，尤其在一些重点领域和市场。跨国制药公司拥有强大的研发实力和资金实力，并具有丰富的市场经验和渠道资源，不断推出新产品和新技术，在全球占据主导地位。相比之下，我国原创生物医药产业在技术水平、品牌影响力、市场份额等方面还存在较大差距。另外，由于国内外资本对我国生物医药产业的持续关注与投入，我国原创生物医药产业数量呈现增长态势，在同一领域或同一靶点上，有多个竞争对手同时进行研发，导致同质化竞争加剧、市场份额分散、价格压力增大等问题。我国生物医药产业仍处于起步阶段，与国外的同行相比存在着很大差距，需要获得技术、资金的支持，拓展海外市场，提高市场覆盖率，实现我国生物医药产业更好地创新发展。

3. 面临的机遇

（1）宏观政策的支持　　生物技术产业被国家确定为优先发展、重点扶持的高技术产业之一，对其发展予以充分的支持，这十分有利于我国生物医药产业的发展。

（2）高收益吸引更多资金的流入　　虽然生物医药产业投资具有高投入、高风险、周期长的特点，但是一旦成功又有高收益的效果，国内资本开始更多地流入这一行业。尽管创业板市场正在建立，还缺少合适的退出机制，但定位于或重点定位于生物技术产业投资的风险投资公司及投资银行、基金正在不断增加。一些上市公司也通过兼并、收购等方式介入生物医药产业。

（3）国内人口老龄化和健康意识增加带来巨大市场　　我国正面临着人口快速老龄化的巨大挑战，规模大、速度快，同时随着国内人民健康意识的提高，生物技术制药的市场需求不断增长。通常恶性肿瘤的发病率和死亡率都随着年龄的增长而增加，新药可及性不断提高，我国医药市场规模将快速增长。

（4）生命科学及生物技术的进展为生物医药企业提供了坚实的基础、新的资源及新的动力　　例如，人类基因组测序的完成使人们更加深入地了解到一些疾病发生、发展的分子机制，为这些疾病的诊断、预防和治疗奠定了基础。同时，也为生物技术制药提供了新的靶点和新的原料。当然，这并不是说我们手中有了基因组的信息就能开发出新药，但人类基因组计划的完成确实为新药的研发安装了推进器。我国通过参与人类基因组计划，建立起国际一流的基因组学研究平台和生物信息学研究平台。生物医药企业或是希望介入生物医药行业的企业应该充分利用这些研究成果，充分利用已经建立的技术平台，增强研发实力，提高创新水平。

（5）丰富的生物资源和底蕴深厚的传统医药文化为生物药物研发提供了宝贵资料　　我国地域辽阔，纬度跨度大，气候多样，具有丰富的生物资源。我国传统的中药也是祖先留给我们的宝贵财富，这些资源也为生物医药产业提供了丰富的原料。当然，现有的技术手段对于多成分、多靶点的中药还是有些力不从心，不过有效成分主要是蛋白质的中药将有可能较早取得研发方面的突破。

4. 我国生物技术制药的发展方向　　生物制药产业是关系国计民生和国家安全的战略性新兴产业，是实现"健康中国"国家战略的重要基石。近年来，国家持续加大生物医药领域政策支持力度，鼓励生物医药行业发展与创新，并对我国生物医药行业的未来发展规划提供了指导方向。技术创新正在为整个药物研发系统赋能，推动着创新药物的产业化。生命科学基础研究的不断深入使人类对疾病的遗传机制有了更清晰的了解；组学技术和人工智能的发展，使得研究人员能够更深入地了解疾病的分子机制和药物的靶点，加速新药的发现和开发过程；基因编辑技术的突破带来更多新型药物的出现；不同学科前沿技术的交叉应用对药物设计、临床试验开展和药物交付等都产生了深远影响。

（1）借助 AI 手段缩短生物技术制药研发周期　　国家发展和改革委员会在《"十四五"生物经济发展规划》中提出"生物经济"，对我国生物技术与信息技术的融合提出了新的要求。随着人工智能（AI）技术的快速发展和渗透，国内医药研发者逐渐意识到 AI 的诸多优势，将该技术应用于现代药物研发，形成 AI 制药，即利用 AI 技术来改善制药过程。将 AI 与药物研发相结合，发掘药物靶点、挖掘候选药物、高通量筛选、药物设计、药物合成、预测药物动力学、病理生理学研究及新适应证的开发，尤其在中草药及其有效生物活性成分的发酵生产中有重要作用。AI 与药物研发相结合可缩短研发周期，帮助制药企业提高效率和降低成本，提高药物安全性和有效性，加快新药研发，改善药物制造质量，提高药品可靠性等。人工智能等现代技术在医药领域中的应用具有广阔前景，医药企业可利用人工智能技术逐步推动生物技术制药的产业化与规模化发展，从而提升我国生物技术制药工程创新发展的综合实力。

（2）重组抗体技术　重组抗体（recombinant antibody）是指利用重组 DNA 等分子生物学技术产生的抗体。重组抗体的特点是抗体的氨基酸序列或编码抗体的 DNA 序列是已知的。通过重组 DNA 等技术制备编码重组抗体的基因，将该基因插入表达载体，继而在表达宿主中表达纯化，获得特定的重组抗体。重组抗体具有无动物源生产、高批次间一致性等优点，能够满足抗体大规模生产的需求，并以标准化的生产流程控制抗体生产质量稳定性。重组抗体可以通过人源化降低免疫原性；或将重组抗体的重链、轻链或部分片段区域进行重排或替换，设计具有新抗体特性的重组抗体。通过噬菌体展示等技术手段，人们也能够高通量地对重组抗体进行抗体性能筛选，快速筛选到能够特异靶向具有治疗意义的特定靶点的具有潜在成药性的重组抗体。例如，特异性靶向组蛋白翻译后修饰的重组抗体不仅加速了表观遗传学研究，还有望带来新的研究突破。重组抗体技术持续发展，单链抗体、纳米抗体、双特异性抗体等类型的重组抗体近年来也受到了广泛关注，许多产品也已被批准上市。

（3）小分子抑制剂技术　小分子类药物预计仍将持续在新药研发中占有较大比重。小分子抑制剂（small molecule inhibitor）属于小分子类药物（分子质量<1000Da），可以靶向作用于蛋白质，以底物竞争、改变蛋白质结构来降低蛋白质活性或者阻碍生化反应降低靶蛋白活性。小分子抑制剂在口服吸收性好、易于穿透生理屏障、成药性能好、药物代谢动力学性质佳等方面相比于其他类型药物有优势。近年来，得益于人工智能、计算化学、分子对接、蛋白质结构解析和预测等技术的发展，能更有效地发掘小分子抑制剂的新靶点，并对小分子抑制剂进行理性药物设计，加速了小分子抑制剂的新药研发。

（4）药物偶联物技术　药物偶联物（drug conjugate）是一类运用特定的连接子（化学链）将具有靶向定位性的定位配体和效应分子连接起来而产生的药物，其核心理念是定位配体发挥靶向投递作用，效应分子发挥治疗作用。药物偶联物的构成可以用定位配体-连接子-效应分子公式表示，根据定位配体的类型差异，又可将药物偶联物进一步细分为抗体药物偶联物（antibody-drug conjugate）、多肽药物偶联物（peptide-drug conjugate）、蛋白质药物偶联物（protein-drug conjugate）、小分子药物偶联物（small-molecule drug conjugate）、高分子药物偶联物（polymer-drug conjugate）、放射性核素药物偶联物（radionuclide-drug conjugate）、病毒样药物偶联物（virus-like drug conjugate）等。

（5）治疗性基因编辑技术　治疗性基因编辑（therapeutic gene editing）是一类通过对基因进行靶向编辑（敲除、插入、替换、修饰等）获得治疗效果的疗法。CRISPR/Cas9 具有可编辑范围广、易用、高效、廉价等特点，被广泛应用于生命科学、药物研发等方面的研究。近年来，由于该技术的日益成熟，其在治疗性基因编辑方面的直接性临床研究也日益增加。另外，许多新型 CRISPR/Cas9 系统已被开发，并应用于基因编辑相关的新兴领域，如 RNA 编辑、单碱基编辑、先导编辑、CRISPR 干扰（CRISPRi）等。当然 CRISPR/Cas9 并非实现治疗性基因编辑的唯一技术，其他类型的基因编辑技术也仍值得被持续关注，如基于转座子、转录激活因子样效应物核酸酶（TALEN）、锌指核酸酶等的治疗性基因编辑技术。

（6）细胞治疗技术　细胞治疗（cell therapy）是一类将活细胞移植入患者体内以实现治疗效果的疗法。细胞治疗可以根据治疗用细胞的类型进一步细分，如基于免疫细胞疗法、基于干细胞疗法等。近年来一种免疫细胞疗法——嵌合抗原受体 T 细胞（chimeric antigen receptor T cell，CAR-T）疗法发展迅速，其主要原理是通过将工程化的嵌合抗原受体（CAR）

基因引入 T 细胞，使 T 细胞对表达有特定肿瘤特异性抗原的肿瘤细胞进行特异性杀伤。干细胞疗法是通过诱导性多能干细胞、体细胞重编程等技术，将已分化的细胞在特定条件下逆转恢复到类干细胞状态用于治疗。

（7）新型药物传递技术　　药物传递系统（drug delivery system）是指在空间、时间及剂量上全面调控药物在生物体内分布的技术体系，通过增强治疗药物对其目标部位的传递，减少目标外积累，改善患者的健康。相对于常规口服片剂、胶囊、静脉注射剂、吸入制剂和透皮贴剂等传统药物传递系统，新型药物传递系统是采用具有较高技术壁垒的新型药物传递技术（如基于脂质体、纳米粒、微球、外泌体、工程 AAV 载体、3D 打印药物制剂等的药物传递技术）对各类药物进行传递的系统。其通过调节药物的传递和释放位置，改变药物体内代谢行为、药物缓释与控释特性、穿透生理屏障（如血脑屏障）特性等方式，提高药物的疗效，降低毒副作用。为满足各种新型药物（如基因药物、mRNA 药物、多肽及蛋白质类药物、细胞药物等）的药物传递需求，需要更多创新的药物传递系统。

（8）免疫检查点抑制剂　　免疫检查点抑制剂（immune checkpoint inhibitor）是指针对肿瘤的免疫治疗药物，是通过阻断一类被称为免疫检查点的蛋白质，以恢复免疫系统对肿瘤细胞的杀伤力，起到肿瘤治疗的作用。目前上市的免疫检查点抑制剂主要是针对免疫检查点 PD-1（程序性死亡受体 1）/PD-L1（程序性死亡受体配体 1）或 CTLA-4（细胞毒性 T 淋巴细胞相关抗原 4）的单克隆抗体型药物。随着人们对肿瘤免疫调节机制的更深入研究，有望开发出更多能够适用于不同肿瘤治疗的免疫检查点抑制剂。

第二节　生物技术制药概述

一、生物药物的分类

生物药物的分类方式有多种，其目的不同，分类方式也不同。

（一）按照生物技术制药的研究内容分类

1. 微生物发酵工程药物　　微生物发酵工程药物是指利用微生物代谢过程生产的药物，此类药物有抗生素、维生素、氨基酸、核酸有关物质、有机酸、辅酶、酶抑制剂、激素、免疫调节物及其他生理活性物质。主要研究微生物菌种筛选和改良、发酵工艺、产品后处理及分离纯化等问题。当今重组 DNA 技术在微生物菌种改良中起着越来越重要的作用，多数药物都是经过微生物发酵获得的。

2. 基因工程药物　　基因工程药物是指利用重组 DNA 技术生产的蛋白质或多肽类药物，此类药物有生物活性蛋白质、多肽及其修饰物、抗体、疫苗、连接蛋白、嵌合蛋白、可溶性受体、干扰素、胰岛素、白细胞介素-2、促红细胞生成素（EPO）等。主要研究相应基因的鉴定、克隆、基因载体的构建与导入、目的产物的表达及分离纯化等问题。现在兴起的基因治疗是该技术的又一个新领域，如反义 RNA、靶向 RNA 小分子等基因药物在临床上的应用逐渐增加。

3. 细胞工程药物　　细胞工程药物是利用动植物细胞培养的生物药物。利用动物细胞培养可生产人活性因子、疫苗、单克隆抗体等产品；利用植物细胞培养可大量生产经济价值较高的植物有效成分，也可生产人活性因子、疫苗等重组 DNA 产品。目前重组 DNA 技术已用来构建能高效生产药物的动植物细胞株系或构建能产生原植物中没有的新结构化合物的植物细胞系。其主要研究动植物细胞高产株系的筛选、培养条件的优化及产物的分离纯化等问题。

4. 酶工程药物 酶工程药物是将酶或活细胞固定化后生产的药物。酶工程除了能全程合成药物分子外，还能用于药物的转化。主要研究酶的来源、酶（或细胞）固定化、酶反应器及相应操作条件等。酶工程药物具有生产工艺结构紧凑、目的产物产量高、产物回收容易、可重复生产等优点。酶工程作为发酵工程的替代者，其应用前景广阔。

（二）根据各种药物的组成及用途分类

1. 疫苗
（1）细菌类疫苗　由相关细菌、螺旋体或其衍生物制成的减毒活疫苗、灭活疫苗、重组 DNA 疫苗、亚单位疫苗等，如卡介苗、伤寒 Vi 多糖疫苗等。
（2）病毒类疫苗　由病毒、衣原体、立克次体或其衍生物制成的减毒活疫苗、灭活疫苗、重组 DNA 疫苗、亚单位疫苗等，如麻疹减毒活疫苗、重组乙型肝炎疫苗等。
（3）联合疫苗　由2种或2种以上疫苗抗原原液配制成的具有多种免疫原性的灭活疫苗或活疫苗，如吸附百日咳、白喉、破伤风（DTP）联合疫苗，麻疹、腮腺炎、风疹（MMR）联合病毒活疫苗等。

2. 抗毒素及抗血清　由特定抗原免疫动物所得血浆制成的抗毒素或抗血清，如破伤风抗毒素、抗狂犬病血清等，用于治疗或被动免疫预防。

3. 血液制品　由健康人的血浆或特异免疫人血浆分离、提纯或由重组 DNA 技术制成的血浆蛋白组分或血细胞组分制品，如人血清白蛋白、人免疫球蛋白、人凝血因子（天然或重组）、红细胞浓缩物等，用于诊断、治疗或被动免疫预防。

4. 细胞因子及重组 DNA 产品　细胞因子（cytokine）是由机体免疫细胞和非免疫细胞合成及分泌的具有多种生物活性的多肽类或蛋白质类制剂，如干扰素（IFN）、白细胞介素（IL）、集落刺激因子（CSF）、促红细胞生成素、转化生长因子、血管内皮生长因子、胰岛素样生长因子-1等，通过结合细胞表面的相应受体发挥生物学作用。

5. 诊断制品
（1）体外诊断制品　由特定抗原、抗体或有关生物物质制成的免疫诊断试剂或诊断试剂盒，如伤寒、副伤寒、变形杆菌（如 OX19、OX2、OXK）诊断菌液，沙门氏菌属诊断血清，HBsAg（HBV 表面抗原）酶联免疫诊断试剂盒等，用于体外免疫诊断。
（2）体内诊断制品　由变应原或有关抗原材料制成的免疫诊断试剂，如卡介菌素（BCG-PPD）、布鲁氏菌纯蛋白衍生物（RB-PPD）、锡克试验毒素、单克隆抗体等，用于体内免疫诊断。

6. 其他制品　由有关生物材料或特定方法制成，不属于上述 5 类的其他生物制剂，用于治疗或预防疾病，如治疗用 A 型肉毒毒素制剂、微生态制剂和卡介菌多糖核酸制剂等。

（三）生物药物的命名

1. 命名原则　药品的名称包括中文名称和英文名称。中文名称是按照《中国药品通用名称》推荐的名称及命名原则命名的，为药品的法定名称。英文名称应尽量使用世界卫生组织制定的《国际非专利药品名》(INN)，如果 INN 没有的，可采用其他合适的英文名称。

《中国药品通用名称》的命名原则：药品名称应科学、明确、简短；词干已确定的译名要尽量采用，使同类药品能体现系统性。药品的命名应尽量避免采用给患者以暗示的有关药理学、解剖学、生理学、病理学或治疗学的药品名称，并不得用代号命名。

《国际非专利药品名》是世界卫生组织制定公布的，供国际上统一使用，以避免出现药品名称的混乱。目前 INN 名称用拉丁语、英语、俄语、法语和西班牙语 5 种文字发布。INN 名称中，结构相似、药理作用相同的同一类药物使用统一的词干，以便反映出药物的系统性。

药物的中文名称应尽量与英文名称对应，可采用音译、意译或音义合译，一般以音译为主。

参照我国生物制品传统命名及 WHO 规程命名方式，制品的基本名称一般由三个部分组成。第一部分列出（有时不列）制法或群及型别（如重组、A 群）等冠语；第二部分列出制品所针对的疾病（如麻疹、伤寒等）或微生物名（如沙门氏菌等），或组成成分（如 Vi 多糖）或人名（如卡介、锡克等），或起始材料［如人血、CHO 细胞（中国仓鼠卵巢细胞）等］；第三部分列出制品种类（如疫苗、抗毒素、诊断试剂等）。基本名称的模式简列如下：

（制法或群、型别）＋（病名、微生物名、组成成分、人名或起始材料）＋（制品种类）

以上仅为一般原则，对各个具体制品的命名，尚需参照以下方法及各类制品命名举例拟定，并可按制品特点对第一、二部分做出取舍。

2. 命名方法

（1）制法　　具体如下：①制法一般不标明，但一种制品存在多种制法者需标明，如重组 DNA 者，则加"重组"，以与非重组制品相区别，如麻疹减毒活疫苗、重组（酵母）乙型肝炎疫苗、人血清白蛋白（低温乙醇蛋白分离法）；②液体制剂不需要加"液体"二字，如同时有液体制剂和冻干制剂者，冻干制剂应加"冻干"二字，如只有冻干制剂，按国际惯例也可加"冻干"二字，如钩端螺旋体疫苗、伤寒 Vi 多糖疫苗、冻干人凝血因子Ⅷ。

（2）用法与用途　　具体如下：①一般用法均不须标明，特定途径使用者必须标明，如皮内注射用卡介苗、静脉注射用人免疫球蛋白（pH 4）；②预防用制品均不须在基本名称前标明预防用；③细菌类治疗用制品可在基本名称后加"制剂"二字，如治疗用短棒状杆菌制剂、双歧杆菌活菌制剂；④成人用或幼儿用制品，可在基本名称后用括号注明；⑤预防人畜共患病的同名同型制品应标明人用，以与兽用制品相区别；⑥体内诊断用制品一般不加诊断用字样，如结核菌素纯蛋白衍生物（TB-PPD）、锡克试验毒素。

（3）多联、多价与群、型　　具体如下：①一种制剂包含几个不同抗原成分的制品，应于制品种类前加"联合"二字，如吸附百日咳、白喉、破伤风联合疫苗、麻疹、腮腺炎、风疹联合病毒活疫苗；②一种制剂包含同一制品的不同群、型别者，应于制品种类前加"多价"或"n 价"字样，并加括号注明群、型名称，如双价肾综合征出血热灭活疫苗。

（4）品种前加形容词　　为进一步阐明制品的性质，必要时在基本名称的品种前加灭活、活、纯化等形容词，如麻疹减毒活疫苗、乙型脑炎灭活疫苗、Ⅰ型肾综合征出血热灭活疫苗。

3. 新生物制品名称、商品注册名称及其他　　新生物制品的命名应参考上述原则及方法。各制品的商品注册名称由生产单位自定，并申报国家药品监督管理局，制品译名一律使用英文。

二、生物药物的发展特点

生物技术制药是以生命科学和生物技术为基础，结合信息学、系统科学、工程控制等理论和技术，研发、生产用于预防、治疗、诊断和康复的产品。生物医药产业是"中国制造 2025"和国家战略性新兴产业的重点领域，具有研发高密度、知识高密集的产业特征。该产业是以研发创新为核心的知识密集型产业，其过程为基础研究、临床前研究、临床试验、产业化（图1-2）。

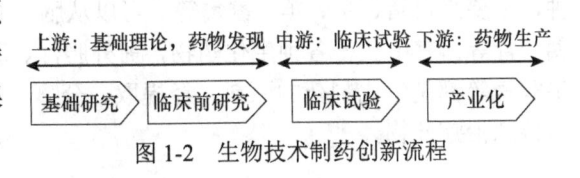

图 1-2　生物技术制药创新流程

（一）科技更新换代快，生物技术制药的产业化进程也在加快

生物医药产业的研发工作需要广泛的合作和交流，更需要科技的支撑。随着生物技术领域取得的研究成果逐年增加，生物制品的种类不断扩大。现代生物技术已在农业、医药、轻工业、食品、环保、海洋和能源等许多方面都得到广泛的应用；同时，医药生物技术、农业生物技术等一些新型产业正在迅速形成。

（二）生物药物市场迅速扩张

由于生物技术的迅猛发展、人们医药消费结构的变化及药物本身的安全性能要求，化学药品在药物市场中的统治地位正受到严重挑战，生物类新兴药物将在药品市场中迅速崛起，生物药物已成为药物研发的重中之重。

（三）生物技术制药将更加安全有效

面对人口膨胀、资源枯竭、环境污染等一系列直接关系到人类生死存亡的严重问题，人们越来越深切地认识到发展具有可持续性的新技术、新产业、新产品的必要性和紧迫性。由于生物技术制药是以生物为原料生产的，因此其原料具有再生性，同时利用生物自身代谢系统生产的产品污染物少，对环境的破坏性小或几乎没有，重组微生物甚至可以消除环境中的污染物。

（四）生物技术制药在我国将有极大的发展潜力

近几年我国在生物技术领域取得了较快的发展，在基础技术和实验室阶段，许多领域已接近或超过国外先进水平。注册的生物技术公司也在不断增加，销售规模逐年提高，表现出快速增长的趋势。目前我国的生物技术水平在亚洲地区已名列前茅，特别是医药生物技术取得了一系列突破性进展，在新型诊断试剂工业方面取得了长足的发展。

三、天然生物材料制药

天然生物材料制药一般是指从自然界的动物、植物、微生物、矿物等中获得药物，这样的药物称为天然药物。天然药物包含多种不同的化学成分，这些成分在药效和药理方面产生协同作用。许多天然药物在民间传统医学中已经有几百甚至几千年的历史，被广泛应用于治疗不同的疾病。天然药物具有不同的药理活性，如抗菌、抗炎、止痛、抗氧化等。

天然药物具有极大的发展潜力，高等植物中只有5%~15%被筛选过，海洋生物中的活性化合物也只是刚刚涉及。通过基因工程设计，并结合生物合成也是天然药物的重要来源之一。

（一）动物来源类药物

最初的生化药物多数来自动物脏器。由于制药学的不断发展，原料来源不断扩大，现在已经不仅仅限于动物脏器，但脏器来源药仍占有相当的比例。动物来源类药物现已有160多种，主要来自猪、牛、羊、家禽等。可以从脑、心脏、肺、肝、脾、胃肠及黏膜、脑下垂体、胰、肾等器官中获得各种生化药物，另外胆汁、胸腺、扁桃体、甲状腺、眼球、毛发、蛋壳、牛羊角等都是生化制药的原料，经提取、分离、纯化制成的各种制剂，是人类疾病不可缺少的特殊治疗药物。

（二）植物来源类药物

植物来源类药物是以植物初级代谢产物如蛋白质、多糖和次级代谢产物如生物碱、酚类、萜类化合物为有效成分的原料药、制剂。市场上植物来源的中药、中成药均在植物来源类药物之列。植物来源类药物在天然药物中占主导地位，由于其在治疗上的独特优势（来自大自然、毒副作用小、在治疗疑难杂症上有广阔的前景）而备受重视。随着近代分离技术的提高和应用，从植物中寻找大分子有效物质正逐渐引起人们关注，分离出的品种也不断增加。例如，从菠萝中提取菠萝蛋白酶，从木瓜中提取木瓜蛋白酶，从栝楼中分离出天花粉蛋白（19肽组成的引产药），从蓖麻籽中提取蓖麻毒蛋白，以及苦瓜胰岛素、人参多糖、黄芪多糖、茶叶多糖及各种蛋白酶抑制剂等。我国中草药资源丰富，相信今后会研制出更多的植物来源类药物。

（三）海洋药物

从海洋生物中制取的药物叫作海洋药物。我国是最早开发、利用和研究海洋药物的国家之一。早在《黄帝内经》中，就有乌鱼骨入药、鲍鱼汁治疗血枯等的记载；近代研究海洋生物的有效成分是从海洋生物毒素开始的，已陆续发现许多具有抗炎、抗感染、抗肿瘤等作用的活性物质，引起了世界各国的重视。

海洋为生化药物提供了一个广阔可靠的原料基地，如海藻类、腔肠动物类、软体动物类、节肢动物类、棘皮动物类、鱼类、海洋哺乳动物类、爬行动物类等，都可以用来提取制备各种生物活性物质。人们提出向"大海要药"，是要把浩瀚的大海赐予人类的具有广谱、特异生物活性的物质开发利用起来，初步形成一门新的学科——海洋生物学。21世纪海洋生物工程将被引入制药工业，用于开发、研究人类疑难疾病的防治新药，前景十分广阔，同时为综合利用海洋生物资源开辟新的道路。

（四）微生物药物

微生物形态结构与生理功能简单、易于控制和掌握、生长周期短、易于工业化生产，是生化制药非常重要且极具发展前途的资源。微生物代谢产物繁多，微生物酶也达数千种，开发潜力巨大。遗传工程的引进，使得微生物制药锦上添花。

1. 细菌　　可生产氨基酸、有机酸、糖类、核苷酸、维生素、酶、抗生素等。

2. 放线菌　　据估计，已发现和分离的抗生素有4000多种，其中约2/3来自放线菌。放线菌的代谢产物是生化制药的重要原料，从中可以获得各种氨基酸、核酸类药物及维生素和各种酶类物质。

3. 真菌　　利用真菌可以制备各种酶类、抗生素、有机酸和氨基酸、核酸类、多糖类物质。其中酵母是使用较多的一类，它是核酸工业的重要原料，可制造肌苷、胞苷酸、腺苷酸等。

随着科技的不断进步，对天然药物的科学研究将更加深入，有助于揭示其药理机制、活性成分和作用方式。这将增强人们对天然药物的理解，为其合理应用提供更多支持。

小　　结

现代生物技术是一门以现代生命科学为基础，由多学科综合形成的崭新学科。生物技术制药采用现代生物技术，借助某些微生物、动物、植物生产医药制品。现代生物技术的发展孕育并推动着现代生物医药产业的诞生和成长。生物技术制药的研究与开发充满生机，使生物医药产品的类型更加多样化、来源更趋广泛。新产品上市的数量逐年增加，市场份额迅速增长。由于生物技术产品生产成本低，产品附加值高，整个行业的发展前景十分良好。

复习思考题

1. 浅析生物技术制药的发展前景。
2. 为什么说生物技术的发展有助于提高生物药物的质量？
3. 简述生物技术制药的发展特点。

第二章
基因工程制药

视频

- 基因工程制药
  - 概述
    - 基因工程制药的相关概念及产品
      - 基因工程
      - 基因工程制药
      - 基因工程药物
      - 基因工程疫苗
    - 基因工程制药的基本技术和方法
    - 基因工程制药的发展
    - 基因工程制药技术的应用及现状
  - 基因工程制药的基本过程
    - 基因工程制药中常用的工具酶
      - 限制性内切核酸酶
      - 其他常用工具酶
    - 基因工程制药中常用的载体
    - 基因工程制药的关键技术
      - 目的基因的获得
      - 目的基因的体外重组
      - 重组DNA导入受体细胞
      - 重组体的筛选、鉴定和分析
      - 目的基因在宿主细胞的表达
      - 基因工程菌或细胞的发酵培养与药物生产
  - 转基因动物制药
    - 转基因动物制药的基本方法
      - 转基因动物的操作原理与方法
      - 动物生物反应器外源基因的表达与调控
    - 转基因动物在制药中的应用
      - 生产药用蛋白
      - 在药物筛选中的应用
      - 进行药效检测与评价
      - 揭示人类疾病的发病机制
    - 存在的问题和展望
      - 转基因动物研究过程存在的主要问题
      - 转基因动物的安全性问题
      - 转基因动物的研究应用展望
  - 转基因植物制药
    - 转基因植物制药的基本方法
      - 植物目的基因的分离
      - 植物基因工程载体的构建
      - 植物的遗传转化
      - 转基因植物的筛选与鉴定
      - 外源基因在转基因植物中的表达与调控
    - 转基因植物在制药中的应用
      - 生产重组疫苗
      - 生产抗体
      - 生产表达多肽与蛋白质药物
    - 存在的问题和展望
      - 转基因植物存在的问题
      - 转基因植物的展望

诞生于 20 世纪 70 年代的 DNA 重组技术，是现代生物技术的核心。目前，基因工程技术如基因编辑等已用于基因修复、基因诊断、新药开发及遗传病治疗等多个生物医学领域。基因工程药物在治疗肿瘤、心血管疾病、传染性疾病、遗传病等多种对人类健康危害极大的病症及改善人类自身生活质量等方面发挥着重要作用。基因工程疫苗在保障国民健康和国家生物安全方面发挥了巨大的作用，特别是快速发展和兴起的 mRNA 疫苗，在中东呼吸综合征、新型冠状病毒感染等病毒病防治中起到重要作用。

基因工程技术在癌症、艾滋病、遗传病等的诊断、治疗和预防等方面提供了有效的新手段，并取得了一些重大的突破。目前，基因工程药物研究已进入快速发展的时代，基因工程为现代医药带来了新的内涵和经济效益，也为未来的医疗手段带来新的契机和希望，前途不可估量。

第一节 概　述

一、基因工程制药的相关概念及产品

1. 基因工程　　基因工程（genetic engineering）是利用现代分子生物学技术，将目的基因和载体在体外进行剪切、组合和拼接，然后通过载体转入受体细胞（微生物、植物或植物细胞、动物或动物细胞），使目的基因在细胞中表达，产生出人类所需要的产物或组建成新的生物类型。基因工程技术的迅速发展不仅使医学基础学科发生了革命性的变化，也为医药工业发展开辟了广阔的前景，以 DNA 重组技术为基础的基因工程技术改造和替代传统医药工业技术已成为重要的发展方向。

2. 基因工程制药　　基因工程制药是指利用基因工程技术，将 DNA 序列插入细胞内，使其在受体细胞不断表达，大规模生产具有预防和治疗疾病作用的蛋白质，即基因工程药物或疫苗等。基因工程制药是一种高效、精准、安全的制药技术，已经成为医疗科学领域的重要组成部分。

3. 基因工程药物　　利用基因工程技术进行药物生产具有以下优势：一是用传统方法很难获得的生理活性物质得以大规模生产，从而有力地保障了临床应用；二是更多的内源性生理活性物质被挖掘和发现；三是改造、去除了内源性生理活性物质不足的部分；四是能够生产新型化合物，筛选药物的来源得以扩大；五是基因工程药物开发时间相较于开发新化学单体的时间短，适应证不断延伸。目前基因工程药物的主要类型如下。

（1）干扰素　　干扰素是哺乳动物细胞在诱导下产生的一种淋巴因子，能够加强巨噬细胞的吞噬作用和对癌细胞的杀伤作用，具有抗病毒、抑制细胞增殖、调节免疫及抗肿瘤作用，常用于肿瘤、病毒性皮肤病和其他病毒病的治疗。

（2）生长激素　　生长激素是一种由垂体细胞分泌的肽类激素，对于儿童和成年人的正常生长和代谢起着重要作用。人体生长激素能够治疗侏儒症和促进伤口愈合，动物生长激素能够加速畜禽生长发育。通过重组 DNA 技术获得的重组生长激素在大肠杆菌中成功表达，在医学和畜牧业领域取得了很好的应用效果。

（3）促红细胞生成素　　促红细胞生成素是肾产生的一种糖蛋白，作用于骨髓造血细胞因子，能够促进红细胞成熟，缩短红细胞的生产时间，调节骨髓中的造血细胞含量，用于肾功能不全引起的贫血、放疗引起的贫血及其他一些罕见贫血症的治疗，还可用于外科手术前

准备自体输血的患者。促红细胞生成素目前是在培养的哺乳动物细胞中表达，但成本较高，生产过程复杂。

（4）白细胞介素　白细胞介素简称白介素，是一种抗肿瘤免疫因子，介导 T 细胞和 B 细胞的活化、增殖、分化，以及在炎症反应中起重要作用。同时能够增强杀伤淋巴细胞的功能，也用于癌症的治疗。

（5）集落刺激因子　在进行造血细胞的体外研究时，发现一些细胞因子可刺激不同的造血干细胞在半固体培养基中形成细胞集落，这类因子称为集落刺激因子。其分为两类：一类为粒细胞集落刺激因子，另一类为巨噬细胞集落刺激因子。此二者均可促进体内白细胞的增殖，增强粒细胞的功能，调控造血功能，用于肿瘤患者化疗后白细胞下降等的治疗。

（6）重组人胰岛素　胰岛素是由胰腺分泌的一种蛋白质激素，是机体内唯一降低血糖的激素，同时可促进糖原、脂肪、蛋白质的合成，在人体生长发育和血糖代谢等方面起着重要作用。重组人胰岛素是基于基因工程技术制备的药物，用于治疗 2 型糖尿病等疾病。

（7）类风湿关节炎药物　类风湿关节炎药物通过影响免疫系统来治疗类风湿关节炎，这些药物通常在类风湿关节炎患者无法耐受非甾体类抗炎药物和植物药物（如雷公藤多苷片、白芍总苷胶囊等）时使用。

（8）肿瘤分子靶向药物　肿瘤分子靶向药物是利用肿瘤细胞与正常细胞之间分子生物学上的差异（包括基因、酶、信号转导等不同特性）而设计的药物，可以选择性地作用于肿瘤细胞并达到治疗效果。目前，肿瘤分子靶向药物已成为临床治疗的热点之一。

4. 基因工程疫苗　基因工程疫苗是将病原的保护性抗原的基因片段克隆入表达载体，用以转染细胞或微生物后得到的产物。或者将病原的毒力基因删除掉，使其成为不带毒力基因的基因缺失苗。基因工程疫苗需要构建特定的载体与表达系统，需要在高效表达外来基因的同时能够保证疫苗的安全性。基因工程疫苗包括基因工程亚单位疫苗、基因工程载体疫苗、核酸疫苗、基因缺失疫苗、重组载体疫苗和蛋白质工程疫苗等。

（1）基因工程亚单位疫苗　亚单位疫苗是疫苗的一种，其中只含有病原体中具有抗原性的部分，即可以诱发免疫反应的抗原。这种疫苗是通过基因工程表达的抗原蛋白制成的，具有产量大、纯度高和免疫原性好等特点。例如，重组乙型肝炎疫苗就是通过这种方式制备的，它使用酵母或哺乳动物细胞作为宿主，将构建的 *HBsAg* 基因重组质粒转入宿主中进行表达，从而产生具有免疫原性的 HBsAg 蛋白。

亚单位疫苗已经用于预防结核病、登革热和新型冠状病毒感染等病原微生物的感染。亚单位疫苗目前还被作为预防疟疾、破伤风等病原微生物感染的候选疫苗。

（2）基因工程载体疫苗　基因工程载体疫苗是运用微生物作载体，将保护性抗原基因重组到微生物体中。这种疫苗多为活疫苗，因此又称为基因工程减毒活疫苗，如腺病毒疫苗、霍乱弧菌疫苗、沙门氏菌疫苗、卡介苗等。重组体在机体内表达产生大量抗原，刺激机体产生特异免疫应答，载体还可以发挥佐剂效应增强免疫效果。

（3）核酸疫苗　这种疫苗包括 DNA（脱氧核糖核酸）疫苗和 RNA（核糖核酸）疫苗。核酸疫苗的研究主要以 DNA 疫苗为主，是指编码抗原的基因序列，经肌内注射或微弹轰击等方法导入宿主体内，通过宿主细胞表达抗原蛋白，诱导宿主细胞产生对该抗原蛋白的免疫应答，以达到预防和治疗疾病的目的。RNA 疫苗是通过使用信使 RNA（messenger RNA， mRNA）分子来传递病原体相关的遗传信息，从而激发人体免疫系统产生应对病原体的免疫反应。mRNA 是一种包含了蛋白质合成所需信息的分子，它能够被人体细胞的核糖体识别和翻译为相应的蛋白质。

研制核酸疫苗原本不被看好，但 mRNA 技术迅速发展，特别是在疫苗开发方面的应用，在新冠疫情流行时，研究人员利用 mRNA 技术快速研发出 mRNA 新冠疫苗，帮助人类有效应对了新型冠状病毒感染。正是由于在 mRNA 疫苗方面做出的巨大贡献，美国科学家卡塔林·卡里科（Katalin Karikó）和德鲁·魏斯曼（Drew Weissman）获得 2023 年诺贝尔生理学或医学奖。当前，mRNA 疫苗除用于新型冠状病毒的防治外，还用于寨卡病毒感染、中东呼吸综合征等的预防和治疗。核酸疫苗已成为疫苗研究领域中的热点。

（4）基因缺失疫苗　　基因缺失疫苗是通过缺失某些基因片段来减弱病毒的毒力，同时保留病毒的主要抗原成分，从而刺激机体产生免疫应答，达到预防疾病的目的。基因缺失疫苗通常是从病毒中提取出基因组，并确定要缺失的基因片段；然后利用基因工程技术将要缺失的基因片段敲除，制备出基因缺失病毒；将基因缺失病毒与适当的载体结合，制备成疫苗。

相比于传统灭活疫苗和减毒活疫苗，基因缺失疫苗具有更高的安全性和免疫原性，并且能够更好地模拟自然感染的过程，因此被广泛应用于预防病毒感染的免疫接种中。

（5）重组载体疫苗　　重组载体疫苗是一种新型疫苗。以减毒活病毒或减毒活细菌为载体，将编码特定病原体免疫原性蛋白的基因插入载体，作为疫苗输入机体以预防特定病原体。在构建过程中，可将一种病原体的两个或多个抗原蛋白的编码基因或多个病原体的抗原蛋白编码基因，转入同一种病原体内以制成重组载体疫苗。

（6）蛋白质工程疫苗　　蛋白质工程疫苗是指将抗原基因加以改造，使之发生点突变、插入、缺失、构型改变，甚至进行不同基因或部分结构域的人工组合，以期增强其产物的免疫原性、扩大反应谱、去除有害作用或副反应的一类疫苗。

此外，基因工程疫苗还有转基因植物疫苗等。这些疫苗各有特点，适用于不同的疾病预防和控制需求。

二、基因工程制药的基本技术和方法

基因工程制药的主体战略思想是外源基因及 mRNA 分子的高效表达，因此主要依赖于以下 5 个方面的基本技术和方法。

1）根据 DNA 分子复制与稳定遗传的分子遗传学原理，利用载体 DNA 在受体细胞中独立于染色体 DNA 而自主复制的特性，将外源基因与载体分子重组，通过载体分子的扩增提高外源基因在受体细胞中的剂量，借此提高其宏观表达水平。

2）根据基因表达的分子生物学原理，筛选、修饰和重组启动子、增强子、操纵子、终止子等基因的转录调控元件，并将这些元件与外源基因精准拼接，通过强化外源基因的转录提高其表达水平。

3）根据分子生物学原理，选择、修饰和重组核糖体结合位点及密码子等 mRNA 的翻译调控元件，强化受体细胞中蛋白质的合成过程。

4）使用 mRNA 操作技术，对 mRNA 分子自身进行修饰，增强其稳定性和翻译效率，转入受体细胞后可被核糖体识别、翻译成相应的蛋白质，并激发受体产生特异性免疫应答。

5）根据生化工程学原理，从基因工程菌（细胞）大规模培养的工程和工艺角度切入，合理调控其增殖速度和最终数量，这也是提高外源基因表达产物产量的主要环节。

三、基因工程制药的发展

基因工程制药行业的快速发展是以分子遗传、分子生物、分子病理、生物物理等基础学科的突破，以及基因工程、细胞工程、发酵工程、酶工程和蛋白质工程等基础工程学科的高速发展为后盾的。基因工程技术、细胞工程技术、发酵工程技术、酶工程技术和蛋白质工程技术等都是组成医药生物技术的主体，而且这几个技术体系是相互依赖、相辅相成的。新的生物药物的生产必须综合应用这几个技术体系。在这些技术体系中，基因工程技术无疑起着重要作用。因为只有通过基因工程技术改造过的生物细胞，才能赋予其他技术体系以新的生命力，才能真正按照人们的意愿，生产出特定的新型高效的生物药物。

基因工程制药的发展经历了以下 3 个阶段。

（1）细菌基因工程　　细菌基因工程是把目的基因适当改建后导入大肠杆菌等基因工程菌中，通过原核生物表达目的蛋白。目前上市的基因工程药物大多数采用这种方法，但工程菌本身是原核低等生物，目的基因难以表达，即使表达，多数蛋白质也不具有生物活性，因而限制了该方法的发展。

（2）细胞基因工程　　该方法解决了外源基因的表达和蛋白质表达后的修饰问题，但哺乳动物细胞培养条件复杂，产量低，成本高。

（3）转基因动植物生产药用蛋白　　利用转基因动植物生产药用蛋白是最有发展前景的一种基因工程药物生产方法。

21 世纪初人类基因组图谱的完成，使科学家可以直接根据基因组研究成果，经生物信息学分析、高通量基因表达、高通量功能筛选和体内外药效研究开发得到新候选药物。这将大大缩短药物研制时间，降低药物研制费用，从整体上改变人类制药工业的现状，使药物的开发研究过渡到基因制药阶段，并将推进基因工程制药产业的快速发展。基因组药物的开发是一条全新的技术路线，它不同于常规的生物药物开发手段，其优势是取自庞大的人类基因资源，只要已知基因序列，就可进行开发研究。

除人类基因组计划完成外，伴随着第四代基因测序技术的出现，越来越多物种的基因组全序列相继完成并公开报道，加之近几年人工智能技术在制药行业的渗透，大大加快了基因工程制药的速度和新药研发的进程。此外，诱导多能干细胞技术的出现、mRNA 技术的快速兴起、CRISPR/Cas9 基因编辑技术的出现、冷冻电镜技术的快速发展及 AlphaFold 等系统对蛋白质结构的大规模预测等技术的出现，推动了生物学领域快速发展甚至全新革命。这些重大成果的发现，加速了基因工程新药的开发，对基因治疗、疾病研究等领域将产生深远影响。

随着基因工程药物的发展转基因技术研究的深入，转基因技术在制药业中具有广阔的发展前景，当前我国的基因工程制药行业已初具规模。随着后基因组时代的逐步深入，生物反应器、反义核酸技术、基因编辑技术和干扰小 RNA（siRNA）等基因技术的不断完善，采用小分子干扰手段及基因编辑技术进行药物开发和基因治疗极具发展潜力。使用现代生物学、医学、药学最先进的技术设备和方法生产基因工程药物，治疗遗传疾病和肿瘤等病症引起了人们的高度重视。

四、基因工程制药技术的应用及现状

随着生物技术的不断进步和市场需求的增加，基因工程制药已经成为世界医疗产业的重要

组成部分。基因工程制药公司已经遍布全球，如辉瑞、葛兰素史克、默克等。与国外相比，我国的基因工程制药产业起步较晚，但对于世界上较为重要的基因工程药物，我国国内企业现阶段大多已能生产。当前，我国已有15种自主研发的基因工程药物和若干种疫苗批准上市，另有十几种基因工程药物正在进行临床验证，还在研制中的有数十种。

第二节 基因工程制药的基本过程

基因工程制药是一项十分复杂的系统工程，其基本过程可分为上游阶段和下游阶段。

上游阶段：主要在实验室完成，首先分离筛选目的基因、载体；然后构建载体DNA并将其转入受体细胞，大量复制目的基因；选择重组DNA并进行分析鉴定；导入合适的表达系统，构建工程菌（细胞），研究制订适宜的表达条件使之正确高效表达。

下游阶段：从工程菌（细胞）的规模化培养一直到产品的分离纯化和质量控制。此阶段是将实验室的成果产业化、商品化，主要包括生产的放大工艺研究、工程菌大规模发酵最佳参数的确立、新型适宜生物反应器的研制、高效分离介质及装置的开发、分离纯化工艺的优化控制、高纯度产品的制备技术、生物传感器等一系列仪器仪表的设计和制造、生产过程的电子计算机优化控制等。

基因工程制药工艺过程是由系列技术组成，其目标是把目的基因转入另一生物体（或细胞）中，使之在新的遗传背景下实现功能表达，产生出人们所需要的药物，依据其研究内容，基本操作流程如下。

（1）目的基因的获取　　可以通过人工合成法，或从生物基因组中，通过限制性内切核酸酶切割或PCR扩增等方法，分离出带有目的基因的DNA片段。

（2）构建DNA重组体　　在体外将带有目的基因的外源DNA片段连接到能够自我复制，并具有选择标记的载体DNA分子上，形成完整的新的重组DNA分子。在构建DNA重组体过程中，可使用无缝克隆技术快速、高效完成。无缝克隆技术是一种先进的生物技术，通过精确的基因编辑技术，将一个或多个目的DNA片段插入质粒的任何位点中。

（3）将DNA重组体引入受体细胞　　将DNA重组体导入适当的受体细胞或宿主菌，进行自体复制或增殖，形成重组DNA的无性繁殖系。

（4）筛选、鉴定和分析转化细胞　　从大量的细胞繁殖群体中，筛选出获得了重组DNA分子的受体细胞或基因工程克隆菌；然后培养克隆株系，提取出重组质粒，分离已经得到扩增的目的基因，再分析测定其基因序列。

（5）构建基因工程表达菌　　将目的基因导入适宜的表达载体细胞中，经反复筛选、鉴定和分析测定，最终获得正确稳定表达的基因工程菌或细胞；也可通过无缝克隆技术直接将目的基因序列与表达载体相连接，后经转化、筛选、测序等，获取正常表达的基因工程菌或转染细胞。

（6）基因工程菌（或细胞）大量培养　　对上述获取的基因工程菌或细胞进行大规模培养（发酵技术培养），使其产生大量所需目的蛋白，也可通过加入诱导剂等方法使其大量表达目的蛋白，接着利用不同的纯化方法纯化目的蛋白。

（7）表达产物的提取、分离、纯化　　对大规模培养的基因工程菌或细胞中的目的产物进行提取、分离、纯化等，使其达到医药级别要求。通常采用多种分离纯化技术，如超滤、离子交换和透析等，得到纯度高、活性好的药物制剂。

（8）产品的加工、检验、包装等　　最后是对得到的药物制剂进行加工、检验及包装等。

一、基因工程制药中常用的工具酶

在生物技术中常用的各种工具酶是指能用于 DNA 和 RNA 分子的切割、连接、聚合、逆转录等有关的各种酶系统。要使基因工程得以实施，首先是要为体外操作 DNA 分子提供一系列的工具酶。这些工具酶是在 DNA 操作过程中必不可少的基本工具。

1. 限制性内切核酸酶　　限制性内切核酸酶（restriction endonuclease）简称限制酶，是一类特异性识别短的 DNA 序列，并且在识别位点或附近切割双链 DNA 的内切酶。该酶对碱基作用具有专一性。它们在基因的分离、DNA 结构分析、载体的改造与构建、体外重组及鉴定中均起着重要作用。

2. 其他常用工具酶　　在基因工程操作中，需要使用一系列功能各异的核酸酶来完成，表 2-1 为几种常用的工具酶及其主要功能。

表 2-1　几种常用的工具酶及其主要功能

工具酶名称	主要功能
DNA 连接酶（DNA ligase）	通过催化形成磷酸二酯键将两条以上的线性 DNA 分子或片段连接成一个整体
DNA 聚合酶（DNA polymerase）	在引物和模板存在下把脱氧核糖核苷酸连续地加到双链 DNA 分子引物链的 3′-OH 端，催化核苷酸的聚合作用
末端脱氧核苷酸转移酶（terminal deoxynucleotidyl transferase，TdT）	将脱氧核糖核苷酸加到 DNA 分子的 3′-OH 端，不需要模板的存在就可以催化 DNA 分子发生聚合作用
核酸酶（nuclease）	内切单链或双链 DNA，或 RNA，得到带有 5′-P 的单核苷酸和寡核苷酸的混合物
核酸外切酶（exonuclease）	从多核苷酸链的末端开始逐个降解核苷酸
T4 多核苷酸激酶（T4 polynucleotide kinase）	催化 ATP 的 γ-磷酸基团转移到单链或双链 DNA 或 RNA 的 5′-OH 端
碱性磷酸酶（ALP）	去除 DNA、RNA 的 5′-P，使 DNA 或 RNA 的 5′-P 变为 5′-OH 端

二、基因工程制药中常用的载体

载体的构建和选择是基因工程的重要环节之一，主要功能是运送外源基因高效转入受体细胞，提高外源基因的复制能力或整合能力，为外源基因扩增或表达的必要条件。

目前在基因工程制药中常用的基因克隆载体主要有 4 类，即质粒、λ 噬菌体、M13 噬菌体和黏粒。此外，动植物病毒和化合物等也可作为将目的基因引入动植物受体细胞的载体。

1. 质粒　　质粒是基因工程中最常用的载体，主要是以质粒（plasmid）的各种元件为基础组建而成，它必须包含有 3 种共同的组成部分：复制必需区、标记基因和限制性内切核酸酶的酶切位点。

2. λ 噬菌体　　λ 噬菌体作为载体在重组 DNA 的研究中有着相当广泛的用途，常用于基因文库法分离大片段 DNA 分子。有侵染力的 λ 噬菌体的分子质量为 3.1×10^7 Da，是温和噬菌体。λ 噬菌体的头部外壳蛋白包裹一条 DNA 分子，可通过尾部将 DNA 分子注入细菌细胞内，蛋白质外壳留在细胞外面。注入宿主细胞内的 DNA 分子，会迅速通过黏性末端之间的互补作用，形成环形双链 DNA 分子。随后在 DNA 连接酶的作用下，将相邻的 5′-P 和 3′-OH 端封闭起来，并进一步超螺旋化。

野生型λ噬菌体并不适于用作基因克隆的载体，必须经过改造才能作为基因克隆的载体。经改造后构建的λ噬菌体的衍生载体，可以归纳成两种不同的类型：①插入型载体，具有单一的酶切位点，可供外源 DNA 的插入；②置换型载体，有成对的酶切位点，在两个酶切位点之间的 DNA 片段，可被外源 DNA 片段置换。

3．M13 噬菌体　　M13 噬菌体是一种大肠杆菌丝状噬菌体，具有长度为 6.4kb 的环状单链 DNA 分子。M13 噬菌体颗粒外形呈丝状，大小为 900nm×9nm。在颗粒中包装的仅是（＋）链的 M13 噬菌体，又称为感染性单链。由于 M13 是一种雄性大肠杆菌特有的噬菌体，因此它们只能感染带有 F 性纤毛的大肠杆菌菌株，但 M13 噬菌体 DNA 也可以通过转染作用导入雌性大肠杆菌细胞。

4．黏粒　　黏粒（cosmid）是一类人工构建的含有λ噬菌体 DNA 黏性末端 *cos* 序列和质粒复制子的杂种质粒载体，是为克隆和增殖真核基因组 DNA 的大片段设计的，是组建真核生物基因文库及从多种生物中分离基因的有效工具。

黏粒不但具有λ噬菌体的体外包装、高效感染等特性，还具有质粒易于克隆操作、选择和高拷贝等特性，同时还具有高容量的克隆能力和与同源序列的质粒进行重组的能力。

5．杆状病毒载体　　杆状病毒载体是一种比较常见的基因工程载体，它由病毒的全基因组和其他分子形成，用来转移外源基因到细胞中，可以把外源基因转移到细胞核或任何其他的地方。

6．化合物载体　　化合物载体是一种新型的载体，它是由多种不同的分子组成的，可以将外源基因转移到细胞核或其他位置，并且可以把这些基因在细胞中表达出来。

三、基因工程制药的关键技术

1．目的基因的获得　　生物界的基因有成千上万个，要从这个基因海洋里获得某个特定的基因，确实不是一件容易的事情。随着测序技术的发展，以及序列数据库（如 GenBank 等）、序列比对工具（BLAST）等的应用，越来越多基因的结构和功能被揭示。因此，从相关的已知结构和功能清晰的基因中筛选目的基因成为较为有效的方法之一。除了从数据库中筛选目的基因外，目前获取目的基因的方法有：从细胞中分离目的基因（直接从供体生物细胞中分离目的基因和从基因文库中分离目的基因等）和人工合成目的基因（化学合成法、PCR 法、逆转录法、基因芯片和基因编辑等）等。

（1）直接从供体生物细胞中分离目的基因　　最常用的方法是鸟枪法，适用于从简单的基因组中分离目的基因，如原核基因、质粒或病毒等。对于真核生物基因组则可获取真正的天然基因（兼有外显子和内含子）。此外，对于控制基因表达活动的调控基因或在 mRNA 中不存在的某种特定序列，只能通过构建基因文库从染色体基因组 DNA 中获得。

（2）从基因文库中分离目的基因　　基因文库包括基因组文库和部分基因文库（如 cDNA 文库）。完整的基因文库应该含有染色体基因组 DNA 的全部序列，分离目的基因时可以从获得的基因文库中筛选，而不必重复地进行全部操作。如果这个文库只包含某种生物的一部分基因，这种基因文库叫作部分基因文库，如 cDNA 文库。通常用于从真核生物中分离目的基因。

（3）化学合成法　　基因的化学合成法就是将核苷酸单体按 3′,5′-磷酸二酯键连接，先合成具有特定序列结构的一定长度的具有两条单链（上下各重叠 6～10 个碱基）的寡聚核苷酸片段，然后在寡核苷酸片段 5′端分别添加磷酸基团。通过退火拼接、DNA 连接酶连接，使两条链按照一定的顺序共价连接，可得到合成基因。最后通过载体，获得克隆的化学合成基因。

此法适用于长度短且碱基序列已知的 DNA 的合成，或者已知的小分子蛋白质或多肽的编码基因。

（4）PCR 法　　聚合酶链反应（PCR）是一种在体外模拟天然 DNA 复制过程的核酸扩增技术，以基因组 DNA 为模板，利用 PCR 技术对目的基因进行扩增并获取的方法，此法也是基因工程制药中获取目的基因最常用的方法。

（5）逆转录法　　逆转录法也叫作酶促合成法，是以目的基因的 mRNA 为模板，用逆转录酶合成其互补 DNA（cDNA），再利用酶促反应合成双链 cDNA。这是获取真核生物目的基因常用的方法，也是获取多肽和蛋白质类生物药物目的基因的方法。

（6）基因芯片　　基因芯片是生物芯片的一种，其基本技术包括：核酸方阵的构建、样品的制备、杂交和杂交图谱的检测及读出。根据用途不同可分为表达谱芯片、测序芯片和诊断芯片。其中表达谱芯片的应用最为广泛，可用于基因功能分析、疾病发生机制的探讨及药物研究和筛选。

（7）基因编辑　　基因编辑是利用 CRISPR/Cas9 系统、TALEN 或 T-DNA（转移 DNA）插入等基因编辑技术，直接对细胞或生物体进行基因编辑，将目的基因插入细胞或生物体的基因组中。

2. 目的基因的体外重组　　目的基因的体外重组是将目的基因（外源 DNA 片段）用 DNA 连接酶在体外连接到合适的载体 DNA 上，这种重新组合的 DNA 称为重组 DNA。其主要依赖限制酶和 DNA 连接酶的作用。

3. 重组 DNA 导入受体细胞　　将带有外源目的基因的重组 DNA 导入适当的宿主细胞中进行繁殖，获得大量纯的重组 DNA，这一过程即基因扩增。

用作基因克隆宿主（受体）的细胞系主要有细菌、酵母、昆虫细胞、哺乳动物细胞等多种类型。由于受体细胞的结构不同，转入目的基因的方法也不同。向细菌转入重组 DNA 的方法主要有化学转化法和电击转化法等；向真核生物细胞中转移基因的方法可分为两大类，一类需借助于载体，另一类是直接转化。

4. 重组体的筛选、鉴定和分析　　在众多的转化子中，真正含有重组 DNA 的比例很少，为了分离出含有外源 DNA 的宿主细胞，需要设计易于筛选重组体的方案并加以验证。

（1）含目的基因重组体的筛选与鉴定　　通常重组体的鉴定可以从直接和间接两方面分析，从 DNA、RNA 和蛋白质三个不同的水平进行鉴定。

（2）重组 DNA 的序列分析　　为了确认所构建的重组 DNA 的结构与方向或对突变（如点突变和缺失）进行定位和鉴定，必须对重组 DNA 中的局部区域（如插入片段）进行核苷酸序列分析，以提高目的基因的表达水平。

5. 目的基因在宿主细胞的表达　　克隆的目的基因只有在宿主细胞中表达获得蛋白质后，才能进一步研究其功能和调控机制。这种表达外源基因的宿主细胞称为表达系统。表达系统的选择取决于蛋白质类型、性质及其他诸多因素，还应考虑目的产物的浓度和纯度等涉及产量和纯化的下游工艺。

目的基因表达的主要问题是目的基因的表达产量、表达产物的稳定性、产物的生物学活性和产物的分离纯化。为了高效地表达目的基因，从而大量获得常规方法难以生产的药物，建立最佳的基因表达系统是目的基因表达设计的关键。

（1）原核细胞表达系统　　大肠杆菌表达系统是目前最受青睐和应用最多的一种原核细胞表达系统。该系统培养方便、操作简单、成本低廉、遗传背景清楚、基因表达调控的分子机制清晰，有多种适用的宿主菌株和载体系列。另外，大肠杆菌易于进行工业化批量生产。

（2）真核细胞表达系统　真核细胞表达系统可以分为两类：一类是病毒载体表达系统，另一类是转染DNA的表达系统。通常克隆的目的基因必须插入适当的表达载体并在细菌中复制扩增后才转染真核细胞，建立真核细胞表达系统。常用的真核细胞表达系统主要有酵母、昆虫细胞、哺乳动物细胞和植物细胞。

1）酵母。酵母是较成熟的真核生物表达系统，其优点在于：①结构简单，基因组小，遗传背景清楚；②基因表达调控机制比较清楚，并且遗传操作相对简单；③具有原核细胞无法比拟的蛋白质翻译后加工系统；④不含特异性病毒、不产生内毒素，是安全的基因工程表达系统；⑤繁殖迅速，大规模发酵历史悠久、技术成熟、工艺简单、成本低廉；⑥能将外源基因表达产物分泌至细胞外，从而简化了分离纯化工艺。已经有许多真核基因在酵母中获得成功表达，如干扰素、乙型肝炎表面抗原、人表皮生长因子、胰岛素等的相关基因。其中以酿酒酵母的应用最多。

2）昆虫细胞。昆虫细胞表达系统是一种重组蛋白表达系统，包括经典的杆状病毒表达系统和新发展的稳定表达系统，这两种系统都可以高效表达目的蛋白。常用的昆虫细胞株为Sf9和Sf21，均对杆状病毒的感染非常敏感。

杆状病毒表达系统：杆状病毒属于双链环状DNA病毒（基因组长80～200kb），只感染无脊椎动物，常见的宿主是昆虫。绝大多数杆状病毒可以产生多角体，多角体主要由多角体蛋白形成，位于被感染昆虫细胞的细胞核中。形成多角体的细胞死亡后，可经多角体将病毒传染给其他昆虫细胞。

由于昆虫细胞具有高等真核生物的目的蛋白翻译后修饰加工系统及病毒快速繁殖的特性，产物活性高、操作简便、表达产量高，因此杆状病毒表达系统较原核细胞表达系统更有优势。重组杆状病毒既可感染培养的昆虫细胞，又可感染昆虫幼虫，这些幼虫如同一个低成本的蛋白质加工厂。并且杆状病毒宿主范围狭窄，比哺乳动物细胞表达系统更安全。

稳定表达系统：稳定表达系统是针对杆状病毒表达系统存在的问题而构建的，是将外源基因置于合适的昆虫细胞启动子下游构建成外源基因稳定表达系统。

构建稳定表达系统可以选择果蝇表达系统或者杆状病毒系统。果蝇表达系统结合了杆状病毒系统的高效率和哺乳动物细胞的非传染性，具有很好的应用前景。这些表达系统主要是在启动子和宿主细胞基本不变的情况下，在标记基因、表位标签、纯化标签、操作简便性等方面进行了优化和组合，以适应不同研究开发的需要。

果蝇表达系统不仅可以构建稳定表达系统，也可获得诱导型表达，视宿主细胞内启动子的性质而定。果蝇表达系统可选用的启动子有 *MT*（metallothionein）、*Act5C*（actin 5C gene）等。*MT*启动子控制严谨，在少量Cd^{2+}或Cu^{2+}的诱导下，可获得大量转录产物，转化宿主细胞（S2或Kc细胞）培养数月后，仍保持可诱导性。

3）哺乳动物细胞。哺乳动物细胞是高等真核生物细胞，其结构、功能和基因表达调控更加复杂。要表达高等真核基因，以获得具有生物学功能的蛋白质或具有特异性催化功能的酶，哺乳动物细胞表达系统比起其他系统更优越。

哺乳动物细胞表达系统具有以下特点：①能正确识别真核蛋白的合成、加工和分泌信号，能产生天然状态的蛋白质和加工修饰表达的蛋白质，包括二硫键的形成、糖基化、磷酸化、寡聚体的形成，以及蛋白酶对蛋白质进行特定位点上的切割；②表达的蛋白质与天然蛋白质的结构、糖基化类型和方式几乎相同且能正确组装成多亚基蛋白；③能表达有功能的膜蛋白，如细胞表面的受体或细胞外的激素和酶（只能由哺乳动物细胞表达），还能表达分泌蛋白质；④能以悬浮、固定等形式，在无血清的培养基中培养，实现高密度大规模表达生产；⑤表达产物可由重组转化细胞分泌到培养液中，容易纯化。

4）植物细胞。在真核细胞表达系统中，与动物细胞相比，植物细胞表达系统具有成本低、易于大规模培养和改造灵活等优势。植物细胞能够进行正确的蛋白质修饰，如糖基化、磷酸化和亚硫酸酯化等，同时它们不含病原微生物，减少了潜在的传染风险。

6. 基因工程菌或细胞的发酵培养与药物生产 采用基因重组技术构建的基因工程菌或细胞，由于它们携带外源基因的重组载体，所表达的产物是相对独立于细胞染色体之外的重组质粒上的外源基因所表达的，细胞本身并不需要该蛋白质，因而对其进行培养与发酵的工艺技术与单纯的微生物细胞（或真核细胞）培养的工艺技术有许多差别。基因工程菌或细胞培养与发酵的目的是希望其外源基因能够高水平表达，以便获得大量的外源基因产物。因此，培养设备和条件控制应满足获得高浓度的受体细胞和高表达的目的基因产物要求。

外源目的基因的高表达，不仅涉及宿主、载体和克隆基因三者之间的相互关系，而且与环境条件密切相关。因此，必须对影响外源基因表达的因素进行研究、分析和优化，探索适合于外源基因高效表达的一套培养和发酵工艺技术。

为了提高外源基因的表达量，需研究不同宿主细胞对目的产物表达的影响，同时对培养基、诱导时期、诱导时间、温度、初始 pH、无机离子等发酵条件及重组质粒在宿主菌中的稳定性进行研究，为发酵规模的扩大奠定基础。

第三节 转基因动物制药

20 世纪 80 年代，实验胚胎学与分子生物学相互渗透，打破了传统动物选育技术的局限，使人们可以将动物的受精卵作为操作对象，把特定的目的基因从某一机体中分离出来，在体外扩增与加工后，再导入目标动物的早期胚胎中，使其表达相应的药物蛋白。以此思想为主线，人们开始进行有关研究，并将这种载有目的基因、有别于微生物发酵方式以生产药物为目的的转基因动物，称为动物生物反应器。

转基因动物制药与常规的制药技术相比，具有不可比拟的优越性。以哺乳动物作为动物生物反应器好比在动物身上建"药厂"，动物的乳汁或者血液可以源源不断地为我们提供目的基因的产品，设备简单、耗能低、无环境污染、产量高、生产成本低、易提纯；表达产物已经过充分修饰和加工，具有稳定的、近似天然产物的生物活性；转基因动物具有较强的蛋白质生产能力，故具有投资成本低、药物开发周期短和经济效益高等特点。

一、转基因动物制药的基本方法

转基因动物（transgenic animal）实验技术是建立在细胞遗传学、分子遗传学、发育生物学和 DNA 重组技术基础之上的生物工程技术，是一种能通过对基因操作，在 RNA、蛋白质、形态学或生理学水平直接观察基因在活体内的活动情况并观察其表达产物所引起的表型效应的四维实验体系，是转基因动物制药的基本方法。转基因动物实验技术的实质是通过遗传工程的手段对动物的基因组结构或组成进行人为的修饰或改造，并通过动物育种技术使得这些经修饰改造后的基因组在动物发育各阶段及世代间得以表现、传递。转基因动物实验技术研究的中心环节即 DNA 重组技术，这一技术打破了物种的界限，克服了动物物种间固有的生殖隔离，实现了动物物种间遗传物质的交换与重组，使不同物种间的遗传物质按照人的意志或目的在分子水平上重新组合在一起，实现对生物体的改造。

1. 转基因动物的操作原理与方法 无论从上游基因改造、载体构建和基因转移，还是下游的胚胎移植、基因整合、表达的检测与动物建系，追求外源基因的高效表达是动物生物反应器的首要问题。作为高级的基因工程制药方式，转基因动物制药使用天然动物取代金属发酵罐，因此与传统基因工程菌（细胞）发酵又具有巨大的差别。

动物生物反应器的关键技术包括目的基因载体的构建和导入外源基因的转基因技术等。

（1）目的基因载体的构建 动物生物反应器的关键是外源基因载体的构建，它决定了目的基因能否进行组织特异性表达、表达水平及蛋白质的生物学活性。

早期转基因动物导入基因片段仅由组织特异性启动子与目的基因构成，因此表达水平高低不一。后来研究发现，其宿主基因组中目的基因的整合位点和真核载体的序列都对目的蛋白的表达产生显著的影响，因此，对转基因动物进行组织或器官的特异性表达的基因调控研究非常必要。目的基因的导入序列至少应由编码区、近端顺式调控元件（启动子）、远端顺式调控元件（增强子，与启动子相配合调节转录速率的调控因子）、控制元件（包括位点调控区 DNA 与主控制区 DNA 等序列）组成。在设计动物生物反应器时，上述结构是真核基因导入序列的模板，除此之外，有时为了检测方便引入报告基因（reporter gene）或报告序列（reporter sequence），为筛选方便也常引入抗性基因等。

（2）导入外源基因的转基因技术 Jaenisch 等（1974）首先用显微注射法将 SV40 病毒的 DNA 注射到小鼠的胚囊中，随后人们建立了多种转基因技术，主要有基因显微注射法、体细胞核移植法、逆转录病毒载体法、胚胎干细胞法、脂质体介导法、同源重组法（基因打靶法）、电转移法等。目前用于开发动物生物反应器的方法主要是前两种。

1）基因显微注射法。Gordon 等（1980）把外源基因序列以微管注入受精卵的原核，并整合于基因组中，获得转基因小鼠。后来，世界各地的实验室也都迅速地重复了该工作，成功地将这种方法运用于繁殖类动物品系，如大鼠、小鼠、兔子与猪等。基因显微注射法作为经典的导入外源基因获取转基因动物的操作方法，在世界各地的实验室迅速建立起来。

2）体细胞核移植法。体细胞核移植法是用动物的体细胞（包括动物成体体细胞、胎体成纤维细胞等）为受体，将目的基因导入能传代培养的动物体细胞中，再以导入外源基因的动物体细胞作为核供体，置换出卵细胞核进行动物克隆，从而得到携带外源基因的转基因动物。

3）逆转录病毒载体法。逆转录病毒具有侵入宿主细胞并将其核酸整合于宿主细胞染色体基因组的能力。将插入有外源基因的逆转录病毒，通过辅助细胞包装成高感染滴度的病毒颗粒，再感染桑椹胚期的胚胎，随后将胚胎移入子宫，可发育成携带外源基因的子代动物。

4）胚胎干细胞法。胚胎干细胞是指从胚胎的内细胞团中获得的具有无限增殖且保持未分化状态的细胞。研究表明，胚胎干细胞可使受体动物细胞中外源基因整合率达 50%，生殖细胞整合率可达 30%。利用胚胎干细胞的最大优点是可以对其进行特定遗传修饰，借助于同源重组技术使外源基因整合到靶细胞染色体的特定位点上，实现基因定位整合，即基因打靶技术，并且运用最近发展起来的基因敲除（gene knock-out）和基因敲入（gene knock-in）技术成功地制作了基因敲除小鼠（gene knock-out mice）和基因敲入小鼠（gene knock-in mice），而且已经在实验动物模型的建立、基因功能分析、疾病的发生机制、多基因遗传病等方面开展了深入的研究。胚胎干细胞是最理想的受体细胞，已被公认是转基因动物、细胞核移植和基因治疗等研究领域的一种新实验材料。

2. 动物生物反应器外源基因的表达与调控 动物生物反应器是利用转基因动物高效表达某种外源蛋白的器官或组织，目的蛋白的产生是亿万年自然选择的结果，不需要微生物发酵的复杂工艺和高成本的机器。作为表达外源基因的反应器，其在动物体内完成一系列的生命代谢过程，包括基因转录、翻译与修饰及蛋白质分泌等。因此，它的表达调控比传统微生物更复杂、更精细。

无论是采用哪种目的基因转移方法，目的都是把外源基因导入细胞或胚胎，然而得到转基因动物的关键是外源基因的整合和表达效率。

(1) 影响外源基因表达的因素

1) 外源基因的表达与其插入序列的结构相关。主要包括：①启动子，外源基因在动物的何种组织场所表达，主要取决于启动子的选择；②内含子，根据目的基因在微生物细胞或其他经外源基因转染的细胞中的经验，内含子对于 cDNA 的表达作用不大，但近年来人们研究发现内含子对真核基因的表达有重要的作用。因此，为了提高表达效率、获得高效优良的动物生物反应器，应充分重视目的基因的内含子设计。

2) 外源基因序列的有效整合对目的基因的高效表达起关键作用。外源基因注入受精卵后，以单体、超环、松散环状分子或多聚体形式存在，在胞内要经历复制、部分降解、变构、多聚化逐渐整合入染色体，最终以多聚体的方式同源重组插入基因组中。

目的基因既受转移表达载体启动调节序列的控制，又受其整合部位侧翼序列的影响。其插入的位点对宿主细胞可能存在"有效整合""沉默整合""有害整合"三种结果，当目的基因插在合适的位置上时，可能获得高表达量。当目的基因插在非激活区或异染色体等不合适的位置时，基因表达量较低甚至不表达，这便是很难获得令人满意的动物生物反应器的原因。

3) 反式作用因子对目的基因的表达与调控具有重要作用。反式作用因子是基因的表达与调控的一个极为重要的影响因素，它与 DNA 相互作用从而激活或抑制基因的表达。

4) 外界刺激因子对目的基因的表达有调节或诱导作用。基因的组织特异性表达是由组织特异性与组织特异性启动子共同决定的，与微生物表达系统一样，这两者也受金属离子、激素、温度及特殊食物添加剂等外界刺激因子的调节或诱导，这些控制序列的固有性质在转基因动物中也依然存在。

(2) 外源基因的翻译后修饰 在细胞质中，以 mRNA 为模板进行翻译后，蛋白质还需经过一系列的修饰，包括特异性切割、折叠、亚单位结构域组装、糖基化、羧基化及脱酰胺化等过程，才能形成蛋白质。整个过程在细胞质中完成，细胞内的蛋白酶组合成一个加工流水线，对表达的蛋白质进行修饰与加工。

由于哺乳动物的亲缘性，动物生物反应器中目的蛋白能获得最接近天然的糖基化修饰。因此，目的蛋白比从发酵罐中所获得的重组物活性更高，这一点已在动物生物反应器中生产的抗胰蛋白酶与超氧化物歧化酶中得到确证。

蛋白质的翻译后修饰是动物生物反应器生产药用蛋白的一个重要优点，使得大部分复杂蛋白质以重组的方式大量地生产，突破了传统基因工程制药的限制。

(3) 外源基因表达的组织场所 根据蛋白质的性质、用途、表达调控的适宜方式来选择表达的组织场所。迄今，人们已建立多种不同的动物组织表达途径，其主要场所如下。

1) 乳腺。动物乳腺是一种天然、高效的蛋白质合成场所，是最合适的动物生物反应器。转基因动物生产的药用蛋白多数是在乳腺中生产的。由于使用乳腺反应器纯化简单、投资少、成本低、对环境没有任何污染，是理想的生产药用蛋白的场所。

转基因动物的乳腺特异性表达是对乳汁蛋白质进行遗传改造的一种体现。几乎所有由乳腺特异表达调控序列指导表达的外源基因，都可以在哺乳动物的乳腺中表达。更重要的是，不同动物间的乳蛋白均可在特定哺乳动物的乳腺中实现特异性表达，即使该物种原本并不表达该基因。

2）血清。血清含有各种组织分泌的蛋白质，也是重组蛋白的生产场所。一些哺乳动物血清中已成功表达正常组分的异源蛋白质，如人的血红蛋白、人的抗体及其他的人体蛋白质（如α1-抗胰蛋白酶）等。

3）尿液。从尿液中收集目的蛋白，该途径对于那些适于在膀胱上皮细胞中表达的外源蛋白或者目的蛋白对动物本身有害的情况下比较适合，尿液已用来制备药用促性腺激素等。研究表明，小鼠的尿路上皮分化标志物基因的启动子所驱动的人体生长激素基因可特异地在尿路上皮（urothelium）中表达。

4）其他。除以上场所外，还有一些蛋白质的高效合成场所，如蛋清、蚕茧及精液等，也可作为转基因动物蛋白的表达系统。

（4）转基因动物鉴定　　转基因动物鉴定是进行转基因动物生产的重要环节之一。目前，转基因动物鉴定的方法有分子杂交法和PCR法。

1）分子杂交法。①Southern杂交：从转基因动物的组织中提取DNA，选择合适的外源基因酶切位点，进行酶切，电泳后将DNA转印至膜上，用目的基因片段作探针进行杂交，通过显影，在膜上特定位置出现特定的信号。②斑点杂交法：较Southern杂交简单，提取转基因动物的基因组DNA后，直接点在载体膜上，用目的基因片段作探针进行杂交，通过显影获得杂交结果。

2）PCR法。提取转基因动物的基因组DNA，根据目的基因设计特异的检测引物，对转基因动物的基因组DNA进行PCR扩增，电泳后根据带型判断PCR产物的大小，从而确定是否存在目的基因。此法简便，检测效率高，但假阳性较多，检测的准确性差。

（5）外源蛋白的鉴定与纯化　　动物生物反应器生产的外源蛋白需要进行鉴定与纯化，常采用mRNA检测或基于蛋白质的存在来鉴定。近年来，也有利用目的基因表达时报告基因表达，产物易于检测或识别的特点，通过报告基因对外源蛋白的特异性表达进行表征。

与微生物发酵获得的重组蛋白相比，动物生物反应器中蛋白质的纯化较为容易。因为特异性表达外源蛋白质的场所，如乳腺或膀胱等，自身分泌蛋白质较少，不需要复杂的步骤便可获得目的蛋白的纯品。由于下游纯化步骤的简便，降低了动物生物反应器的成本。

二、转基因动物在制药中的应用

2006年全球第一个转基因动物药物批准上市，是通过动物乳腺生物反应器生产的基因工程药物——Atryn，其活性成分为重组人抗凝血酶Ⅲ，具有抑制血液中凝血酶活性的作用，用于预防遗传性凝血酶原缺陷症患者围生期手术时血栓栓塞事件。Atryn生产的原理是将人的抗凝血酶Ⅲ基因置于乳腺特异性调节序列之下，并使重组DNA在山羊的乳腺中表达，通过回收山羊的乳汁获得具有人抗凝血酶Ⅲ生物活性的蛋白质。

转基因动物在生物技术制药中的应用主要包括以下几个方面：生产药用蛋白、在药物筛选中的应用、进行药效检测与评价、揭示人类疾病的发病机制等。

1. 生产药用蛋白　　随着转基因动物实验技术的不断发展，转基因动物制药的研究也取得突破性进展，现已具备多种大分子蛋白质药物的生产能力。由于转基因动物制药的高产值、高效率，其为药用蛋白的生产带来了一场革命，推动了整个医药产业的发展。

2. 在药物筛选中的应用 在药物筛选中，利用转基因动物建立敏感动物系及与人类相同疾病的动物模型，避免了传统的动物模型与人类疾病相似而致病原因和机制不尽相同的缺点，其结果准确、经济，试验次数少，试验时间大大缩短，现已成为人们进行药物快速筛选的一种手段。目前，已经培育出多种转基因动物用于药物筛选研究，并已在抗肿瘤药物、抗人类免疫缺陷病毒药物、抗肝炎病毒药物、肾病药物的筛选中取得突破性进展。

3. 进行药效检测与评价 转基因动物是集整体水平、细胞水平和分子水平于一体的动物，更能体现整体研究的效果，因此成为毒理学研究的热点之一。通过转基因动物模型表达人类基因，可以鉴定和评估非基因毒性化学药品，转基因动物的开发将进一步提高药理学和毒理学研究的专一性和灵敏度，使新药更可靠地进入临床。

新开发的药品在用于人体之前必须进行动物模型试验，但许多疾病没有适当的动物模型来进行药效评价。例如，乙型肝炎的自然宿主只有灵长类动物，而灵长类动物来源有限，价格昂贵。用乙型肝炎病毒（HBV）基因构建的转基因小鼠作为动物模型，HBV在小鼠体内的复制可引起肝的损伤，用γ干扰素治疗可以抑制这种损伤，为乙型肝炎治疗药物的药效评价提供了经济适用的动物模型。有人将脊髓灰质炎病毒（poliovirus）受体的基因转入小鼠构建成转基因小鼠，再用人脊髓灰质炎病毒感染小鼠，小鼠可出现类似人脊髓灰质炎的表现，而野生型小鼠对人脊髓灰质炎病毒是不易感的。人们不但用这样的转基因小鼠进行药效评价，还用来进行疫苗效果的观察。

4. 揭示人类疾病的发病机制 利用转基因动物建立各种人类疾病的动物模型，进一步研究基因的表达调控与疾病发生的关系，已经为许多疑难疾病的发病机制研究提供了十分有用的资料。随着人类基因组计划的完成，从基因水平认识人类疾病的发生、发展规律并研究治疗方法，必将是21世纪医学研究的重要课题。转基因动物疾病模型的研究已成为转基因动物研究的热点，目前已经在遗传病、心血管疾病、肿瘤、高血压、病毒性疾病、阿尔茨海默病及输血医学等领域取得较大成果。

此外，利用转基因动物可生产用于人体器官移植的动物器官，以及应用于生物材料等方面。

三、存在的问题和展望

目前，在生产实践中，动物乳腺生物反应器的应用已崭露头角，但它并没有像人们最初期望的那样发挥明显的社会经济效益。主要是因为转基因动物实验技术还存在着众多问题，首先，研发周期长、前期投资大及技术难度高等，导致大部分产品未商品化；其次，有关转基因动物的基础理论研究还比较薄弱；再次，动物乳腺生物反应器的异位表达和表达产物受位置效应影响的问题也需要新技术来解决；最后，人们出于对转基因产品安全性及转基因动物实验技术所涉及的伦理道德问题的考虑，对转基因产品接受程度不高，在一定程度上阻碍了动物生物反应器的发展。虽然转基因动物实验技术存在诸多问题，但毋庸置疑，该技术正在改变农业、医药、生物材料，甚至是整个生命科学的研究与发展面貌。

（一）转基因动物研究过程存在的主要问题

1. 转基因动物的成功率低 目前转基因动物研究遇到的最大问题是效率低而成本高，

这是目前几乎所有从事转基因动物研究的实验室都面临的问题，也是制约此项技术广泛应用的关键。

2. 难以控制外源基因在宿主基因组中的行为 外源基因随机整合在宿主的基因组中，很有可能引起宿主染色体的插入突变，还可能造成插入位点的基因片段丢失及插入位点的基因位移，同时也可能激活正常情况下处于关闭的基因，导致阳性个体不育、胚胎的早期死亡、四肢畸形。例如，将人的生长激素变异体（hGH-V）基因导入小鼠，转基因小鼠排卵虽多，但会因黄体不正常引起胚胎死亡；将人的生长激素变异体基因导入猪，转基因猪衰弱多病，常见嗜睡、跛行、肺炎等疾病，且繁殖率低；2003 年，克隆羊"多莉"的早逝更是引起人们的担忧和关注，外源基因的异常表达也会扰乱宿主的生理代谢。

3. 不同外源基因表达水平不一致 不同外源基因表达水平不一致，并且同一个体的不同组织和不同个体的同一组织，表达水平也不一致。许多外源基因的表达水平受到宿主染色体上整合位点的影响，出现异位表达，影响外源基因的表达水平或基因表达的组织特异性，使大部分外源基因表达水平极低，极少部分表达水平过高。外源基因随机整合到宿主染色体中，因整合位点效应，导致定位表达的异源蛋白质的功能丧失。基因表达在翻译水平发生的错误剪接也是导致外源基因低表达的一个重要因素。

（二）转基因动物的安全性问题

转基因生物已经突破了传统的界、门的概念，具有普通物种不具备的优势特征，所以转基因动物在给人类带来诸多益处的同时，也存在许多安全问题，主要表现在以下几个方面：①具有某些优势性状的转基因动物可能会对生态平衡及物种多样性产生不良影响；②基因漂移会破坏野生近缘种的遗传多样性；③转基因动物器官移植可能会增加人畜共患病的传播机会；④转基因动物生产的食品可能使食用者发生过敏反应；⑤转基因动物的研究还将会引发一系列社会伦理问题；⑥转基因动物还会引发新的环境问题。

为了预防和控制转基因动物可能产生的不良影响，在大规模生产之前必须对转基因动物进行严格的生物安全检测，为此，联合国于 2000 年通过了《生物多样性公约卡塔赫纳生物安全议定书》。目前，我国专门设立了研究转基因动物安全性的项目，说明对转基因动物的安全性是非常重视和严格要求的。

（三）转基因动物的研究应用展望

从生物学观点看，生物体对能量的利用和转化效率是当今世界上任何装置都望尘莫及的。通过转基因动物来生产药物是一种高效、先进的表达系统。利用转基因动物生物反应器来生产转基因药物，是一种全新的生产模式，与以往的制药技术相比，具有不可比拟的优越性。

在药物研发周期方面，如果利用转基因动物（动物乳腺生物反应器），新药研产的周期仅为 5 年左右，优于传统药物研发周期（15～20 年）；在经济效益方面，利用转基因动物（家畜）乳腺生物反应器来生产转基因药物是一种可以获取巨额经济利润的新兴产业。转基因动物涉及农业和畜牧业、生物医学和医药产业等诸多方面，显示出广阔的应用前景与重大的应用价值。从发展趋势可以看出，转基因动物的研究和应用，将是 21 世纪生物工程技术领域最活跃、最具有实践应用价值的技术之一。相关法规的出台无疑会加速和正确引导转基因工程产品的研究和开发，相信在不久的将来，转基因动物生产将会成为生产行业中的新兴产业。因此，应充分利用转基因技术的潜在价值，实现转基因技术实用化、商业化和转基因动物的产业化。

第四节 转基因植物制药

1983年转基因烟草的培育成功，标志着转基因植物的问世。转基因植物是将外源基因整合于受体植物基因组中并在其中表达，改变受体植物遗传组成后产生的植物及其后代。转基因植物的出现，为人们在分子水平上认识植物生命活动的规律提供了丰富的资料。同时，也使充分利用自然界不同种质资源改良农作物，或使植物产生特殊的有用物质，满足食品和医药工业的需要成为可能。

利用转基因植物制药始于1988年。利用植物生产药用蛋白具有许多潜在的优点，主要包括：①植物作为反应器不再需要厂房和发酵设备，生产过程只需将植物种植到田地中，生产规模可以根据种植面积随意调整；②人们已经具有许多农作物的耕种、收获、加工和贮藏的经验与方法，相应的设施也不需要额外添加；③一些通过口服而发挥药效的蛋白质可以在植物可食用部分表达，可简化或省去蛋白质分离纯化的步骤，节约生产成本；④蛋白质可以被准确地定位到植物细胞的不同部位，如内质网、叶绿体和细胞间隙等，增加了蛋白质的稳定性；⑤植物生产外源蛋白质的能力不断提高，已有不少植物生产体系达到了大规模生产的要求；⑥与动物生产系统相比，植物生物反应器更加安全，另外，植物来源的病原菌和病毒不会侵染人体。因此，植物生物反应器在药用蛋白质生产领域具有广阔的应用前景。

一、转基因植物制药的基本方法

通过植物基因工程手段获得稳定的转基因植株大致需要经历以下几个步骤：植物目的基因的分离、植物基因工程载体的构建、植物的遗传转化、转基因植物的筛选与鉴定、外源基因在转基因植物中的表达与调控等。

（一）植物目的基因的分离

转基因植物的目的基因大部分是从植物中分离出来的，也有的取自动物和微生物，甚至也有少数是人工合成的。

获得外源基因最主要的途径就是从基因文库中分离。对于编码产物已知的目的基因，可以以互补的核苷酸序列作探针进行直接的分离。这种序列可以从已测序的同源基因中获得，或者是根据纯化的蛋白质产物的氨基酸序列推导出来。也可以应用特定的蛋白质抗体及蛋白质的功能测定，筛选克隆基因的蛋白质产物。对于其编码产物未知的目的基因，则可用特殊的分离手段，如mRNA差别显示技术、差示杂交等。

（二）植物基因工程载体的构建

构建基因工程载体的主要目的就是对目的基因进行修饰改造，将其转入植物受体并表达，使植物获得新的性状。

1. 基因转移载体的构建　植物基因工程主要利用根癌农杆菌的Ti质粒和发根农杆菌的Ri质粒组建植物基因工程的载体，也可利用病毒材料来构建载体。在探索建立有效的新型载体的同时也发展了一些新的植物基因工程方法，其优点是不需要组建中间载体，用直接导入法来完成基因工程的植物遗传转化。

2. 植物转化载体的构建　获得目的基因和基因载体之后，还要对其进一步修饰以提高其在植物体内的表达能力，这对于从细菌和病毒中分离的基因尤为重要，因为即使是来源于植物本身的基因也有表达效率问题。同时为了便于对转化细胞进行筛选需要插入标记基因（marker gene）。标记基因应符合两点要求：①能抑制植物细胞的正常生长，但不杀死植物细胞。在转化试验中，应采用毒性较低的化合物。若化合物毒性太高，会迅速杀死植物细胞，死亡的细胞会抑制邻近的活细胞。②选择的标记应具有简便的检测方法，以便检测其在转化细胞或植株中的表达。当采用目的基因直接进行植物的遗传转化时，植物转化载体的基本结构应包括目的基因、启动子、终止子、标记基因和报告基因。

（三）植物的遗传转化

植物的遗传转化是指利用生物、物理、化学等手段将外源基因导入植物细胞以获得转基因植株的技术。转化目的是将外源基因稳定地插入植物的染色体中，并再生完整的植株。作为转化的受体应符合两个条件：①能够接受外源基因，并通过基因重组或其他途径使外源基因稳定地插入植物染色体中；②必须具有脱分化和再生能力，能够形成新的植物体。在许多植物中，同时符合这两个条件的受体细胞是很难找到的。植物遗传转化技术的发展历程正是人们通过技术改进和创新，不断扩大受体细胞的类别，提高转化细胞或组织的再生能力，从而增加适于遗传操作的植物种类，简化转化程序，提高转化效率的过程。

自 20 世纪 90 年代以来，人们对外源基因导入植物细胞进行了大量的研究，先后采用了多种方法对目的基因进行遗传转化。目前，已经建立 10 余种基因转化方法，这些方法可以分为两类，即间接转化法和直接转化法。

1. 间接转化法　间接转化法是以生物体为媒介的植物转基因方法，有农杆菌介导法和病毒介导法。

（1）农杆菌介导法　农杆菌介导法是以农杆菌为媒介对植物进行遗传转化的方法，是农杆菌与植物细胞相互作用的结果。植物组织受伤后释放糖类和酚类等化学物质，吸引农杆菌向受伤组织移动并附着到植物细胞表面，激活 Ti 质粒或 Ri 质粒致病区基因表达，将 T-DNA 切离、运输进入植物细胞并整合到植物基因组上。由于 T-DNA 能够高频率转移，而且 Ti 质粒和 Ri 质粒上可以插入 50kb 的外源基因，因此 Ti 质粒和 Ri 质粒就成为植物基因转化的理想载体系统。

转基因植物生产药用蛋白多采用农杆菌介导法。该方法是植物基因工程中应用最多、效果最理想的方法。其优点是：①操作简单，不需要特殊仪器，培养周期短；②技术较成熟，转化效率高；③外源基因多以单拷贝或低拷贝插入受体细胞，遗传稳定性好；④整合到植物基因组中的 T-DNA 及插入其间的外源基因不仅能在植物细胞中表达，而且可根据人们的需要连接不同的启动子，使外源基因能够在再生植株的各种组织器官中特异性表达；⑤较少出现基因沉默现象；⑥可将较大片段 DNA 完整地转移到植物基因组中；等等。

此法广泛地应用于愈伤组织、悬浮细胞、叶圆片、茎切段、子叶切片、下胚轴切段、大田植株花茎的切段和薄层细胞等离体材料的转化，是目前双子叶植物常用的基因转移方法。

（2）病毒介导法　病毒介导法是以病毒为媒介对植物进行遗传转化的一种植物转基因方法，将外源基因插入病毒基因组中，通过病毒对植物细胞的感染而将外源基因导入植物细胞。常用的植物病毒载体系统有三类：①单链 RNA 植物病毒载体系统，其是以单链 RNA 为模板经逆转录酶作用合成双链互补 DNA（cDNA），将其克隆到质粒或黏粒载体上，把外源基因插入病毒的 cDNA 部分，通过体外转录，使带有外源基因的病毒感染并进入宿主植物细胞。②单链 DNA 植物病毒载体系统，其是由单链环状 DNA 分子组成，一般存在成对的两个病毒颗粒。这种双粒病毒的基因组较小，两个颗粒包含的基因组不同，只有当两种 DNA 混合时才具有感染性。③双链 DNA 植物病毒载体系统，其是将病毒基因组中对病毒繁殖非必需的一段核苷酸序列去掉，换上一段外源 DNA 而不影响病毒基因组正常包装。

植物病毒载体系统中常用的是烟草花叶病毒（tobacco mosaic virus，TMV）和花椰菜花叶病毒（cauliflower mosaic virus，CaMV）等病毒载体。TMV 是研究较为深入的单链 RNA 病毒。CaMV 是双链 DNA 病毒载体系统的一个典型成员，它的基因组是双链环状的 DNA，长度大约为 8000kb，是研究较多的病毒载体。

2. 直接转化法　　直接转化法是指不依赖于生物体将裸露的 DNA 直接转移到植物细胞和原生质体中，进行细胞转化的技术，与间接转化法相比，直接转化法不需要构建载体，因此又叫作无载体介导转化法。它适用于对农杆菌侵染不敏感的植物，使用此法的前提是需要建立良好的细胞或原生质体培养及再生系统。

直接转化法有化学物质诱导法、电穿孔法、脂质体法、微注射法、基因枪法、离子束介导法和花粉管通道法。

综上所述，对于不同种类的植物，或者同一种类不同基因型的植物，应当综合考虑多种因素，选择最佳的方法，从而达到理想的效果。

（四）转基因植物的筛选与鉴定

为了获得转基因植物，需要完成以下三个方面的分析鉴定：带有外源基因的植物细胞和组织筛选、外源基因表达的检测及转化效果的鉴定。

由于外源基因导入植物的细胞和组织后会引起部分细胞转化，需要采用特定的手段将未转化细胞与转化细胞分开，淘汰未转化细胞，筛选带有外源基因的细胞和组织，利用植物细胞的全能性在适宜的环境条件下诱导再生出形态正常、完整的转基因植株，然后通过有性繁殖将外源基因持续地传递给后代。

对于外源基因是否整合到植物基因组中，是否转录和翻译出蛋白质产物，以及转录和翻译的水平都应进行检测。根据检测目的不同，有 DNA 印迹法（Southern blotting，DNA-DNA 杂交）、RNA 印迹法（Northern blotting，DNA-RNA 杂交）、蛋白质印迹法（Western blotting）及酶活性分析。通过这些检测以获得转基因植物的证据，再进行转基因植物的田间试验，而后进入大田生产。

（五）外源基因在转基因植物中的表达与调控

利用转基因植物的目的是获得外源基因高表达的植物，而外源基因能否在转基因植物中稳定、高效表达是影响转基因植物应用的重要因素。在实践中人们发现许多情况下外源基因整合进受体植物的基因组后，即使没有发生突变或丢失，其表达水平也很低，甚至不表达，人们把这种现象称为转基因沉默。目前，植物转基因沉默或不稳定表达已严重影响转基因植物的成功率。

1. 转基因沉默　　转基因沉默（transgene silencing）又称为转基因失活，即当向生物体内导入外源基因时，引起相应序列的内源基因的表达被特异性抑制的一种基因调控现象。

植物转基因沉默主要发生在两个阶段,即转录沉默(transcription silencing,TGS)和转录后基因沉默(post-transcriptional gene silencing,PTGS)。按其产生的原因可分为同源依赖基因沉默(homlogy-dependent gene silencing,HDGS)和位置依赖基因沉默(position-dependent gene silencing,PDGS)等。同源依赖基因沉默是由于转基因出现多拷贝而发生转基因之间或转基因与内源基因之间相互作用而诱发的失活,这种沉默是同源或互补核苷酸序列间相互作用产生的。位置依赖基因沉默是指由于转基因整合到宿主基因组的一定位置而引起的转基因失活。研究表明,植物外源基因失活的分子机制非常复杂,引起基因沉默的原因很多,远非以上两方面原因能够解释清楚。事实上,在植物的生命活动中,基因的表达与调控还与植物的生长发育、细胞内的激素水平及环境因素的变化密切相关,深入地研究和阐明植物基因表达调控的分子机制,将有助于解决植物基因工程中出现的许多问题。

2. 提高外源基因表达水平的策略 外源基因在植物细胞中的高效表达是转基因植物成长和发育的关键因素之一,也是植物基因工程的生命力所在。克服转基因沉默与提高外源基因的表达水平是同一个问题的两个方面,克服转基因沉默的措施,也是提高外源基因表达水平的手段。为了使外源基因在植物细胞中正常(或高效)表达,需要在转基因植物的基因组中插入合适的调控序列。调控序列是指在外源基因和植物基因组之间的区域,可以辅助调控外源基因在植物细胞中的表达,如启动子、增强子、终止子和前导序列等。

(1) 提高外源基因的表达效率 近期,科学家通过转基因技术提高烟草的光合作用速率,最终使烟草生物量积累提升 40%,这是转基因植物中蛋白质高效表达的成功典例。提高表达效率的方法有多种,如使用合适的启动子、增强子和前导序列,提高密码子使用的最适程度和去除 mRNA 中不稳定序列。此外,还可以通过建立整合独立表达系统,在不同细胞部位表达和通过蛋白质二硫键异构酶或伴侣蛋白的共同表达,以促进蛋白质的正确折叠来提高表达效率。

(2) 提高外源基因的遗传稳定性 大多数情况下,外源基因的整合位点难以做到定点插入,拷贝数的多寡也是随机的,而且可以插入任何一条染色体上。另外,外源基因片段大小、甲基化、共抑制、基因沉默等都会影响其稳定遗传和表达。外源基因在受体细胞中进行无性繁殖必须经过愈伤组织诱导、不定芽分化、不定根形成等培养过程;在有性阶段中须经历萌芽、生长、开花、减数分裂、授粉受精、合子形成及胚的发育等一系列复杂过程,这些对外源基因的遗传稳定性提出了挑战。

(3) 启动子的选用和改造 外源基因表达量不足是转基因植物、植物疫苗无法投入实际应用的最大障碍。由于启动子是决定基因表达的关键,选择合适的植物启动子和提高其活性是增强外源基因表达首要考虑的问题。目前,在植物表达载体中广泛应用的启动子是组成型启动子,它们是植物基因工程中应用最早、最广泛的一类启动子,具有持续性表达、表达量基本恒定的特点。为了使外源基因在植物体内高效发挥作用,并减少对植物的不利影响,人们对启动子的应用提出了更高的要求,已发现的特异性启动子主要包括组织特异性启动子和诱导特异性启动子。这些特异性启动子的克隆和应用为植物特异性地表达外源基因奠定了基础。然而,使用天然的启动子并不能大幅度地提高外源基因的表达,因此,对现有启动子进行改造,构建复合式启动子将是十分重要的途径。

(4) 降低下游加工成本 将外源基因整合到可食用的植物中是降低下游加工成本简单快捷的方法。此外,利用细菌来源的酶基因可能克服植物自身产物对其合成酶的反馈调节作用,从而大幅度提高植物体中有用的生物分子,降低提纯的成本。

二、转基因植物在制药中的应用

植物生物反应器与微生物反应器和动物生物反应器相比具有不可替代的优点,植物作为生产异源蛋白质的生物反应器充分利用了光合作用这一自然界最廉价的有机物合成系统,具有安全、廉价、高效及便于规模化生产等独特的优点,因而备受关注,发展异常迅速,特别是在医药工业领域发挥巨大作用。

1. 生产重组疫苗　　近年来,转基因植物疫苗的研究与开发已取得巨大的进展,植物基因工程疫苗从本质上来讲属于重组 DNA 疫苗中的一种,它的生产系统为高等绿色植物,是一种较为完善的真核表达系统,不同于生产传统亚单位疫苗的大肠杆菌和酵母。目前已经在转基因烟草中表达出了乙型肝炎疫苗,转基因马铃薯、番茄等也都用来进行疫苗生产的研究。

2. 生产抗体　　抗体及其衍生物是目前临床试验中最重要的一类生物制品。1989 年首次报道了转基因植物生产 IgG（免疫球蛋白 G）抗体,在植物体内两种重组基因产物的共表达能够折叠和组装成正确的多聚分子,而且功能与哺乳动物的蛋白质分子相同。利用植物表达抗体是近年来兴起的植物基因工程的一个新领域,它将编码抗体或抗体片段的基因导入植物,从而在植物中产生全长抗体或抗体片段,利用植物表达抗体最诱人的潜在用途是可以大规模廉价生产治疗和诊断用抗体。因此,将植物作为生物反应器来大规模生产人用或兽用抗体极具潜力。目前已导入植物的动物抗体基因有乙型肝炎抗体基因、人癌胚抗原的抗体基因、变异链球菌抗体基因、绒毛膜促性腺激素抗体基因和一些病毒的抗体基因等。

3. 生产表达多肽与蛋白质药物　　比利时研究人员首先将一种编码神经肽的基因导入烟草,从转基因烟草中获得高产量的神经肽。迄今为止,国内外正在研发的医药活性多肽和疫苗有 100 余种,人体内含量甚微但具有重要临床价值的蛋白质或多肽也可在植物系统中表达。目前在转基因植物中已成功表达人生长激素、脑啡肽、干扰素、白细胞介素-2、人血清白蛋白、血红蛋白、胰岛素、尿激酶、人表皮生长因子、乙型肝炎表面抗原基因等。

通过基因操作和基因工程的方法提高植物次级代谢产物的合成效率,由植物生产出具有优良特性的全新的化学物质是一项较为长远的目标,是多学科发展的结果,也是一项艰巨而复杂的工作。

三、存在的问题和展望

1. 转基因植物存在的问题　　当前真正实现产业化的转基因植物的例子并不多,主要障碍在于转基因植物的表达水平不稳定,表达产物提取的费用昂贵。这个问题可通过现有的科学技术方法来解决。

由于转基因植物携带的外源基因来自不同物种,甚至来自人工合成的 DNA 片段,因此,基因重组打破了物种间的界限,打乱了生物自然进化历程。转基因植物作为自然界的一个新成员,是否对生态平衡造成不利影响,是否对人体健康产生危害等安全性问题,成为社会公众关注的焦点。

由于转基因植物是在开放的大田种植,其危险性比转基因微生物在控制条件下的应用要大得多,后者只是偶然而少量释放到自然界中。所以,对于携带有自然界不存在的重组基因的生物可能导致的危险性,必须给予科学的估计和测定。

2. 转基因植物的展望　　转基因实验技术已经成为新的农业科技革命的强大动力,不仅能在加快实现传统农业向现代农业跨越发展中发挥重要作用,而且将成为 21 世纪解决食品安全、人民健康、环境污染、能源短缺等重大社会经济问题最具潜力的技术手段。当前，植物转基因技术已经成为各国农业科技研发投入的重点，成为各国农业科技、经济竞争的焦点。世界上许多国家政府都把生物技术产业作为最有希望的经济增长点，加大了培育和扶持力度。

目前植物基因工程正在迅猛发展，许多生物代谢途径的分子机制已得到阐明，各种酶基因已被克隆，许多有用的生物大分子在转基因植物中已经产生。相信随着生物化学、植物生理学等基础研究及农业生物技术的进展，必定会有更多的来源于微生物、真菌，甚至动物、人的外源基因被导入植物中，从而开发植物生产系统的巨大潜力，造福于人类。可以预见，随着生物工程技术的发展，会有更多的工业、医药等的原料应用转基因植物生产。

随着研究的深入和技术的改进，人们会利用转基因植物生产多种生物药品，如防治艾滋病、狂犬病和肺结核等疾病的新制药品。植物转基因技术是国际农业生物技术研究开发和竞争的热点。"国家转基因植物研究与产业化"也在逐渐实施和完善，重点开展功能基因克隆、转基因新材料创制、基因转化核心技术创新、新产品培育和产业化、转基因植物安全性评价及转基因平台建设等研究工作。充分整合了我国在转基因植物研究领域的资源优势、人才优势和技术优势，取得了一系列重大突破和创新成果。构建了我国转基因科技创新体系，不仅显著提高了我国转基因科技的整体水平，缩小了我国农业高新技术与国际先进水平的差距，而且为保障国家粮食安全、生态安全和提高农产品国际竞争力提供了强力技术支撑，对我国农业的未来发展方向产生了深远影响。

小　　结

与传统的制药技术比较，基因工程制药具有高效、精准、安全等优点。基因工程技术已用于基因修复、基因诊断、新药开发及遗传病治疗等多个生物医学领域，为人类带来更多的健康福祉。基因工程制药的终产物蛋白类药物或疫苗等已广泛应用于多种疾病的治疗和预防，极大地保障了人类生命健康和安全。本章主要介绍了基因工程制药的概念，基因工程药物类型，基因工程制药的发展、应用及现状，基因工程制药的基本过程，转基因动植物制药的关键技术方法和生产过程的调控策略，以及存在的问题和展望。

复习思考题

1. 简述基因工程制药的主要程序。
2. 简述基因工程疫苗的种类及特点。
3. 简述哺乳动物细胞作为宿主细胞的特点。
4. 如何提高原核生物、哺乳动物细胞表达效率？
5. 简述影响动物生物反应器外源基因表达与调控的因素。
6. 转基因动物外源蛋白表达的组织场所主要有哪些？
7. 列出你所了解的植物转基因方法，分别简述其方法要点。
8. 简述利用绿色植物生产药用蛋白质的优点。
9. 在转基因植物制药中，实现外源基因高效表达的策略有哪些？
10. 植物外源基因遗传转化方法主要有哪几种？

第三章
细胞工程制药

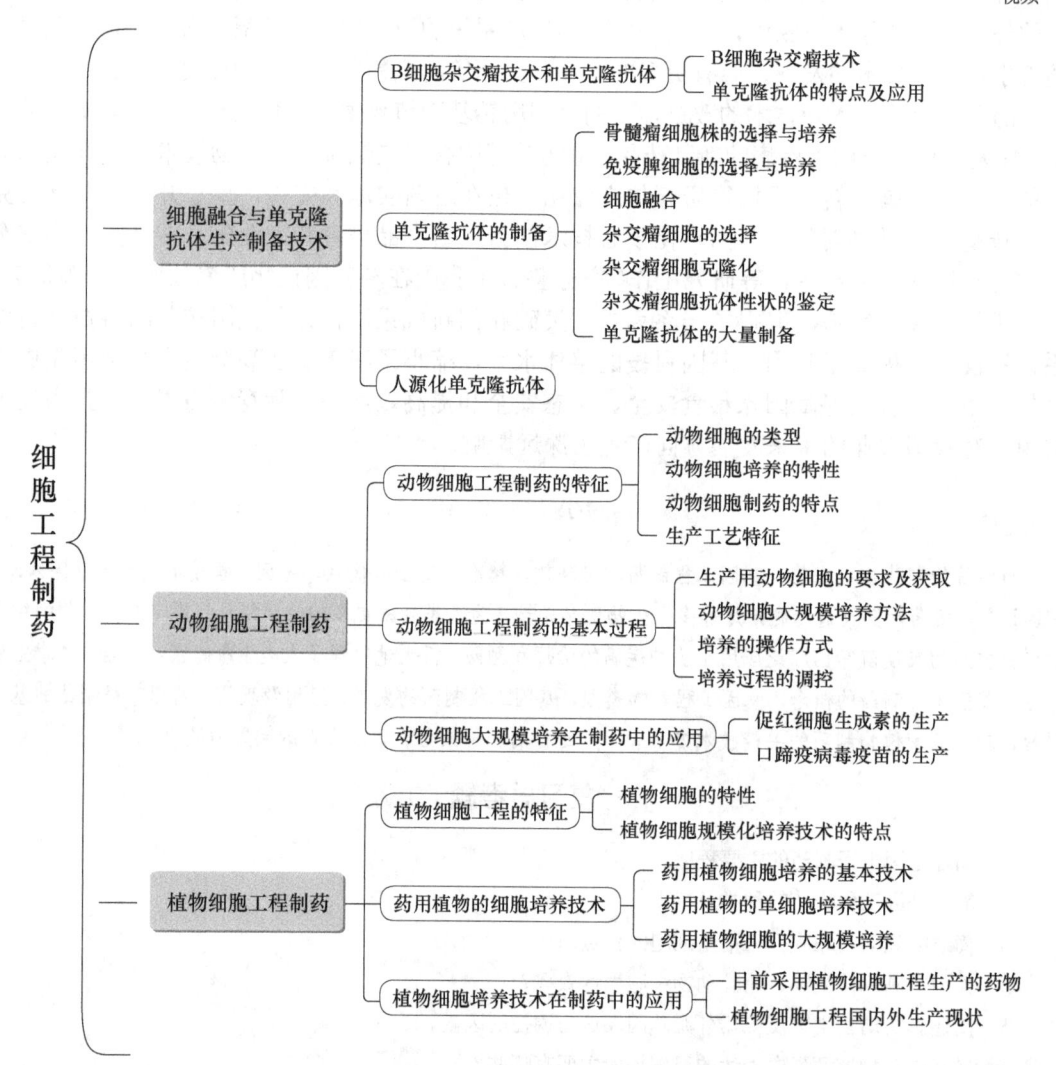

```
细胞工程制药
├── 细胞融合与单克隆抗体生产制备技术
│   ├── B细胞杂交瘤技术和单克隆抗体
│   │   ├── B细胞杂交瘤技术
│   │   └── 单克隆抗体的特点及应用
│   ├── 单克隆抗体的制备
│   │   ├── 骨髓瘤细胞株的选择与培养
│   │   ├── 免疫脾细胞的选择与培养
│   │   ├── 细胞融合
│   │   ├── 杂交瘤细胞的选择
│   │   ├── 杂交瘤细胞克隆化
│   │   ├── 杂交瘤细胞抗体性状的鉴定
│   │   └── 单克隆抗体的大量制备
│   └── 人源化单克隆抗体
├── 动物细胞工程制药
│   ├── 动物细胞工程制药的特征
│   │   ├── 动物细胞的类型
│   │   ├── 动物细胞培养的特性
│   │   ├── 动物细胞制药的特点
│   │   └── 生产工艺特征
│   ├── 动物细胞工程制药的基本过程
│   │   ├── 生产用动物细胞的要求及获取
│   │   ├── 动物细胞大规模培养方法
│   │   ├── 培养的操作方式
│   │   └── 培养过程的调控
│   └── 动物细胞大规模培养在制药中的应用
│       ├── 促红细胞生成素的生产
│       └── 口蹄疫病毒疫苗的生产
└── 植物细胞工程制药
    ├── 植物细胞工程的特征
    │   ├── 植物细胞的特性
    │   └── 植物细胞规模化培养技术的特点
    ├── 药用植物的细胞培养技术
    │   ├── 药用植物细胞培养的基本技术
    │   ├── 药用植物的单细胞培养技术
    │   └── 药用植物细胞的大规模培养
    └── 植物细胞培养技术在制药中的应用
        ├── 目前采用植物细胞工程生产的药物
        └── 植物细胞工程国内外生产现状
```

　　细胞工程（cell engineering）是以细胞为基础单位，应用生命科学理论，借助工程学原理和手段，按照人类的意愿和设计，在细胞水平上研究、改造生物遗传特性，达到改良品种或产生新品种的目的，以获得特定的细胞、组织产品、新型物种或代谢产物的一门综合性应用科学技术。细胞工程的发展可以追溯到19世纪末，在Schleiden（1838）和Schwann（1839）所提出的细胞学说的推动下，细胞工程经过近一个世纪的发展，初步建立了细胞培养技术。20世纪60年代后，细胞工程技术进入快速发展与应用时期。特别是1975年Köhler和Milstein建立小鼠B细胞杂交瘤技术制备单克隆抗体，被认为是生命科学领域中可以和DNA重组技术相提并论的又一重大成就。作为生物技术的重要组成部分,细胞工程在生物技术制药领域发挥着不可替代的作用,全世界 80%生物药物都是在细胞工程技术下完成的,如单克隆抗体、蛋白质、疫苗等。细胞工程技术的利用避免了直接从动植物体中提取产物所受到的资源限制及环境条件的影响,且为某些珍稀动植物的快速繁殖、植物种质复壮等提供了可行的方法。

第一节 细胞融合与单克隆抗体生产制备技术

人们很早就发现在生物界中存在"自发"的细胞融合现象,但当时没有过多地关注。1958 年,Okada 发现高浓度紫外线灭活的仙台病毒在体外可引起小鼠艾氏腹水肿瘤细胞彼此融合,形成多核细胞,引起了许多学者的兴趣;随后,Okada、Harris 和 Watkins 又成功地用灭活的仙台病毒分别诱导了不同种动物的体细胞融合,并证明这种融合细胞能存活,由此创建了人工细胞融合技术;同时,Littlefield(1964)利用焦磷酸酶缺失的 A3-1 细胞和胸腺嘧啶核苷激酶缺失的 B34 细胞进行融合,建立了能够有效筛选杂种细胞的 HAT 培养基[含次黄嘌呤(H)、氨基蝶呤(A)和胸腺嘧啶核苷(T)的培养基]。

细胞融合(cell fusion)是通过化学、生物学或物理学方法,将两个或多个异源(种、属间)细胞或原生质体相互接触,彼此融合,产生具有亲本遗传性状的杂交细胞,也称为体细胞杂交。细胞融合技术的建立打破了仅依赖有性杂交重组基因创造新物种的界限,扩大了遗传物质的重组范围,在医药、农业等领域具有重要意义:首先,细胞融合能把亲缘关系较远,甚至毫无亲缘关系的生物体细胞融合,为远缘杂交架起了桥梁,是改造细胞遗传物质的有效手段;其次,动物细胞融合不仅有助于绘制人类细胞图谱,使遗传缺陷的基因获得互补,还可用杂交瘤技术生产大量廉价的单克隆抗体,植物细胞融合也是目前主要的变异技术手段,正朝着将抗药性和胞质雄性不育等细胞质基因导入另一个体细胞的方向发展,有望形成新的核质杂种;最后,为携带外源遗传物质(信息)的大分子渗入细胞创造了条件,如为携带抗病基因的载体渗入细胞或细胞器(如线粒体、叶绿体)创造了条件。

一、概述

免疫系统(immune system)是机体执行免疫应答和免疫功能的组织系统,主要由免疫器官和组织、免疫细胞及免疫分子组成。机体本身对异体或异己物质(包括细胞、组织和器官)的识别及一系列反应称为免疫反应(immunological reaction)。动物和人类具有一套完整的免疫系统,用以保护自身免受病原微生物、肿瘤细胞和其他外源有害物质侵袭。当外源物质(如蛋白质、多糖、核酸、病毒、细菌等)进入机体,刺激体内的免疫系统(包括 T 细胞和 B 细胞),使 T 细胞产生多种淋巴因子排斥这些外源物质。B 细胞在 T 细胞的协助下,分化出许多浆细胞,并由浆细胞产生一种能与外源物质结合,以中和或消除外源物质影响的物质,称为抗体(antibody,Ab)。而刺激机体产生(特异性)免疫应答,并能与免疫应答产物抗体和致敏淋巴细胞结合,发生免疫效应(特异性反应)的物质称为抗原(antigen,Ag)。抗体的化学本质是球蛋白,通称免疫球蛋白(immunoglobulin,Ig),实质上免疫球蛋白是指具有抗体活性或化学结构与抗体相似的球蛋白。

Ig 单体由两条完全相同的轻链(light chain,L 链)和两条完全相同的重链(heavy chain,H 链)通过链间二硫键连接成对称的"Y"形结构(图 3-1)。每条重链由 450~550 个氨基酸残基组成,每条轻链由约 214 个氨基酸残基组成。Ig 重链和轻链的 N 端区域共同构成了抗体

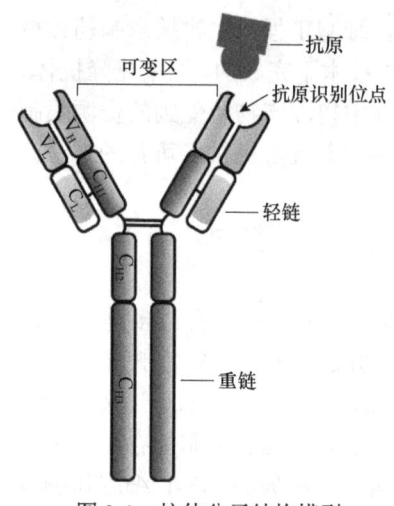

图 3-1 抗体分子结构模型

的抗原识别位点,其上约 110 个氨基酸序列变化很大,通常因抗体的结合特异性不同而有变化,因而也称为可变区(variable region, V 区)。在 V 区中,某些特定位置的氨基酸残基显示更大的变异性,是抗体识别和结合抗原的关键部位,称为互补决定区(complementarity determining region, CDR)。H 链和 L 链上各有 3 对 CDR(CDR1、CDR2、CDR3),每个 CDR 含有 5~16 个氨基酸残基,V_L(轻链可变区)和 V_H(重链可变区)的 CDR 区共同构成一个抗原结合部位。除可变区外,抗体分子中靠近 C 端的氨基酸序列相对恒定,该区域称为恒定区(constant region, C 区)。不同抗体分子的恒定区之间的差异也只是一个或两个氨基酸残基。根据可变区抗原性质的不同,重链分为 γ、α、μ、δ、ε 5 种,由它们参与组成的相应的 Ig 分别为 IgG、IgA、IgM、IgD、IgE。

二、B 细胞杂交瘤技术和单克隆抗体

(一) B 细胞杂交瘤技术

早在 19 世纪后期,人们就开始利用特异性抗原免疫动物制备相应的抗血清。天然抗原分子中通常具有多个不同结构的抗原决定簇,能刺激多个 B 细胞发生克隆反应,每个 B 细胞克隆只能产生针对单一抗原决定簇的复数个抗体,但这些抗体对同一抗原决定簇又有着不同的亲和性;即使抗原含有单一决定簇,仍能刺激多个 B 细胞克隆产生反应。因此,通过某种抗原物质刺激机体免疫系统,其合成和分泌得到的抗血清是针对抗原不同决定簇的,是含多种抗体的混合物,这种抗血清称为多克隆抗体(polyclonal antibody, pAb),简称多抗。

由于多抗存在特异性不高、易发生交叉反应、不易大量制备等缺点,其应用范围受到限制;并且从多抗中分离、精制特定的单一抗体也是极其困难的。Burnet(1957)提出了克隆选择学说,即假定一种浆细胞只产生一种类型的免疫球蛋白分子,从该单克隆细胞产生的抗体就是单一的,且结构均一。Köhler 和 Milstein(1975)将可产生特异性抗体但短寿的 B 细胞与不产生抗体但长寿的骨髓瘤细胞(myeloma cell)融合,获得了可以产生单克隆抗体的杂交瘤细胞(hybridoma cell)。该项研究为生物科学、医学开创了新纪元,也正是单克隆抗体的特异性和高纯度的单一性而被有效地应用到生物学、医学及生物医药领域。Köhler 和 Milstein 也因此荣获 1984 年的诺贝尔生理学或医学奖。

融合后形成的杂交瘤细胞,既保持了骨髓瘤细胞能无限增殖的特性,又具有免疫 B 细胞合成和分泌特异性抗体的能力。每个杂交瘤细胞由一个 B 细胞融合而成,而每个 B 细胞克隆仅识别一种抗原决定簇,因此经筛选和克隆化的杂交瘤细胞仅能合成和分泌识别单一抗原决定簇的特异性抗体,称为单克隆抗体(monoclonal antibody, McAb),简称单抗。以骨髓瘤细胞与 B 细胞融合所产生的杂交瘤细胞分泌抗体,就是 B 细胞杂交瘤技术或称单克隆抗体技术。

(二) 单克隆抗体的特点及应用

1. 单克隆抗体的特点　　单克隆抗体是针对单一抗原决定簇的化学结构完全相同的单

一抗体，具有以下特点：①高度特异性。McAb 只识别并结合特定的抗原决定簇，对抗原的反应具有高度的选择性和专一性。②高度稳定性。杂交瘤细胞遗传稳定，变异通常与参加融合的骨髓瘤细胞系的种类有关，可通过亚克隆筛选法加以控制。③高抗体活性。与多克隆抗体相比，利用诱生腹水产生的 McAb 效价更高，且 McAb 可以工业化大量生产。④不可预知性。McAb 的很多生物活性是不可预知的，一个已知的抗原可能会产生许多不同的 McAb，对不同的抗原决定簇，具有不同的亲和性。⑤过于单一性。McAb 相对于多克隆抗体而言就显得过于单一，通常需要多种 McAb 配合使用才能达到目的。

2. 单克隆抗体的应用 单克隆抗体可广泛用于生物医学的众多领域，如免疫学、遗传学、肿瘤学等，在临床应用中为疾病的诊断和治疗提供了新的手段，推动着现代医学的不断发展。

作为治疗用药物，单克隆抗体主要应用于肿瘤、自身免疫病、器官移植排斥和病毒感染等领域：单克隆抗体用于肿瘤的靶向治疗，将某一肿瘤抗原的单克隆抗体与化疗或放疗药物连接，利用其专一性识别结合特点，将药物携带至靶细胞并直接将其杀伤；由于单克隆抗体特异性强、纯度高和均一性好，大大促进了单克隆抗体检测试剂盒的发展，在病原微生物、肿瘤、免疫细胞、激素及细胞因子的检测诊断中广泛应用；将放射性标记物与单克隆抗体连接，注入患者体内后可进行放射免疫显像，协助肿瘤的诊断；在亲和色谱法中单克隆抗体是重要的配体，可将单克隆抗体固定在惰性的固相基质上，用于特异性抗原分子的高度纯化；利用单克隆抗体技术生产疫苗，不仅显著降低生产成本，也保证了疫苗的安全性。

三、单克隆抗体的制备

鼠源单克隆抗体制备的一般工艺流程见图 3-2，主要有以下操作步骤。

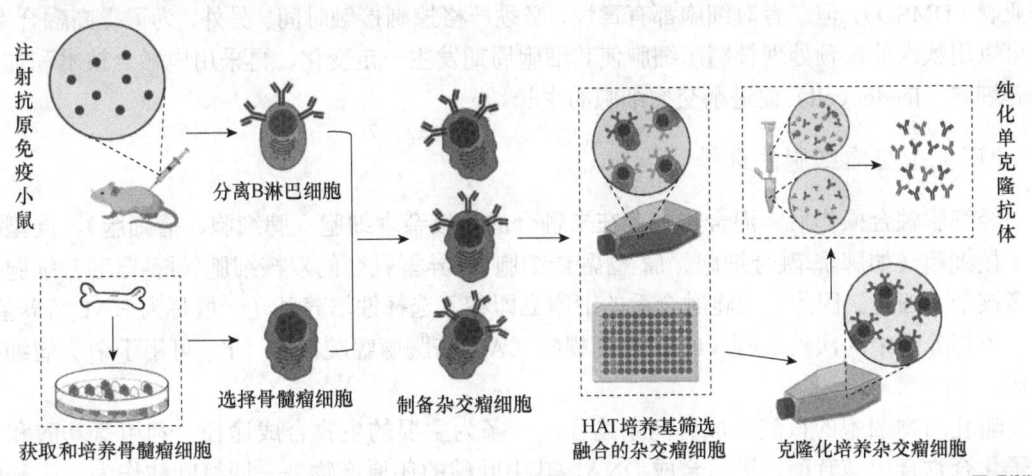

图 3-2 单克隆抗体制备工艺流程

（一）骨髓瘤细胞株的选择与培养

骨髓瘤细胞可以从患骨髓瘤的小鼠体内获得，其特点为融合率高、不分泌抗体、杂交瘤细胞分泌抗体的能力强和性状长期稳定等。另外，为了便于筛选，所选用的骨髓瘤细胞应为次黄嘌呤鸟嘌呤磷酸核糖基转移酶（HGPRT）或胸腺嘧啶核苷激酶（TK）基因缺陷型。

骨髓瘤细胞株的生长状况也是细胞融合的关键。例如，选择处于对数生长期的细胞，即将骨髓瘤细胞株在细胞融合前一周移种在含 10%胎牛血清的 RPMI-1640 或 DMEM 培养基上传代（2~3 代），细胞融合前一天进行换液培养，使细胞融合时细胞处于对数生长期（活细胞数在 95%以上），保持细胞浓度不超过 10^6 个/mL，制备细胞悬液。为确保细胞对 HAT 培养基的敏感性，每 3~6 个月用 8-氮杂鸟嘌呤（8-AG）筛选一次，防止细胞发生回复突变。

（二）免疫脾细胞的选择与培养

1. 免疫动物选择　　免疫脾细胞是指处于免疫状态脾中的 B 淋巴母细胞，一般取最后一次加强免疫 3d 后的脾，制备成细胞悬液。选择的免疫动物种系应与骨髓瘤细胞系一致或具有相近的亲缘关系，一般采用与骨髓瘤细胞供体品系一致的动物，选择的免疫动物种系对抗原免疫应答要敏感。

2. 免疫方法　　动物免疫的目的是产生足够多的 B 淋巴细胞以满足细胞融合的需要。能识别目的抗原的 B 淋巴细胞越多，筛选到阳性杂交瘤细胞的机会就越大。动物免疫方法一般有皮内注射、皮下注射、腹腔注射、静脉注射、肌内注射等。通常采用的是对脾直接进行抗原注射，其效果较好。但是细胞融合前最后一次免疫，通常须采用腹腔或静脉注射。同时，为了提高免疫效果有时需加入佐剂，但静脉注射除外。免疫时抗原剂量需根据其免疫原性和纯度而定。对于可溶性蛋白质抗原，采用一次免疫每只小鼠用量为 5~100μg；对于细胞或颗粒抗原，如肿瘤细胞，通常每只小鼠用量为 $1\times(10^6\sim10^7)$ 个细胞。

（三）细胞融合

脾细胞和骨髓瘤细胞融合的比例一般为（3~5）:1。聚乙二醇（PEG）作为细胞融合剂，常用浓度为 40%~50%，相对分子质量为 4000。为了提高融合率，在 PEG 溶液中加入二甲基亚砜（DMSO），但二者对细胞都有毒性，必须严格控制接触时间。另外，为了提高融合率，还可以用秋水仙素预处理骨髓瘤细胞使其细胞周期发生一定变化，再采用电融合技术和加入饲养细胞（feeder cell）促进杂交瘤细胞的生长。

（四）杂交瘤细胞的选择

经细胞融合操作后，混合物中存在未融合的单核亲本细胞（脾细胞、瘤细胞）、同型融合多核细胞（如脾-脾融合细胞、瘤-瘤融合细胞）、异型融合的双核细胞（脾-瘤融合细胞）和多核杂交细胞。因此，应将融合后的细胞立即移入选择性培养基（一般称为 HAT 培养基）中，该培养基中的次黄嘌呤（H）、氨基蝶呤（A）和胸腺嘧啶核苷（T）可用于杂交瘤细胞筛选。

哺乳动物细胞的核酸合成有两条途径，一条为主要的生物合成途径，利用氨基酸和小分子化合物合成核苷酸，进而合成 DNA，其中叶酸的还原产物——四氢叶酸作为一碳基团的载体是这条途径所必需的；另一条途径是补救途径，是在主要的生物合成途径受阻时，细胞直接利用外源性的碱基或核苷，如次黄嘌呤或胸腺嘧啶核苷，在 HGPRT 或 TK 的催化下合成核苷酸。氨基蝶呤作为一种叶酸拮抗剂，可以抑制二氢叶酸还原酶和脱氧胸苷酸合成酶，阻断核酸的主要生物合成途径。在 HAT 培养基的筛选下，正常的淋巴细胞（脾细胞）在体外培养，不能长期存活（通常 2 周左右），不能增殖，也不会影响杂交瘤细胞的生长，不需要特别处理；所用的骨髓瘤细胞是 *HGPRT* 或 *TK* 基因缺陷株，未融合的骨髓瘤细胞不能启用补救途径，在 HAT 培养基中会死亡；唯有骨髓瘤细胞和脾细胞所产生的杂交瘤细胞可以在体外无限繁殖，又拥有自脾细胞中获得的核苷酸合成补救途径，在选择性培养基中能生长、增殖。

在 HAT 培养基中生长形成的杂交瘤细胞仅少数可以分泌特定的单抗，且多数培养孔中混有多个克隆，同时分泌抗体的杂交瘤细胞比不分泌抗体的杂交瘤细胞生长慢，长期混合培养会使分泌抗体的细胞被淘汰，必须尽快筛选阳性克隆，进行克隆化培养。检测抗体的方法必须高度灵敏、快速、特异，易于进行高通量筛选。常用的方法有酶联免疫吸附试验、放射免疫分析、荧光激活细胞分选法和间接免疫荧光技术。

（五）杂交瘤细胞克隆化

杂交瘤细胞克隆化是指将抗体阳性孔的细胞进行分离获得产生所需单抗的杂交瘤细胞株的过程。一般需要进行 3~4 次克隆化，以保证分泌性克隆生长的稳定性，其目的是利用单个细胞克隆化技术从细胞群体中选育出遗传稳定且同源的能分泌特异性抗体的细胞，淘汰非特异性的或遗传不稳定的杂交瘤细胞。常用的克隆培养方法有两种：①有限稀释法。将抗体阳性孔细胞逐步稀释，使每孔只有一个细胞。②软琼脂法。用含有饲养细胞的 0.5%琼脂液作为基底层，将含有不同数量的细胞悬液与 0.5%琼脂液混合后立即倾注于琼脂基底层上，凝固 7~10d 后挑选单个细胞克隆移种至含有饲养细胞的培养板中进行培养。

（六）杂交瘤细胞抗体性状的鉴定

1. 杂交瘤细胞的鉴定　对已建立的杂交瘤细胞系不仅要保存好，还应防止变异和污染，特别是要进行染色体检查分析（数目、形态）。对杂交瘤细胞进行鉴定的具体指标如下：①抗体分泌稳定性，鉴定杂交瘤细胞质量的一个重要指标是其分泌抗体能力的稳定性，可用连续传代法进行检测；②染色体分析，正常鼠源脾细胞染色体数目是 40，全部为端着丝粒染色体，鼠源骨髓瘤细胞染色体数目变异较大，如 SP2/0 细胞染色体数目为 62~68，NS-1 细胞染色体数目为 54~64，大多数为非整倍性，并且有中着丝粒染色体或亚中着丝粒染色体，杂交瘤细胞的染色体数目接近两种亲本细胞染色体数目的总和，在结构上除多数为端着丝粒染色体外，还应出现少数标记染色体，通常染色体数目多且较集中的杂交瘤细胞能分泌高效价的抗体；③鼠源病毒、支原体和无菌试验检测按《中华人民共和国药典》（2020 年版）相关方法进行检查。

2. 单克隆抗体的鉴定　在建立稳定分泌单克隆抗体杂交瘤细胞株的基础上，应对制备的单克隆抗体的特性进行系统的鉴定：①抗体的特异性和交叉情况；②抗体的类型和亚类；③抗体的中和活性；④抗体的亲和力；⑤抗体识别的抗原表位。

（七）单克隆抗体的大量制备

经过鉴定的杂交瘤细胞就可以用来进行大规模培养，以制备大量的 McAb。目前单克隆抗体大量制备的方法主要有动物体内诱生法和体外培养法两种。

1. 动物体内诱生法　动物体内诱生法是将杂交瘤细胞接种于小鼠或大鼠的腹腔内生长并分泌单克隆抗体。具体操作方法为：在注入细胞前 1~2 周，预先将 0.5mL 降植烷或液体石蜡注入腹腔内，破坏腹腔内膜，建立杂交瘤细胞良好的增殖环境；接种 7~10d 后开始取腹水，可多次抽取腹水（每次 3~5mL），或小鼠濒于死亡前抽取全部腹水，一般一只小鼠可获得 1~10mL 腹水。

动物体内诱生法操作简便，经济，是制备一般用途单克隆抗体的首选方法。获得的单克隆抗体量较多且效价也高（5～20mg/mL），还可有效地保存和分离已经污染杂菌的杂交瘤细胞株。缺点是蛋白质成分复杂，纯化困难，需消耗大量活体动物。

2. 体外培养法　　体外培养法是在旋转培养容器或生物反应器内培养杂交瘤细胞生产抗体。新获得的杂交瘤细胞不耐受稀释，应逐步扩大培养物，并加入适量的饲养细胞以易于扩繁。具体操作方法：首先把 96 孔培养板中抗体阳性细胞以 1∶（3～5）的比例稀释到 24 孔培养板中扩大培育；再由 24 孔抗体阳性的细胞扩大到小瓶或直径 5cm 的平皿中，扩大培养后培养液通过离心除去细胞即可收集、纯化、保存抗体。

体外培养法生产工艺简单、易控制，可以大规模生产，治疗用途的单克隆抗体多采用此法生产。生物反应器悬浮培养杂交瘤细胞，多采用添加胎牛血清的培养液，由于培养液中总蛋白量超过 100μg/mL，因此纯化困难；又由于支原体污染和不同批次间血清质量差异大，直接影响杂交瘤细胞的生长。采用无血清培养法，虽可减少污染且有利于克隆抗体的纯化，但产量不高，此法上清液抗体含量仅为 10～60mg/L。另一种体外培养方法是采用微囊技术，使内部生长的杂交瘤细胞受到多层保护而不受环境影响，离心收回的杂交瘤细胞可重复利用生产抗体，美国 Damon 公司用这种方法生产的抗体可达 0.1～1g/L。

四、人源化单克隆抗体

单克隆抗体杂交瘤技术的建立促进了治疗性抗体的基础研究发展，特别是第一个治疗性鼠源抗体药物的批准临床应用，推动了生物医药领域以抗体为重要治疗药物的方向。临床应用最理想的是人源化单克隆抗体，但在人源化单克隆抗体的研制中，面临着许多挑战：①致敏问题，由于伦理的原因，无法使用健康人体进行致敏反应从而获得足够数量的能够分泌针对某种特定抗原抗体的 B 细胞；②杂交瘤细胞不稳定，人的骨髓瘤细胞有严重的缺陷；③转化细胞不稳定，存在抗体产量低、病毒释出等问题，而且在传代之后只有小部分 B 转化细胞分泌特异性抗体，无法建立起长期稳定的细胞株。

随着分子生物学的发展，目前已将制备单克隆抗体的细胞工程技术与基因工程技术和蛋白质工程技术结合起来，对目的基因进行加工改造和重新组装，转染适当的受体细胞后表达出抗体分子。基因工程技术和蛋白质工程技术在抗体研究中的作用主要有两个方面：一是降低鼠源单克隆抗体分子的免疫原性，已先后研制出多种人源化单克隆抗体，如人-鼠嵌合抗体、人源化抗体及全人源化抗体等；二是降低抗体的分子量，以增加组织的透过性，如单链抗体、双特异性抗体及纳米抗体等，它们是对传统抗体的结构进行改进后得到的，其应用更具有靶向性、功能性和操作性，能够实现很多传统抗体所不能实现的功能。

人-鼠嵌合抗体是抗体人源化进程中最早研究的抗体，嵌合抗体中仅有约 30%的序列来自小鼠，大大降低了抗体的人抗鼠抗体（HAMA）效应。为了进一步减少 HAMA 发生，人源化抗体技术以人-鼠嵌合抗体为基础继续进行改造，鼠源序列进一步减少。相对于嵌合抗体技术，互补决定区（CDR）移接技术，只保留了鼠源抗体中结合抗原决定簇序列，人源化抗体序列占 90%，免疫原性更低。基于人源化抗体研发技术的成功，全人源化抗体的研发开始登上历史舞台：首先，应用噬菌体展示技术成功筛选到第一个具有高亲和力的全人源化抗体，该技术不依赖体内免疫反应；其次，构建携带人源化抗体基因组的小鼠模型，也成为当前研制人源化抗体最具吸引力的技术平台，在提高抗体的亲和力和有效性，以及降低和消除免疫排斥反应等方面显示出明显优势；最后，借助康复患者 B 细胞与人骨髓瘤细胞相结合的技术，获得针对特殊疾病的人源化抗体，也是一种极具发展潜力的新兴人源化抗体研发技术。

第二节 动物细胞工程制药

动物细胞工程制药是指利用动物细胞（包括原代细胞、二倍体细胞、异倍体细胞、融合或重组的细胞）及转基因动物作为动物生物反应器，用于生产疫苗、多肽和蛋白质等珍贵的生物制品或细胞本身，是生物技术制药最重要的组成部分之一。Enders（1949）等用哺乳动物原代细胞生产脊髓灰质炎灭活疫苗，为动物细胞培养用于生物技术制药开了先河。随后人们利用动物细胞的体外培养，生产出许多有价值的生物制品，包括重要的疫苗、高效的治疗药物和灵敏的诊断试剂。动物细胞工程制药在生物技术制药的研究和应用中起着关键作用，投放市场及临床试验中的重组蛋白有70%来自哺乳动物细胞培养。杂交瘤细胞技术和基因工程技术的问世和发展，使人们逐渐认识到采用哺乳动物细胞表达系统生产治疗用活性重组蛋白的必要性，特别是对于结构复杂、分子巨大、糖基化程度高或二硫键数目多的药用蛋白。随着人们对转化细胞产物安全有效性认识的提高，许多国家都已批准使用动物细胞培养生产的药物。然而，鉴于动物细胞培养技术独特的生物学特性，以及不同产品的复杂程度与质量要求相差很大，现有的动物细胞培养技术还难以满足特殊高价值医药生物制品大规模生产的要求。目前，动物细胞培养技术水平的提高主要集中在产品的产率、优化培养环境和保证质量的一致性等方面。

一、动物细胞工程制药的特征

采用动物细胞作为宿主细胞生产药物，表现出很大的优势，不仅可以解决原料来源有限的问题，而且多为胞外分泌，收集纯化方便，同时存在较完善的翻译后修饰（特别是糖基化），更适于临床使用。多年实践证明，动物细胞所生产的蛋白质药物是安全有效的。随着对动物细胞培养技术和动物生物反应器的研究开发，特别是治疗性单克隆抗体和疫苗等大分子蛋白质药物的出现，动物细胞表达产品已经逐步占据生物技术制药的主导地位。而如何降低培养成本、提高蛋白质产率、减少外源因子的污染及增加设备的通用性等已成为当今动物细胞工程制药新的研究热点，尤其是构建生长速度快、蛋白质表达水平高、适宜无血清培养的宿主细胞系将成为生物技术制药领域的核心技术。

（一）动物细胞的类型

1. 活体内动物细胞的类型 在活体内，动物细胞在胚胎期即已高度分化，而且这种分化是不可逆的。按其分裂能力可以分为三大类：第一类是能继续保持分裂能力的细胞，又称为周期性细胞，如骨髓干细胞、各类前体细胞；第二类是永久失去分裂能力的细胞，这些细胞高度特化，如哺乳动物的红细胞、神经细胞、多形核白细胞、肌细胞等；第三类是静止细胞群，它们在正常情况下不分裂，也不合成DNA，处于G_0期，故又称为G_0期细胞，但在细胞受到刺激后，则重新进入细胞分裂，如人的肝细胞等。其中第一类和第三类细胞在适当条件下可进行离体培养。

2. 培养条件下动物细胞的类型 理论上各种动物组织都可以进行体外培养，而实际上处于不同生长时期和不同分化类型的细胞，它们体外培养的难易程度有很大差别：幼体组织比老龄组织更容易培养，分化程度低的细胞比分化程度高的细胞容易培养，以及肿瘤组织比正常组织容易培养。

离体培养的动物细胞按其生长特性可分为贴壁依赖性细胞（anchorage-dependent cell）、非贴壁依赖性细胞（anchorage-independent cell）和兼性贴壁细胞三种类型。

(1) **贴壁依赖性细胞**　贴壁依赖性细胞简称贴壁细胞，包括成纤维型细胞和上皮样细胞。贴壁细胞的生长需要支持介质，可在培养液中添加或在器皿表面覆盖生长基质，使细胞在支持物表面贴附伸展和生长增殖。上述的细胞形态不是绝对的，培养条件的变化会导致细胞形态发生变化。

(2) **非贴壁依赖性细胞**　非贴壁依赖性细胞也称为悬浮细胞，这类细胞培养时不需要贴附于支持物表面，可在培养液中悬浮生长，细胞一般呈圆形，此类细胞通常来源于血液、淋巴组织的细胞、肿瘤细胞、杂交瘤细胞、转化细胞系等。

(3) **兼性贴壁细胞**　在动物细胞培养中，有些细胞并不严格地依赖支持物，呈现双重性，既可贴壁生长，也可以悬浮培养，如 CHO 细胞、小鼠 L929 细胞等。

从动物细胞离体培养开始，即原代培养（primary culture），继代培养后会转换成两类，也可以按其寿命分为两类。一类是有限细胞系（finite cell line），是指生长和寿命有限的细胞系。即使培养条件均能满足细胞繁殖生长，该细胞系的细胞也只能在有限的时间内生存，经过若干代传代培养后将逐渐死亡。生存时间的长短取决于细胞来源，如人类胚胎成纤维细胞约可培养 50 代，而成年人的成纤维细胞则不能培养 50 代；同样是成纤维细胞，取自鸡胚的可继代培养 30 代，而小鼠的只能培养 8 代。另一类是无限细胞系（infinite cell line），也称为连续细胞系（continuous cell line），是指生长和寿命不受限制的细胞系，能连续传代培养。细胞具有无限分裂和不具有接触抑制的特点，特别是当细胞经自然或人为因素转化为异倍体后即可转变成无限细胞系，因此它是理想的药物生产细胞系，适合工业化生产的需要。

(二) 动物细胞培养的特性

1. 动物细胞的分裂周期长　动物细胞的分裂周期一般为 12~48h，它不仅随细胞种属的不同而有差异，而且同一种属内，不同部位的细胞所需的时间也不同（表 3-1）。此外，培养条件如温度、pH、培养基的成分等，也会影响分裂周期的长短。

表 3-1　各类细胞分裂周期时间表

细胞类别	G_1	S	G_2	M	合计
WI-38	8.0h	8.0h	4.0h	0.8h	20.8h
人 T 细胞	10.5h	7.6h	3.2h	0.8h	22.1h
小鼠腹水癌细胞	5.7h	8.5h	3.8h	1h	19h
CHO	4.7h	4.1h	2.8h	0.8h	12.4h

2. 细胞生长需要贴附于基质，并有接触抑制现象　除少数悬浮培养细胞外，大多数正常二倍体细胞的生长都需要在一定的基质（如玻璃、塑料等）上贴附，伸展后才能增殖。当细胞在基质上分裂增殖，逐渐汇合成片即每个细胞与其周围的细胞相互接触时，细胞就停止增殖，即细胞密度不再增加，这一现象称为接触抑制（contact inhibition）或密度依赖的细胞生长抑制。当细胞转化成异倍体后，该抑制可解除。

3. 正常二倍体细胞的寿命是有限的　正常二倍体细胞传代培养都是有限的（约 50 代），

细胞会逐渐死亡，但当培养基中加入表皮生长因子或经自然和人为因素转为异倍体后，该细胞可转变成无限细胞系，具有无限增殖的能力。

4. 动物细胞的环境敏感性　　动物细胞与微生物或植物细胞相比，其培养难度要大得多，主要是因为动物细胞缺乏细胞壁的保护。因此，一切影响细胞膜变形的因素都会影响动物细胞的存活，包括各种物理化学因素，如渗透压、pH、离子浓度、剪切力等。

5. 对培养条件要求严格　　动物细胞在离体培养时，不仅对营养的要求较为苛刻，需要葡萄糖、12种必需氨基酸、8种以上维生素、多种无机盐、微量元素、多种细胞生长因子和贴壁因子等，还需要温和的条件。

（三）动物细胞制药的特点

基因重组技术和杂交瘤技术极大地促进了动物细胞培养技术的进步和在生产中的应用，使得动物细胞培养技术在生产疫苗，尤其在生产诊断和治疗疾病的生物制品中有着举足轻重的作用。

1. 动物细胞是活性蛋白质药物理想的表达系统　　原核表达系统由于缺少翻译后修饰，只适用于生产小分子、结构简单的蛋白质，如胰岛素。而动物细胞表达系统多为胞外分泌，收集纯化方便；存在较完善的翻译后修饰（特别是糖基化），与天然的产品一致，更适于临床使用，如组织型纤溶酶原激活物（t-PA）和促红细胞生成素（EPO）等。

2. 产品的临床应用更安全　　在过去，使用动物组织、器官生产的生物制品经常发生过敏反应或病原体传染事件，如脊髓灰质炎疫苗可能被猿猴空泡病毒污染，流感疫苗可能被引起过敏反应的鸡卵白蛋白污染，人血制备的某些生物制品可能被乙肝病毒或人类免疫缺陷病毒污染等。采用细胞工程生产的产品虽然不能100%保证安全，但近30年的全球实践经验证实此类产品能将致病因素降到最低，并可以大大提高产品的质量，因为动物细胞培养所用的细胞背景非常明确，严格的安全检测消除了污染病原体的危险。

3. 可解决天然活性药物原料不足的问题　　天然活性药物因其来源匮乏和价格昂贵，已不能满足医药市场的需求。例如，天然人生长激素是从已故患者的脑垂体中提取出来的，剂量极其有限；而天然促红细胞生成素是以人或动物的尿、血等为原料，经生物化学方法纯化得到，成本很高。因此，用表达人生长激素和促红细胞生成素的基因工程细胞来生产药物，在获得大量产品的同时，也更加经济安全。

4. 可防止免疫反应　　动物来源的人用药物蛋白可被人体免疫系统视为外源蛋白，有发生严重免疫反应的风险。例如，用于治疗心肌梗死的链激酶、抗破伤风毒素的鼠源抗体等，在某些患者体内会引起抗原-抗体反应。而采用基因工程获得的人源化抗体，无抗原性，可以反复使用而不引起免疫反应，极大地提高了药物的安全性。

（四）生产工艺特征

从动物细胞培养条件下的生长特性、生理特点、对培养环境和营养的要求及培养技术特点等，可以发现利用动物细胞生产生物药物的工艺特征主要有以下几个方面。

（1）环境危害小　　利用细胞生产生物药物对培养环境要求很高，用于培养细胞的原料一般是各种氨基酸、糖、维生素等天然营养物质，而纯化过程也只需某些盐配成的缓冲液，不含任何对环境造成危害的有毒物质。

（2）规模较小　　与传统的制药工业相比，动物细胞培养的规模均较小，因为用于诊断和治疗的药物只需要小剂量，一般为几微克/人（如 EPO、白细胞介素、干扰素等），用于治疗心肌梗死的溶栓药物的剂量较大，一般也仅为几十毫克/人。

（3）难度大　　不同细胞系的表达水平差异较大，因此表达载体的改进和宿主细胞的改造是动物细胞表达系统研发的重要内容。动物细胞对环境条件极为敏感，要求的生产培养条件严格，调控措施特殊。

（4）产量低　　在生产培养系统中，细胞生长缓慢，很难达到较高的细胞密度，且产物含量低，因此一般产量较低。

（5）成本高　　动物细胞培养对设备要求高，前期投入较大；培养过程中所需的营养物、生长调节因子和血清价格昂贵；细胞倍增时间较长，生产效率低，这些都增加了生产成本。

（6）分离纯化简单　　利用动物细胞生产的药物多数为胞外分泌产物，没有细胞破碎等生产工艺，即使是胞内产物，其细胞破碎和产物分离纯化等工艺也相对简单。

（7）产品安全　　利用基因工程细胞生产生物药物，克服了从动物脏器或组织中提取药物可能导致病原体传染的弊病，产品质量易于控制；同时，体外无血清悬浮培养体系的建立，不仅降低了污染概率，还能避免血清中潜在的血源性污染源对机体造成威胁。

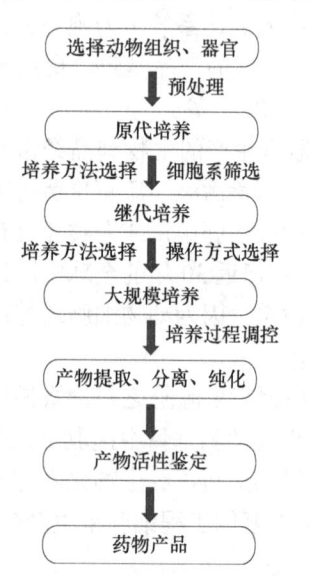

二、动物细胞工程制药的基本过程

动物细胞工程制药的基本过程如图 3-3 所示，在动物细胞培养中一般需要经历原代培养的过程，转移一部分原代培养物到新鲜培养基的培养，叫作继代培养或传代培养。

（一）生产用动物细胞的要求及获取

1. 生产用动物细胞的要求　　首先，从培养技术要求方面来看，应选择具有连续生产能力、目的产物产量高、培养条件易于选择控制的细胞系。

其次，从安全性要求方面来看，早期的生物制品相关法规曾规定，只有从正常组织分离的原代细胞才能用来生产生物制品，如鸡胚细胞和兔肾细胞等；以后放宽至只要是二倍体细胞，即使经多次传代也可用于生产，如 WI-38、2BS 细胞等，但非二倍体细胞是绝对禁止使用的，主要是担心异倍体细胞的核酸会影响到人的正常染色体，而有致癌的危险；随着科学的发展，特别是分子生物学和基因工程的大量实践，已基本消除人们对生产细胞安全性的担忧，且一些采用永久细胞系生产的药物和疫苗等已被批准用于临床。

图 3-3　动物细胞工程制药的基本过程

2. 生产用动物细胞的获取　　原代培养物经过再培养后，细胞类型会由复杂逐步变为单一或均匀。这种经过再培养后形成的具有增殖能力、特性专一、类型均匀的培养细胞，称为细胞系（cell line）。而继代培养的过程也就是细胞系建立的过程，包括原代培养、继代培养和稳定细胞系的建立（图 3-4），其方法主要有：单层细胞培养，一般用于贴壁细胞再培养；悬浮培养，一般用于非贴壁细胞的培养。

目前应用于生物技术制药领域的细胞来源主要有原代细胞、二倍体细胞系、转化细胞系及用这些细胞进行融合和重组的工程细胞系等。

（1）原代细胞　　原代细胞是直接从动物组织、器官获得，经过粉碎、消化制取细胞悬液。通常 1g 动物组织约有 10^9 个细胞，实际上真正能满足生产需要的只是其中一小部分，因此用原代细胞生产生物制品常需要大量的动物组织原料，费时、成本高；同时，与体内细胞相似，原代细胞生长分裂并不旺盛，这些都限制了原代细胞的应用。

原代细胞的获取方法主要有细胞解离与机械分离两种方法。细胞解离获得的细胞材料多采用单层细胞培养和悬浮培养，而机械分离的细胞材料多采用组织块培养。

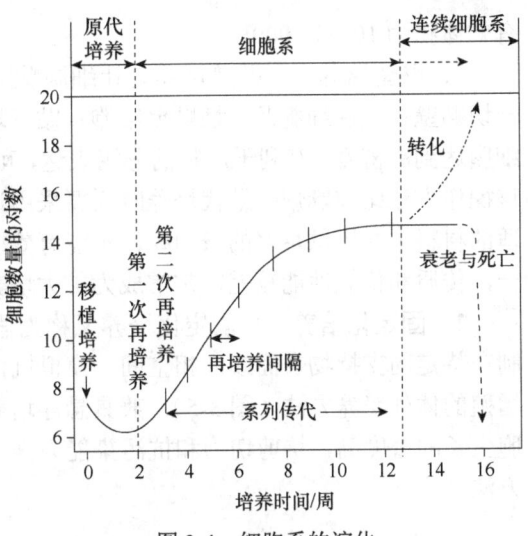

图 3-4　细胞系的演化

机械分离的组织块，在一定程度上保持了原有的组织结构，对于初期体外培养的环境适应性比直接解离成单细胞要强，其操作方法为：①组织剪切成 $1mm^2$ 大小的碎块，用平衡盐溶液漂洗；②解剖镜下切除脂肪和坏死组织等；③平衡盐溶液漂洗 2～3 次后，将其转移到培养瓶内培养。

（2）二倍体细胞系　　二倍体细胞系是指原代细胞经过传代、筛选、克隆，从多种细胞中纯化得到的具有一定特征的细胞系。细胞经传代后，分裂增殖旺盛，具备正常细胞的特点：①保持一致的二倍体核型；②具有明显的贴壁依赖性和接触抑制特性；③有限的增殖能力；④无致癌性。曾被广泛用于药物生产的二倍体细胞系有 WI-38、MRC-5 和 2BS 等。

（3）转化细胞系　　转化细胞系是指通过某个转化过程形成的，由于染色体断裂变成异倍体，失去正常细胞的特点而获得无限增殖能力的细胞系。转化的发生可以是自发的，也可以是人为的（如利用病毒感染或化学试剂处理）。转化细胞系具有无限的生命力和较短的倍增时间，适于大规模工业化生产。近年来用于生产的转化细胞主要有 Namalwa、CHO、BHK-21、Vero 等。

（4）工程细胞系　　工程细胞系是指采用细胞融合技术或基因工程技术对宿主细胞的遗传物质进行修饰改造或重组，获得具有稳定遗传的独特性状的细胞系。目前用于构建工程细胞的动物细胞系有 CHO、Vero、SP2/0、Sf9 等，被广泛应用于生物技术制药，前景非常广阔。

（二）动物细胞大规模培养方法

根据动物细胞类型及其生长特性的不同，实际生产中常把培养方法分为悬浮培养、贴壁培养和固定化培养。

1. 悬浮培养　　悬浮培养是利用旋转、振荡或搅拌的方法不让细胞贴壁，使其在培养液中呈悬浮状态生长。培养时细胞处于比较相同的生存条件中，适于做细胞代谢和细胞动力学等研究。该培养方法的优势在于操作简单，培养条件相对均一，传质和传氧性能较好，容易放大培养。但也存在细胞密度较低，培养病毒易失去标记而降低免疫能力等缺点。大多数悬浮培养可用加 5%～10%血清和 0.1%甲基纤维素的合成培养基。细胞培养密度一般要求 1mL 培养液含（5～7）×10^5 个细胞。悬浮培养最常用的为搅拌式反应器和气升式反应器，有效体积为 10~10 000L。

2. 贴壁培养 贴壁培养是让细胞贴附于适当基质上进行增殖培养的方法，它适用于一切贴壁依赖性细胞及兼性贴壁细胞。贴壁培养适用于多种细胞，宜采用灌注培养的方式使细胞达到高密度，有利于产物的分泌表达，可改变培养液与细胞的比例。由于有贴壁的需求，该操作方法比较麻烦，继代培养时需要采用适当的方法将细胞从基质上剥离下来，贴附在合适的材料上并提供足够的表面积，不能有效监测培养过程中细胞生长情况，且培养条件不均一，传质和传氧性能较差，常常成为扩大培养规模的瓶颈。

3. 固定化培养 固定化培养又称为假悬浮培养，是指在无菌条件下将细胞固定或限制在特定的支持物表面或液相空间，模拟机体生理状态下的生存需求使细胞在反应器内进行增殖的体外培养方法（图3-5）。兼具悬浮培养与贴壁培养的优点，对两类细胞都适用，且细胞生长的密度高，抗剪切力和抗污染能力强，是一种更理想的、更适合于工业化生产的培养方法。

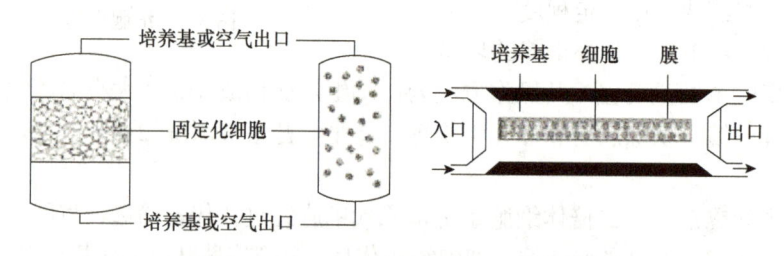

图 3-5 细胞固定化培养方法

细胞固定化培养技术按照其支持物不同可以分为两大类：①包埋式固定化培养系统，支持物多采用琼脂、琼脂糖、藻酸盐 B 和聚丙烯酰胺等；②附着式固定化培养系统，支持物采用尼龙网、聚氨酯泡沫、中空纤维等。

目前细胞固定化培养的方法主要有以下几种。

（1）微载体培养 微载体培养是利用贴壁细胞能够贴附于带适量正电荷的微载体表面生长的特性，将细胞和微载体共同悬浮于培养容器中，使细胞在微载体上附着生长的细胞培养方法。这种培养方法具有占用空间小、生长环境均一、适于观察细胞状态、培养基利用率高和易于放大等优点，现已被广泛用于动物细胞的大量培养以生产各种生物制品。微载体是由天然葡萄糖聚合物或其他合成聚合物制成的直径为 60~250μm 的固体小珠，具有对细胞和人体健康无毒害；便于细胞附着、伸展和增殖；化学性质稳定，不与培养基成分发生反应；相对密度小，质地软，便于搅拌操作并使细胞避免摩擦损伤；透明性好，便于在显微镜下观察；可耐 120℃ 高温，便于采用高压蒸汽灭菌；经简单的适当处理后，可反复多次使用；原料充分、制作简便、价格低廉等优点。目前，作为微载体使用的除了 DEAE（二乙氨乙基）葡聚糖凝胶外，还有二甲氨基丙基丙烯酰胺和聚苯乙烯等微粒型产品。20世纪80年代中后期，又开发出了多孔微载体和多孔微球，在极大地增加细胞贴附的比表面积的同时，还适用于悬浮细胞的培养。

（2）包埋培养 包埋培养也称为微囊化培养，是借鉴了酶的固定化技术，把细胞包埋或包裹在凝胶载体或微囊内进行悬浮培养。微囊化培养的材料主要有人工合成材料（如聚丙烯酰胺、环氧树脂、聚丙烯酸甲酯、聚乙烯醇等）、糖类（如纤维素、琼脂、海藻酸钙等）和蛋白质类（如胶原、明胶、纤维蛋白等）。由于细胞分散在各自的微小环境中，受到微囊外壳的保护，从而减少了搅拌对细胞的剪切力，细胞可以大量生长，提高了细胞的密度和纯度。其缺点主要是扩散限制，不能保证所有细胞都能处于最佳基质浓度，且大分子基质不能渗透高聚物网络。目前，微囊化培养已被应用于单克隆抗体、干扰素等生物药物的生产。

（3）中空纤维细胞培养法　　中空纤维细胞培养法就是模拟细胞在体内生长的三维状态，把细胞接种在中空纤维的外腔，利用中空纤维模拟人毛细血管供给营养，同时随培养液的流动运走细胞代谢产物和分泌物，形成类似组织的多层细胞群体的培养系统。这种培养系统占据的空间小，接近体内环境，适用于各类细胞培养，可用于制备多种细胞产物。在培养过程中，细胞保持高度活性，形态正常，遗传物质正常。细胞培养维持时间长，可达数月，适合分泌细胞的长期培养，分泌物的纯度可达60%～90%。

（三）培养的操作方式

选择动物细胞大规模培养工艺首要考虑的就是培养的操作方式，这将决定该工艺的产品质量、产量、成本及工艺稳定性等。

1. 分批式培养　　分批式培养是一次性将所需要的细胞和培养液转入生物反应器内进行培养。按照生产需求可再细分为两种方式：一种是在培养过程中不添加营养物，随着细胞的生长变化产物不断地累积，最后一次性收获细胞、产物及培养液，如单克隆抗体的生产；另一种是待细胞生长到一定密度后，加入诱导剂或病毒，再培养到终点，取出所有培养物，如干扰素和疫苗的生产。

分批式培养的优点是操作简单、易于控制、培养周期短、污染风险低。但在人员安排与培养配料上，费用更高，只能收获一次产品，批产量小，放大规模有限。

2. 流加式培养　　流加式培养也称为分批补料式培养，是在装有一定量的培养液的反应器中接种细胞，在培养过程中根据新生细胞对营养成分的消耗情况，补充新的营养物或培养基，整个培养过程没有流出或回收，直到细胞或产物达到所需指标，终止培养，回收整个反应体系。

这种操作方式能适当地调整营养成分的浓度，使细胞保持在一个较平稳的营养环境下生长，是当前动物细胞培养的主流培养方式。由于反应体积不断增大，生物反应器体积的设计及初始反应量都是一个重要参数，通常初始接种的培养基体积一般为终体积的30%～50%。流加式培养对营养物的添加分为反馈控制流加和无反馈控制流加两种方式，前者是通过监测反应系统中营养物的浓度决定营养物的添加量，后者是定时或定量添加营养物。常见的流加营养成分包括葡萄糖、谷氨酰胺、氨基酸、维生素等。

3. 半连续培养　　半连续培养是在经过一段时间的分批式培养后，取出部分反应物，再补充等量新鲜培养基，继续培养。该培养方式操作简便，生产效率高，可长期生产，重复收获产品，而且可使细胞密度和产品产量保持在较高的水平，已被广泛应用于动物细胞培养和药物生产中。

4. 连续培养　　连续培养又称为灌注培养，是在反应体系中，随着细胞增长和产物形成，以一定的速度向生物反应器内连续添加新鲜培养基，同时采用细胞截留装置以相同流速不断地流出培养液，以保持培养体积的恒定。连续培养可以保持细胞在恒定状态下生长，可延长细胞的对数生长期，保持细胞浓度和细胞比生长速率不变，既有利于细胞及产物的连续生产，又有利于研究细胞的生理及代谢规律。其优点是可以控制细胞的培养条件长时间保持稳定，极大地促进细胞生长和产物的形成，从而提高细胞密度和产品产量；产品在罐内停留的时间较短，可以及时、连续不断地收获产物，有利于产品质量的提高。其不足之处是培养基消耗大，利用率低，导致生产成本增加；培养周期长，污染的概率也随之增高；在长期培养过程中需要考察细胞表达产品的稳定性，对设备、仪器的控制技术要求高。

（四）培养过程的调控

生物产品的生产过程是众多复杂生物化学反应的总和。为了达到预期的生产目的，获得较高的产品得率，减少对细胞和产物的不利影响，必须对生产过程中的营养消耗和代谢废物及目标产品进行监测，测定生物代谢过程中代谢变化的各种参数，掌握代谢过程的变化情况，结合代谢控制理论，有效控制发酵培养过程，使整个培养系统保持在最佳状态。检查的项目包括细胞生长的检测和影响细胞培养的理化因素及其监测。

1. 细胞生长的检测 无论采用何种细胞或培养方法，在培养过程中都要进行细胞计数和细胞检查。其中，细胞检查包括细胞常规检查和细胞培养物中微生物污染的检查。

（1）细胞计数 在细胞分离成悬液准备接种培养前都要进行细胞计数，然后按照需要量接种于反应器中；在培养过程中观察细胞增长变化及观察药物对细胞的抑制作用时，都要进行细胞计数。

（2）细胞常规检查 细胞接种或传代以后，需要每天（或间隔1~2d）对细胞进行常规检查，主要涉及污染与否、细胞的生长状态和培养条件（如温度、pH、溶解氧和葡萄糖等的变化情况），随时掌握细胞动态变化过程。

（3）细胞培养物中微生物污染的检查 常见微生物污染源包括细菌、真菌和支原体等，及时检测、监控、判断所培养细胞是否被微生物污染，采用适当的处理措施，能够有效地通过调整工艺降低损失。

2. 影响细胞培养的理化因素及其监测 动物细胞培养过程中的参数，如温度、pH、溶解氧、搅拌速度、葡萄糖和乳酸、氨、甲基乙二醛等，对于了解和优化培养工艺十分重要，应进行实时监测和调控。但在药物生产的实际过程中，不同生物反应器和不同生产工艺所关注的参数要求也不一样。其中，有些参数可直接在线（on-line）经传感器检出，如温度、pH、搅拌速度、溶解氧等；有些则需要取样离线（off-line）检测，如氨基酸、葡萄糖、乳酸和氨等。

（1）温度 动物细胞对温度非常敏感，其代谢强度与温度在一定范围内呈正相关，超过适宜温度对细胞伤害较大。培养容器的温度控制在设定值±0.5℃或者更小。目前反应器的温度检测常用电阻温度计（铜电阻温度计、铂电阻温度计），其灵敏度为±0.25℃，一般通过控温仪控制反应器的水套温度或加热垫的开关，以达到对温度的控制。

（2）pH 通常使用pH控制系统来检测维持培养体系的酸碱度。该系统是一支可耐高压灭菌的复合式参比电极（由玻璃电极和银-氯化银参比电极组成），由它将罐内培养液信号提供给控制器后，通过控制器转换为数字或模拟显示，并利用缓冲液系统调节罐内pH。

（3）溶解氧的检测与控制 目前生物反应器采用三联控制方式调节通入培养罐中O_2、N_2、CO_2和空气4种气体的比例来控制溶解氧，这是较为安全有效的方法；另外，可以适当提高转速，为避免剪切力的影响，可加入Pluronic F68（0.01%~0.1%）等试剂提供一定程度的保护。

（4）搅拌速度 在动物细胞培养中，搅拌速度一般控制在100r/min左右。在采用微载体培养时，为了使细胞良好地贴附而不致脱落，搅拌速度常采用40~60r/min。目前搅拌速度的控制主要靠实践经验加以人为设定和调节，并采用电磁感应技术用转速计来显示。

（5）葡萄糖和乳酸　　葡萄糖作为培养细胞的碳源和能源物质，其浓度直接影响细胞的生长、乳酸含量及代谢产物的含量等。乳酸是细胞内糖代谢的产物，高浓度乳酸会抑制乳酸脱氢酶（LDH）活性，从而减少乳酸产生。因此，测定乳酸产量和葡萄糖摄入量可以实时了解培养过程中细胞的健康状况，调整细胞代谢方向，更好地掌握生产工艺环节。

（6）氨　　体外动物细胞培养中氨的积累是细胞生长受抑制的主要因素之一。氨的积累使细胞内的 UDP（尿苷二磷酸）-氨基己糖（UDP-*N*-乙酰葡萄糖胺和 UDP-*N*-乙酰半乳糖胺）含量增加，影响细胞的生长和蛋白质的糖基化过程。

（7）甲基乙二醛（MGO）　　甲基乙二醛主要是丙糖磷酸去除磷酸基团后的代谢产物，也是脂类、氨基酸代谢的产物。MGO 能与蛋白质、氨基酸和核酸的氨基和巯基反应，对细胞有潜在的损伤作用。当葡萄糖的浓度过高时，细胞内 MGO 的含量是正常培养条件下的 2 倍左右；培养基中谷氨酰胺（Gln）浓度的增加也会使 MGO 浓度上升；而培养基中加入胎牛血清可降低 MGO 浓度。

三、动物细胞大规模培养在制药中的应用

动物细胞工程技术在生物技术制药领域中发挥了巨大作用，其应用主要有以下几个方面：①作为反应器用于制药，如 EPO、t-PA、干扰素、白介素、神经生长因子和血清扩展因子等；②作为宿主细胞用于制药，如病毒疫苗等；③合成杂交瘤细胞生产单抗，用于诊断、治疗等；④本身作为产品，用于皮肤移植、干细胞治疗等；⑤用于药学研究，如分子与细胞药理学、分子与细胞毒理学、代谢组学等方面；⑥用于生命科学研究，如细胞生物学、分子生物学、遗传学等。

（一）促红细胞生成素的生产

1. EPO 的种类和临床应用　　促红细胞生成素（erythropoietin，EPO）是体内重要的造血生长因子之一，可以维持和促进正常的红细胞代谢。它是第一个被发现并应用于临床的造血生长因子，主要用于慢性肾病贫血、艾滋病患者贫血、癌症相关贫血等疾病的治疗。近年的研究发现 EPO 还可以作为细胞保护因子治疗脑缺血、心肌梗死和充血性心力衰竭。重组人促红细胞生成素（rhEPO）是目前临床上治疗慢性肾病贫血疗效最显著的生物药物，作为一款已诞生近 40 年的老牌生物基因工程药物，rhEPO 的应用领域已从慢性肾病贫血扩大至妇科、骨科、心胸外科等，用于手术期的红细胞动员和辅助治疗。rhEPO 的销售额一直在生物医药类产品中名列前茅，每年的增长率超过 10%，其中 2019 年全球促红细胞生成素的市场销售规模达到 78 亿美元。

天然促红细胞生成素是以人或动物的尿、血等为原料，经生物化学方法纯化得到的。根据种属不同可分为人促红细胞生成素、小鼠促红细胞生成素和猴促红细胞生成素等。目前已知人促红细胞生成素有两种存在形式，即人 EPO-α 和人 EPO-β。重组人促红细胞生成素是以重组 DNA 技术生产的促红细胞生成素，将促红细胞生成素的基因克隆到表达载体上，转化到哺乳动物细胞表达，从细胞培养的上清液中纯化得到促红细胞生成素。重组人促红细胞生成素与天然人促红细胞生成素具有相同的体内、体外活性，比活基本相当。

2. 表达研究　　目前用于 EPO 表达的系统主要有以编码 EPO 的 cDNA 片段构建的 SV40 病毒启动子驱动表达的载体，在猴肾纤维母细胞 COS-1 中进行瞬时表达；在昆虫 Sf9 细胞中

的杆状病毒系统表达；还有在大肠杆菌、酵母和哺乳动物的 CHO 和 BHK 细胞中表达。其中，原核细胞和昆虫细胞表达的 EPO，不能进行糖基化，在体内无活性。在哺乳动物细胞表达系统获得的重组促红细胞生成素与天然促红细胞生成素相似，目前国内外都是用 CHO 或 BHK 细胞培养表达 EPO 进行大规模生产。

3. 细胞培养工艺过程 EPO 开发初期市场用量很小，普遍采用传统的转瓶培养，该工艺简单，规模易于扩大，污染易于控制，一直用于疫苗工业的生产。随着对 EPO 产量和纯度的要求越来越高，固定化灌流培养生产工艺代替转瓶生产工艺。其中，NBS 公司生产的 CelliGen plus 填充床反应器的生产能力是转瓶培养的 12～14 倍，产品的纯度高达 98%以上，比活为 1.5×10^6IU/mg 蛋白质，总回收率在 30%以上。

（二）口蹄疫病毒疫苗的生产

口蹄疫（FMD）在全球很多国家都有发生，危害牛、绵羊、山羊和猪，如果不加以控制会导致严重的经济后果。1962 年，Capstick 等对 BHK-21 细胞驯化实现悬浮培养并用于兽用疫苗生产，Lapstich 等 1966 年建立了用于口蹄疫病毒扩大培养和疫苗制造的 BHK-21 细胞深层悬浮培养方法。20 世纪 80 年代起，口蹄疫病毒疫苗的生产企业开始使用大型发酵罐进行病毒抗原的培养和制备，当时英国 Wellcome 公司的细胞罐体积就已达 5000L。目前，商品化的生物反应器已经可以达到 20 000L，大大提高了生产效率和质量，同时降低了生产成本。

悬浮系统所用培养基是一种较简单廉价的 Eagle 培养基，补充 5%成牛血清和蛋白胨后，在大罐培养时细胞生长状态良好，可进行连续批量培养。所生产的 FMD 病毒是灭活疫苗的来源，这种疫苗具有很强的效力，能够保护接种动物免受攻击病毒的感染。目前，我国基于无血清悬浮培养生产 FMD 病毒灭活疫苗的研发，不仅能提高产品质量，减少污染概率和避免血清中潜在的不利影响，还更加符合药品生产质量管理规范（GMP）要求，对我国 FMD 病毒疫苗走向国际市场具有重要意义。

第三节 植物细胞工程制药

植物是各种天然产物的主要来源，目前已知的天然化合物有 30 000 多种，其中 80%以上来自植物。这些天然产物由于结构复杂，大部分无法用人工方法合成。随着世界人口的增长和对植物药用需求的急剧增加，人类的掠夺性开发导致许多植物药的天然资源已经枯竭，如天然的杜仲、甘草等。同时，植物栽培的收获期长使得高经济价值的天然化合物的发现和利用更加困难，即使是大规模人工栽培仍然不能从根本上满足人类对天然产物日益增长的需求。

植物细胞工程是一门以植物组织和细胞的离体操作为基础的实验性学科，是在植物组织培养技术的基础上发展和完善起来的。植物组织培养建立在细胞学说、细胞全能性理论的基础上。植物细胞工程的基本理论和技术与植物组织培养大同小异，主要的不同点在于植物细胞工程的对象是各种形式的植物细胞，其主要目的是获得各种植物细胞或所需的各种代谢产物。

一、植物细胞工程的特征

植物几乎可以生产人类所需的全部天然有机化合物，如蛋白质、脂肪、糖类、纤维素、多酚、鞣质、生物碱及其他活性物质，但其生长缓慢、产物复杂、有效组分含量低等特点限制了其在制药中的应用。随着植物细胞大规模培养技术的发展，利用细胞工程生产天然产物，不仅避免了工业污染，还减少了从自然资源中提取天然产物而引起的资源破坏，有利于自然资源的保护。目前，该领域已经成为世界各国新型医药产业的重点，美国每年以15%左右的幅度递增。通过细胞培养生产的有用次级代谢产物主要包括一些价格高、栽培困难、产量低但需求量大的药物。

（一）植物细胞的特性

植物细胞是构成植物体的基本单位。不同细胞基因的差异表达导致细胞生长、发育和形态功能的变化，并造成细胞全能性表达的差异。

1. 植物细胞的主要生理活性物质及其他化学组分　　植物细胞的次级代谢产物也称为后含物，是植物的贮藏物质或废弃物，分布于细胞质或液泡内，其分布具有种、属、器官、组织及发育阶段的特异性。根据代谢途径和化学结构，植物次级代谢产物可分为酚类化合物、萜类化合物和含氮化合物三大类。酚类化合物包括单酚类、黄酮类和醌类；萜类化合物是由异戊二烯单元组成的化合物；含氮化合物主要包括生物碱、胺类、非蛋白质氨基酸和生氰苷。

2. 培养中的植物细胞特性　　植物细胞的大规模培养技术是在微生物反应器技术的基础上建立起来的，但与微生物培养具有较大差异，主要表现在：①植物细胞体积大，平均直径是微生物细胞的10~100倍，重力的影响使得植物细胞很难均匀混合在培养液中；②植物细胞具有群体生长特性，多以直径约2mm的多细胞团悬浮于培养系统中，由于组成细胞团的细胞数不同，容易在培养系统中形成非均匀相的细胞团；③植物细胞的细胞壁抗剪切力的能力弱，很容易被微生物反应器中搅拌装置损坏，目前虽然有许多专用的植物细胞培养反应器，但很难平衡混合均匀性和低剪切力这对矛盾；④植物细胞生长速度慢、操作周期长（3~8周），且植物细胞的培养基营养成分复杂，易于微生物生长，增加了维持无菌环境的难度；⑤植物细胞对光照条件有一定的要求，也为反应器的设计带来了一些特殊要求。

（二）植物细胞规模化培养技术的特点

植物细胞规模化培养技术是把离体植物细胞置于生物反应器中，给予适宜的条件进行连续培养，然后从增殖的大量植物细胞中分离纯化出有用的次级代谢产物的一种工业生产技术，具有重大的经济意义和实用价值，与传统的利用植物体生产天然产物相比具有明显的优势和特点。

1）离体培养细胞是在人工控制的环境条件下进行的，不受地理、气候和病虫害等各种环境的影响；同时不受本国和当地自然资源的限制，保证了产品产量和质量的稳定性，缩短了细胞培养周期。

2）细胞生长和代谢过程可进行自动化控制和科学调节，以提高生产效率和获得稳定的产品质量；也可通过优化培养条件和选择优良培养体系得到超整株植物产量的代谢产物。

3）生产是在无菌条件下进行的，因此生产过程无病虫危害，产品不含农药残留。

4）有利于细胞筛选、生物转化和寻找新的有效成分。

5）有利于研究植物的代谢途径，还可以利用基因工程手段改造或创造新的合成路线，创制出新的有价值的代谢产物。

6）可以节约农田，也可以减少对野生植物资源的利用，促进生态环境保护。

当然，利用植物细胞生产次级代谢产物也存在一些问题，尽管细胞培养技术不断改进，生长速率不断提高，但生产效率仍落后于微生物生产。另外，次级代谢产物的产量稳定性较差，导致成本较高。

二、药用植物的细胞培养技术

利用植物细胞培养技术生产天然药物的基本过程见图3-6，在进行外植体选择时应注意以下几点：首先，需要确认药用植物及其成分的药效；其次，必须充分了解其有效成分；再次，需要确保有可靠的方法来测定有效成分和药理作用；最后，需要考虑市场上的资源短缺或价格昂贵问题。

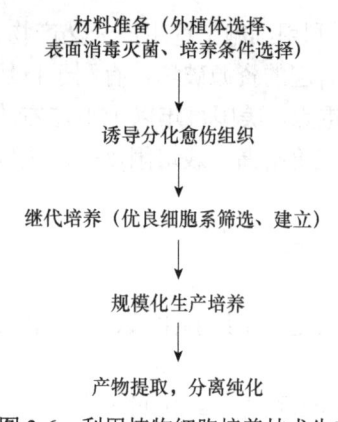

图3-6 利用植物细胞培养技术生产天然药物的基本过程
（材料准备（外植体选择、表面消毒灭菌、培养条件选择）→ 诱导分化愈伤组织 → 继代培养（优良细胞系筛选、建立）→ 规模化生产培养 → 产物提取，分离纯化）

（一）药用植物细胞培养的基本技术

植物细胞的培养方法较为复杂，根据培养对象可分为原生质体培养和单细胞培养；根据培养基类型可分为固体培养和液体培养；根据培养规模大小可分为小规模培养和大批量培养；根据培养方式可分为悬浮培养、平板培养、看护培养及固定化细胞培养。综合这些培养类型和方式，本节主要介绍用于次级代谢产物生产的细胞大量培养技术及相关基本技术。

1. 固体培养 固体培养是指在固体培养基中培养细胞，又称为静止培养。该培养基是通过往液体培养基中加入一定量的凝固剂配制而成。常用的凝固剂为琼脂，使用的质量分数为0.6%~1.0%。偶尔也使用明胶、硅胶、丙烯酰胺或泡沫塑料作为凝固剂。

固体培养的优点是通气性好，便于操作，所得到的各个细胞团均为单细胞，遗传成分和生理特性具有一致性，对实验设备要求简单。其缺点是外植体或愈伤组织只有部分表面能接触培养基，当外植体周围的营养被吸收后，就容易导致培养基中营养物质的浓度差异，从而影响组织的生长速度；同时，外植体插入培养基的部分由于气体交换不畅及排泄物质（如单宁酸等）的积累会影响组织的吸收或造成毒害；此外，光线分布不均匀很难产生均匀一致的细胞群，不能长期、连续、大规模地培养细胞。尽管如此，固体培养由于方法简便，仍然是一种重要且普遍的细胞培养手段。

2. 液体培养 液体培养可分为静止培养和振荡培养。目前常用的振荡培养方式有连续浸没和定期浸没两种。连续浸没通过搅动或振动培养液使组织悬浮于培养基中，确保有最大的气相表面，以达到较好的通气条件。一般要求培养液的体积占容器体积的1/5。对于中小量振荡培养可采用磁力搅拌器，其转速约为250r/min。如果培养体积较大，可采用往复式摇床或旋转式摇床，振动速度为50~100r/min。在定期浸没液体培养中，培养的组织块可以定期交替浸没在液体中或暴露在空气中，有利于培养基的充分混合和组织块的气体交换。

在液体培养中，人们一直希望通过一定的技术途径，使同一培养体系中的细胞能保持相对一致的细胞学和生理学状态，即实现细胞同步培养。然而到目前为止，有关细胞同步化的控制仍无十分有效的技术手段。通过一些物理和化学处理，可以使细胞同步化状态获得一定程度的改善，实现部分同步化。目前，细胞同步化的方法包括分选法、饥饿法、抑制剂法和低温处理法等。无论采用何种细胞同步化处理，对细胞本身或多或少都会造成一定的伤害。如果处理的细胞没有足够的生活力，不仅不能获得理想的同步化效果，还可能导致细胞的大量死亡。因此，在进行细胞同步化处理之前，细胞必须进行充分的活化培养。用于试验的细胞系最好处于对数生长期，以保证试验的准确性和有效性。

（二）药用植物的单细胞培养技术

在药用植物的单细胞培养过程中，高产单细胞的筛选与培养是其中一个重要措施和步骤。植物单细胞培养技术是随着更有效的营养培养基的发展及从愈伤组织和悬浮培养物分离单细胞的专门技术的建立实现的。常用的有三种基本方法，分别是看护培养技术、平板培养技术和微室培养技术。

1. 看护培养技术 使用一块愈伤组织来"哺育"单细胞，使其正常分裂和增殖的方法称为看护培养（nurse culture），具体方法见图 3-7。这种从单细胞起源的愈伤组织连同其培养物称为单细胞无性系。该系统提供了一个单细胞系，它的生长因子是由愈伤组织和培养基提供的。此法的优点是操作简便且成功率高，缺点是无法直接在显微镜下进行观察。

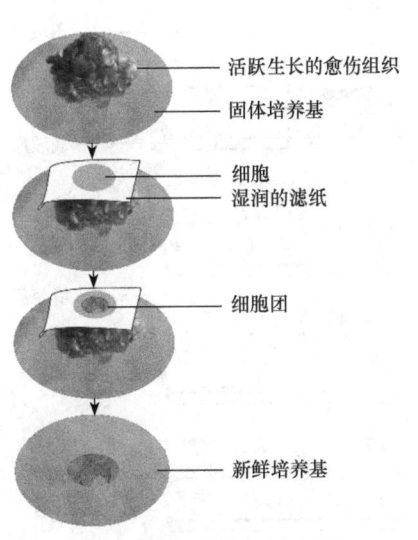

图 3-7 看护培养操作过程

2. 平板培养技术 平板培养是将一定密度的单细胞悬浮液接种到薄层的固体培养基上进行培养的技术，具体见图 3-8。由于平板培养具有便于定点观察、筛选效率高和操作简单等优点，因此被广泛应用于需要获得单细胞克隆的研究，如遗传变异、细胞分裂分化和细胞次级代谢产物合成等。

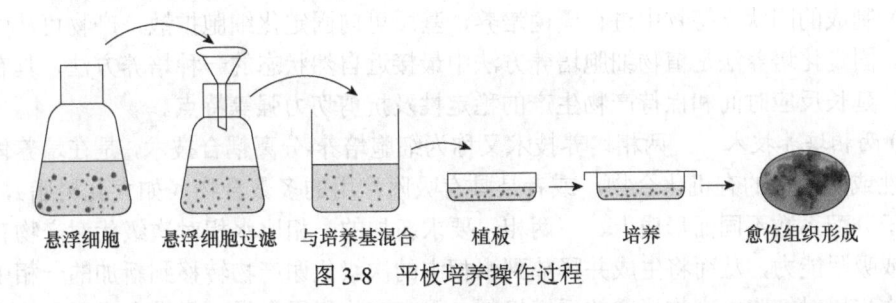

图 3-8 平板培养操作过程

3. 微室培养技术 人工制造一个小室，将单细胞培养在小室中的少量培养基，如凹面载玻片上或多室培养盘内，使其分裂、增殖形成细胞团的方法称为微室培养法，又称为双层盖玻片法。此法具有连续进行显微观察和多因子大量组合实验的优点。然而，由于培养量少，营养和水分难以保持，pH 变动幅度大，细胞短期培养后通常无法再生长。

有人在微室设计中采用四环素眼膏代替液体石蜡，将洗净的载玻片和盖玻片在酒精火焰上灭菌，冷却后按盖玻片的大小在载玻片的四周涂上四环素眼膏。同时，在眼膏上放一段毛细管，将制好的细胞悬浮液滴一滴在微室中间，盖上盖玻片，轻压至密封。最后，将其置于培养皿中培养，成功地获得了烟草单细胞植物，并且较好地解决了污染问题（图 3-9）。

（三）药用植物细胞的大规模培养

规模化细胞培养是生产植物次级代谢产物的理想途径，不仅能提高生产率，而且对保护生态环境和发展生物技术产业具有重要意义。

进行植物细胞大规模培养时必须满足以下条件：首先，必须具有适宜植物细胞生长和生

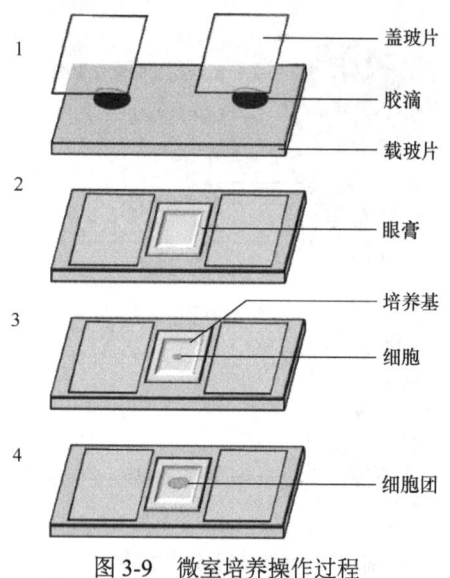

产的生物反应器,并建立最佳的控制和调节系统。其次,从技术方面来讲,必须满足三个条件,即培养的细胞在遗传上应是稳定的,可得到产量恒定的产物;细胞生长及生物合成的速度快,在较短的时间内能得到较高产量的终产物;代谢产物要在细胞中积累而不被迅速分解,最好能被释放到培养基中。

1. 药用植物细胞规模化培养技术　　选择有利于次级代谢产物合成的细胞培养技术是高效生产目的产物的基本前提。培养技术的选择不仅要考虑细胞生长和产物积累的效率,还应考虑技术基础和生产成本。目前用于生产植物药物等次级代谢产物的细胞培养技术主要有以下几种。

（1）**两步培养技术**　　植物细胞生物量增长与代谢产物积累之间是不同步的。试验表明,在同一种培养基中同时达到细胞的最佳生长和最佳次级代谢产物的积累是不现实的。因此,为了提高目的产物的产率,可采用两步培养技术:第一阶段为细胞生长阶段,使用生长培养基,促进生物量的增长;第二阶段为生产培养阶段,使用生产培养基,促进产物的生成。

图 3-9　微室培养操作过程

（2）**细胞固定化培养法**　　此法是将植物细胞或原生质体包埋于多糖或多聚化合物（聚丙烯等）制成的网状支持物中进行无菌培养,基质可向固定化细胞扩散,产物可从固定化细胞排出。固定化培养法是植物细胞培养方法中最接近自然状态的一种培养方法,具有提高反应效率、延长反应时间和保持产物生产的稳定性及抗剪切力强等特点。

（3）**两相培养技术**　　两相培养技术又称为细胞培养-分离耦合技术,是在培养体系中加入水溶性或脂溶性的有机化合物,或者是具有吸附作用的多聚合物（如大孔树脂）,使培养体系由于分配系数不同而形成上、下两相,要求新加的一相比水相对次级代谢产物有更大的溶解度或吸附能力,从而将生成并释放到水相中的次级代谢产物转移到新加的一相中,减少由于产物积累对细胞内产物形成的反馈机制,提高产物积累含量,促进合成更多的产物并释放到胞外水相中。由于产物的不断释放与回收,有可能真正实现植物细胞的连续培养,从而大大降低生产成本。

（4）**毛状根培养技术**　　毛状根是双子叶植物各器官受发根农杆菌（*Agrobacterium rhizogenes*）感染后产生的病态组织。感染过程中,发根农杆菌 Ti 质粒的 T-DNA 片段转移并整合到植物基因组中。相对于传统的组织培养和细胞培养技术,毛状根培养体系具有激素自养、生长迅速、生产周期短、次级代谢产物产量高、遗传特性稳定和易于规模化生产等优点。该培养系统目前已在传统药材人参、丹参、甘草、黄芪等 40 多种植物材料中建立。由于约 1/3 的传统药材来源于植物的根部,所以这一培养系统在传统药材生产中具有更重要的意义。目前,毛状根大规模培养技术的主要问题是物质转移。因为培养对象是相互连结的非均匀物质,因此流体动力学性质明显不同于悬浮培养细胞。

（5）**冠瘿培养技术**　　通过根癌农杆菌感染植物,可以将其 Ti 质粒的 T-DNA 片段整合进入植物细胞的基因组,从而诱导细胞冠瘿组织的形成。冠瘿组织在离体培养时,具有激素自主性和增殖速率较常规细胞培养快等特点。此外,冠瘿组织次级代谢产物合成稳定性与能力较强，具有良好的开发前景。

（6）反义技术　　反义技术是根据碱基互补原理，通过人工合成或生物体合成的特定互补的 DNA 或 RNA 片段（具有化学修饰的产物），抑制或封闭某些基因表达的技术。可以将反义 DNA 或 RNA 片段导入植物，使某一分支代谢关键酶的活性受到抑制或增强，从而提高目的化合物的含量，而其他化合物的合成途径受到抑制。其优点在于结构简单、设计容易、具有极高的特异性和可体外大量合成。

2. 药用植物细胞规模化悬浮培养的操作方式　　根据培养过程中是否更换新鲜培养液，悬浮细胞继代培养可分为批量培养和连续培养。

（1）批量培养　　批量培养是进行细胞生长和细胞分裂的生理生化研究常用的培养方法。常用的培养装置包括：①摇床。可分为空气恒温摇床、水浴恒温摇床和无恒温装置的摇床，易于碎裂的愈伤组织块可通过摇床的连续振荡得到分散的细胞悬浮液，同时也可用于细胞的继代培养，振荡速度通常为 40～120r/min。②转床。采用 T 形瓶作为培养容器，为了增加培养液的体积，也可以用大规格转瓶代替，将培养瓶垂直固定在培养架上，以 1～5r/min 的速度使培养架缓慢旋转，培养瓶呈 360°旋转，以确保细胞培养物的均匀分布并保证养分和氧气的充足供应。

（2）连续培养　　在培养过程中，不断抽取悬浮培养物并注入等量新鲜培养基，使培养物不断得到养分补充和保持恒定体积的培养称为连续培养。连续培养常采用大罐发酵培养法，根据培养时加入及倒出培养液的方式不同，将连续培养分为半连续培养法和连续培养法。

3. 药用植物细胞大规模培养工艺　　药用植物有效成分的生产是建立在植物细胞大规模培养技术的基础上的，其生产程序包括培养基的选择、细胞株的建立、扩大培养及大量培养等过程（图 3-10）。

在植物细胞培养的工业化进程中，需要进一步探讨增加次级代谢产物产率和提高有效成分含量的方法。然而，目前对活性有效成分代谢机制的研究仍然相当贫乏，知之甚少；同时，由于细胞生长在离体培养条件下的影响因子十分复杂，缺乏全面的了解，对细胞培养生产次级代谢产物过程中存在问题的解释与研究往往是从现象到现象。因此，植物细胞培养工作在很大程度上仍然依赖于经验。不同植物材料，往往需要不同的最佳

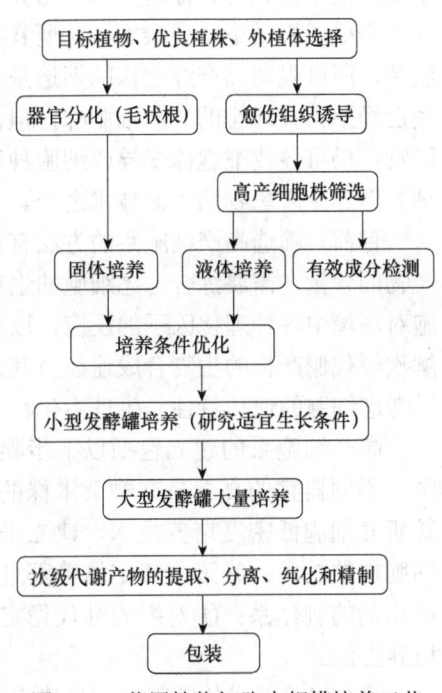

图 3-10　药用植物细胞大规模培养工艺

培养方法（包括不同的培养基和操作程序），没有统一的规律可循。大量研究结果表明，探索最佳培养条件是实现工业化生产的基本且不可缺少的前提。因此，在制订细胞工程制药工艺时，只有从整体上对所有的问题进行探讨与研究，才能取得较好的结果。如果仅仅优化个别工艺以增加次级代谢产物的含量，很难找到增加有效成分产率的最佳方案。

（1）外植体的选择与高产细胞株的建立　　适宜于工业化生产的细胞株，必须满足以下几个基本条件：①分散性好，适于工业化操作；②均一性好，细胞形状大小大致相同，甚至在生理生化状态上同步；③生长迅速；④细胞中次级代谢产物含量高；⑤细胞生长和次级代谢产物

合成能力稳定。

以愈伤组织作为细胞规模化培养的细胞来源，首先必须诱导出适宜的愈伤组织。用于建立悬浮培养体系的愈伤组织必须具有良好的松散性，使其在悬浮培养的初期阶段细胞容易分离。此外，愈伤组织还必须具备强大的增殖和再生能力。为了诱导符合这些要求的愈伤组织，必须首先选择适宜的植物外植体材料。由于天然产物一般为次级代谢产物，而植物次级代谢产物的积累具有组织器官特异性，因此在起始细胞培养时应尽量选择自然状态下产生天然产物且含量高的器官、组织为外植体。另外，还应考虑植物不同部位外植体的分化能力、分化条件及分化类型。

在选择起始材料后，首先诱导愈伤组织，并建立培养细胞系。在愈伤组织培养阶段必须进行必要的选择和继代，因为一般愈伤组织的细胞并不是均匀一致的。在外植体诱导出愈伤组织后，筛选生长快且次级代谢产物合成能力强的细胞系是植物细胞培养工业化生产的前提和关键条件。

采用植物细胞培养合成有用的代谢产物常出现以下三种情况：①培养细胞中有用成分含量一直很高，且稳定，连续继代培养多年不发生变化；②开始时培养细胞中的有用成分含量不高，但重新驯化、筛选并调整培养条件后，可显著提高，甚至远高于亲本植株；③培养细胞不合成或极微量合成亲本植株所具有的有用成分。一般离体培养细胞以第二、第三种情况居多，所以强调高产细胞株的筛选是必要的。此外，离体植物培养细胞在长期继代过程中即使已经获得较理想的高产细胞株，但由于受到各种外界因素，如病毒、激素、培养条件等的影响，仍可导致细胞株变异或细胞种质退化。因此，保持离体细胞继代培养稳定性也是实现细胞培养生产药物的关键技术之一。

目前，筛选高产细胞系的方法有直接筛选法和诱变筛选法两种。要提高细胞中次级代谢产物的含量，需要综合考虑细胞的生理、生化和遗传等各个方面。这包括从生理角度了解细胞对环境中各种理化因子的反应，以及这些反应与次级代谢产物合成的关系；从生化角度了解次级代谢产物的生物合成途径及其调控方式；从遗传角度了解高产细胞系的遗传特征。通过考虑细胞的遗传特性、生理生化特点等因素，建立科学的筛选方法。

高产细胞系的建立包括以下步骤：①广泛采集科内或属内不同种、不同年龄、不同地区、不同器官的高含量产物亲本株的外植体，诱导新的愈伤组织，建立新的无性细胞系；②研究细胞低密度培养技术，建立平板培养法及小细胞团法从细胞系中快速分离筛选高产细胞株的技术；③采用特定培养基进行定向富集筛选，获得激素自养型及耐受高剂量细胞毒化剂的驯化系；④对细胞继代稳定性进行研究，建立有利于高产细胞株种质稳定的继代培养方法。

符合培养要求的细胞系一旦建立，即可进入生产的下一阶段。高产种子细胞的培养方法是采用之前提到的单细胞培养方法，将每个单细胞扩增形成的愈伤组织取一半进行成分含量分析，另一半保留继续培养。种子细胞的增殖与放大培养旨在获得大量活跃生长的细胞群体，为细胞大规模生产提供基础材料。

（2）培养基的选择　　植物组织和细胞培养的关键之一是建立最佳培养条件，其中以筛选合适培养基最为重要。在细胞培养过程中，细胞的生长、繁殖、分化、初级代谢和次级代谢方向均受到培养条件的控制，主要受培养基的营养成分和植物生长调节剂的影响。例如，为获得大量培养细胞，必须采用适合细胞分裂生长的培养基，即生长培养基；同理，若要促使细胞合成次级代谢产物，就必须采用有利于启动次级代谢途径的培养基，即生产培养基。

选择培养基的基本原则是：用于细胞生长的培养基应有利于细胞的增殖，缩短细胞分裂周期与倍增时间；用于产物合成的培养基，当细胞进入静止期时用它来刺激次级代谢产物的合成，应能有效提高目的产物的合成速率，以期达到最佳生产效率。

在选择培养基时需考虑以下因素。

1）基本培养基选择。在建立新的细胞培养体系时，一般原则是先选择几种广泛采用的基本培养基（如 MS、B_5 和 white 等）进行培养试验比较，从中选择较优者作为基本培养基，然后对基本培养基的各组分进行整体优化，即可得到一种满足生产需要的新培养基。

2）植物生长调节剂的影响。在植物细胞培养中，生长素和细胞分裂素的选择和配比非常关键。在优化的基本培养基上，以不同种类的植物生长调节剂为因素，以不同浓度的植物生长调节剂为水平，进行正交实验，找出最佳配方。较高比例的生长素有利于根的形成而抑制芽的形成，较高比例的细胞分裂素则促进芽的形成而抑制根的形成。为了确保愈伤组织具有良好的生理状态，有时还需要添加一定浓度的水解酪蛋白、脯氨酸、谷氨酰胺等有机物质。

3）诱导剂的添加。诱导剂是一种通过引起植物过敏反应从而引起代谢途径或强度改变的物质，其作用是调节代谢中某些酶的活性，并能在转录水平上对某些关键酶进行调节。常将能够诱导植物细胞中某个反应，并引发细胞特征性自身防御反应的分子称为激发子，可分为非生物激发子和生物激发子两种。

非生物激发子包括辐射、金属离子等；而生物激发子是目前使用较普遍的激发子。生物激发子根据来源可分为外源性激发子和内源性激发子。外源性激发子主要来源于微生物，包括经处理的有机体如菌丝、微生物浸提物，以及由微生物产生的多糖、蛋白质及脂肪酸等。内源性激发子则来源于植物本身的物质，如降解细胞壁的酶类、细胞壁碎片、寡聚糖及其他有机分子等。激发子促进次级代谢产物的积累与其种类和浓度有关。同时，激发子的适宜浓度对终产物的有效形成也有影响，浓度过低不能达到诱导效果，而浓度过高则不利于细胞生长。

4）前体的添加。前体是指加入培养基中，能直接被植物通过生物合成结合到产物分子，而自身结构没有发生多大变化，从而提高产物产量的一类化合物。在培养基中添加适宜的前体可以提高植物细胞次级代谢产物的产量。植物细胞次级代谢是一个复杂的生理生化过程，某一目的产物可能有多种前体，而同一种前体又可能有多条代谢路径，从而形成不同的代谢产物。因此，添加前体必须在充分了解目的产物代谢途径的前提下，针对其合成的关键生化过程进行添加。事实上要真正做到这一点是十分困难的，多数前体对细胞生长本身并不十分有利。因此，前体的添加时间也常常影响培养效率。

5）抗褐变剂的添加。在愈伤组织诱导和继代培养过程中出现细胞褐变现象，轻者影响细胞生长和繁殖，重则导致细胞死亡。其原因复杂，一般与材料的基因型和生理状态、培养基成分和激素配比等因素有关。因此，除了要选择合适的外植体、培养基、培养条件和适宜的激素组外，添加抗褐变剂是较为方便有效的手段，常用的抗褐变剂有活性炭、聚乙烯吡咯烷酮（PVP）、植酸和 6-苄基腺嘌呤（6-BA）等。

6）抑制剂的添加。使用抑制支路代谢和其他相关次级代谢途径的抑制剂，可以促使代谢途径更多地流向所需的次级代谢产物。

（3）选择适宜的物理因素　影响植物细胞生长及次级代谢产物积累的物理因子主要包括光照、pH、通气状况、培养体系的物理性质、接种量等。调控这些外界因子，是实现工业化生产的必要条件。

1) O_2 与 CO_2 的调节。植物细胞对氧气的变化非常敏感，过高或过低都会对培养产生不良影响，因此，在大规模植物细胞培养中，对供氧和尾气氧的监控十分重要。氧气从气相到细胞表面的传递是植物细胞培养中的一个基本问题，涉及通气速率、气-液界面面积和培养液的流变特性等因素。而 O_2 的吸收受到多种因素的影响，包括反应器类型、细胞生长速率、培养液酸碱度和细胞密度等。

2) 泡沫和表面黏附性。植物细胞在大规模培养过程中易产生大量泡沫，覆盖着蛋白质和黏多糖，导致细胞易被困在其中并从培养液中带出，形成非均相系统，影响培养系统的稳定性和生产率。目前采用化学和机械两种方式控制泡沫。化学方法主要采用消泡剂消除泡沫。消泡剂必须具有较低的表面张力和一定的亲水性，使其对气-液界面的分散系数足够大，以确保消泡作用的迅速和有效；此外，消泡剂的化学性质应稳定，在水中的溶解度应小，不与次级代谢物发生任何化学反应，且对植物细胞无毒害；同时，消泡剂也不应影响气体在营养液中的传递和溶解，并且来源方便、价格合理。常用的消泡剂包括天然油脂、高级醇类、聚醚类和硅酮类。机械消泡是靠机械装置实现的，其优点是不需要在培养液中加入其他物质，减少由于消泡剂引起的污染和对后续分离工艺的影响。

3) 剪切力。在大规模培养中，植物细胞对剪切力的敏感性一直是力求解决的主要技术问题之一。流体剪切力对植物细胞的影响包括正负两个方面。适当的剪切力可以增加培养系统的通气性，保持良好的混合状态和分散性，提高细胞的生物量和增加次级代谢产物的积累。剪切力对植物细胞的伤害主要表现在机械损伤，导致细胞团变小、细胞破损等。损伤会导致细胞内含物释放到培养基中，改变培养系统的物理特性，如流变性，进而影响整个培养系统中细胞的生长、形态、代谢和产物积累。

（4）扩大培养　　筛选到的优良细胞株经多次扩大繁殖后，可以培养出大量的细胞，作为大规模细胞培养的原种。扩大培养使用的容器为摇瓶，即 1~3L 的锥形瓶。培养过程中，需要经常鉴定细胞株，并进行纯化，以防止细胞株的退化和变异。

（5）培养技术的选择　　选择有利于次级代谢产物合成的细胞培养技术是获得目的产物的前提。培养技术是一个综合体系，包括反应器和培养方式的选择。培养方式的选择不仅要考虑细胞生长和产物积累的效率，还应考虑技术基础和生产成本。固定化培养是植物细胞规模化生产的理想系统之一，在条件允许的情况下，可优先考虑。然而，由于固定细胞的材料成本较高，在考虑应用该系统进行大规模生产时，还需考虑目的产物的经济价值和市场状况。

三、植物细胞培养技术在制药中的应用

药用植物细胞大规模培养技术的发展，不仅有效保护了天然药用植物资源不受破坏，而且使中药能够更好地满足人们的需要。它将促进我国中药原料和药材新生产方式的形成，给传统中药产业带来巨大变革，对中药产业实现工业化、现代化和世界化产生积极的作用。

（一）目前采用植物细胞工程生产的药物

迄今为止，已经从 400 多种植物中分离出细胞，通过细胞培养，获得 600 多种所需的化合物，其中有 60 多种化合物在细胞培养中的含量超过或趋于原植物，包括色素、固醇、生物碱、维生素、激素、多糖、植物杀虫剂及生长素等数十类。已经有紫杉醇、人参皂苷和紫草素等产品进入工业化生产阶段。

1. 紫杉醇　　紫杉醇从发现到临床应用经历了近 30 年，1992 年被美国食品药品监督管

理局（FDA）正式批准用于治疗卵巢癌，随后又被批准用于治疗乳腺癌、非小细胞肺癌、卡波西肉瘤等多种癌症。紫杉醇为紫杉烷类化合物，多从树皮中提取，但含量极低，只有万分之一。由于红豆杉种质资源稀少，生长周期极为缓慢，已被我国列为珍稀濒危植物。随着临床应用范围扩大，全球每年对紫杉醇的需求量高达 200~300kg，仅靠砍伐提取的方法远不能满足人们的需要。

目前获取紫杉醇的主要途径有天然提取、化学全合成、化学半合成、真菌发酵、植物细胞培养、基因工程、新一代紫杉醇药物筛选等途径。截至 2023 年末，紫杉醇合成路线最少需要 21 步，总产率仅为 0.118%，并且所有紫杉醇合成路线都只停留在实验室阶段；紫杉醇的半合成原料，如巴卡亭Ⅲ（Baccatin Ⅲ）也要从红豆杉属植物中提取。因此，采用植物细胞工程技术被认为是提高紫杉醇产率、缓解对红豆杉稀缺资源保护的压力、解决紫杉醇药源紧缺的一种最有前景的方法。

尽管红豆杉细胞培养生产紫杉醇取得了很大的进展，紫杉醇生物合成途径基本清楚，细胞的生长和紫杉醇的产量问题已基本得到解决，有的已达到中试规模。但植物细胞遗传与生理的不稳定性、细胞间的不一致性使得在细胞工程中高产细胞系不能实现高产率，而且易发生遗传变异，产生其他代谢产物；另外，植物细胞培养技术较复杂，对反应器要求较高，也阻碍了通过细胞培养实现紫杉醇的工业化生产。因此，今后在高产细胞系的选育、新型生物反应器的选择、紫杉醇的代谢调控、利用现代分子生物学技术构建高产的基因工程细胞株等方面需加强研究，以早日实现红豆杉细胞培养工业化生产紫杉醇。

2. 人参皂苷 人参（*Panax ginseng*）是五加科多年生草本植物，是我国传统的名贵中药材。当前获取人参皂苷的主要方法是从人参属植物的根、茎、叶中提取。由于人参皂苷属于次级代谢产物，其含量和质量易受自然环境（气候、土壤等）影响，加上植物生长周期较长，人参皂苷提取产率低，极大地限制了人参产业的发展，已不能满足社会对人参皂苷的需求。

植物组织培养技术为植物次级代谢产物的生产提供了有效的途径。我国 1964 年首先成功地进行了人参的组织培养，随后将人参的组织培养过渡到工业化生产。日本和韩国已经在人参悬浮细胞和不定根培养的工业化方面取得了成功。目前，我国已实现人参 10L 体积的大规模培养，对培养细胞的化学成分和药理活性分析表明与种植人参无明显差异，且细胞内的有效成分含量也比天然人参根高 5 倍。该产物已作为美容保健品投放市场，这是我国药用植物生物技术产品商品化的第一个范例。

3. 紫草素 紫草是紫草科多年生草本植物，作为我国传统的重要药用植物资源，其应用已有悠久的历史。紫草的根部含有紫红色的萘醌类药用天然产物——紫草素及其衍生物（简称紫草素），其中，新疆紫草含紫草素的总量较高，为 2.019%，品质最佳。紫草素不仅具有抗菌、消炎、活血等功效，而且由于其提取液的颜色鲜艳、自然、柔和且食用安全，已被广泛用于医药、食品、化妆品和印染工业中。近年来，国内外研究发现紫草素具有抑制人类免疫缺陷病毒等多种药理活性，还可通过活化 caspase-3 和抑制 DNA 拓扑异构酶活性来诱导癌细胞凋亡，是继喜树碱、紫杉醇之后又一类极具潜力的天然抗肿瘤药物。

早在1974年，国外就成功地从硬紫草诱导出愈伤组织。这项工作揭开了利用植物细胞工程技术生产紫草素的帷幕。1977年，Tabata等初次研究了影响硬紫草愈伤组织生长及紫草素衍生物合成的因子。1984年日本采用两步培养法从硬紫草细胞中生产紫草素，在750L的反应器中，每升细胞可得紫草素2g，成为药用植物细胞工程产品化和商业化的先例。我国药用紫草的细胞培养研究工作从20世纪80年代中期才开始，董教望等在10L的搅拌式反应器中培养新疆紫草，总色素含量达到干重的14.26%，紫草素衍生物的产率为1.93g/L；陈士云等用5L外循环气升式反应器培养新疆紫草细胞，在25d的培养周期中，细胞干重增加了7.3倍；中国科学院化工冶金研究所（现为中国科学院过程工程研究所）研制的气升内循环半错流式新型植物细胞生物反应器，成功实现了新疆紫草细胞100L规模的反应器培养。

（二）植物细胞工程国内外生产现状

早在1956年，Routier和Nickell就提出利用工业化培养植物细胞提取天然产物的大胆设想。Reinhard等（1968）首先将这种设想转变成现实，成功生产出哈尔碱。紧接着Kaul等（1969）、Furrya等（1972）和Teuscher等（1973）分别培养植物细胞获取了其中的薯蓣皂苷、人参皂苷等。20世纪70年代初期，人们还未意识到利用植物细胞培养技术进行天然产物生产的潜力。植物细胞生长缓慢和目的产物产量低（通常小于细胞干重的1%）是制约这一技术发展的主要原因。此外，当时对植物细胞特有的生理生化特征认知的欠缺，也影响了该技术的发展，并且有效成分的分析手段落后也限制了该领域的发展。到20世纪70年代后期，该技术才有所发展，利用植物细胞培养生产一些药用有效成分已经在工业化生产上获得了成功。到20世纪80年代末期，全世界有40多种资源植物的次级代谢细胞工程研究获得成功，悬浮培养体系中次级代谢产物的产量达到或超过整株植物的产量，研究达到中试水平。其中，培养紫草细胞生产紫草宁的成功令人瞩目。

20世纪90年代至今，利用植物细胞工程生产天然产物进入了一个新的发展阶段，它与基因工程、快速繁殖一起形成了三大主流。20世纪90年代全世界已经有1000多种植物进行过细胞培养方面的研究。世界上最大批量工业化培养细胞——烟草细胞已达20 000L。同时也探索出了悬浮培养、固定化培养、两相培养、高密度培养及与基因工程相结合的一系列培养方法。

我国的细胞培养开始于20世纪50年代，比较成功的例子是人参。通过"八五""九五"和863计划的连续拨款资助，我国工业化培养红豆杉细胞生产抗肿瘤药物紫杉醇的研究快速发展，目前得率已达60mg/L的世界先进水平。20世纪70年代我国开始进行次级代谢产物的研究，在人参皂苷、长春碱、紫杉醇等产物的细胞生产研究中取得长足进步，但是与美国、德国、日本等一些发达国家相比，相差很大。

尽管植物细胞培养取得了令人瞩目的成就，但在培养过程中普遍存在细胞系不稳定、细胞生长缓慢、不耐剪切力及代谢物产量低等问题，是其实现规模化生产的瓶颈。在已经研究过的植物中，仅有1/5的植物，其培养细胞的目的产物含量接近或超过原植物，多数情况下培养细胞合成次级代谢产物的能力下降甚至消失。另外，真正应用于商业化生产的实例不多，低成本生产来获得某种次级代谢产物是困难的，许多基础理论和工程技术有待于进一步研究。因此，植物细胞培养技术要想实现真正意义的工业化，必须从以下几方面努力：①筛选高产细胞系；②利用基因工程手段，对次级代谢产物中的关键酶基因进行修饰和改造，提高次级代谢产物的产量；③与工程技术相结合，针对不同的培养体系，研制高效的生物反应器系统。随着这几方面研究的不断深入，植物细胞培养技术将在生产有价值的植物天然成分方面发挥越来越大的作用。

小　结

作为生物工程主体之一的细胞工程，是生物技术制药领域的主要基本方法之一，运用细胞工程能够有效扩大生物药物生产和适用范围，是现代生物技术制药的又一次发展契机，将会带来新一轮的技术革命以推动整个制药行业的发展。本章详细介绍了细胞融合与单克隆抗体生产制备技术、动物细胞工程制药、植物细胞工程制药等。其中，重点是单克隆抗体的制备流程，动物和植物细胞工程制药特征、基本过程和大规模培养方式。随着更多新兴技术的出现和更新，在"十四五"规划期间，我国应更加重视战略性新兴产业，进一步加快和壮大新一代生物制药技术的发展，将细胞工程研究的重点放在：①攻克人源化抗体的研究瓶颈，增加治疗效果与安全性；②加快植物细胞培养的工业化进程，保护濒临灭绝的药用植物资源，生产更多具有抗癌、抗肿瘤效果的次级代谢产物类药物，满足临床需求；③加强新型适配动物和植物细胞大规模培养的生物反应器的研究，进一步将科学研究成果转化到实际的药物生产中。

复习思考题

1. 简述单克隆抗体的制备过程。
2. 简述动物细胞工程药物生产的工艺特征。
3. 简述动物细胞工程药物生产的基本过程。
4. 动物细胞大规模培养技术方法主要有哪些类型？
5. 植物单细胞培养有哪些技术方法？
6. 利用植物细胞培养生产药物时，在选择培养基过程中应考虑哪些因素？
7. 药用植物细胞规模化培养技术主要有哪几种？

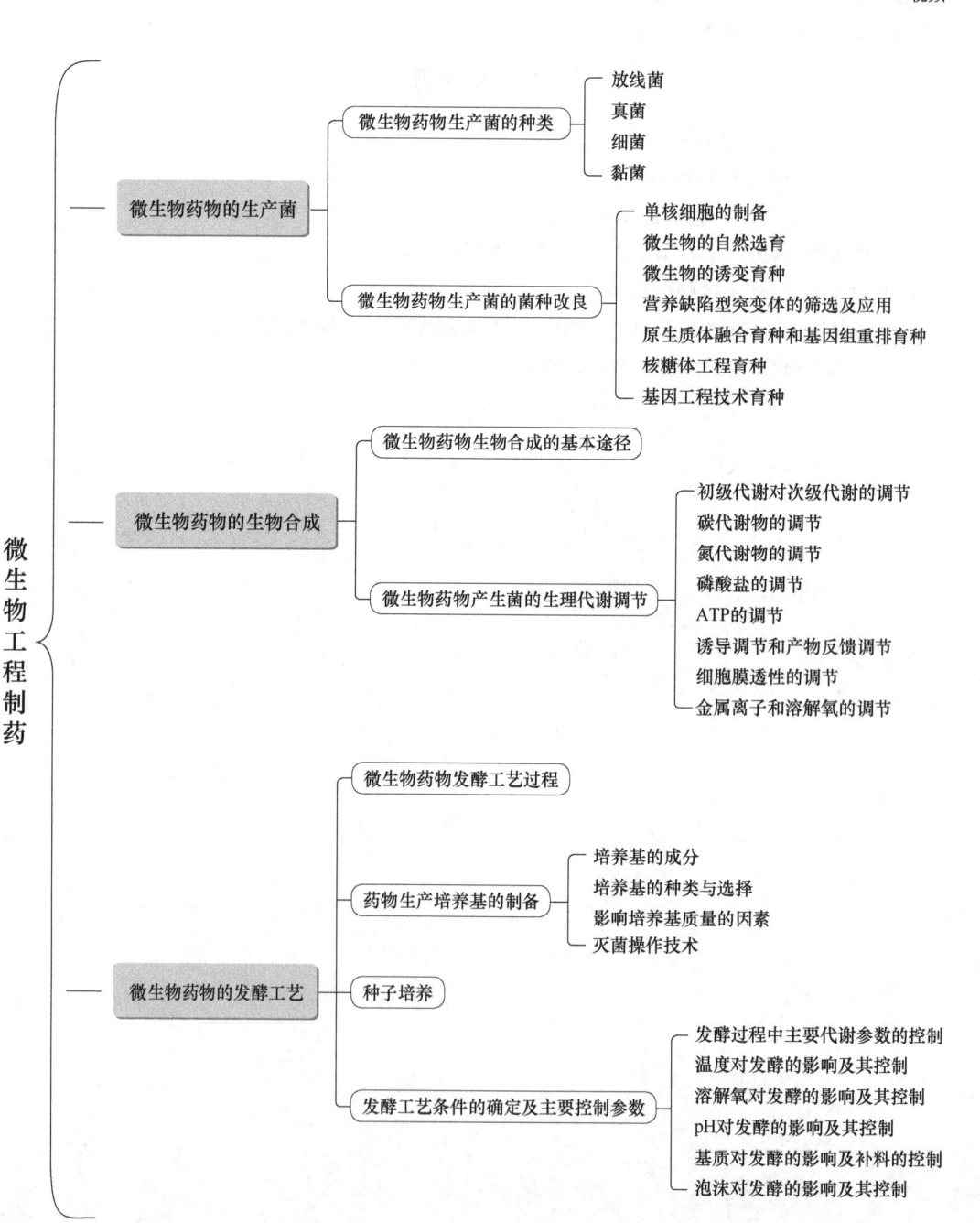

第四章
微生物工程制药

微生物工程制药
- 微生物药物的生产菌
  - 微生物药物生产菌的种类
    - 放线菌
    - 真菌
    - 细菌
    - 黏菌
  - 微生物药物生产菌的菌种改良
    - 单核细胞的制备
    - 微生物的自然选育
    - 微生物的诱变育种
    - 营养缺陷型突变体的筛选及应用
    - 原生质体融合育种和基因组重排育种
    - 核糖体工程育种
    - 基因工程技术育种
- 微生物药物的生物合成
  - 微生物药物生物合成的基本途径
  - 微生物药物产生菌的生理代谢调节
    - 初级代谢对次级代谢的调节
    - 碳代谢物的调节
    - 氮代谢物的调节
    - 磷酸盐的调节
    - ATP的调节
    - 诱导调节和产物反馈调节
    - 细胞膜透性的调节
    - 金属离子和溶解氧的调节
- 微生物药物的发酵工艺
  - 微生物药物发酵工艺过程
  - 药物生产培养基的制备
    - 培养基的成分
    - 培养基的种类与选择
    - 影响培养基质量的因素
    - 灭菌操作技术
  - 种子培养
  - 发酵工艺条件的确定及主要控制参数
    - 发酵过程中主要代谢参数的控制
    - 温度对发酵的影响及其控制
    - 溶解氧对发酵的影响及其控制
    - pH对发酵的影响及其控制
    - 基质对发酵的影响及补料的控制
    - 泡沫对发酵的影响及其控制

视频

微生物药物（microbial medicine）是指微生物在新陈代谢过程中产生的生理活性物质及其衍生物，包括维生素、氨基酸、核苷酸、抗生素、激素、酶、免疫抑制剂、免疫增强剂等一大类化学物质的总称，是人类控制微生物感染，保障身体健康，以及用来防治动植物病害的重要药物。

人类认识微生物的历史源远流长，但从微生物新陈代谢产物中发现药物的历史，至今不到90年。1928年，度假归来的Fleming在检查培养皿时发现，培养皿中的金黄色葡萄球菌被污染了一大团青绿色的霉菌，霉菌周围的金黄色葡萄球菌被杀死，只有在离霉菌较远的地方才有金黄色葡萄球菌生长，呈现出抑菌圈现象。通过鉴定，Fleming得知上述霉菌为特异青霉（*Penicillium notatum*），于是将其产生的抑菌物质称为青霉素（penicillin）。为了获得该抑菌物质，Fleming尝试了各种分离方法，均未获得提纯的青霉素。1940年，Florey和Chain逐步优化了培养和分离提取物的手段，成功地从粗培养液中纯化出青霉素。之后的动物实验和临床试验证实，青霉素能保护动物和人类免于细菌感染的威胁，具有较广的杀菌谱和良好的安全性。

为了尽快实现青霉素的大规模生产，人们尝试了两条途径，一是寻找青霉素产率更高的微生物菌种，优化发酵条件，实现大规模生产；二是尽快确定青霉素的化学结构，寻找合适的合成路线，实现化学合成。第一条途径率先获得突破，Hunt在一个发霉的甜瓜上，分离到一株高产的青霉素发酵菌种——产黄青霉（*Penicillium chrysogenum*）。以此菌种为基础，采用大规模生产发酵工艺，解决了青霉素工业化生产的问题。青霉素是第一个应用于临床的微生物药物，在治疗人类感染性疾病中发挥了巨大的作用，拯救了无数人的生命。Fleming、Florey和Chain也因为对人类的巨大贡献而荣获1945年诺贝尔生理学或医学奖。青霉素的广泛应用，开启了微生物药物的新纪元。

第二个进入临床应用的微生物药物和结核病的治疗有关。在17～18世纪的欧洲，结核病被称为"白色瘟疫"，几乎100%的欧洲人都会感染该病，25%的欧洲人死亡，其病原菌结核分枝杆菌（*Mycobacterium tuberculosis*）在1882年由Koch得以确证。Waksman从Fleming的成功案例中得到启发，系统地收集了近万株土壤放线菌，并从灰色链霉菌中分离出对结核分枝杆菌有特效的氨基糖苷类抗生素——链霉素，1952年他荣获诺贝尔生理学或医学奖。

自青霉素和链霉素相继成药后，20世纪50年代至70年代进入微生物药物发现的黄金期，如抗感染的头孢菌素、红霉素、四环素、卡那霉素、万古霉素、利福霉素、氯霉素、土霉素，抗肿瘤的放线菌素、博来霉素等相继被发现。

天然抗生素存在结构不稳定、抑菌谱窄、生物利用度差、毒副作用大等不利因素，为克服这些缺点，利用化学方法修饰生物合成的抗生素的半合成生产工艺（微生物合成加化学合成）应运而生。1959年，获得青霉素类药物的母核——6-氨基青霉烷酸（6-APA），并以此为基础，经结构修饰获得了丙匹西林、甲氧西林、苯唑西林、氯唑西林、氨苄西林、羧苄西林、阿莫西林等一系列半合成青霉素药物，有效地弥补了天然青霉素的缺陷。此外，经由顶头孢霉（*Cephalosporium acremonium*）发酵产生的头孢菌素C裂解而获得头孢类药物母核——7-氨基头孢菌酸（7-ACA），经结构修饰后形成一系列衍生品，如头孢噻吩钠、头孢克洛、头孢噻肟钠等，目前已发展到第五代。当前青霉素类和头孢类药物依然占据抗感染药物市场份额的60%～70%。其他几种主流抗生素的结构修饰也取得了进展：阿米卡星、奈替米星的问世，部分克服了氨基糖苷类抗生素的细菌耐药性问题；罗红霉素、阿奇霉素、克拉霉素、泰利霉素等的出现解决了大环内酯类对酸不稳定的问题；四环素、林可霉素、利福霉素等的结构修饰物多西环素、米诺环素、克林霉素、利福平等都大大改善了原抗生素的抗菌与药物动力学性能。抗生素结构修饰改善了天然药物的性能，推动抗生素的进一步发展。

随着抗生素药物的重获突破，人们又努力寻找抗肿瘤、抗原虫、抗寄生虫等用于人、畜的微生物源药物。20世纪60年代后期，Umezawa等提出酶抑制剂的概念，即以人或动物个体生理代谢过程中的特殊酶为靶点，这一思路开创了从微生物代谢产物中寻找生理活性药物的新时代。利用各种药物筛选模型，微生物来源的治疗2型糖尿病的葡萄糖苷酶抑制剂——阿卡波糖，降血脂的胆固醇合成限速酶HMG-CoA（羟基甲基戊二酸酰辅酶A）还原酶的抑制剂——洛伐他汀，免疫抑制剂——他克莫司（Tacrolimus，FK506）、环孢菌素A和雷帕霉素，免疫增强剂——乌苯美司（Ubenimex），胰脂酶抑制剂——奥利司他等被发现并进入临床使用。

2015年，诺贝尔生理学或医学奖颁给了青蒿素的发现者——我国科学家屠呦呦，以及阿维菌素发现者——日本科学家Satoshi Ōmura和美国科学家William C. Campbell。青蒿素和阿维菌素分别对疟原虫和寄生虫有极佳效果，前者分离自黄花蒿，后者则是阿维链霉菌的次级代谢产物。以青霉素、链霉素和阿维菌素为代表的微生物药物3次获得诺贝尔奖，凸显了微生物药物在人类医药发展史上的重要地位。

由于临床耐药菌的日益增多，微生物药物及其产生菌的重复筛选严重，获得新型结构和生物活性的代谢物变得越来越难，新的药物靶标缺乏等原因，近30年来，微生物药物的发现与研究开发呈现下行趋势。不过，全基因组测序、功能基因组学、生物信息学、结构生物学、合成生物学、人工智能等学科与技术的飞速发展，尤其是合成生物学，被誉为影响未来世界的颠覆性学科，为解决微生物药物研发困境提供了全新的思路和方法。从2010年首个人造生命——单细胞细菌的诞生为起点（Gibson et al.，2010），合成生物学不断取得重大科学突破。在药物研发领域，开发了诸多基于合成生物学理念的微生物底盘细胞（大肠杆菌、酿酒酵母等），以期利用微生物的规模化生产能力来生产植物源药物，如青蒿素、紫杉醇、长春碱、人参皂苷、大麻素、番茄红素、莨菪碱等，或者动物源药物，如神经节苷脂，有的已经进入工业化生产。2013年5月，世界卫生组织批准微生物合成的青蒿素作为临床药物使用，说明微生物合成技术生产的青蒿素的安全性和有效性与传统植物提取法生产的青蒿素相同。

麦肯锡公司预测，2030~2040年，合成生物学每年可产生1.8万亿~3.6万亿美元的直接经济影响。为抢占全球生物产业技术创新制高点，我国成立了国家合成生物技术创新中心。《中华人民共和国国民经济和社会发展第十四个五年规划和2035年远景目标纲要》也明确提出，加快发展生物医药、生物育种、生物材料、生物能源等产业，做大做强生物经济。生物医药产业体系中，微生物发酵制药的重要性不言而喻，而合成生物学的发展也必然将推动微生物制药进入新的阶段。

第一节　微生物药物的生产菌

一、微生物药物生产菌的种类

微生物是地球上最庞大的物种资源和基因资源库，在生命活动过程中产生的代谢产物的结构和活性的多样性难以估计。目前，微生物来源的商用药物数量远超过动植物等其他来源。

几乎所有类群的生物体都能产生具生理活性的次级代谢产物，但是其产生的能力不尽相同。目前已知的微生物次级代谢产物总数在50 000种以上，其中放线菌、真菌和细菌是三大类最重要的次级代谢产物产生菌。由放线菌产生的活性物质，占所有微生物次级代谢产物的 45% 左右，其中 75% 来源于链霉菌；由真菌产生的活性物质，约占所有微生物次级代谢产物的 40%；由细菌产生的活性物质约占所有微生物次级代谢产物的 10%，但是用于临床的却不到 1%。下面我们主要介绍 4 类较为重要的药物生产菌。

1. 放线菌 放线菌是原核微生物，为革兰氏阳性菌，因其具有放射状分枝菌丝而得名。放线菌的分类地位属于细菌界放线菌门放线菌纲链霉菌属（*Streptomyces*）是其中最大的一属。应用于临床的微生物药物中，大部分来源于放线菌的次级代谢产物。在放线菌产生的有使用价值的药物中，抗菌药物最多，其次为抗肿瘤药物，还有一些生理活性物质，如免疫抑制剂、免疫增强剂、葡糖苷酶抑制剂等。

放线菌产生的抗菌药物众多，如 β-内酰胺类（β-lactams）、氨基糖苷类（aminoglycosides，又称氨基环己醇类）、四环素类（tetracyclines）、大环内酯类（macrolides）等。带小棒链霉菌（*Streptomyces clavuligerus*）和内酰胺链霉菌（*Streptomyces lactamdurans*）可以产生 β-内酰胺类抗生素——头霉素，其主要的抗菌作用机制是抑制细菌细胞壁合成中黏肽的生物合成。第一个报道的碳青霉烯类抗生素硫霉素，属于非典型 β-内酰胺类化合物，是从卡特利链霉菌（*Streptomyces cattleya*）发酵液中分离得到的。当前治疗院内严重感染等疾病的首选药物亚胺培南（Imipenem），耐受性好、副作用小，是在硫霉素的基础上半合成而来的。此外，放线菌中一些菌株还可以产生 β-内酰胺酶的抑制剂——克拉维酸，抑制耐药菌，能够起到抗菌增效剂的作用。

临床应用的抗生素中，链霉素、卡那霉素、庆大霉素等氨基糖苷类抗生素也占有较大比重。它们大多数具有广谱的抗细菌活性，有些还具有抗结核分枝杆菌的活性。其功能是抑制细菌的蛋白质合成，与核糖体的 30S 亚基结合，还有的抗生素（如链霉素）可引起遗传密码误读。这类抗生素的产生菌主要集中在链霉菌属（*Streptomyces*）和小单孢菌属（*Micromonospora*），如卡那霉素分离自卡那霉素链霉菌（*Streptomyces kanamyceticus*），链霉素分离自灰色链霉菌（*Streptomyces griseus*），庆大霉素分离自小单孢菌属。

四环素类也是临床上常用的抑制细菌蛋白质合成的抗生素，具有菲烷母核，其抗菌谱广，对革兰氏阴性菌、立克次体、螺旋体、支原体、衣原体及某些原虫等有抗菌作用。其中，金霉素分离自金色链霉菌（*Streptomyces aureus*）的培养液，土霉素分离自龟裂链霉菌（*Streptomyces rimosus*）的培养液。

大环内酯类药物在细菌感染和慢性呼吸系统疾病的抗菌治疗中有着重要价值。其第一代代表产品是红霉素，具有广谱抑菌活性，针对细菌核糖体的 50S 大亚基，其产生菌为糖多孢红霉菌（*Saccharopolyspora erythraea*）。第二代有阿奇霉素、克拉霉素和罗红霉素等，第三代有泰利霉素，都是半合成药物。我国是世界上最大的半合成红霉素原料药生产国和出口国。

抗结核药利福霉素（rifamycin）是由地中海拟无枝酸菌（*Amycolatopsis mediterranei*）产生的。还有一些抗细菌药物从稀有放线菌属中分离出来，并进入临床应用。

除以上的抗细菌类药物，从放线菌中还分离了许多抗真菌药物，制霉菌素是一种多烯类抗生素，分离自诺尔斯链霉菌（*Streptomyces noursei*），能抑制真菌和皮癣，对细菌则无抑制作用。另一种临床上重要的多烯大环内酯类药物两性霉素 B（amphotericin B），具有广谱抗真菌活性，被广泛应用于治疗全身性真菌感染，分离自结节链霉菌（*Streptomyces nodosus*）。

放线菌产生的蒽环类、糖肽类、烯二炔类等抗肿瘤药物也比较多，其主要的产生菌如下。

（1）蒽环类药物产生菌 此类药物应用于临床的有柔红霉素（daunomycin）、阿霉素

（adriamycin）、阿克拉霉素（aclacinomycin）等。其产生菌均为链霉菌，分别来自天蓝淡红链霉菌（*Streptomyces coeruleorubidus*）、波赛链霉菌（*Streptomyces peucetius*）和加利利链霉菌（*Streptomyces galilaeus*）。它们以发色团插入 DNA 双螺旋中而与 DNA 结合，抑制 RNA 合成和 DNA 复制。

（2）糖肽类药物产生菌　博来霉素（bleomycin）是一个多组分的抗肿瘤抗生素，博来霉素 A5 即我国的平阳霉素，A6 即我国的博安霉素。它们的主要作用是与 DNA 结合，使 DNA 的单链断裂，抑制胸腺嘧啶进入 DNA，终止癌细胞的分裂。其产生菌为轮枝链霉菌（*Streptomyces verticillus*）。

（3）烯二炔类抗生素产生菌　力达霉素（lidamycin）是从球孢链霉菌（*Streptomyces globisporus*）分离得到的烯二炔类抗生素，化学结构独特，抗肿瘤活性极强。

放线菌也可以产生众多独特的生理活性药物，如治疗糖尿病的葡糖苷酶抑制剂——阿卡波糖，源自游动放线菌属（*Actinoplanes* sp. SE50/110）；免疫抑制剂——他克莫司，源自筑波链霉菌（*Streptomyces tsukubaensis*）；免疫抑制剂——雷帕霉素，源自吸水链霉菌（*Streptomyces hygroscopicus*）；免疫增强剂——乌苯美司，源自橄榄链霉菌（*Streptomyces olivaceus*）；胰脂酶抑制剂——奥利司他，源自毒三素链霉菌（*Streptomyces toxytricini*）。

2. 真菌　β-内酰胺类抗生素是医学上使用最广泛的药物，包括青霉素类和头孢类衍生物。青霉素和头孢菌素类属于 β-内酰胺类，抑制细菌细胞壁的合成中的转肽酶和羧肽酶，对细菌有抗菌作用。真菌产黄青霉是第一个应用于临床的抗生素——青霉素的产生菌，人类从此进入抗菌治疗的抗生素时代。在真菌顶头孢霉（*Cephalosporium acremonium*）中还发现了头孢菌素 C，通过酶法和化学法裂解后，获得了头孢类的母核 7-ACA。灰黄霉素是自灰黄青霉（*Penicillium griseofulvum*）的培养发酵液中提取制得的抗真菌抗生素，可抑制纺锤体形成，终止有丝分裂。灰黄霉素主要对毛发癣菌、小孢子菌、表皮癣菌等浅部真菌有良好的抗菌作用。

真菌中还开发了许多具有其他生理活性的药物，如环孢菌素类等。环孢菌素 A 是从土壤真菌光泽柱孢菌（*Cylindrocarpon lucidum*）和膨大弯颈霉（*Tolypocladium inflatum*）的培养液中分离到一种亲脂性环形 11 肽，已经广泛用于器官移植与免疫性疾病的治疗。分离自真菌土曲霉（*Aspergillus terreus*）的洛伐他汀，主治高胆固醇血症和混合性高脂血症，目前已经开发出系列他汀类降脂药应用于临床。

总体而言，青霉属（*Penicillium*）、曲霉属（*Aspergillus*）、镰孢霉属（*Fusarium*）3 属的活性物质最多。近年发现，高等真菌如担子菌（*Basidiomycetes*），包括许多蕈菌也可以产生许多结构新颖的活性物质，引起人们的关注。

3. 细菌　能产生有临床应用价值的抗生素的细菌菌株为数不多，枯草芽孢杆菌和假单胞菌是较为普遍的次级代谢产物产生菌。细菌产生的次级代谢产物，主要为肽类、杂肽类或者氨基酸衍生物。例如，芽孢杆菌属（*Bacillus*）细菌产生杆菌肽（bacitracin）、短杆菌肽（gramicidin）和多黏菌素（polymyxin）等抗细菌药物；假单胞菌属的荧光假单胞菌（*Pseudomonas fluorescens*）可以产生四氢异喹啉生物碱类广谱抗菌和抗肿瘤的活性物质番红菌素；胡萝卜软腐病坚固杆菌（*Pectobacterium carotovorum*）也能产生碳青霉烯类抗生素如硫霉素（thienamycin）。

4. 黏菌　黏菌是一类普遍存在于土壤、堆肥及腐败树皮中的原核生物，属于革兰氏阴性滑动细菌。具有复杂的多细胞行为和特异的生活史，可以形成子实体。近年来，由于发现其次级代谢产物多样化和结构新颖而备受关注。纤维堆囊菌（*Sorangium cellulosum*）产生的堆囊菌素（sorangicin）具有很强的原核 RNA 聚合酶抑制活性；橙色黏球菌（*Myxococcus fulvus*）产生的硝吡咯菌素（pyrrolnitrin）已成为农用抗真菌制剂拌种咯（fenpiclonil）的先导化合物。纤维堆囊菌 SoCe90（*Sorangium cellulosum* SoCe90）中分离了聚酮类化合物埃博霉素（epothilone），它是一种新型的抗肿瘤药物，其作用机制与明星抗肿瘤药物紫杉醇相似，通过促微管聚合作用抑制肿瘤细胞的增殖，但它在水溶性、安全性及抗肿瘤活性等方面优于紫杉醇。

二、微生物药物生产菌的菌种改良

在微生物药物生产的基础研究和应用研究中，每一个理想菌种都是由野生型经过诱变育种、杂交育种或者基因工程等手段筛选得到的。已经在生产中应用的菌种，具体在生产实践中常由于基因突变、保藏措施不当、传代过多、杂菌污染等原因，存在菌种退化的现象，原有生产性状显著下降。为了保证生产水平的稳定和提高，也应经常进行自然选育，淘汰退化菌种，筛选优良菌种。对于从自然界直接分离的菌种，其发酵活力比较低，不能达到工业生产的要求，更有必要根据菌种的生理特性和遗传特性，采用多种手段改良菌种，改善产品类型，提高发酵水平。自然选育、诱变育种、杂交育种、原生质体融合、基因工程技术等非定向或定向技术，都被广泛地应用于微生物药物生产优良菌种的选育过程中。必须指出的是，菌种选育往往涉及大量常规操作，建立快速而准确、高通量的筛选方法是成功的关键。

（一）单核细胞的制备

在菌种的自然选育和诱变育种中，出发菌株一般使用生理状态一致的单核细胞或者单孢子，细菌一般培养至对数生长期，产孢子的霉菌和放线菌要处于生长旺盛期。单细胞的细菌和酵母，液体培养下较为均质。放线菌和霉菌有菌丝形态，产孢丰富，需要用超声波仪将菌丝体打散，再过滤以便除去菌丝，从而获得较多的单孢子。为进一步确保孢子的分散度，可将孢子悬液用玻璃珠振荡打散后再过滤。保存孢子悬液，可使用 20%甘油或在其中加入 0.1% Tween-80 以改善孢子的亲水性和分散性。

也可采用单细胞分离新技术，获得单孢子或者单细胞。此外，还可通过原生质体再生法获得单孢子。原生质体再生法是用溶菌酶或者蜗牛酶处理菌丝，去除细胞壁后，在高渗条件下成为球状体即原生质体，在一定条件下可以重新形成细胞壁，即原生质体再生形成单菌落。不产生孢子的微生物菌种比较适用原生质体再生法。

（二）微生物的自然选育

不经过人工诱变或者基因工程手段的处理，利用微生物的自然突变进行菌种选育的过程称为自然选育。由于通过自然选育筛选出高性能菌株的概率很低，一般在 $10^{-9}\sim10^{-6}$，并且负突变远大于正突变，所以自然选育的主要目的是纯化菌种，淘汰劣势或者污染的杂菌，防止菌种退化，从而达到稳定生产和提高产量的目的。

自然选育的培养基一般采用氮源比较丰富的培养基，以便最大限度地呈现出不同克隆的菌落形态。对单菌落进行分离后，要结合生产实践，依据菌种形态与菌种生产性能之间的关系进行初筛。初筛后，挑取一定数目的克隆进行培养和发酵，复筛。初筛和复筛过程中，需要监测初筛和复筛相符率及高产菌株所占比例，一般以 80%~90%为宜，从而保证菌株的稳定性。

（三）微生物的诱变育种

为了加大菌种的变异率，一般采用物理、化学或者生物因素促进其诱发突变，这种以诱发突变为基础的育种称为诱变育种。诱变育种能够提高菌种的生产性能，改进产品质量和简化生产工艺等。发酵工业使用的高产菌株，皆须经过诱变育种的环节。

1. 出发菌株 用来进行诱变的起始菌株称为出发菌株。在诱变育种中，出发菌株的选择会直接影响最终的理化诱变效果。因此必须对出发菌株的产量、形态、生理等方面有全面的了解后，挑选出对诱变剂敏感性大、变异幅度广、产量高的出发菌株。在诱变剂处理之前，要制备高分散度的单核细胞或单孢子的菌悬液，霉菌孢子或酵母细胞的浓度为 $10^{-7} \sim 10^{-6}$ 个/mL，放线菌和细菌的浓度大约为 10^{-8} 个/mL。

2. 物理诱变 诱变处理时，先选择合适的诱变剂，再确定其使用剂量。常用诱变剂有物理诱变剂和化学诱变剂。物理诱变剂主要有紫外线、γ射线（^{60}Co）、常压室温等离子体（atmospheric room temperature plasma，ARTP）等。

紫外线是最常用的物理诱变剂，其诱变机制主要是形成嘧啶二聚体。紫外线照射后造成的 DNA 损伤，在可见光照射下，可发生光复活现象。为避免光复活，用紫外线进行诱变处理和处理后的操作都应在红光下进行，并且应将微生物在黑暗的条件下进行培养。紫外线的缺点是能量较低和穿透力较弱，对细胞壁较厚的微生物诱变效果较差。

γ射线是应用最广泛的电离辐射之一，具有很高的能量，能造成染色体不可回复的缺失突变，其诱发的突变率和射线剂量有直接关系。γ射线主要通过钴源（^{60}Co）辐照装置释放。γ射线穿透力较强，一般采用菌悬液照射，也可用长了菌落的平皿直接照射。一般以照射后微生物的致死率在 90%～99.9% 的剂量为最佳照射剂量。

常压室温等离子体是指能够在大气压下产生温度在 25～40℃、具有高浓度高活性粒子（包括处于激发态的氦原子、氧原子、氮原子、羟自由基等）的等离子体射流。作为近年发展起来的一种新型诱变技术，ARTP 具有设备简单、操作条件温和、安全性高、诱变速度快、突变类型多样等优点，尤其是 ARTP 诱变条件可控，可有效提高突变的强度和突变库容量，在微生物诱变育种领域有着广阔的应用前景，已广泛应用于细菌、放线菌、真菌和微藻等微生物育种工作中。

近年来发展的航天育种技术，也称为空间诱变育种，是利用探空气球、返回式卫星、飞船等将微生物菌种搭载到宇宙空间，利用其特殊的环境使生物基因产生变异，再返回地面进行选育的新技术。

3. 化学诱变 化学诱变剂的种类极多，根据它们对 DNA 的作用机制，主要为碱基类似物、与碱基发生反应的诱变剂和嵌入诱变剂三大类。①碱基类似物通过代谢作用渗入 DNA 分子中引起变异，如 5-溴尿嘧啶、5-氟尿嘧啶、2-氨基嘌呤、8-氮鸟嘌呤等。②与碱基发生反应的诱变剂有亚硝酸、羟胺和烷化剂，其中烷化剂应用最广泛。常用的烷化剂有硫酸二乙酯（DES）、甲基磺酸甲酯（MMS）、甲基磺酸乙酯（EMS）、乙基磺酸乙酯（EES）、N-甲基-N'-硝基-N-亚硝基胍、亚硝基脲、环氧乙酸、氮芥等。③嵌入诱变剂是一类具有三个苯环结构的化合物，分子形态上类似于碱基对的扁平分子，故能嵌入两个相邻的 DNA 碱基对之间，从而引起移码突变。这类诱变剂的代表是吖啶类染料，如吖啶黄、吖啶橙等。

4. 生物诱变 生物诱变是指转座子（transposon，Tn）和能够与染色体 DNA 发生重组作用的病毒或者噬菌体 DNA，或者参与 DNA 突变和损伤修复的 SOS 系统中的重组酶、修饰酶等。多类转座子都被用于细菌诱变，如 Tn5、Tn10 及 mariner 家族转座元件等。其中 Himar1 转座元件是在细菌诱变中应用最广泛的 mariner 家族转座元件，它催化 TA 双核苷酸位点的单拷贝插入，随机性强，覆盖率高。

为取得更好的诱变效果，在育种过程中，往往采用多种诱变因素复合处理的策略。

（四）营养缺陷型突变体的筛选及应用

在诱变育种中，营养缺陷型突变体的筛选及应用有着重要的意义。营养缺陷型菌株是指通过诱变而产生的缺乏合成某些营养物质（如氨基酸、维生素、嘌呤碱基和嘧啶碱基等）的能力，必须在基本培养基中加入相应缺陷的营养物质才能正常生长繁殖的变异菌株。

营养缺陷型菌株的筛选一般要经过诱变、淘汰野生型菌株、检出缺陷型和确定生长谱 4 个环节。营养缺陷型菌株无论在科学研究中，还是在生产实践中都具有广泛的用途。营养缺陷型菌株可作为研究转化、转导、接合等遗传规律的标记菌种和微生物杂交育种的标记。在生产实践中，某些营养缺陷型菌株能够利用特定的底物合成具有高附加值的产物，如抗生素、氨基酸、酶等。利用营养缺陷型菌株进行发酵，可有效控制底物的代谢途径，减少或避免无关产物的生成，从而提高目的产物的产量和纯度。例如，利用丝氨酸营养缺陷型菌株可以生产更多的赖氨酸，利用腺苷酸营养缺陷型菌株可提高肌苷酸的产量等。

（五）原生质体融合育种和基因组重排育种

原生质体融合（protoplast fusion）育种的操作程序是两个或多个亲本菌株，酶解去除细胞壁后，形成原生质体，亲本菌株的原生质体在促融剂聚乙二醇（PEG）或在一定电场条件下，通过电脉冲作用促进原生质体互相聚集，诱导融合，实现不同细胞的遗传重组。原生质体融合是杂交育种的手段之一，其过程包括原生质体制备和再生、原生质体融合及融合子检出三个步骤。

1. 原生质体制备和再生　制备原生质体是融合育种的前提，为了制备原生质体，一般采用酶解法去除细胞壁。细菌和放线菌可采用溶菌酶，真菌一般采用蜗牛酶、纤维素酶、β-葡聚糖酶。去除细胞壁后的原生质体对渗透压非常敏感，容易胀裂，必须保存在高渗的稳定剂中。稳定剂可以是 $NaCl$、KCl、$MgSO_4$、$CaCl_2$ 等盐溶液，浓度为 $0.3\sim1.0mol/L$；也可以用蔗糖、甘露醇、山梨醇、木糖醇、鼠李糖等糖溶液，浓度为 $0.3\sim0.6mol/L$。细菌、放线菌和酵母一般用糖溶液，丝状真菌一般用盐溶液。

2. 原生质体融合　原生质体融合时需要人为诱导融合，常采用的促融剂为聚乙二醇。细菌使用 PEG 的分子量为 1500～6000，放线菌为 1000～1500，真菌为 4000～6000，常用浓度为 30%～50%。而 $0.01\sim0.02mol/L$ 的 Ca^{2+}、Mg^{2+} 对原生质膜有稳定作用，并使之发生交联而促进凝集。由于 PEG 有一定的毒性，处理时间不宜过长，一般为 1～10min。

3. 融合子检出　融合子是指不同亲株的细胞融合后，细胞核物质发生交换后可稳定遗传的细胞。为顺利地筛选到融合子，进行原生质体融合的亲本一般要携带遗传标记。常用的标记有营养缺陷型、灭活原生质体、抗药性、荧光染色等，其中营养缺陷型和灭活原生质体是常用和有效的策略。灭活原生质体一般通过紫外线处理或热灭活，如采用紫外线处理造成 99%死亡率的条件，或热灭活采用 50～55℃处理 30min，使原生质体丧失再生能力，但保持细胞 DNA 的遗传功能和重组能力。一般原生质体灭活后的存活率可达 10^{-3} 以下，紫外线和热灭活双标记法的两个亲株原生质体融合后，再生频率比存活率高 1～2 个数量级，则再生菌落中绝大多数应是融合体菌株，因此两个亲株可以不预先选择遗传标记。

此外，在传统理化诱变育种、原生质体融合及 DNA 改组的基础上，研究者提出了基因组重排技术。该技术首先采用理化诱变的方法，诱导多亲本菌株原生质体发生随机突变，建立正向突变体库；再经多轮递推诱导原生质体融合，实现全基因组重排，定向筛选具有重要表型特征改变的突变体。目前该技术已经成功地用于工业微生物菌种的多基因控制表型的改良。

（六）核糖体工程育种

核糖体工程育种是指以 RNA 聚合酶和核糖体为靶点，通过筛选或构建相应的抗生素抗性突变，获得次级代谢产物合成能力提高及其他性状得以改良的菌株。RNA 聚合酶和基因转录有关，而核糖体是蛋白质的合成机器，也是细胞感知营养水平和对生长速率进行调控的重要位点。因此 RNA 聚合酶和核糖体突变（包括核糖体蛋白和 rRNA）对次级代谢产物生物合成必然有着深远的影响。常用于抗性筛选的抗生素主要包括作用于核糖体小亚基的庆大霉素、巴龙霉素、链霉素和四环素，作用于核糖体大亚基的红霉素、林可霉素、硫链丝菌素，以及作用于 RNA 聚合酶的利福平。

有研究者利用链霉素和利福平组合抗性筛选，结合高能电子诱变对东方拟无枝酸菌的生产菌株进行改造，得到了去甲万古霉素效价提高 45.8% 的突变株。2019 年 6 月获批上市的国家一类新药可利霉素（carrimycin）是以异戊酰螺旋霉素为主组分的抗生素，是国内外唯一一个实现产业化的利用基因工程技术获得的杂合抗生素，刘娟娟等利用核糖体工程的方法筛选利福平抗性的菌株，发现可利霉素的产量比出发菌株提高约 6 倍。

（七）基因工程技术育种

基因工程技术育种是指利用基因编辑技术，对微生物基因组进行遗传重构，以获得特定性状或功能大幅度提升的工程菌株和细胞工厂。随着全基因组测序、生物信息学、功能基因组学（转录组学、蛋白质组学和代谢组学）等学科与技术的突飞猛进，CRISPR/Cas9 系统的快速发展，微生物遗传操作系统的日益完善，以及天然产物的生物合成和调控机制的阐明，人类定向改造微生物的能力获得了突破性进展。因此，微生物基因工程育种迎来了更加广阔的发展前景，其内容涵盖代谢工程育种、组合生物合成育种，以及合成生物学理念指导下的底盘细胞的工程化改造等。

1. 代谢工程育种　代谢工程育种又称为途径工程（pathway engineering），是指利用基因工程技术，通过调节微生物代谢、目的产物代谢流、目的产物前体供应、生物合成途径等策略，最终提高目的产物产量的育种手段。

微生物代谢工程育种已有很多成功的实例。例如，野生型阿维链霉菌（*Streptomyces avermitilis*）同时产阿维菌素和寡霉素，寡霉素有毒性，属于无效成分。敲除寡霉素生物合成相关基因，可获得不产寡霉素，但阿维菌素能够正常产生的工程菌株，省去了去除寡霉素的操作。

细胞内含有多个合成代谢途径，必然存在对能量和共同前体如乙酰辅酶 A、丙酰辅酶 A 等的竞争。带小棒链霉菌同时合成结构上无相关性的次级代谢产物——头霉素 C（cephamycin C）和克拉维酸（clavulanic acid），敲除头霉素 C 合成所必需的基因 *lat*，完全阻断头霉素 C 的合成，克拉维酸的产量提高了 2~2.5 倍。

代谢工程育种从早期的敲除副产物/支路途径、增强正调控基因/解除负调控基因、增加合成途径中限速酶基因拷贝数等传统思路，发展到如今的代谢网络建模与分析、基因表达动态调控等新的代谢改造技术，在提高目的产物纯度和产量方面，做出较大的贡献。

2. 组合生物合成育种 组合生物合成（combinatorial biosynthesis）曾经是抗生素研究领域的热点和前沿。Hopwood 等将天蓝色链霉菌 A3（2）中的放线紫红素生物合成基因簇及其亚克隆 DNA 片段转入格尔德霉素及榴菌素的产生菌链霉菌 AM-7161（*Streptomyces* sp. AM-7161）和紫红链霉菌 Tu22（*S. violaceoruber* Tu22）中，获得了第一个杂合抗生素，这标志着组合生物合成的开始。组合生物合成就是通过基因工程等相关技术，人为地对微生物次级代谢产物合成途径进行合理的改造，进行基因的敲除、添加、取代及重组等操作从而产生非天然的杂合基因簇，进而形成新的"非天然"的天然次级代谢产物的策略。构建遗传突变株，结合前体喂养，组合生物合成可产生许多新的衍生物分子。不过，组合生物合成的瓶颈是新途径的催化效率往往显著低于野生型途径，关键酶的定向进化有望提高组合途径的适配性和效率。另外，该育种策略不适用于培养困难或遗传隔离的菌种。

3. 合成生物学理念指导下的底盘细胞的工程化改造 合成生物学是 21 世纪诞生的一门新兴交叉学科，它的飞速发展已经推动微生物制药产业进入崭新阶段。传统的药物开发，是通过对药物的本源宿主进行大规模发酵培养和分离提取来完成。但是许多活性化合物的本源宿主存在着培养困难、生长缓慢、表达量少的缺点，限制了工业化生产。因此，基于合成生物学理念，人们尝试把大肠杆菌、链霉菌、枯草芽孢杆菌、酿酒酵母等菌种改造成为底盘细胞（chassis cell），用于药物的异源生产。抗疟疾药物青蒿素是目前利用合成生物学技术实现产业化最为成功的典范之一。2015 年，我国科学家屠呦呦教授因为发现抗疟疾药物青蒿素荣获诺贝尔生理学或医学奖。青蒿素是一种萜类化合物，于 20 世纪 70 年代从植物黄花蒿提取而来，该生产工艺存在着占用耕地、植物生长周期长、提取过程烦琐、含量低等问题。为完成青蒿素的微生物合成，Paddon 等耗时十年，通过对酵母底盘细胞的不断优化，使青蒿素前体青蒿酸产量提高到 25g/L，在此基础上开发了从青蒿酸到青蒿素的化学合成方法，完成了青蒿素的半合成工艺。2013 年 4 月，法国制药业巨头 Sanofi 宣布开始应用该生产工艺工业化生产青蒿素。2013 年 5 月，世界卫生组织批准微生物合成的青蒿素可作为临床药物使用。此外，国内外科学家在微生物异源生产植物源药物方面也取得了一系列重要进展，包括阿片类化合物氢可酮、大麻素，以及托品烷生物碱莨菪碱、长春碱等重要植物源临床药物。

作为药物生产的异源宿主，底盘细胞具有遗传转化系统成熟、生长速度快、容易进行大规模培养和工业发酵培养模式相对较为成熟等共性，易于产量提升和质量控制。应用比较广泛的几种底盘细胞有大肠杆菌、链霉菌、酿酒酵母、恶臭假单胞菌、橙黄色黏球菌和枯草芽孢杆菌。

第二节 微生物药物的生物合成

一、微生物药物生物合成的基本途径

微生物在其代谢过程中能产生种类繁多的代谢产物，包括初级代谢产物和次级代谢产物，许多已经作为药物。微生物的初级代谢产物，如氨基酸、核苷酸、辅酶、维生素，以及参与物质代谢、能量代谢的有机酸、醇类等，在临床上也有所应用，如胱氨酸用于抗过敏、

治疗肝炎及白细胞减少症；精氨酸和鸟氨酸治疗肝昏迷，解除氨毒；L-谷氨酰胺用于治疗消化道溃疡；肌苷用于改善机体代谢，作为急、慢性肝炎辅助治疗。微生物药物主要的来源是微生物的次级代谢产物，抗生素是微生物药物中最重要、最广为人知的一类次级代谢产物，在控制微生物感染、抑制肿瘤细胞等方面发挥了重大作用。抗生素以外的微生物次级代谢产物的药物，一般称为生理活性物质，包括特异性酶抑制剂和诱导剂、免疫调节剂和细胞功能调节剂、受体拮抗剂和激动剂及具有其他药理活性的物质。

目前，各种初级代谢产物的生化合成途径基本得以阐明。次级代谢产物由于宿主菌进化的不保守，产物结构复杂多样，因而其生物合成机制常常不够明确。不过，其生物合成是以初级代谢产物为前体，通过多步酶促反应完成的。负责次级代谢产物生物合成的相关基因在染色体上往往成簇排列，即形成基因簇，一个基因簇常包含调控基因、结构基因和抗性基因。红霉素的生物合成基因簇是最早克隆的抗生素生物合成基因簇。

（一）次级代谢产物的生源

在研究次级代谢产物生物合成过程中，常用到两个不同的术语，即生物合成和生源（biogen）。生物合成侧重于描述在生物体内次级代谢产物的形成过程，而生源则强调次级代谢产物分子装配单位的生物来源。一般次级代谢产物的生源都是直接或间接地来自微生物代谢过程中产生的一些中间产物和初级代谢产物。糖分解代谢生成的 C_2、C_3、C_4、C_5 化合物和初级代谢产物如氨基酸，均可作为次级代谢产物的生源。有的生源直接作为前体，有的生源需要经过酶催化修饰后作为特殊前体。次级代谢产物合成中常用的生源如下。

1. 聚酮类化合物 聚酮类化合物（polyketide）是含有多个羰基的聚合物，许多次级代谢产物（如四环素类抗生素的苯并体、大环内酯类抗生素的内酯环、蒽环类抗生素的蒽醌类和聚醚类）的前体均由聚酮类化合物构成。组成聚酮类化合物的基本单位为乙酸、丙酸、丁酸和短链脂肪酸，这些低级脂肪酸都是聚酮类化合物的生源；这些羧酸在酶催化下和辅酶A（CoA）形成硫脂键而活化，成为其合成的起始单位即乙酰CoA、丙酰CoA、丙二酰胺CoA和丁酰CoA等；聚酮类化合物链的延伸单位有丙二酰CoA、甲基丙二酰CoA、乙基丙二酰CoA，分别是二碳、三碳和四碳的供体。聚酮类化合物的形成以起始单位为基础，通过与链的延伸单位不断进行 Claisen 缩合和脱羧，最终形成 β-多酮次甲基链（β-polyketomethylene chain）。聚酮类化合物碳链的长短及其链的还原程度千差万别、种类极多。聚酮类化合物在微生物药物中占比例较高，仅仅红霉素、他克莫司FK506和降胆固醇药物洛伐他汀这三个聚酮类化合物每年总销售额超过了 100 亿美元。

2. 糖类 糖类是多羟基酮或者多羟基醛及其缩聚物和某些衍生物的总称。多糖和寡糖只有降解成单糖后，微生物才能利用。单糖及其衍生物广泛地参与了初级代谢和次级代谢。次级代谢产物中的糖类主要有氨基糖、糖胺、核糖及其他糖类等，主要是以 C_6 的葡萄糖和 C_5 的戊糖为前体，经过多步修饰而得。例如，葡萄糖的碳骨架经过异构化、氨基化、脱氧、碳原子重排、氧化还原或脱羧等修饰后，以 O-糖苷、N-糖苷、S-糖苷、C-糖苷等方式渗入次级代谢产物分子中。

（1）氨基糖 单糖或单糖衍生物的醇羟基（一般为C2）可以被氨基取代，形成氨基糖或糖胺（当氨基处于端基位置时，化合物命名为糖胺）。氨基糖苷类抗生素是临床应用广泛的一大类抗生素，由氨基糖或氨基环己醇与配基通过糖苷键连接所形成，包括链霉素、壮观霉素、新霉素、卡那霉素、庆大霉素、对2型糖尿病有特效的阿卡波糖、抗癌制剂密旋霉素等。其中氨基糖的合成一般是葡萄糖先活化成己酮糖，然后经过转氨基将谷氨酰胺或谷氨酸的氨基转移到己酮糖的分子上形成氨基糖，如新霉素B（neomycin B）的结构中包含新霉氨基糖B和新霉氨基糖C两种氨基糖。首个分离得到的抗真菌多烯大环内酯抗生素制霉菌素（nystatin），其结构中含有氨基海藻糖。

（2）糖胺　　糖胺是许多次级代谢产物的构建单位，如链霉素中的甲基葡萄糖胺，大环内酯类抗生素中的红霉糖胺和碳霉糖胺，螺旋霉素十六元环上的福洛氨糖（forosamine）。红霉素中的D-碳霉糖胺，其合成的第一步是葡萄糖先活化成核苷二磷酸葡萄糖，然后经葡萄糖氧化酶（glucose oxidase）催化，再经过烯二醇式重排、转氨基及甲基化后生成D-碳霉糖胺，其中氨基来自谷氨酸，甲基则源于甲硫氨酸。另外，新霉素、卡那霉素、庆大霉素等抗生素的主要核心结构为2-脱氧链霉胺，由闭环形式的葡萄糖-6-磷酸，在氧化型NAD^+辅因子作用下，C4位发生氧化，接着脱去磷酸在C5、C6之间形成双键，然后在还原型NADPH的作用下C4位发生还原，最后经过两步转氨基及一步脱氢反应生成。

（3）核糖　　核糖是五碳糖，次级代谢产物中的核糖可以由戊糖转化，但大部分由六碳糖——葡萄糖经由磷酸戊糖途径或葡萄糖醛酸途径转化而来。另外，某些核苷类抗生素的分子中常含有一些稀有的戊糖，如冬虫夏草素中的3-脱氧-D-红戊糖等，都是由葡萄糖作为直接前体合成的。

（4）其他糖类　　糖基化是常见的生物活性修饰方式，连接的糖一般是某种形式的脱氧糖（deoxysugar）。碳霉糖（mycarose）是存在于泰乐菌素、螺旋霉素和大环内酯类抗生素中的一种常见的脱氧糖，链霉糖（streptose）则是链霉素的结构单元。阿维菌素（avermectin）所连的糖基为脱氧糖L-夹竹桃糖（oleandrose），蒽环类抗肿瘤抗菌药阿霉素［也称为多柔比星（doxorubicin）］则是L-adriamycin，博来霉素中含有古洛糖和甘露糖。

3. 环多醇和氨基环多醇　　在合成氨基环己醇类抗生素的途径中，多羟基化合物环多醇是一个重要的共同中间体，其羟基被氨基取代则成为氨基环多醇。在新霉素生物合成中，环己醇和氨基环己醇都是以葡萄糖作为前体，经过酸化、环化及氨基化等反应衍生而来，链霉素中的链霉胍则需由葡萄糖经过肌醇进而转变获得。

4. 氨基酸　　非核糖体肽类化合物是另外一大类重要的次级代谢产物，代表化合物有环孢菌素A、万古霉素、达托霉素及β-内酰胺类抗生素。它们是由氨基酸（包括蛋白质氨基酸和非蛋白质氨基酸）通过非核糖体肽合成酶催化缩合而来。氨基酸除了组成蛋白质的20种L-氨基酸外，还有300余种非蛋白质氨基酸，这些非蛋白质氨基酸，如D-氨基酸、N-甲基氨基酸、β-氨基酸及稀有的二氨基酸等，在次级代谢产物中占到1/2以上，可以由正常的氨基酸异构或修饰而得，也可以通过葡萄糖的初级代谢产物合成。青霉素、头孢等β-内酰胺类抗生素的活性基团是β-内酰胺环，该环是由ACV三肽（L-α-氨基己二酰-L-半胱氨酰-D-缬氨酸）环化而来。三肽中的α-氨基己二酸和D-缬氨酸（Val）皆属于非蛋白质氨基酸。D-Val的形成，先由葡萄糖降解成丙酮酸，再和乙醛硫胺素焦磷酸经乙酰羟酸合成酶催化转变成α-乙酰-α-羟丙酸（α-乙酰乳酸），继续经过异构、还原和转氨等反应，形成L-Val，消旋转化为D-Val。三肽结构中的α-氨基己二酸，同时也是初级代谢产物Lys（赖氨酸）合成的中间产物。在肽类抗生素结构中还有D-苯丙氨酸（D-Phe）和D-色氨酸（D-Trp）。而N-甲基氨基酸是正常氨基酸接受了L-甲硫氨酸（L-Met）的甲基后形成的。氨基酸的β位羟基化也很常见，如氯霉素中对氨基苯丙氨酸的β位羟基化，克拉维酸在形成β-内酰胺环后进行的β位羟基化。

5. 嘌呤碱和嘧啶碱　　核苷类抗生素中，除了核酸构成碱基外，还常含有非核酸的嘌呤碱基和嘧啶碱基。非核酸的嘌呤碱基和嘧啶碱基是以正常碱基经过化学修饰形成的，其合成途径与菌体内核苷酸的合成途径不同，可以直接利用培养基中的各种核苷酸，即可以直接被产生菌作为前体并入抗生素的结构中，不需要产生菌先将核苷酸水解成嘌呤或嘧啶单体后才能用于抗生素的合成。

6. 甲羟戊酸 甲羟戊酸（mevalonic acid，MVA，3-甲基-3,5-二羟基戊酸）是类异戊二烯（isoprenoids）或萜类化合物（terpenoid）次级代谢产物极重要的构建单位，同时也是必需产物甾醇和胡萝卜素的前体。MVA 被磷酸化后形成甲羟戊酸-5-焦磷酸，继续经脱羧和脱水作用形成活化形式的异戊烯焦磷酸（isopentenylpyro-phosphate，IPP），这种活化的五碳单位几乎可以任何数量的单元结合，形成结构多样、活性多样的萜（terpene）、赤霉素、生物碱、青蒿素、紫杉醇、丹参酮、人参皂苷、胡萝卜素都是萜类化合物的代表。MVA 的合成是由乙酸缩合而成的，首先是两个乙酰 CoA 进行头尾缩合（Claisen 缩合）生成丙二酰 CoA，然后再和另一个乙酰 CoA 进行醇醛缩合，生成羟基甲基戊二酸酰辅酶 A（HMG-CoA），后者还原生成 MVA。现在发现，链霉菌中存在 MVA 途径。

7. 莽草酸 莽草酸（shikimic acid）是重要药物中间体，莽草酸及其衍生物具有抗病毒、抗肿瘤、抗菌、抗血栓等多种药理活性。莽草酸是抗流感药物达菲（主要成分为磷酸奥司他韦）的合成前体，也是芳香族类氨基酸[酪氨酸（Tyr）、Phe、Trp]、泛醌、叶酸、维生素 K 等芳香族化合物的关键中间体，是二噁霉素、乙二醛酶抑制剂等抗肿瘤药物的合成原料，氯霉素和新霉素的芳香环也来自莽草酸。莽草酸的合成是以磷酸烯醇丙酮酸、赤藓糖-4-磷酸为起始底物，在生物体内经过一系列酶的催化而成。莽草酸在酶的催化下，形成分支酸（chorismic acid），后者经不同的分叉途径合成芳香族氨基酸，也可形成对氨基苯丙氨酸（氯霉素前体）、邻氨基苯甲酸（吩嗪分子前体）。

（二）次级代谢产物生物合成的基本途径

各种次级代谢产物以不同的前体经过不同的途径合成，然后再经过一系列化学修饰衍生出结构独特的生理活性物质。一般次级代谢产物合成的基本途径包括前体聚合、结构修饰和不同组分的装配。

1. 前体聚合 次级代谢产物的合成由其不同的生源通过不同的方式聚合。聚酮类化合物和非核糖体肽这两类重要的次级代谢产物，虽然结构各异，但是它们的主体结构都是简单羧酸或者氨基酸通过连续缩合反应产生的。这些简单羧酸和氨基酸的活化形式往往是酰基载体蛋白质（acyl carrier protein，ACP）、酰基辅酶 A 或者是这两者的过渡形式酰基腺苷酸（酰基-AMP）。聚酮类化合物是简单羧酸如乙酸、丙二酸等，通过类似于脂肪酸的合成方式，经聚酮合酶（polyketide synthase，PKS）连续缩合而得碳骨架，非核糖体肽则是氨基酸（包括非蛋白质氨基酸）在非核糖体肽合成酶（nonribosomal peptide synthetase，NRPS）催化下缩合而成碳骨架。根据聚酮合酶的结构和作用机制，其可划分为 3 类：Ⅰ型 PKS、Ⅱ型 PKS 和Ⅲ型 PKS。Ⅰ型 PKS 的代表是红霉素，包含一个或者几个非常大的多功能酶，每个多功能酶由一定数量的模块（module）组成，其基本功能单元为 β-酮脂酰合成酶（KS）、酰基转移酶（AT）、酰基载体蛋白质（ACP）。Ⅱ型 PKS 是由多个独立的蛋白质组成的多酶复合体，主导了抗肿瘤抗生素阿霉素和柔红霉素、四环素等的生物合成。Ⅰ型和Ⅱ型 PKS 的底物简单羧酸及合成中间产物都和酰基载体蛋白质共价相连，Ⅲ型 PKS 连续缩合反应的底物是游离的酰基辅酶 A，不需要酰基载体蛋白质的参与。脂肪酸在碳骨架聚合的同时，NADPH 提供还原力，酮基加氢还原、脱水再加氢而饱和，而聚酮类化合物大部分的酮基只简单地还原为羟基，而不进一步脱水和还原。

与Ⅰ型PKS相似，NRPS也是由一系列的模块顺次排列组成。每个模块常含3个必需的功能域：腺苷酰化（adenylation，A）结构域、缩合（condensation，C）结构域和肽酰载体蛋白（peptidyl carrier protein，PCP）结构域，氨基酸被A结构域活化后，转移到PCP结构域的辅基磷酸泛酰巯基乙胺，这3个结构域共同完成氨基酸单元的延伸。不同产物的起始单位和延伸单位有所不同。

2. 结构修饰　　次级代谢产物的基本骨架完成后，还必须通过酶促反应进行各种修饰，才具备更好的活性。例如，在红霉素合成过程中，聚酮类化合物碳链聚合后环化，形成6-脱氧红霉内酯B，转糖酶催化引入D-红霉氨基糖后，形成第一个有生物活性的二糖苷红霉素D，红霉素D中的碳霉糖3′-OH被甲基化后得红霉素B，或者C12羟基化而得红霉素C，红霉素C可进一步被甲基化修饰得到红霉素A。在四环素合成过程中，聚酮类化合物形成后，闭环以前，C6上进行甲基化；闭环后的修饰包括C4羟基化、A环的氧化、C12羟基化、C7氯化、C4胺化及其氨基甲基化、C6氧化等反应得到脱氢四环素。继续在C5α和C11α进行氢化反应，则可形成有活性的四环素（或金霉素）；如果脱氢四环素先在C5发生氧化反应，再进行还原反应，则形成土霉素。在青霉素合成过程中，ACV三肽成环后形成异青霉素N，然后在酰基转移酶的催化下，以苯乙酰基取代β-内酰胺环上的α-氨基己二酰基，生成青霉素G；异青霉素N可被青霉素酰化酶催化裂解，产生6-APA，它是各种半合成青霉素的母核。异青霉素N异构生成青霉素N，经脱乙酰氧基头孢菌素C合成酶（也称扩环酶）催化生成6元环——脱乙酰头孢菌素C，羟化后，进一步乙酰化修饰得到头孢菌素C，头孢菌素C通过酶裂解或者化学裂解除去苯乙酰基和乙酰氧基侧链，产生7-ACA，其为半合成头孢类抗生素的母核。

3. 不同组分的装配　　不同组分的装配即将次级代谢终产物必需的几个部分按照一定的顺序在特异酶的催化下组装。这些不同组分，也可称为半分子，如新生霉素的几个组分有4-甲氧基-5′,5-二甲基-L-来苏糖、香豆素和对羟基苯甲酸，它们形成后装配在一起得到具有生理活性的新生霉素。

二、微生物药物产生菌的生理代谢调节

微生物的次级代谢并不是独立存在的，而是与初级代谢存在着紧密的联系。微生物的次级代谢和初级代谢调节在某些方面是相同的，如酶合成的诱导和阻遏、酶活性的激活和抑制等。由于次级代谢不是机体生存所必需的，与机体的生长不呈平行关系，其涉及的酶往往是一些诱导酶，其产物又常分泌到胞外，因此次级代谢的调节也有一些独特之处。

1. 初级代谢对次级代谢的调节　　初级代谢产物和中间体是次级代谢的底物，影响初级代谢的各种因子必然影响次级代谢。在微生物代谢过程中，既可用来合成初级代谢产物，又可用来合成次级代谢产物的化合物称为分叉中间体。当初级代谢和次级代谢具有共同的合成途径时，初级代谢的终产物过量，会抑制次级代谢的合成，这主要是因为初级代谢终产物抑制了次级代谢产物合成中分叉中间体的合成。

2. 碳代谢物的调节　　葡萄糖是微生物生长的优质碳源，但在抗生素生产中却会抑制产物的合成。类似的促进菌体营养生长的碳源，对其次级代谢产物的生物合成往往表现出抑制作用，这是碳源的分解代谢阻遏导致的。分解代谢阻遏也称为葡萄糖效应，是指一些易利用碳源如葡萄糖、柠檬酸等进行分解代谢时，会抑制其他代谢的现象。这些易利用碳源也称为速效碳

源，在菌体生长阶段，速效碳源的分解产物，会阻遏次级代谢过程中酶系的合成，只有当这类碳源耗尽时，菌体才开始次级代谢产物的生物合成。在青霉素的发酵生产中，在发酵初期，利用速效的葡萄糖进行菌丝生长。当葡萄糖耗竭后，利用乳糖，由于乳糖是二糖，需水解才能被利用，属于迟效碳源，有利于青霉素的积累。嘌呤霉素合成中，葡萄糖分解产物也阻遏 O-去甲基嘌呤霉素-O-甲基转移酶的合成。在卡那霉素合成中，葡萄糖分解产物阻遏 N-乙酰卡那霉素氨基水解酶的合成。除葡萄糖外，柠檬酸分解产物也具有阻遏作用。例如，在新生霉素合成过程中，如果培养基中柠檬酸和葡萄糖同时存在，菌体优先利用柠檬酸，此时不合成新生霉素，只有当柠檬酸被耗竭利用葡萄糖二次生长时，菌体才开始合成新生霉素。

3. 氮代谢物的调节　　微生物体内也存在氮源代谢阻遏效应，对初级代谢和次级代谢的调控都起着重要的影响。微生物对铵盐、一些氨基酸[链霉菌对谷氨酸（Glu）、谷氨酰胺（Gln）]的利用优于硝酸盐、组氨酸和蛋白质等氮源的利用。以无机氮或简单有机氮等作为氮源，能促进菌体的生长，但却抑制次级代谢产物的合成，难利用氮源则可以促进次级代谢产物的合成。铵盐的利用主要是通过谷氨酰胺合成酶（GS）和谷氨酸合酶（GOGAT）来实现的，NH_4^+ 通过 ATP 提供能量，在 GS 催化下形成 Gln，后者在 GOGAT 催化下转氨基至 α-酮戊二酸形成 Glu。铵盐是最容易利用的氮源，因此在抗生素的生物合成中，铵盐是最主要的氮源分解代谢阻遏物。例如，在地中海拟无枝酸菌中，NH_4^+ 浓度越高，抗生素利福霉素的合成也越低，其原因是高浓度的 NH_4^+ 抑制了 GS 活性。当铵盐耗尽时，GS 活性升高。如果有氨基酸存在，GS 活性可以保持，而且其活性与氨基酸的种类有关。缓慢利用的氮源代替氨可以显著增加抗生素产量。在链霉素发酵中用脯氨酸代替氨作为氮源使链霉素的产量提高了约 3 倍；在大环内酯类抗生素发酵中如在发酵液中加入能固定 NH_4^+ 的磷酸镁，可以提高这类抗生素的产量。另一种常用氮源——硝酸盐则能促进利福霉素的合成，这主要有以下三方面的原因：硝酸盐的存在可以促进糖代谢和三羧酸循环酶系的活力及琥珀酰辅酶 A 转化为甲基丙二酰辅酶 A 的酶活性，为利福霉素的合成提供更多的前体；硝酸盐还能促进 GS 的活性，增加利福霉素前体的浓度；硝酸盐还可以抑制脂肪的合成，增加利福霉素脂肪环合成中乙酰辅酶 A 的供给。氮源的代谢调控比较多样和复杂，不同微生物的代谢调控机制不同。

4. 磷酸盐的调节　　微生物体内也存在着广泛的磷酸盐调节，因为磷是微生物生长繁殖的必需元素，DNA 合成、RNA 合成、蛋白质合成、酶催化反应（蛋白质的磷酸化和去磷酸化）、糖类物质代谢、细胞呼吸作用及 ATP 的总量水平的维持等代谢活动，都涉及无机磷酸或磷酸盐的参与。环境中可利用的磷较少，因此微生物对环境中的磷含量比较敏感，在长期进化中发展了一整套调控体系，包括 PhoR-PhoP 双组分信号转导系统。通常环境中 0.3~500mmol/L 的无机磷酸盐能够促进初级代谢产物合成和菌体生长，但是超过 10mmol/L 的磷酸盐会显著抑制大多数链霉菌的次级代谢产物合成。因此，在发酵生产中磷酸盐需要适量。

磷酸盐对次级代谢产物合成的影响表现在以下几个方面。

（1）抑制次级代谢产物前体的形成　　磷酸盐通过抑制次级代谢产物前体合成的酶的活性，从而抑制次级代谢产物前体的合成，进而抑制次级代谢产物的合成。聚酮类抗生素如四环素类和大环内酯类抗生素，其生物合成的前体多为乙酰辅酶 A 或丙二酰辅酶 A，相对其他抗生素来说，其合成过程对无机磷酸盐更加敏感。丙二酰辅酶 A 是由磷酸烯醇丙酮酸（PEP）经羧化和脱羧而来的，磷酸盐抑制磷酸烯醇丙酮酸羧激酶（phosphoenolpyruvate carboxykinase，PEPCK），从而减少前体丙二酰辅酶 A 的浓度，进而影响次级代谢产物的合成。链霉素分子由链霉胍、链霉糖和 N-甲基-L-葡萄糖胺三部分组成，其中肌醇为链霉胍合成的前体，葡萄糖-6-磷酸在肌醇-1-磷酸合成酶催化下，转化为肌醇-1-磷酸，高浓度的多聚磷酸盐是该酶的竞争性抑制剂，抑制肌醇-1-磷酸的合成，从而使链霉素生物合成的底物变少。另外，许多抗生素的合成与磷酸戊糖途径（PPP）有关，过量的磷酸盐抑制 PPP，促进糖酵解途径，减少前体的供应，从而抑制次级代谢产物的合成。

（2）阻遏次级代谢产物合成中某些关键酶的合成　　磷酸盐通过阻遏次级代谢产物合成中某些关键酶的合成，进而抑制次级代谢产物的合成。在链霉素合成中，转脒基酶和催化 N-脒基链霉胺磷酸化的链霉胺激酶为关键酶，两个酶的合成均受磷酸盐阻遏。泰乐菌素结构中氨基糖合成中的一些关键酶，如脱水酶、氧化还原酶和转甲基酶也都受磷酸盐阻遏。

（3）抑制碱性磷酸酯酶的合成　　在链霉素、紫霉素及万古霉素等抗生素的生物合成中，某些中间代谢产物会有不同程度的磷酸化修饰，而终产物是无磷酸化的。该脱磷酸反应是由碱性磷酸酯酶催化的，而过量的磷酸盐能反馈抑制该酶的活性。

（4）增加菌体能荷　　磷酸盐的调控作用也可通过调节细胞内 ATP 水平和能荷，影响次级代谢产物的合成。高浓度的磷酸盐可增加细胞内 ATP 的形成，从而影响初级代谢产物和次级代谢产物的合成。

5. ATP 的调节　　ATP 直接影响糖代谢中关键酶的活性和次级代谢产物的合成。一般次级代谢产物高产菌株体内 ATP 浓度比低产菌株低。在四环素的生物合成中，菌体内 ATP 水平对四环素合成起调节作用。因为其合成前体丙二酰辅酶 A 有两条合成途径，其中一条是通过 PEP 经丙酮酸生成乙酰辅酶 A 后，在乙酰辅酶 A 羧化酶的作用下生成丙二酰辅酶 A，此途径在菌体初级代谢中占主导地位；另一条途径则是 PEPCK 催化 PEP 生成草酰乙酸，再经羧基转移酶作用生成丙二酰辅酶 A，此途径在四环素合成期起决定作用。草酰乙酸作为 TCA 循环中的重要中间产物，其合成受 ATP 浓度的反馈抑制，因此高浓度的 ATP 影响四环素的生物合成。

6. 诱导调节和产物反馈调节　　诱导调节是指酶合成的诱导调节。次级代谢过程中，有些酶为诱导酶，如链霉素生物合成中的转脒基酶、甘露糖链霉素合成酶等，其生产菌灰色链霉菌（*Streptomyces griseus*）需要有甘露聚糖诱导物才能表达。生产磷霉素的弗氏链霉菌（*Streptomyces fradiae*）需要 Met 为诱导剂。产物反馈调节是指次级代谢产物的生物合成中，终产物的过量积累，导致末端代谢产物合成阻遏，如嘌呤霉素发酵中，生物合成途径最后一个酶是 O-甲基转移酶，其活性受到终产物的抑制。在泰乐菌素和霉酚酸发酵中，同样存在着产物对 O-甲基转移酶的抑制现象。同时，在次级代谢产物的生物合成中，也存在初级代谢产物引起的反馈调节。这往往是由于初级代谢和次级代谢两种代谢途径中还存在分叉中间体，分叉中间体对初级代谢终产物的反馈调节可能影响次级代谢产物的合成。由三羧酸循环产生的 α-酮戊二酸衍生的 α-氨基己二酸，是产生 Lys（初级代谢）和青霉素（次级代谢）的重要分叉中间体。Lys 反馈抑制生物合成中的同型柠檬酸合成酶的活性，抑制了青霉素合成的起始单位 α-氨基己二酸的合成，从而影响青霉素的生物合成。如果添加 α-氨基己二酸到青霉素的发酵液中能解除 Lys 的抑制。

7. 细胞膜透性的调节　　细胞膜是细胞与外界环境进行物质交换的屏障，细胞从外部环境中吸收营养物质或将细胞内代谢产物分泌至细胞外，都要通过细胞膜。细胞通过调节细胞膜通透性来实现对代谢过程的部分调节。适度的细胞膜通透性，有助于培养基中特定营养物质向细胞内输送，同时也使得细胞内的代谢产物能及时分泌到细胞外部，不会在细胞内累积引起反馈调节。通过人为控制培养液中生物素含量，或加入 Tween-80 等脂肪酸衍生物，能够增大细胞膜通透性，提高抗生素的产量。在青霉素发酵中，生产菌细胞膜输入硫化合物能力的大小影响青霉素发酵单位的水平。

8. 金属离子和溶解氧的调节 在多数情况下，微量的金属离子是次级代谢中合成酶的活化因子，甚至有时在转录和翻译水平上起作用。例如，Mg^{2+}可以增加卡那霉素的卡那乙酰化酶、弗氏链霉菌的碱性磷酸酶的活性，或促进它们的合成。一些抗生素活性的发挥也需要金属离子辅助，如结合Cu^{2+}的博来霉素和链黑霉素。氧是构成微生物细胞及其代谢产物的组分之一，同时也是微生物经有氧呼吸生产大量 ATP 所必需的。好氧微生物只有在有氧条件下才能进行生长、繁殖等代谢活动；一些生物合成的限速酶的活性也受氧调节。

第三节 微生物药物的发酵工艺

一、微生物药物发酵工艺过程

（一）微生物发酵的操作方式

现代微生物发酵制药的特点是技术含量高、全封闭自动化、全过程质量控制、大规模反应器生产和新型分离技术综合利用等。工业规模的微生物发酵过程一般有三种操作方式，即分批发酵（间歇发酵）、连续发酵和补料分批发酵（半连续发酵）。

1. 分批发酵 分批发酵也称为间歇发酵，采用单罐深层培养法，将有限数量营养物一次性装入封闭培养系统的单罐内，在适宜的条件下接入生产菌种，进行发酵，经过一定时间后将全部发酵液取出，再分离、提取目的产品的过程。分批发酵的特点在于发酵过程是非恒态的，微生物所处的环境在不断变化，发酵过程中营养成分不断减少，微生物的生长速度随时间而发生规律性变化，如单细胞微生物在整个发酵培养过程中，经历延滞期、对数生长期、稳定期和衰老期 4 个阶段。分批发酵对原料组成要求较为粗放，生产上灵活机动，发生杂菌污染时也比较容易终止操作。

2. 连续发酵 连续发酵也称为连续培养，是在一个开放的系统中，以一定的速度向发酵罐内连续供给新鲜培养基，同时将含有微生物细胞和代谢产物的老液以相同的速度从发酵罐内放出，从而使发酵罐内液量维持恒定，使培养物在近似恒定的状态下生长和代谢。根据控制方式的不同，分为恒化培养和恒浊培养。连续发酵简化了分批发酵的重复操作，节省了发酵罐的非生产时间，提高了设备的利用率和单位时间的产量，对生产周期短的产品效果尤其显著。连续发酵的缺点是：基质利用率较低；高产菌株在长时间连续培养过程中容易发生回复突变，造成菌种退化；连续发酵要求设备和空气净化系统处于无菌条件，环节多，容易污染杂菌，导致发酵失败。

3. 补料分批发酵 补料分批发酵也称为半连续发酵，是以分批发酵为基础，介于分批发酵和连续发酵之间，间歇或连续补加新鲜培养液，不从发酵罐中放出培养液的一种发酵技术。补料分批发酵的优点是发酵系统中维持很低的基质浓度，可以解除因快速利用基质而导致的阻遏效应，并维持适当的菌体浓度，不至于加剧供氧矛盾；可以提高非菌体生长平行产物（如抗生素等次级代谢产物）的合成；避免培养基中积累某些有毒代谢物，对菌体生长产生抑制；可以降低发酵液黏度，提高溶解氧浓度；与连续发酵相比，补料分批发酵不需要严格的无菌条件，也不会产生菌种老化和变异等问题。缺点是需要补料装置，附加反馈控制系统。

综合而言，分批发酵和连续发酵适合以获得菌体或菌体生长平行的初级代谢产物为目标的规模化生产。而微生物药物更多属于次级代谢产物，与菌体的生长并不同步，在菌体进入稳定期之后才开始大量合成。因此，补料分批发酵被广泛地应用于微生物药物的生产，几乎所有的抗生素发酵生产均采用补料分批发酵。

（二）微生物药物发酵生产的一般流程

微生物药物发酵生产包括种子培养和发酵生产两个阶段。微生物药物产生菌在进入发酵罐之前，必须经过种子扩大培养。其一般流程如下：先将妥善保藏的生长菌种接种到固体斜面上进行菌种复苏，待长势良好，接入茄子瓶或液体摇瓶中培养，大量繁殖并确保无杂菌污染后，制备成菌悬液接入一级种子罐中。菌种在一级种子罐中长好后（有的还需接入二级种子罐中继续扩大培养），再接入发酵罐中进行发酵生产。发酵运行一段时间后，收获发酵液。发酵液经预处理及提取分离、产物精制纯化等工艺，检验合格后包装出厂。

二、药物生产培养基的制备

培养基是提供微生物生长繁殖和生物合成各种代谢产物所需要的按一定比例配制的多种营养的混合物。培养基的组成和配比是否恰当对微生物的生长、产物的合成、工艺的选择、产品的质量和产量等都有很大的影响，是微生物药物发酵生产中最基本的工作。

（一）培养基的成分

药物发酵培养基的成分主要由碳源、氮源、无机盐及微量元素、生长因子、前体、促进剂及其他物质等组成。

1. 碳源 碳源是组成培养基的主要成分之一，是供给菌种生命活动所需要的基础物质，在药物发酵中常用的碳源有糖类、脂肪、某些有机酸、醇或烃。由于不同微生物体内的代谢酶不同，对不同碳源的利用速率和效率不同。培养基中碳源达到5%以上就会形成高渗透压溶液，影响发酵。同时碳源在发酵时存在碳分解代谢物阻遏效应。

葡萄糖、乳糖、麦芽糖、蔗糖、淀粉、糊精等是微生物药物发酵生产中常用的碳源。葡萄糖是微生物生长的优质碳源，几乎所有的微生物都能高效利用葡萄糖，因此葡萄糖常作为培养基的主要成分。淀粉有玉米淀粉、红薯淀粉、土豆淀粉等，来源丰富、价格低廉，属于多糖，需要微生物分泌胞外酶水解成单糖后才能被吸收利用，应用于药物发酵生产中可以克服葡萄糖代谢过快的弊病。

为降低生产中的原料成本，农产品加工过程中的副产物糖蜜也常作为发酵碳源。糖蜜一般分甘蔗糖蜜和甜菜糖蜜，是制糖企业生产糖时的结晶母液，也称为废蜜，含有相当数量的可发酵性糖。

油和脂肪也能被许多微生物用作碳源和能源，常用的油有大豆油、棉籽油、猪油、鱼油等。在药物发酵生产中，加入油和脂肪不仅具有消泡和补充碳源的作用，而且有利于提高发酵罐的装填率、解除中间代谢的抑制作用和降低原料成本等。另外，有些油和脂肪还可作为提高供氧速率的载体，这有利于满足以油和脂肪为碳源时需氧量更高的要求。

有些有机酸、醇在氨基酸、维生素、麦角新碱和抗生素等的发酵生产中也可作为碳源或补充碳源，如甘油常用于抗生素和甾体转化的发酵生产中，山梨醇是生产维生素C的重要中间体。另外，随着石油工业的发展，一些石油产品作为碳源也用于发酵生产，如正烷烃。还有些酵母可以利用甲醇作为主要碳源，由于大多数微生物不能利用甲醇，从而避免了杂菌的污染。

2. 氮源 氮源的主要功能是构成微生物的细胞物质和含氮代谢物。氮源可分为有机氮源和无机氮源两大类。常用的有机氮源有花生饼粉、黄豆饼粉、棉籽饼粉、玉米浆、蛋白胨、酵母提取粉、鱼粉、蚕蛹粉、尿素、废菌丝体和酒糟等。常用的无机氮源有氨水、硫酸铵、氯化铵、硝酸盐等。铵盐是最容易利用的氮源，因此在抗生素的生物合成中，铵盐是最主要的氮源分解代谢阻遏物。

花生饼、粕是以脱壳花生米为原料，经压榨或浸提取油后的副产物，粗蛋白含量为40%~50%。玉米浆是用亚硫酸浸泡玉米的水经过浓缩加工制成的，浓稠不透明的絮状悬浮物，含40%~50%干物质，其中含有较丰富的玉米可溶性蛋白质，是一种容易被微生物利用的良好氮源。青霉素发酵生产中，玉米浆是最好的氮源，玉米浆中还含有苯丙氨酸和苯乙酸，是青霉素G的前体，能促进青霉素的形成。

蛋白胨多由动物组织和植物经酸或酶水解制备。酵母提取粉或酵母浸汁含有蛋白质、氨基酸、维生素等。商品鱼粉含有约60%的粗蛋白、12%的油脂、4%~5% NaCl。黄豆饼粉和棉籽饼也是发酵生产中常用的有机氮源。螺旋霉素发酵生产中培养基中氮源多用鱼粉或黄豆饼粉。为降低成本，下脚料蚕蛹粉、米糠和麦糠、废菌丝体等也可作为发酵的有机氮源。

由于黄豆饼粉、花生饼粉、棉籽饼粉、蛋白胨、玉米浆等都是由天然原料加工制成的有机氮源，来源不同，加工条件各异，因此成分常有较大波动。

多种放线菌、细菌和丝状真菌能利用各种无机氮源为主要或辅助氮源，常用的有铵盐、硝酸盐等。铵盐中的铵可以直接被菌体利用来合成细胞中的含氮物质，硝基盐和亚硝基盐则必须先还原成NH_4^+后，才能被利用。

3. 无机盐及微量元素 无机盐及微量元素的主要功能是作为生理活性物质的组成成分或生理活性的调节物以维持渗透压、pH的稳定。在培养基中，Mg、S、P、K、Ca和Cl等常以盐的形式（如$MgSO_4$、K_2HPO_4、KH_2PO_4、$CaCO_3$、$CaCl_2$等）加入，而Co、Cu、Fe、Zn、Mn等需要量很少，除了合成培养基外，一般在复合培养基中不需要另外加入。不同菌种的生理特性不同，对无机盐及微量元素的需要量也不同，对菌体的生长发育和抗生素生物合成的影响也不同，在发酵过程中应酌情添加。

4. 生长因子 生长因子是微生物生长必需的、自身不能合成或合成量很少的有机化合物，不同微生物需要的生长因子各不相同，一般包括维生素、氨基酸、嘧啶和嘌呤、卟啉、固醇及脂肪酸等。菌体生长所需的微量生长因子（如维生素等），在培养基的碳源和有机氮源中含量足够，通常不需要单独加入。生长因子氨基酸也可作为碳源和氮源被微生物利用，不过微生物对氨基酸的利用是有选择性的。螺旋霉素发酵中，培养基加入L-Trp可使螺旋霉素的产量显著提高，但加入L-Lys会完全抑制螺旋霉素的生物合成。另外，Val、Cys（半胱氨酸）和α-氨基己二酸等氨基酸也是青霉素和头孢菌素生物合成的主要前体。

5. 前体、促进剂及其他物质 在药物的生物合成过程中，被菌体直接用于药物合成而自身结构无显著改变的物质称为前体，也称为中间体。前体能明显提高药物的产量，可能是通过解除反馈抑制从而控制菌体合成代谢产物的流向。苯乙酸是青霉素G的侧链，在青霉素发酵培养基中，如果不添加苯乙酸或苯乙酰胺，青霉素G仅占发酵液中青霉素总量的20%~30%；加入此前体，青霉素G含量甚至可以提高到99%，而且青霉素总产量也大大提高。不同药物的前体不同，青霉素G的前体是苯乙酸或苯乙酰胺，而青霉素V的前体是苯氧乙酸。

链霉素的前体是肌醇和 Arg（精氨酸），金霉素和灰黄霉素的前体是氯化物，红霉素的前体是丙酸盐，L-Trp 的前体是邻氨基苯甲酸，维生素 B_{12} 的前体物是钴化合物，达托霉素的前体是癸酸，胡萝卜素的前体是 β-紫罗兰酮。如果前体添加过多，容易挥发和氧化；有些前体如苯乙酸、丙酸等浓度过高，会对菌体产生毒性。因此，生产中为减少毒性和提高前体利用率，常采用少量多次加入的方法，如一般基础料中仅仅添加 0.07%苯乙酸，癸酸必须培养一定时间后再加入。

促进剂是指那些既不是营养物又不是前体，但能提高产物产量的物质。促进剂种类繁多，可以是诱导物、表面活性剂、植物刺激剂等。例如，添加巴比妥盐能使利福霉素发酵单位增加，并推迟链霉菌自溶，延长分泌期；微量赤霉素或其他植物激素可以促进某些放线菌的生长，缩短发酵周期，增加抗生素总产量；培养基中的表面活性剂如聚乙烯醇、聚丙烯酸钠、聚二乙胺等，可以改善发酵液的物理性质，改善通气效果、增加细胞通透性，促进产量的提升。有些促进剂的作用是沉淀或螯合有害的重金属离子。

为了解除磷酸盐和铵盐对次级代谢产物合成的阻遏效应，近年来还发展了在发酵培养基中使用捕捉剂的策略。碱式碳酸镁、氧化铝、硅酸铝是磷酸盐的捕捉剂，磷酸钙、磷酸镁、天然沸石是铵盐的捕捉剂。培养基中加入 0.5%~1.0%磷酸盐捕捉剂，提高了泰乐菌素的产量；添加铵盐的捕捉剂，明显提高了螺旋霉素、头孢菌素等抗生素的产量。

体内各种代谢途径存在此消彼长的竞争，在发酵过程中加入抑制剂会抑制某些代谢途径，同时刺激另一条代谢途径。例如，四环素发酵中，加入溴化钠（NaBr）能抑制金霉素形成的代谢途径，促进四环素的生成。

发酵过程中，由于营养物分解代谢和菌体老化，加上发酵罐内的通气和搅拌，易导致泡沫产生，造成溶解氧不足和逃液等问题，有时候需要添加消泡剂以控制泡沫。一般消泡剂为高分子聚合物，如聚乙二醇等。油类也具有类似效果，如豆油、葵花籽油等。

（二）培养基的种类与选择

1. 培养基的种类　　按照培养基的成分，可以将其分为合成培养基、天然培养基（复合培养基）和半合成培养基。合成培养基是高纯度化学试剂配制成的、具体成分明确的培养基，如培养放线菌的高氏 1 号培养基和培养真菌的察氏培养基，适用于研究微生物生理、产物生物合成途径等。天然培养基是指利用动植物或微生物及其提取物制成的培养基（如玉米浆、花生饼粉、黄豆粉、蛋白胨等），其特点是营养丰富、价格便宜，适用于大规模培养微生物，缺点是成分不明确，产品不稳定。半合成培养基是由天然培养基中添加一定比例的特定化合物配制而成。

依据在生产中的用途或作用，培养基又可分为孢子培养基、种子培养基和发酵培养基。

（1）孢子培养基　　孢子培养基是供菌种繁殖孢子的固体培养基，不易引起菌种变异。孢子培养基的基本配制要求是：营养不要太丰富（特别是有机氮源），否则只长菌丝，不产或少产孢子，如灰色链霉菌在葡萄糖-硝酸盐培养基中产孢子丰富，但是加入 0.5%酵母膏或酪蛋白，菌种产丰富菌丝但不产孢子；要注意孢子培养基的 pH 和湿度。生产中常用的孢子培养基有麸皮培养基、大（小）米培养基、玉米碎屑培养基等，其含氮少、疏松、表面积大。为保证孢子培养基的质量稳定，原料来源尽量固定。

（2）种子培养基　　种子培养基包括摇瓶种子培养基和小罐种子培养基，供孢子萌发、菌丝体的大量繁殖，成为活力强的种子。种子培养基要求营养成分丰富，易于吸收，氮源和维生素的含量高。葡萄糖、硫酸铵、尿素、玉米浆、酵母膏和蛋白胨等都是种子培养基常用的碳源和氮源。种子质量的好坏对发酵的影响很大，为了使种子进入发酵培养基后能迅速适应新环境快速生长，最后一级种子培养基的成分最好能较接近发酵培养基。

（3）发酵培养基　　发酵培养基供菌种生长、繁殖和合成产物，是发酵生产中最重要的培养基，决定着发酵生产的成功与否。发酵培养基的成分中除了菌体生长必需的营养物外，还要有产物合成所需的特定前体和促进剂等。发酵生产中一般使用半合成培养基，以淀粉、废糖蜜等天然原料为碳源，以玉米浆、黄豆饼粉、花生饼粉、蛋白胨、酵母膏等天然原料为氮源。除此之外，再根据需要加入一定量的葡萄糖、乳糖、各种无机盐和缓冲剂等。如果菌体生长和产物合成需要的总碳源、氮源、磷源等浓度太高，或生长和合成两阶段需要的最适条件不同，还应考虑通过补料来满足发酵工艺的要求。

2. 培养基的选择　　培养基的组成和配比、黏度和缓冲能力、灭菌难易程度、灭菌后营养破坏程度，以及原料中杂质的含量等都对菌体生长和产物得率有重要影响。发酵生产的培养基，还要考虑培养基原料的经济性，产物的分离和产品的质量。

早先培养基的选择主要靠已有文献资料、随机设计或凭借生产实践和实验研究来判断。随着在线实时分析技术的不断发展，可提供各种发酵参数，人们可以对培养基进行理性设计和优化选择，达到最佳效果。培养基的优化包括基础培养基配方的设计与确定、初步优化（碳源、氮源、无机离子、特殊因子）、最佳配方的设计三个阶段。利用实验数据，通过建立数学模型（如响应面法）来解决多因素影响的最优组合问题。在考虑培养基总体要求时，把握两大关键因素：一是速效碳（氮）源和迟效碳（氮）源的相互配合；二是选用适当的碳氮比。培养基中碳氮比的影响十分明显：氮源过多，会使菌体生长过于旺盛，pH偏高，不利于代谢产物的积累；氮源不足，则菌体繁殖量少，影响产量；碳源过多，pH偏低；碳源不足，易引起菌体衰老和自溶。

（三）影响培养基质量的因素

在工业发酵过程中，出现生产水平大幅度波动或菌体代谢异常等现象的原因很多，除种子质量不稳定、杂菌污染、发酵工艺条件控制不严格外，培养基质量也是一个重要的因素。引起培养基质量变化的因素很多，主要是由于培养基的原料产地不同、加工方法不同，导致培养基质量不稳定。此外，原料贮藏不善、发酵用水水质不佳、灭菌操作不当也影响培养基质量。

（四）灭菌操作技术

微生物制药发酵要求纯种培养，发酵过程中使用的培养基（孢子培养基、种子培养基和发酵培养基）、发酵罐、管道与附件、需氧发酵中通入的空气等须经严格灭菌。发酵过程中一旦染了杂菌，不仅消耗营养物质，还抑制产生菌生长，发酵时如果污染噬菌体，可能会使产生菌发生溶菌现象。染菌的结果，轻者影响得率或产品质量，重者导致倒罐，甚至停产。工业发酵中污染杂菌造成的损失十分惊人，灭菌操作技术是生产成败的关键。

1. 灭菌原理和灭菌操作　　灭菌是指用物理或化学方法杀灭或除掉物料或设备中全部微生物的工艺过程。工业生产中常用的灭菌方法可归纳为化学物质灭菌、辐射灭菌、热灭菌（包括干热灭菌和湿热灭菌）和过滤除菌。化学物质灭菌和辐射灭菌主要用于无菌室等局部空间的消毒。工业上，培养基、发酵设备、管道、阀门、流加物料等均采用湿热灭菌，空气采用过滤除菌的方法。

湿热灭菌是指直接用蒸汽灭菌。高温饱和蒸汽具有强大的穿透力，同时在冷凝时释放大量潜热，在高温和水存在时，微生物细胞中的蛋白质极易发生不可逆的凝固变性，致使微生物在短期内死亡。由于湿热灭菌具有经济和快速等特点，因此被广泛应用于工业生产中。不过，在高压加热条件下，氨基酸、维生素和单糖会有一定程度的破坏。因此，需要探索温度和受热时间的平衡点，使之既能达到灭菌要求又能减少营养成分的破坏。一般的湿热灭菌条件为121℃、15～30min，物料中尿素的灭菌条件是105℃、5min，补料实罐淀粉料液的灭菌条件是121℃、5min。

培养基和发酵设备的灭菌方法，有分批灭菌（也叫间歇灭菌、实罐灭菌或实消）、空罐灭菌（空消）、连续灭菌（连消）和过滤器及管道灭菌等。分批灭菌是将配制好的培养基放在发酵罐或其他装置中，通入蒸汽将培养基和设备一起进行加热灭菌的过程，是小中型发酵罐常用的灭菌方法。在给发酵罐注入培养基前，须对发酵罐进行空消。连续灭菌是将配制好的培养基在向发酵罐输送的同时进行加热、保温和冷却而达到灭菌的过程。根据设备和工艺条件的不同，将连续灭菌的流程分为连消塔加热式（常用）、喷射加热器加热式、薄板换热器加热式。连消塔加热灭菌流程中，控制培养基入塔速度，灭菌温度为132℃，停留20～30s，再送入维持塔保温8～25min。对培养基进行连续灭菌时，除空消外，连消流程中的加热器、维持器、冷却器也要先清洗和灭菌；耐热物料和非耐热物料在不同温度下分开灭菌，即分消，也可将培养基中的糖和氮源分开灭菌，避免醛基和氨基发生反应，导致培养基褐变。

好氧深层培养要消耗大量的氧气，空气除菌不彻底是发酵染菌的主要原因之一。自然界的空气经过压缩、冷却、减湿、过滤等过程，必须达到一定的质量标准才能使用。工业上的空气除菌有热灭菌法、静电除菌法、过滤除菌法。过滤除菌法因费用低、效果可靠，是目前使用最广泛的无菌空气制备方法，空气中的微生物等微粒在通过高温灭菌的介质过滤层时被截留，达到除菌的目的。过滤介质是关键所在，直接影响到过滤效率、压缩空气的动力消耗、维护费用及过滤器的结构。常用的介质有棉花、活性炭、玻璃纤维、各种烧结材料等。

2. 无菌检查 为了防止污染杂菌，在接种前后、种子培养及发酵生产各阶段，均需进行无菌检查。无菌检查可通过无菌试验、发酵液的显微镜检查和发酵液的生化分析等手段来进行，还可根据发酵过程的溶解氧、pH、排气中CO_2含量和菌体酶活性等参数的变化来判断。其中无菌试验是判断有无染菌的最主要依据。常用的无菌试验方法有酚红肉汤培养法、平板划线法和噬菌体检查。酚红肉汤培养基中有指示剂酚红，酚红在酸性环境中呈黄色，碱性环境中呈红色。平板划线法和酚红肉汤培养法应每隔6h取样，并做2～3个平行样，如果连续3次取样观察到颜色变化或混浊，或平板培养上连续3次发现有异常菌落的出现，即判断为染菌。有时酚红肉汤培养法的结果不明显，而发酵样品的各项参数确有可疑，并经镜检等其他方法确证有同类型的异常菌存在，也应该判断为染菌。噬菌体检查可采用双层平板法，加生产菌作为指示菌，观察有无噬斑。为了加速杂菌的生长，特别是对中小罐染菌情况的及时判断，可加入赤霉素、对氨基苯甲酸等生长促进剂，以促进杂菌的生长。

3. 杂菌污染的处理及其防控 发酵的生产环节众多，既要连续搅拌和供给无菌空气，又要排放多余空气、多次添加消泡剂、补料、取样分析，即使改进生产工艺，严抓培养基、设备和空气的灭菌流程，健全生产技术管理制度，仍然无法避免杂菌污染的风险。一旦发生杂菌污染，一方面应迅速采取相应的有效措施，另一方面应该尽快找出发生污染的原因，把染菌造成的损失降到最低。

（1）杂菌污染的处理　　从染菌的时间来看，分为种子培养期、发酵前期、发酵中期、发酵后期，不同的染菌时期对发酵产生的影响有所不同。

微生物发酵生产中，种子培养期染菌率一般为10%～15%，种子罐的染菌率为5%～10%。种子罐染菌率高的主要原因是菌种起始浓度低，培养基营养丰富，容易污染杂菌。种子罐染菌后，不再接入发酵罐，灭菌后弃去。如果无备用种子，可进行"倒种"，即选择一个适当培养龄的发酵罐内的培养物作为种子，移入新鲜培养基中。

发酵期染菌，可根据具体情况采取相应的措施。发酵前期染菌，如果污染的杂菌对生产菌的危害性很大，可通入蒸汽灭菌后放掉；如果危害性不大，可用重新灭菌、重新接种的方式处理，如果营养成分消耗较多，可放掉部分培养液，补入部分新培养液后进行灭菌，重新接种；发酵中期染菌，危害较大，一般较难挽救；发酵后期染菌，培养基中的营养物接近耗竭，对发酵的影响相对较小。杂菌污染的影响程度和发酵的产品有关，如柠檬酸的发酵，后期染菌对产物的影响不大。抗生素、肌苷酸、氨基酸的发酵，后期染菌也会影响产物的产量、提取和产品质量。需要进行综合研判，是继续发酵还是提前放罐。

（2）杂菌污染的途径和防控　　由于工业发酵的许多环节都是半开放式的，染菌不可避免。造成发酵染菌的原因很多，如设备渗漏或存在死角、空气净化不达标、培养基和设备灭菌不彻底、种子带菌和操作失误等。

设备渗漏或存在死角是造成发酵染菌的首要原因。发酵设备、管道、阀门长期使用，由于腐蚀、摩擦和振动，造成渗漏。应对措施是经常检查并及时处理渗漏隐患，发酵罐、补糖罐等应做到无渗漏；蛇形冷却管和夹套应定期试漏；与物料、空气等连接的管件阀门都应采用加工精度高的优质材料，保证严密不漏。蒸汽不能有效到达的部位称为死角，如空气分布管、排气管接口、进料口、压力表接口、罐内挡板、搅拌轴、罐底加强板、法兰（发酵过程的管路大多数以法兰连接）等，可采取更换、加强清洗并定期铲除污垢等措施。

空气净化系统带菌也是导致染菌的主要因素。解决空气净化不达标的主要措施有设计合理的空气预处理工艺，除尽压缩空气中夹带的油和水，选用除菌效率高的过滤介质，定期检查、更换空气过滤器过滤介质，使用过程中要经常排放油和水。

培养基和设备灭菌不彻底也是导致染菌的因素。主要是实罐灭菌时未能充分排出罐内空气；培养基连续灭菌时，蒸汽压力波动大，培养基未完全达到灭菌温度，导致灭菌不彻底而污染；设备、管道存在死角等诸多原因导致的。解决措施是保证蒸汽质量，严格控制蒸汽中的含水量，灭菌过程中蒸汽压力不可以大幅度波动。此外，培养基和设备灭菌在工艺上采取如下措施：发酵罐放罐后进行全面检查、清洗和灭菌；染上杂菌的罐体先用5%甲醛等化学物质处理，再用蒸汽灭菌；蛇形管和夹套按设计规定的压力定期试压；定期检查连续灭菌设备；灭菌时料液进入连消塔前必须先行预热；灭菌中确保料液的温度及其在维持罐中停留的时间都符合灭菌要求；黏稠培养基的连续灭菌，必须降低料液的输送速度和防止冷却时堵塞冷却管。发酵过程中加入发酵罐的物料一定要保证无菌才能进罐。

种子带菌导致的染菌不太常见，但它是发酵前期染菌的重要原因之一，是决定发酵生产成败的关键。原因主要有：菌种在培养或保藏过程中受污染，在种子移接过程中染菌，以及种子罐染菌。解决措施是严控无菌室的污染，对每一级种子进行无菌检查，种子培养应严格按操作规程执行，严格培养基和种子罐设备灭菌操作等。

操作失误也会引起染菌，如灭菌时操作不规范，未将罐内空气排尽，造成压力表显示假压，导致温度与压力表指示不对应，灭菌温度不达标；移种时或发酵过程罐内压力跌零，使外界空气进入而染菌;未及时添加消泡剂导致泡沫顶盖而造成污染;压缩空气压力突然下降,使发酵液倒流入空气过滤器而造成污染等。解决措施是加强操作人员的技术培训和责任心教育。

4. 噬菌体污染及其防控 利用细菌和放线菌进行发酵生产,容易受到噬菌体的污染。由于噬菌体是病毒,感染能力强,传播蔓延迅速,对发酵生产危害严重,极难防治。噬菌体污染的主要症状如下:菌体密度上升缓慢,发酵液逐渐变清;耗糖速率减慢,发酵液中残糖高;pH逐渐上升;CO_2排出量异常,发酵周期延长;产生大量泡沫,发酵液黏度大;平板检测有噬斑;产品得率低。生产中一旦污染噬菌体,可采取下列措施加以挽救:加入螯合剂如草酸、柠檬酸等阻止噬菌体吸附或抑制噬菌体蛋白质的合成及增殖;采用并罐法(等体积混合发酵罐),放罐重消法(放罐后,用盐酸调pH,补加1/2玉米浆和1/3水解糖,适当降低温度灭菌,接2%种子,继续发酵),罐内灭噬菌体法(噬菌体不耐热,加热至70~80℃,接入2倍量的原菌种)及使用抗性菌株等补救措施。

噬菌体的防控是一项系统工程,从抗噬菌体菌种的选育、培养基制备与灭菌、种子培养、空气灭菌和发酵设备灭菌、严禁活菌体排放、环境消杀等诸多环节,分段把关,才能从根本上防控噬菌体。

三、种子培养

种子培养是指将妥善保藏的、休眠状态的生产菌种接入试管斜面活化后,再经摇瓶及种子罐逐级扩大培养后用于发酵生产的过程。种子的优劣对发酵生产起着关键作用,优良的种子可以缩短生产周期、稳定产量、提高设备利用率。

种子培养包括实验室种子制备和生产车间种子制备两个阶段。实验室种子制备要先将保存的菌种接到斜面培养基中活化,然后转接到固体培养基或液体摇瓶中扩大培养。产孢能力强的菌种常采用固体法培养孢子,孢子悬液可直接作为种子罐的种子;产孢子能力不强或孢子萌发慢及不产孢的菌种,采用液体培养法。对于产孢菌种,孢子培养基的设计有讲究,一般采用营养限制(氮源不太丰富)的培养基。如果在合成培养基上能产生丰富的孢子,则应首选合成培养基,因为合成培养基成分明确、质量稳定,种子稳定性佳,使得后续发酵生产也比较稳定。不易产孢的菌种,可添加特殊成分如麦麸、豌豆浸汁等。

生产车间种子制备是实验室种子在种子罐中的逐级扩大培养。种子罐的营养成分和孢子培养基或摇瓶培养基大有不同,主要包含易被菌利用的成分,如葡萄糖、玉米浆、磷酸盐等,如果是需氧菌,还需向种子罐提供足够的无菌空气,并不断搅拌,使菌(丝)体在培养液中均匀分布,避免菌(丝)球的形成。种子罐的种子在接入发酵罐前,需逐级扩大培养,其次数即种子罐级数。种子罐级数取决于菌种生长特性、孢子萌发及菌体繁殖速度、发酵规模等。对于细菌来说,菌体生长快,一般采用二级发酵,即一级种子罐即可。对于霉菌来说,霉菌生长较慢,如青霉菌,需要三级发酵,即历经孢子悬液、一级种子罐(27℃,40h孢子萌发,产生菌丝)、二级种子罐(27℃,10~24h),再接入发酵罐。有的生产菌种甚至采用四级发酵。种子罐级数过多,不利于简化工艺和控制,也增加了多次转种而带来的染菌机会。

在种子培养的转种操作中,需要特别重视接种龄和接种量。接种龄是指种子罐中培养的菌种转入下一级种子罐或发酵罐时的培养时间。过老的菌龄转种后,菌体容易过早出现自溶;过于年轻的种子,又会导致前期生长缓慢。一般情况下,接种龄以处于生命力旺盛的对数生长期的种群为佳。接种量是指移入的种子液体积和接种后培养液体积的比例。接种量过少,易形成菌(丝)球,导致生长过慢,增加了杂菌污染的机会,延长了培养时间,降低了生产效率；接种量过多，菌丝往往生长过快、培养液黏度增加，造成溶解氧不足。一般而言，细菌接种量是1%~5%，酵母是5%~10%。在抗生素工业中，大多数抗生素发酵的最适接种量为7%~10%，有时可以增加至20%~25%。不过，不同菌种或同一菌种的工艺条件不同，接种龄和接种量都要经过多次试验。

种子质量受很多因素的影响，最终衡量标准是其在发酵罐中所表现出来的生产能力。为保证种子质量，首先，要确保菌种的稳定性，在工业生产实践中应不断地对生产菌株进行纯化、复壮和选育；其次，摸索培养基配方及培养温度和湿度（湿度低，孢子生长快）；最后，在种子制备过程中，每个环节加强无菌检查，确保种子无杂菌污染。

四、发酵工艺条件的确定及主要控制参数

发酵过程是微生物制药生产中决定产量的主要过程。众所周知，发酵过程受许多因素的影响和工艺条件的制约。由于设备、原料来源、工艺条件等差别，即使是同一生产菌种，在不同厂家，菌种的发酵生产水平也不尽相同。一般来说，高产菌种比低产菌种对工艺条件的波动更为敏感。因此，为了能够有效地控制发酵进程，达到效益最大化，应尽可能通过各种发酵参数来了解发酵全过程，并因地制宜地制订有效的发酵控制措施。

（一）发酵过程中主要代谢参数的控制

微生物发酵是在一定条件下进行的，其内在代谢变化是通过各种检测装置测出的参数反映出来的。发酵过程的主要控制参数如表4-1所示。

表4-1 发酵过程的主要控制参数

	参数名称	单位	意义、测试方法
物理、工程参数	温度	℃，K	维持生长、产物合成及速度
	罐压	Pa	维持正压防止杂菌的侵入，增加溶解氧，罐压一般维持在 $(0.2~0.5)\times10^5$ Pa
	空气流量	$m^3/(m^3\cdot min)$，m^3/h	供氧、排废、提高体积传氧系数（K_La），空气流量一般在0.1~1.0 $m^3/(m^3\cdot min)$
	搅拌转速	r/min	物料混合，提高K_La
	搅拌功率	kW	反映搅拌情况，提高K_La
	黏度	Pa·s	反映菌体生长情况，提高K_La
	密度	g/cm^3	反映发酵液情况，提高K_La
	装液量	m^3，L	反映发酵液数量
	浊度	%（透光度）	反映菌体生长情况
	泡沫	—	反映发酵代谢情况
	补料流加速率	kg/h	反映基质消耗情况
	体积传氧系数（K_La）	h^{-1}	反映供氧情况
生物、化学参数	菌体浓度（χ）	g/L	了解生长情况
	菌体中RNA、DNA、ATP、ADP、AMP、NADH等含量	mg/L	了解菌体生长、代谢和合成能力
	溶解氧浓度	mmol/L	反映菌体的生长与代谢情况
	排气中氧的浓度（分压）	Pa	了解耗氧情况

续表

参数名称		单位	意义、测试方法
生物、化学参数	呼吸熵（RQ）	—	了解菌体的代谢途径
	酸碱度	pH	反映菌体的生长与产物的合成情况
	氧化还原电位	mV	反映菌体的生长与代谢情况
	基质浓度	g/L	反映菌体的生长与产物的合成的影响
	效价或产物浓度	g/L	反映产物合成情况
	前体或中间体浓度	g/L	反映前体或中间体利用情况
	氨基酸及矿物质浓度	mol/L，%	了解氨基酸或离子含量变化对发酵的影响
	溶解 CO_2 浓度	%	了解 CO_2 对发酵的影响
	排气中 CO_2 浓度	%	了解菌体呼吸情况

表 4-1 中参数的大多数可利用传感器（如温度、pH 等）或仪表（如压力、搅拌功率等）直接测定，或取样测定（如菌体浓度、菌体 DNA 含量等）。间接参数主要有菌体浓度（χ）、呼吸熵（RQ）和体积传氧系数（$K_L a$）等。

（二）温度对发酵的影响及其控制

微生物体内的各种代谢活动都是在酶的催化作用下进行的，而酶的催化作用需要有适当的温度。事实上，微生物生长与药物合成所需的最适温度并非一致。另外，温度也影响发酵液的流变性。因此，维持产生菌的生长和合成药物所需的各自最适温度是微生物发酵的重要条件。

1. 影响发酵温度的因素 发酵过程中，引起发酵温度变化的因素有生物热、搅拌热、蒸发热、辐射热和显热。发酵热就是发酵过程中释放出来的净热量，以 $kJ/(m^3 \cdot h)$ 表示，如下式：

$$发酵热 = 生物热 + 搅拌热 - 蒸发热 - 辐射热 - 显热$$

由于生物热、蒸发热和显热，特别是生物热在发酵过程中是随时间变化的，因此发酵热在整个发酵过程中也随时间变化，引起发酵温度发生波动。一般抗生素发酵过程的最大发酵热为 $(3000 \sim 7000) \times 4.19 kJ/(m^3 \cdot h)$。

2. 温度的控制 温度对菌体生长和产物合成的影响错综复杂。从酶促反应动力学来看，温度升高，反应速率加大，生长代谢加快，产物分泌提前。但是温度高过一定限度，酶易受热失活，菌体也迅速衰老，导致发酵周期缩短和产量降低。

温度除了直接影响发酵过程中的各种反应速率外，还通过改变发酵液的物理性质间接影响生产菌的生物合成，如温度会影响基质和氧在发酵液中的溶解和传递速度，影响菌体对某些基质的分解和吸收速度等。此外，温度还能影响代谢流的方向。

发酵生产的最适温度和菌种、培养基成分、培养条件有关。在生产实践中，发酵温度选择的基本思路是：在菌体生长阶段，选择最适生长温度，而在产物分泌阶段，选择最适的产物合成温度；在抗生素发酵过程中，采用变温发酵往往比恒温发酵获得的产物更多。例如，青霉素变温发酵案例中，5h 维持在 30℃，随后降到 25℃培养 35h，再降到 20℃培养 85h，最后又提高到 25℃培养 40h，放罐。在这样的条件下，青霉素产量比 25℃恒温培养时提高 14.7%。在四环素发酵中后期保持稍低的温度，可延长分泌期；放罐前 24h，培养温度提高 2～

3℃，能使最后的发酵单位提高50%以上。

在工业生产中，由于发酵过程释放了大量的发酵热，所以发酵过程一般不需要加热，反而需要冷却。冷却水通入发酵罐的夹层或蛇形管中，通过热交换来降温。

总之，发酵温度的选择要从各方面因素综合考虑，尽量缩短菌种的延滞期，延长平衡期和分泌期，提高药物合成的速度，以取得最大产率。

（三）溶解氧对发酵的影响及其控制

1. 溶解氧浓度的变化　　溶解氧（dissolved oxygen，DO）是需氧发酵控制的最重要参数之一。发酵液中的氧含量对菌体生长和产物合成都有着重要的影响。氧在培养基中的溶解度很小，所以必须不断地通气和搅拌，才能满足微生物发酵过程中的氧需求。

发酵过程中溶解氧浓度的变化是诸多要素在某个时间点共同作用的结果，这些要素包括菌种代谢、工艺控制、设备供氧情况、发酵杂菌污染、机械故障和操作失误等，本质上都是供氧或需氧方面出现了变化引起氧的供需不平衡所致。当供氧量大于需氧量时，溶解氧浓度上升，直至饱和；当供氧量小于需氧量时，溶解氧浓度下降。

微生物生长代谢导致了溶解氧浓度的变化，溶解氧浓度的变化，反过来又影响菌种的代谢。微生物生长代谢的不同阶段，需氧量不尽相同。一般来说，对数生长期的菌种呼吸强度高，稳定期和衰亡期的菌种呼吸强度低。溶解氧浓度变化分三个阶段：发酵前期，由于生产菌大量繁殖，需氧量大幅度增加，如果此时需氧超过了供氧，会使溶解氧明显下降，溶解氧曲线出现1个低谷。与溶解氧的低谷相对应，生产菌的摄氧速率出现1个高峰，同时发酵液的黏度也出现1个高峰，说明生产菌正接近对数生长期末期。此后，抗生素等次级代谢产物开始合成，需氧量略有减少，溶解氧随之上升。在发酵后期和菌体自溶阶段，溶解氧上升较为明显。

发酵中后期，溶解氧浓度受工艺控制手段的影响较大。补料分批发酵生产中，营养基质、前体和消泡剂等补加的数量、补加的时机和方式不同，对溶解氧浓度影响不同。以补糖为例，补糖后溶解氧下降，其下降幅度与菌龄、补糖量及补糖前的溶解氧浓度等有关，若不继续补糖，经0.5~1h后溶解氧会逐步回升并接近原来的溶解氧浓度。如继续补糖，又会继续下降，甚至降至临界氧浓度以下，而成为生产的限制因素。对于分批发酵来说，溶解氧浓度变化较小。

发酵生产中，杂菌（病毒）污染可以导致溶解氧浓度明显降低或升高的异常变化。如果发酵罐被好气菌污染，大量的溶解氧被消耗掉，可能使溶解氧在短时间内下降到零附近；如果发酵菌种被烈性噬菌体污染，菌体代谢异常，耗氧能力下降，溶解氧浓度迅速上升，直到菌体破裂后，完全失去呼吸能力，溶解氧浓度会直线上升。

发酵设备故障或操作失误，如搅拌功率消耗变小或搅拌速度变慢、停止搅拌、闷罐、消泡剂添加过量等，都可使溶解氧浓度降低。

总之，在发酵过程中，溶解氧浓度的变化不外乎是由需氧和供氧的变化引起的。因此，通过跟踪溶解氧浓度的变化，可以了解微生物的生长代谢是否正常、工艺控制是否合理、设备供氧能力是否满足需要、设备改进后的通气效率等情况，以便更好地控制发酵生产。

2. 溶解氧浓度的控制　　在微生物发酵过程中，溶解氧浓度与其他过程参数的关系极为复杂，受到生物反应器中多种物理、化学和微生物因素的影响和制约。控制发酵液的溶解氧浓度，可以从供氧和需氧两方面考虑。

（1）供氧　　从供氧方面来看，传氧速率（oxygen transfer rate，OTR）如下式所示。

$$\text{OTR} = K_L a (C^* - C_L)$$

式中，$K_L a$ 为传氧系数（K_L）与气-液比表面积（a）的乘积。由于 a 难以测量，故将 $K_L a$ 当成一项，称为体积传氧系数，单位常用 h^{-1} 表示；C^* 为饱和溶解氧浓度，C_L 为液体中实际的溶解氧浓度，单位都是 mmol/L。通常在一个大气压下25℃时，液体中饱和溶解氧浓度约为 0.2mmol/L。$C^* - C_L$ 是氧溶解的推动力，浓度差越大，氧气通过阻力传递至液体的效率越高。在生产中，一般把 C_L 保持在比临界溶解氧浓度略高的水平进行发酵。因此，发酵罐中氧的传递速率增加依赖于 $K_L a$ 和 C^*。

C^* 主要受气相中氧分压、温度、发酵液性质及罐压的影响，相应地采用通入纯氧、降低培养温度、使用稀薄的培养基（采用丰富培养基时，可在发酵过程中间补水或补料）、增加罐压等措施来增加 C^*。然而，提高罐压也会增加对设备强度的要求和增加 CO_2 的溶解度，影响 pH 及菌体代谢。

$K_L a$ 是评价发酵设备供氧能力的主要指标，与气-液界面积、气-液接触时间有关。一般是通过增加通气量、搅拌、发酵设备的设计、降低发酵液黏度等方法来提高 $K_L a$。增加通气量是提高 $K_L a$ 的常用措施之一，不过，当空气流速过大时，会导致搅拌叶轮"过载"，即叶轮不能分散空气，气流形成的大气泡在轴的周围溢出。当空气流速超过"过载"速度后，通气效率不再增加。因此，发酵过程应控制空气流速。搅拌是另一个提高 $K_L a$ 的常用措施。搅拌能把通入的空气打成小气泡，小气泡增加了气-液界面传递面积；能增加液体湍流程度，减少气泡周围液膜厚度；可使液体形成涡流，延长了气泡在液体中的停留时间；还可以阻止或减少菌体结团。另外，改变罐内的结构也可能影响 $K_L a$ 值，搅拌桨、空气分布器、挡板等的种类和数量都会影响 $K_L a$ 值。在发酵基质中添加 5%氧载体及表面活性剂正十二烷，也可减少气泡体积，从而提高 $K_L a$。

（2）需氧 从需氧方面来看，发酵过程的需氧量受菌体浓度、营养基质的种类与浓度、培养条件等因素影响，用公式表示为

$$\gamma = Q_{O_2} \cdot \chi$$

式中，γ 为摄氧速率；Q_{O_2} 为呼吸强度；χ 为菌体浓度。若氧浓度处于暂时的稳定状态，意味着 $K_L a (C^* - C_L) = Q_{O_2} \cdot \chi$。

对 DO 浓度进行控制的目的是把它稳定在一定的期望值或范围内，以期为生产服务。产物合成期通常要保持一定量的溶解氧，对于产抗生素菌种来说，此时菌体繁殖已基本停止，菌体呼吸强度保持恒定。过高的氧浓度会引起酶的过度氧化，也会抑制产物的合成，因此 DO 浓度并不是越高越好。另外，高 DO 浓度需要通气和搅拌，导致生产成本的大幅度上升。发酵生产中，保持 DO 浓度比临界氧浓度略高即可，临界氧浓度一般是指不影响菌的呼吸所允许的最低氧浓度。因此，研究每个菌种产物合成所需的最适 DO 浓度和临界氧浓度是必要的，并针对性地提出发酵生产中 DO 浓度的控制方案。

（四）pH 对发酵的影响及其控制

发酵过程中，培养液的 pH 是微生物在一定条件下的代谢活动的综合指标，是一项重要的发酵参数，对菌体的生长和产品的积累有很大的影响。由于每个菌种都有其最适的和能耐受的 pH 范围，而且 pH 还对药物的稳定性有影响，如硫霉素（thienamycin）的发酵中，当 pH>7.5 时，硫霉素的稳定性下降，半衰期缩短，发酵单位也下降。因此，必须掌握发酵过程中 pH 的变化规律，及时监测并加以控制，使它处于最佳的状态。

发酵液 pH 变化与培养基的组分尤其是碳氮比有极大的关系。引起发酵液中 pH 下降的因素有培养基中碳氮比不当，碳源过多，特别是葡萄糖过量；补糖过多，溶解氧不足，致使有机酸大量积累；消泡剂添加过多；生理酸性盐的存在等。而引起发酵液 pH 上升的因素有培养基中碳氮比不当，氮源过多；生理碱性物质存在；中间补料中氨水或尿素等碱性物质加入过多。发酵过程中，以发酵液 pH 下降为主。

在发酵过程中，通过加入适量的缓冲剂磷酸盐和碳酸钙等，使发酵过程中的 pH 维持在合适的范围内。发酵液过酸时，通过直接补碱、补氨水或生理碱性盐（硝酸钠），补充氮源、减少碳源、提高通气量等措施进行调整；当发酵液过碱时，通过直接补酸、补生理酸性盐（硫酸铵）、补充碳源、降低通气量等措施进行调整。

（五）基质对发酵的影响及补料的控制

多数微生物药物是次级代谢产物，发酵前期是菌体生长时期，而多数药物大量产生于发酵中后期。因此，发酵过程中，物料投放以尽量缩短菌体生长期、延长产物分泌期，并保持产物合成的最大增长率为原则。这不仅需要按照生产菌的生理特性选择合适的发酵培养基和发酵条件，而且必须根据发酵参数的变化对培养基和发酵条件进行控制，使得产率最大化。

1. 碳源浓度的变化及其控制　　碳源分为速效碳源和迟效碳源。前者能较迅速地被吸收利用，分解氧化，合成菌体并产生能量，常为单糖。缓慢利用的碳源，多数为聚合物，为菌体缓慢利用，有利于延长次级代谢产物的合成，也为许多微生物药物的发酵所采用。例如，乳糖、蔗糖、麦芽糖、玉米油及半乳糖分别为青霉素、头孢菌素 C、盐霉素、核黄素及生物碱发酵的最适碳源。

一般来说，速效碳源在发酵过程中对缩短菌体生长期是有利的，但存在代谢阻遏现象，其分解产物会抑制药物合成相关酶的合成，进而抑制药物的合成。在青霉素研究中，产黄青霉在葡萄糖培养基中，生长良好，但青霉素合成量很少；相反，在缓慢利用的乳糖培养基中，青霉素的产量明显增加。迟效碳源对延长产物分泌期是有利的，而且也为许多抗生素发酵所采用，如豆油、菜籽油、猪油和鱼油等作为泰乐菌素、四环素等抗生素发酵的合适碳源，比用淀粉作为碳源更能提高抗生素的生成能力，而且可消除分解产物的阻遏作用，提高罐的装填率。

虽然速效碳源存在代谢阻遏现象，但葡萄糖和其他速效碳源仍然可作为药物发酵培养基的碳源，问题在于添加的浓度和添加的时间节点，使它们不致产生抑制药物合成的作用。例如，青霉素发酵中，采用流加葡萄糖的方法可得到比乳糖更高的青霉素单位。因此，对速效碳源来说浓度的控制是非常重要的。补糖的量可以用发酵液的还原糖或总糖含量为参考，使菌体处于半饥饿状态，如 1%~5%，才能更好地促进产物的生物合成。补糖的时间节点除了根据菌体生长状况外，还要结合发酵液 pH 等发酵参数。

2. 氮浓度的变化及其控制　　氮源主要是用来构成菌体中的蛋白质、核酸等含氮物质，以及药物等含氮代谢产物。氮源像碳源一样，也有速效氮源和迟效氮源。前者如硫酸铵、氨基酸和玉米浆等，后者如黄豆饼粉、花生饼粉、棉籽饼粉等。在抗生链霉菌（*Streptomyces antibioticus*）发酵竹桃霉素时，采用促进菌体生长的速效氮源——铵盐，能刺激菌丝生长，但抗生素产量下降。花生饼粉、黄豆饼粉等迟效氮源有助于提高抗生素的产量。但是与缓慢利用的碳源一样，若一次投料加入，也容易促进菌体生长和养分过早耗尽，以致菌体过早衰老而自溶，从而缩短产物的分泌期。

一般发酵培养基中同时含有速效氮源（如铵盐、玉米浆等）和迟效氮源（如黄豆饼粉、花生饼粉等）。发酵初期，前者是菌体发育、生长和繁殖所用的主要氮源，而大部分迟效氮源在速效氮源消耗差不多时才被利用；发酵中后期，菌体生长代谢和产物合成所需的氮主要来自迟效氮源。根据生产菌的代谢情况，在发酵过程中定期补加氮源如氨水、酵母提取粉、玉米浆、尿素等。例如，土霉素发酵中，前期补糖的同时补加酵母提取粉 2~3 次，可提高发酵单位 1500U/mL；青霉素发酵中，后期出现糖利用缓慢、菌体变稀、pH 下降的现象，补加尿素可以改善这种状态，并提高效价。补加无机氮源可采用补加氨水或硫酸铵的方法。氨水既可作为无机氮源，又可调节 pH。然而不同菌种对氨水的敏感度不一样，氨水超过一定浓度引起菌体自溶。为了避免氨水过多造成局部偏碱而影响发酵，一般由空气分布管通入，通过搅拌作用与发酵液迅速混合，并能减少大量泡沫的产生。

3．磷酸盐浓度对代谢的影响及其控制　　磷是微生物菌体生长繁殖所必需的成分，也是合成代谢产物所必需的元素。磷酸盐的最适浓度取决于菌种特性、培养条件、培养基组成和来源等因素。利用金霉素链霉菌进行四环素发酵时，菌体生长的最适磷浓度为 65~70μg/mL，而四环素合成时所需的最适浓度为 25~30μg/mL。在青霉素发酵中，用 0.01% KH_2PO_4 为最好。在发酵过程中，有时会发现代谢缓慢的情况，此时可补加磷酸盐。在四环素发酵中，间歇微量添加 KH_2PO_4 有利于提高四环素的产量。磷酸根在培养基中很容易与钙离子形成不溶于水的 $Ca_3(PO_4)_2$。因此，要特别注意 $CaCO_3$ 的质量、用量、配制方法和灭菌条件，以减少对磷含量的影响。

4．前体浓度对代谢的影响及其控制　　为了控制抗生素产生菌的生物合成方向及增加抗生素产量，在一些抗生素发酵过程中可加入前体。例如，为了提高氨苄青霉素的产量，在青霉素发酵中加入苯乙酸等。但是多数前体对产生菌有毒，因此发酵过程中加入前体的数量不宜过多，必须采用少量多次或连续流加的方法加入。

（六）泡沫对发酵的影响及其控制

泡沫是微生物深层发酵中最常见的难题。由于通风和搅拌、代谢气体的逸出及培养基中糖、蛋白质、代谢产物等稳定泡沫的表面活性物质的存在，使发酵液中产生大量的泡沫。虽然这些泡沫的存在可以增加气-液接触面积，增加传氧速率，但是发酵旺盛时会产生大量泡沫，引起"逃液"，给发酵生产带来不利因素：原料的大量浪费、发酵罐的装液量系数减少，增加发酵染菌的机会，部分菌丝还黏附在罐顶、罐壁，丧失合成产物的能力，增加洗罐难度。另外，消泡剂的使用将给提取工艺带来困难。

1．泡沫形成的原因及规律　　发酵中的泡沫产生一方面与通风、搅拌的剧烈程度有关，另一方面与培养基的成分有关，天然培养基中的玉米浆、蛋白胨、花生饼粉、黄豆饼粉、酵母提取粉、糖蜜等是主要的发泡因素，特别是花生饼粉或黄豆饼粉的培养基，黏度较大，产生的泡沫多而持久。碳源中糖类本身起泡能力较低，但高浓度糖类物质增加了培养液的黏度，有利于泡沫的稳定。培养基灭菌温度过高、压力过大，也会引起泡沫，其原因是培养基成分破坏，增加了培养基的黏度，从而产生较稳定的泡沫。菌体本身也具有稳定泡沫的作用，菌体浓度越大，发酵液越容易起泡。菌体在发酵后期的自溶，导致发酵液中可溶性蛋白质的增加，促进了泡沫的产生。另外，不同发酵菌种，产生泡沫的能力也各不相同。

2．泡沫的控制　　消除泡沫的方法可以归结为机械消泡和化学消泡（消泡剂）两类。机械消泡又可分为罐内消泡和罐外消泡。罐内消泡法，最简单的是在搅拌轴上方安装消泡桨；

罐外消泡法，是将泡沫引出罐外，通过喷嘴的加速作用或利用离心力来消除泡沫。机械消泡的特点是不需要加入消泡物质，可以节省消泡剂，减少杂菌污染机会，也不影响后续产物的提取，但是消泡效果不太明显。

发酵工业应用最广泛的消泡方法是消泡剂法，即加入活性物质，降低泡沫的局部表面张力，使泡沫破裂。化学消泡的机制可分为两种：一是降低泡沫的机械强度，这类消泡剂是强极性分子；二是降低液膜的表面黏度，这类消泡剂分子的内聚力较小，可降低液膜的表面黏度，促使液膜的液体流失，导致泡沫破裂。

发酵工业中常用的消泡剂有天然油脂类（如玉米油、豆油、米糠油、棉籽油、鱼油及猪油等）、聚醚类[如聚氧丙烯甘油醚（简称 GP 型消泡剂）和聚氧丙烯氧化乙烯甘油醚（简称 GPE 型消泡剂）]、高级醇类（十八醇和聚乙二醇）和聚硅氧烷类（如聚二甲基硅氧烷及其衍生物）。发酵生产中，油脂不但能消泡，还可作为发酵中的碳源和发酵中间控制的物质，但是成本较高。聚醚类化学合成消泡剂又称"泡敌"，在链霉素、四环素、土霉素等抗生素发酵中应用效果较好。化学消泡剂的添加量一般为培养基总体积的 0.02%~0.035%，消泡能力为植物油的 8~15 倍。使用时，可以借助机械搅拌，也可借助载体或分散剂使之更容易散布，添加方式和时间需结合生产发酵相关参数。

（七）发酵终点的确定

微生物发酵终点的判断，对提高产物的生产能力和经济效益至关重要。生产过程不能只追求高生产率，而不顾及产品的成本。合理的放罐时间是发酵罐的生产能力和产品成本的最佳平衡点，选择生产力高而成本低的时间作为放罐时间。不同类型的发酵要求达到的目标不同，因而对发酵终点的判断标准也应有所不同。一般来说，原料成本占整个生产成本比重大的发酵品种，主要追求提高生产率[$kJ/(m^3 \cdot h)$]、得率（kg 产物/kg 基质）和发酵系数[kg 产物/$(m^3 \cdot h)$]；下游提取、精制成本占比大及产品价格比较贵的发酵品种，则除了要求高的产率和发酵系数外，还要求高的产物浓度。

抗生素发酵中，判断放罐的主要指标有抗生素单位、过滤速度、氨基酸、菌丝形态、pH、发酵液的外观及黏度等。要随时跟踪发酵参数，如溶氧曲线、氨基氮升高、pH 上升、泡沫增多、菌丝碎片增多、黏度增加、过滤速度降低等。当存在异常发酵时，应当机立断，以免倒罐。

小　结

本章主要讨论了微生物药物生产菌的类群及其选育，微生物药物的生物合成和调控机制，发酵工艺与生产培养基的制备，发酵过程中主要参数的优化控制等。

微生物药物生产菌主要来自放线菌、真菌、细菌和黏菌，放线菌中链霉菌是重要的来源。潜在的微生物药物生产菌，需通过诱变选育、杂交育种、原生质体融合和基因工程等技术，进行菌种改良，为工业化应用奠定基础。

大多数微生物药物属于次级代谢产物（除少数初级代谢产物外），其生物合成是以初级代谢产物为前体，经过聚合、结构修饰和不同组分的装配三个环节完成。常用的生源包括聚酮类化合物、糖类、环多醇和氨基环多醇、氨基酸、嘌呤碱和嘧啶碱、甲羟戊酸和莽草酸等。次级代谢产物生物合成过程中，存在着诸多生理生化代谢调节，如碳、氮代谢的调节，磷酸盐的调节，ATP 调节、诱导调节和产物反馈调节，细胞膜透性的调节，金属离子和溶解氧的调节等。

微生物药物的发酵生产包括种子培养和发酵生产两个阶段，需要采用不同的培养基。按照培养基的成分，可分为合成培养基、天然培养基和半合成培养基；依据在生产中的用途或作用，培养基又可分为孢子培养基、种子培养基和发酵培养基。培养基常用的碳源有葡萄糖、乳糖、淀粉、糊精等，常用的氮源有花生饼粉、黄豆饼粉、棉籽饼粉、玉米浆、蛋白胨、酵母提取粉、鱼粉、尿素、氨水、硫酸铵、硝酸盐等。微生物制药发酵过程中使用的培养基、发酵罐、管道与附件、空气等必须严格灭菌，培养基和发酵设备等通过湿热灭菌，空气主要通过过滤除菌。种子培养和发酵生产各阶段，均需进行无菌检查，一旦发生杂菌污染，应探究原因并采取相应措施。

种子罐的种子经逐级扩大培养，接入发酵罐，启动发酵生产。发酵生产可分三种操作方式，即分批发酵、连续发酵和补料分批发酵，几乎所有的抗生素发酵生产采用补料分批发酵技术。在发酵过程中，应随时监测诸如温度、溶解氧、pH、基质、泡沫等参数，并对发酵过程进行优化控制。

复习思考题

1. 简述微生物药物生产菌有哪些主要类群。
2. 次级代谢产物合成的基本途径包括哪些？
3. 简述微生物代谢产物的磷酸盐合成调节机制。
4. 微生物药物发酵生产的一般流程是什么？
5. 简述温度对发酵的影响及其控制。
6. 简述溶解氧对发酵的影响及其控制。
7. 简述 pH 对发酵的影响及其控制。
8. 简述泡沫对发酵的影响及其控制。

第五章
酶工程制药

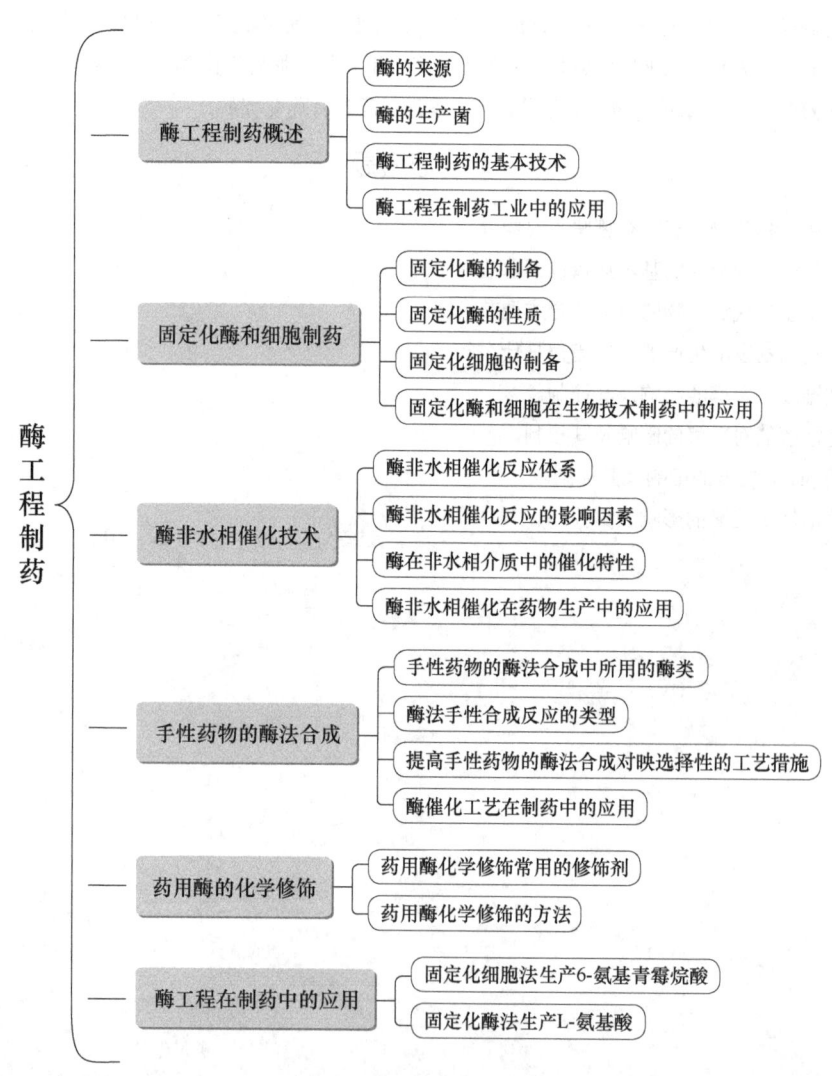

```
                    ┌─ 酶的来源
                    ├─ 酶的生产菌
        酶工程制药概述 ┤
                    ├─ 酶工程制药的基本技术
                    └─ 酶工程在制药工业中的应用

                    ┌─ 固定化酶的制备
                    ├─ 固定化酶的性质
        固定化酶和细胞制药 ┤
                    ├─ 固定化细胞的制备
                    └─ 固定化酶和细胞在生物技术制药中的应用

                    ┌─ 酶非水相催化反应体系
酶              ├─ 酶非水相催化反应的影响因素
工  酶非水相催化技术 ┤
程              ├─ 酶在非水相介质中的催化特性
制              └─ 酶非水相催化在药物生产中的应用
药
                    ┌─ 手性药物的酶法合成中所用的酶类
                    ├─ 酶法手性合成反应的类型
        手性药物的酶法合成 ┤
                    ├─ 提高手性药物的酶法合成对映选择性的工艺措施
                    └─ 酶催化工艺在制药中的应用

        药用酶的化学修饰 ┬─ 药用酶化学修饰常用的修饰剂
                    └─ 药用酶化学修饰的方法

        酶工程在制药中的应用 ┬─ 固定化细胞法生产6-氨基青霉烷酸
                        └─ 固定化酶法生产L-氨基酸
```

  酶工程(enzyme engineering)是酶学与工程学紧密结合并共同发展的一门新兴技术科学,酶工程是利用酶或细胞的特异催化功能或人为修饰改造的酶,在特定的生物反应装置中,将原料转化为人们所需的产品。酶工程是生物技术的重要组成部分,其内容包括酶、酶分离纯化、酶分子修饰、酶的固定化、酶的发酵生产、酶反应动力学和酶反应器及酶的应用等。酶工程制药除了能全程合成药物分子外,还能用于药物的转化,我国已经成功地利用微生物两步转化法生产维生素 C。酶工程生产药物具有生产工艺结构紧凑、目的物产量高,产物回收容易,可重复生产等优点。因此,酶工程制药具有广阔的前景。

第一节 酶工程制药概述

酶工程制药是利用酶的催化性质，按照人们的需求生产药物或药物中间体产品的工艺过程。酶工程制药已成为当今生物技术研究的热点之一，如在化学药物合成领域，酶的应用在重要合成反应的立体选择性控制方面起着重要作用，尤其在合成不对称手性药物的生产上起着重要作用。与传统制药行业中化学催化剂相比，利用生物酶进行催化的优点在于：①酶反应的能量消耗低，反应需要的温度较低；②酶具有选择对映体特性；③通过固定化的酶或细胞可以反复使用；④反应所产生的副产物少；⑤使用后的酶可以被生物降解，环境污染小。当然，生物酶催化反应也有一些固有缺点：①生物酶反应需要的pH范围窄；②酶的高温稳定性差；③反应容易受到环境中的蛋白酶、金属离子的影响抑制活性；④部分生物酶的造价昂贵。

一、酶的来源

酶作为生物催化剂普遍存在于动物、植物和微生物中。早期酶的生产多以动植物为主要原料，如激肽释放酶、菠萝蛋白酶、木瓜蛋白酶等。但随着酶制剂应用范围的扩大，仅仅依靠动植物资源生产酶已经不能满足需求。近些年来，人们利用微生物生产酶，具有繁殖快、种类多、生产周期短、培养简便、产量高等优点，目前工业化的酶生产多以微生物发酵的方法来进行。

二、酶的生产菌

（一）对酶生产菌的要求

利用微生物生产酶的方法称为酶的发酵技术。由于酶生产菌的优良菌种不仅能够提高酶制剂的产量和发酵原料的利用率，节约生产酶的成本，还与增加酶生产菌品种、缩短生产周期，改进发酵和提炼工艺条件密切相关。因此，对酶生产菌的优良菌种有如下要求。

1）产酶量高、酶的性质必须符合使用要求，最好是产生胞外酶的微生物菌种。
2）不能含有致病菌，在系统发育上与病原体无关，也不会产生毒素。
3）菌种稳定，不易产生变异退化，不易感染噬菌体。
4）能利用廉价的原料，发酵周期短，易于培养。

（二）常用的酶生产菌

目前在工业上常用的酶生产菌见表5-1。

表5-1 目前在工业上常用的酶生产菌

微生物的种类	用途
大肠杆菌	生产谷氨酸脱羧酶、青霉素酰化酶、β-半乳糖苷酶
枯草杆菌	生产α-淀粉酶、β-葡萄糖氧化酶、碱性磷酸酶
啤酒酵母	生产丙酮酸脱羧酶、乙醇脱氢酶等
曲霉（黑曲霉和黄曲霉）	生产糖化酶、蛋白酶、淀粉酶、果胶酶、葡萄糖氧化酶、氨基酰化酶和脂肪酶
青霉菌	生产葡萄糖氧化酶、青霉素酰化酶、磷酸二酯酶、脂肪酶

续表

微生物的种类	用途
木霉菌	生产纤维素酶
根霉菌	生产淀粉酶、蛋白酶、纤维素酶
链霉菌	生产葡萄糖异构酶

三、酶工程制药的基本技术

酶工程制药的基本技术主要包括酶或细胞的固定化、酶的化学修饰、酶法的手性药物合成。酶工程制药技术的基本流程包括：①酶的筛选和鉴定，从自然界中筛选出具有特定催化功能的酶，鉴定其性质和作用机制；②酶的克隆和表达，将筛选出的酶基因克隆到表达载体中，实现大量生产；③药物合成和药物修饰，利用酶的催化作用和修饰作用，在体外合成药物分子，改善药物分子的药效和稳定性等性质；④将合成的药物分子分离、纯化。

（一）酶或细胞的固定化

将酶或细胞通过物理或化学方法固定在水溶性或非水溶性的膜状、管状或颗粒状的载体上，称为酶或细胞的固定化。酶或细胞的固定化方法主要有吸附、共价结合、包埋、选择性热变性、光照、辐射和定点固定化等技术，在制药工业中包埋应用较多，其次为吸附。

生物细胞合成的天然酶由于受到机体生命活动调节平衡的需要，一般不会表达较高的浓度，因此限制了直接利用天然酶解决许多化学催化反应的问题。应用基因重组技术，通过基因扩增与增强表达，可构建高效表达特定酶制剂的基因工程菌或基因工程细胞。

（二）酶的化学修饰

酶的化学修饰是利用化学手段将某些化学物质或基团结合到酶分子上，或将酶分子的某些部分删除或置换，改变酶的理化性质，达到改变酶催化性质的目的。常用的修饰剂主要有乙酸酐、磷氧酰氯、环氧丙烷、氮芥、重氮盐类、羟胺。修饰酶的功能基团有氨基、羟基、咪唑基等可解离基团。主要方法有双功能试剂交联法和高分子结合法。

（三）酶法的手性药物合成

酶法的手性药物合成主要包括酶催化不对称合成及外消旋体的不对称拆分。手性药物酶法合成所用的酶主要有蛋白酶、脂肪水解酶、氧化还原酶、纤维素酶、糖苷酶、淀粉酶等。手性药物是有药理活性作用的对映纯化合物。通常手性化合物的两种对映异构体具有不同的生物活性，在生命科学、药物化学、精细化学、材料化学等领域的应用具有重要意义。

四、酶工程在制药工业中的应用

酶工程技术具有技术先进、投资小、工艺简单、能耗低、产品收率和质量高、经济效益显著和污染小等特点，在制药工业中的应用较为广泛。酶工程技术将固定化技术与生物反应器进行巧妙的有机结合，使生物技术制药发生了根本性的变革。目前，酶工程技术已成为新药开发和改造传统制药工艺的主要手段，酶工程在制药工业中的应用主要有下面几个方面。

1. 酶工程在抗生素类药物生产中的应用 酶工程可以生产 6-氨基青霉烷酸（6-APA）（利用青霉素酰化酶）、7-氨基头孢菌酸（7-ACA）（利用头孢菌素酰化酶）、头孢菌素Ⅳ（利用头孢菌素酰化酶）、7-氨基脱乙酰氧基头孢烷酸（7-ADCA）（利用青霉素 V 酰化酶）、脱乙酰头孢菌素 C（利用头孢菌素乙酸酯酶）等抗生素类药物。近年来，酶工程在抗生素生产上的研究主要有固定化产黄青霉（青霉素合成酶系）、细胞生产青霉素和合成青霉素及头孢菌素前体的最新工艺研究等。应用酶工程制备的抗生素类药物如表 5-2 所示。

表 5-2 应用酶工程制备的抗生素类药物

固定化酶或固定化细胞	底物	产物
青霉素酰化酶	天然青霉素 G	6-APA
大肠杆菌	天然青霉素 G	6-APA
隐球酵母	苯氧甲基青霉素	6-APA
头孢菌素酰化酶	去乙酰氧基头孢霉素 C	7-ACA
三角酵母	头霉素 C	戊酸-7-ACA
假单胞菌	戊酮-7-ACA	7-ACA
青霉素酰化酶	D-苯甘氨酸甲酯＋6-APA	氨苄青霉素
大肠杆菌	D-苯甘氨酸甲酯＋6-APA	氨苄青霉素
头孢菌素酰化酶	2-噻吩乙酸甲酯＋7-ACA	头孢噻吩
头孢菌素酰化酶	D-苯甘氨酸甲酯＋7-ACA	头孢氨苄
无色杆菌	D-苯甘氨酸甲酯＋7-ACA	头孢氨苄

2. 酶工程在有机酸类药物生产中的应用 在有机酸类药物生产中，采用酶工程生产 L-苹果酸（利用延胡索酸酶）、L（＋）-酒石酸（利用环氧琥珀酸水解酶）、乳酸（利用乳酸合成酶系或腈水解酶）、葡萄糖酸（利用葡萄糖氧化酶和过氧化酶）、长链二羧酸（利用加氧酶和脱氢酶）、衣康酸（利用复合酶系）等有机酸类药物。

3. 酶工程在氨基酸类药物生产中的应用 酶工程在氨基酸类药物生产中的应用主要体现在：可以生产 L-Tyr 及 L-多巴（利用 β-酪氨酸酶）、L-Lys（利用二氨基庚二酸脱羧酶或 α-氨基-ε-己内酰胺水解酶和消旋酶）、鸟氨酸（利用 L-组氨酸氨解酶）、L-Asp（利用天冬氨酸合成酶）、L-Ala（利用 L-天冬氨酸-β-脱羧酶）、L-Phe（利用 L-苯丙氨酸解氨酶或苯丙氨酸转氨酶）、L-Glu（利用 L-谷氨酸合酶）、L-Trp（利用色氨酸合成酶）、L-Ser（利用甲基化酶）、Gln（利用谷氨酰胺合成酶）、谷胱甘肽（利用复合酶系）、γ-氨基丁酸（利用谷氨酸脱羧酶），以及拆分 DL-氨基酸（利用氨基酰化酶）。

4. 酶工程在核苷酸类药物生产中的应用 应用酶工程生产的核苷酸类药物主要有：5-核苷酸（利用 5-磷酸二酯酶）、ATP（利用氨甲激酶）、AMP（利用乙酸激酶）、CDP 胆碱（利用复合酶系）、肌苷酸（利用腺苷氨酶）、NAD（利用焦磷酸化酶）等。

5. 酶工程在甾体类药物生产中的应用 应用酶工程转化技术可以生产的甾体类药物主要有：氢化可的松（利用 11-β-羟化酶）、去氢泼尼松（利用类固醇-Δ-脱氢酶）、睾丸激素（利用类固醇硫酸酯酶）等。应用酶工程制备的甾体激素类药物如表 5-3 所示。

表 5-3　应用酶工程制备的甾体激素类药物

固定化微生物	转化反应	底物	产物
简单节杆菌	脱氢	氢化可的松	强的松
分枝杆菌	脱氢	氢化可的松	强的松
分枝杆菌	脱氢	赖希斯坦氏化合物 S	11-去氧强的松
新月弯孢	羟化	赖希斯坦氏化合物 S	氢化可的松
新月弯孢	二羟化	11-脱氢皮质甾酮	氢化可的松
金黄色葡萄球菌	脱氢、氧化	胆甾醇	Δ-胆甾烯酮
红色诺卡氏菌	脱氢	Δ4-雄烯-3,17-酮	Δ-雄二烯-3,17-二酮
睾丸酮假单胞菌	脱氢	赖希斯坦氏化合物 S	强的松

6. 酶工程在维生素类药物生产中的应用　应用酶工程生产的维生素类药物主要有：2-酮基-L-古龙酸（利用山梨醇脱氢酶及 L-山梨糖醛氧化酶或 2,5-DKG 还原酶）、CoA（利用 CoA 合成酶系）、肌醇（利用肌醇合成酶）、L-肉毒碱（利用胆碱酯酶）等。另外，由葡萄糖和山梨醇生产维生素和丙烯酰胺也采用酶工程的技术来进行。基因组学、蛋白质组学、结构生物学和人工智能等相关学科的发展，为酶工程在药物的研发提供更多可能性。

第二节　固定化酶和细胞制药

固定化酶（immobilized enzyme）制药是将生产药物所用的酶制剂制成既能保持其原有的催化活性和稳定性、又不溶于水的固形物，既能像一般固相催化剂那样使用和处理，又可提高酶的利用率，进而降低药物生产成本的技术。与酶类似，细胞也能固定化，固定化细胞既有细胞特性和生物催化的特性，也具有固相催化剂的特点。固定化技术已广泛应用到生物及生物工程、医药、食品等各个领域，并显示出其广泛的应用前景。

一、固定化酶的制备

固定化酶是通过载体等将酶限制或固定于特定的空间位置，在催化过程中不易随溶液流失，又能发挥催化作用。在酶的固定化过程中，既要保证酶活性中心的氨基酸残基不会发生变化，又要避免可能导致酶高级结构破坏的条件。由于酶的高级结构是依靠次级键维持的，在固定化时应尽量采取温和的条件。固定化酶的制备原则：①维持酶的催化活性及专一性；②有利于生产自动化、连续性；③应有最小的空间位阻；④酶与载体必须牢固结合；⑤稳定性好，有一定的惰性；⑥成本尽可能低。

（一）固定化酶的特点

固定化酶与水溶性酶相比，其特点是既具有生物催化剂的功能，又有固相催化剂的特性。固定化酶还具有以下优点：①可多次使用，如固定化的葡萄糖异构酶可以在 60～65℃条件下连续使用超过 1000h；②反应后，酶与底物和产物易于分开，产物中无残留酶，易于纯化，产品质量高；③反应条件易于控制，可实现转化反应的连续化和自动控制；④酶的利用效率高，单位酶催化的底物量增加，用酶量减少；⑤比水溶性酶更适合于多酶体系反应。

（二）固定化方法

酶蛋白的三维结构是依靠氢键、疏水键和离子键等次级键维持的，所以固定化时应尽量避免影响其构象的改变，保持酶的催化活性，迄今还未有任何一种技术适用于所有酶的固定化，只能根据酶的应用目的和特性，寻找合适的方法及载体，选择适宜的固定化方法。

一些酶固定化的方法如图 5-1 所示，具体分类如下。

1. 载体结合法 载体结合法是结合于不溶性载体上的一种固定化方法，根据结合形式的不同，可分为物理吸附法、离子结合法和共价结合法。

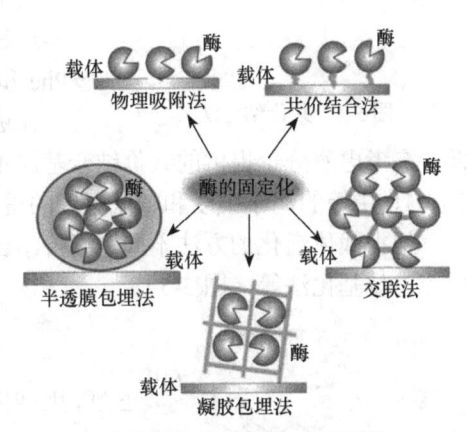

图 5-1 一些酶固定化的方法（于洋等，2021）

（1）物理吸附法 物理吸附法是利用各种载体或吸附剂将酶或含酶菌体吸附在其表面上的方法。常用的载体或吸附剂有：无机类的载体（活性炭、硅胶、硅藻土、石英砂、沸石、多孔玻璃、白土、高岭石、氧化铝、羟基磷灰石、磷酸钙、金属氧化物等）、天然高分子载体（淀粉、谷蛋白等）、大孔型合成树脂类（大孔树脂、单宁作配基的纤维素树脂等）、疏水凝胶类（丁基或己基-葡聚糖凝胶等）。物理吸附法具有操作简单、条件温和、不易引起酶变性、载体廉价易得、固定化可与纯化同时实现、载体可再生等优点。

（2）离子结合法 离子结合法是通过离子键将酶结合于水不溶性载体或离子交换剂上的固定化方法。是非共价结合法的一种，酶分子与载体之间通过静电力结合，其特点是静电力的强度比范德瓦耳斯力强（图 5-2）。

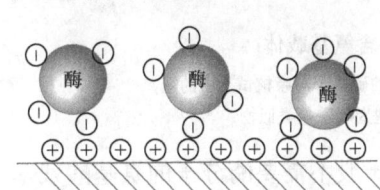

离子结合法得到的固定化酶的稳定性较高，具有饱和性，对 pH 变化较敏感，在高盐条件下不稳定，酶容易被洗脱；该方法常用的载体或离子交换剂种类有阴离子型，如二乙氨乙基（DEAE）纤维素、三乙氨乙基（TEAE）纤维素、DEAE 葡聚糖凝胶、交联醇胺纤维素等，如用于拆分乙酰-DL-氨基酸生产 L-氨基酸的固定化氨基酰化酶就是用 DEAE 葡聚糖凝胶 A-25 进行离子结合吸附氨基酰化酶的；阳离子型，如羧甲基纤维素（CMC）、Dowex 系列阳离子交换树脂（如 Dowex50 等）（图 5-3）。

图 5-2 离子结合法

图 5-3 DEAE 纤维素、TEAE 纤维素及羧甲基纤维素

（3）共价结合法 共价结合法是通过共价键将酶与载体结合的固定化方法或是将酶分子上的官能团和固相支持物的反应基团形成共价键连接的固定化方法（图 5-4）。酶分子中可以形

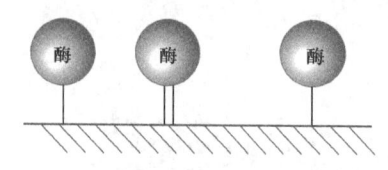

图 5-4　共价结合法

成共价键的基团主要有：①酶分子 N 端的 α-氨基或 Lys 残基的 ε-氨基；②酶分子 C 端羧基及肽键中 Asp 的 β-羧基或 Glu 的 γ-羧基；③肽键中 Cys 的巯基；④Ser、Thr 和 Tyr 的羟基；⑤Phe 和 Tyr 的苯环；⑥His 的咪唑基；⑦Trp 的吲哚基。

在进行酶的共价结合固定化时，为了保持酶活性不被降低，需考虑酶分子提供的共价结合基团不能影响酶的催化活性，酶与载体共价连接应在温和的 pH、中等的离子强度和较低温度的缓冲液中进行。

根据载体活化的方法不同，共价结合法的类型主要有重氮化法、叠氮化法、异硫氰酸酯反应、烷基化法等（图 5-5）。

图 5-5　酶共价结合载体活化和偶联反应——含氨基载体
A. 一级胺亚硝酸在低温下作用生成重氮盐的反应；B. 硫氰酸酯中的硫原子与亲核试剂中的氮、氧等发生反应，生成对应的取代产物。圆球为酶；亚铃型为硫酸盐类似物

2. 包埋法　包埋法是将酶包埋在各种多孔载体中，一般不需要酶分子的氨基酸残基参与反应，其优点是很少改变酶的结构、反应条件温和、酶活性回收率较高、固定化时保护剂和稳定剂的存在不影响酶的包埋产率。包埋法可以应用于大多数酶、粗酶制剂、微生物细胞和细胞器的固定化。其缺点是只适合于小分子底物和产物的酶的固定化。

包埋法常用的多孔载体有琼脂、琼脂糖、海藻酸钠、角叉菜胶、明胶、聚丙烯酰胺、光交联树脂、聚酰胺、火棉胶等。根据载体材料和固定化方法的不同，包埋法分为凝胶包埋法（网格型包埋法）和半透膜包埋法（微囊型包埋法）。

（1）凝胶包埋法（网格型包埋法）　凝胶包埋法是将酶包埋在各种高分子凝胶的细微网格或微孔中，制成一定形状的固定化酶。其基本过程是先将凝胶材料与水混合，加热溶解，再降温至其凝固点以下，然后加入预保温的酶液，混合均匀，再冷却凝固成型和破碎即成固定化酶；或在聚合单体产生聚合反应时实现固定化，其过程为向混合单体、交联剂和在缓冲液中的酶中加入催化剂，在单体聚合反应形成凝胶的同时，将酶限制于网格之中，再经破碎即成固定化酶。

为防止酶从固定化酶颗粒中渗漏出来，可在包埋后再用交联法使酶更牢固地保留于网格之中。例如，聚丙烯酰胺凝胶的合成与酶的包埋过程：单体与酶混合—加入过硫酸钾—静置，形成凝胶—固定化酶（图 5-6）。

图 5-6　聚丙烯酰胺凝胶的合成与酶的包埋

（2）半透膜包埋法（微囊型包埋法）　半透膜包埋法是将酶或细胞包埋在各种高分子聚合物制成的半透膜中，制成球状的固定化酶。常用于制备固定化酶的半透膜有聚酰胺膜、火棉胶膜等。常用的酶有脲酶、天冬酰胺酶、尿酸氧化酶、过氧化氢酶等。

半透膜包埋法固定酶时，一般是将酶分散在与水互不相溶的有机溶剂中，再在酶表面形成半透膜，最后包埋在微胶囊之中。包有酶的微囊也称为人工细胞，其半透膜厚约 20nm，膜孔径约 4nm，表面积和体积比较大，包埋的酶量较多。半透膜包埋法的基本制备方法主要有界面沉降法和界面聚合法两类。

1）界面沉降法。为简单的物理方法，利用某些高聚物在水相和有机相的界面上溶解度极低而形成皮膜的酶包埋方法。此法具有条件温和、固定化过程不会引起酶失活的优点，但固定化后的酶较难完全除去残留的有机溶剂。

2）界面聚合法。是化学方法制备人工细胞的方法，使用的半透性微囊膜为聚酰胺、聚脲等，酶分子通过与亲水性单体和亲脂性单体混合乳化、聚合及破乳化形成聚合物膜包被的酶分子聚合物（图 5-7），此法制备的人工细胞的大小随乳化剂浓度及乳化时的搅拌速度而异。

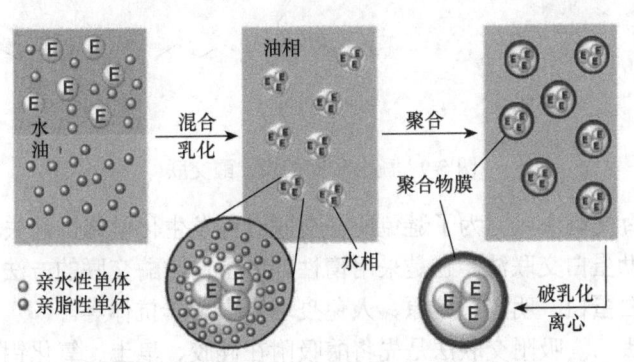

图 5-7　界面聚合法：亲水性单体和亲脂性单体在界面发生聚合
图中 E 为酶

（3）纤维素包埋法　纤维素包埋法是将可形成纤维素的高聚物溶于与水不混溶的有机溶剂中，将酶溶液混合并乳化，然后将乳化液经喷头挤入促凝剂（如甲苯或石油醚等）中形成纤维，称为酶纤维。可将酶纤维装成酶柱或织成酶布在填料式酶反应器中使用。此法具有固定化酶的表面积大、酶的包埋量大、使用稳定性好等优点，但存在固定化过程使用有机溶剂使酶活性降低的缺点。除此之外，还有脂质体包埋法、液体干燥法等。

3. 交联法 借助双功能或多功能试剂使酶分子与酶分子之间发生交联作用，制成网状结构的固定化酶的方法。交联法常用的功能试剂有戊二醛、己二胺、顺丁烯二酸酐、双偶氮苯、双重氮联苯胺-2,2′-二磺酸、1,5-二氟-2,4-二硝基苯和己二酰亚胺酸二甲酯等（图5-8）。其中应用最广泛的为戊二醛。根据交联法原理的不同，其可分为交联酶法、酶辅助蛋白交联法、吸附交联法和载体交联法4种。

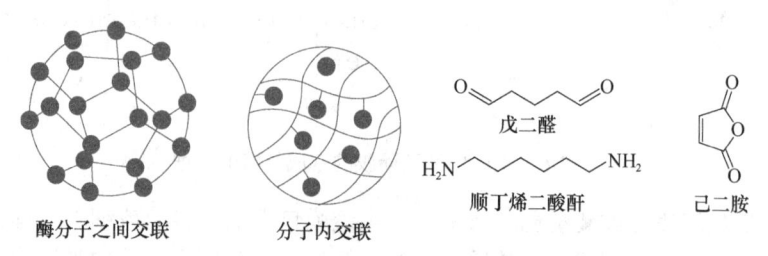

图 5-8 酶分子之间交联网架结构示意图及常用的交联试剂
绿色实心圆代表酶分子

（1）**交联酶法** 交联酶法是在酶液中加入适量的多功能试剂（如戊二醛等），利用多功能试剂的两个醛基与酶分子的游离氨基反应生成希夫碱（Schiff base），使酶交联，制成固定化酶（图5-9）。此法操作简便，但在固定化时需严格控制交联剂和酶的浓度、温度、pH、离子强度和反应时间等，固定化后的酶颗粒小、活力降低，只适用于分批式的酶转化过程。

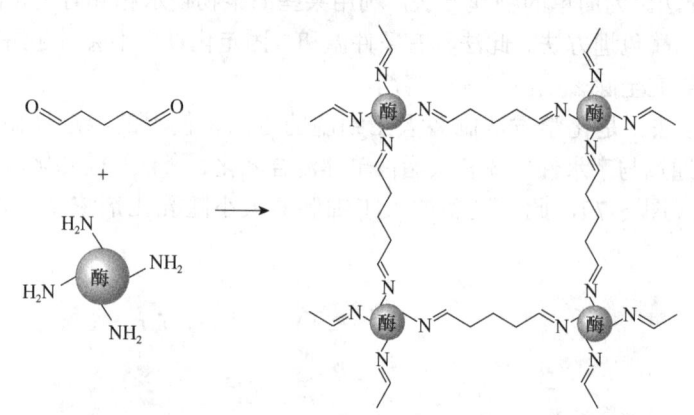

图 5-9 酶分子间的戊二醛交联

（2）**酶辅助蛋白交联法** 为了避免酶在交联过程发生化学修饰而失活或得到的酶数量有限时可采用酶辅助蛋白交联法。它是采用惰性辅助蛋白与酶交联的方法。通常选用的惰性辅助蛋白为牛血清白蛋白、明胶、胶原、人免疫球蛋白和羊抗体等。

（3）**吸附交联法** 吸附交联法是先将酶吸附在硅胶、皂土、氧化铝、珠状酚醛树脂或其他大孔型离子交换树脂上，再用戊二醛等双功能试剂交联，制得固定化酶的方法。此法适合从发酵液或粗酶液中直接固定酶，固定化后的酶具有与底物接触良好、结合力强、机械性能好、酶的活力高的优点。

（4）**载体交联法** 载体交联法是首先用多功能试剂的部分官能团化学修饰高聚物载体，然后用试剂的另一部分官能团去偶联酶蛋白，制得固定化酶的方法（图 5-10）。此法可提高固定化酶的操作稳定性和防止酶脱落。

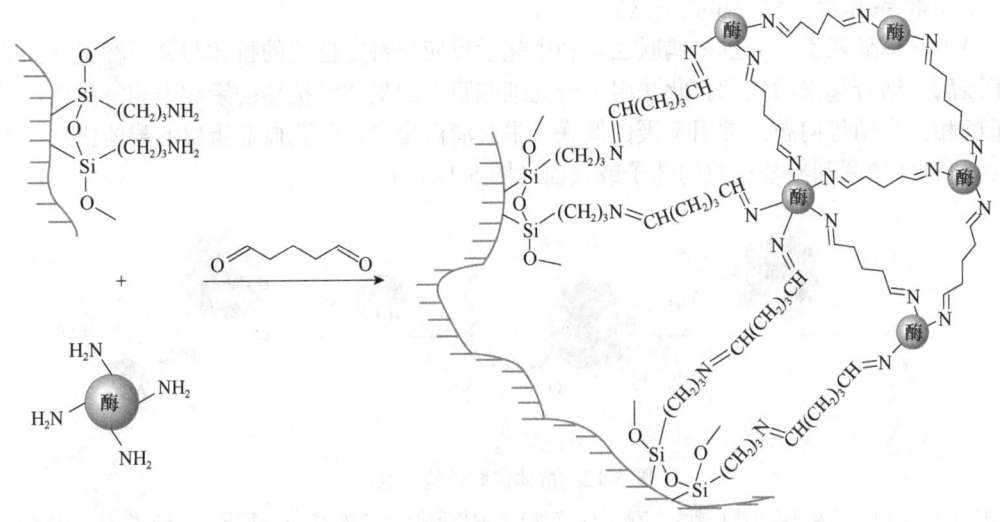

图 5-10　酶与载体交联，交联剂将酶分子偶联到水不溶性载体上，形成水不溶性的固定化酶

总之，交联法在进行酶的固定化时，具有酶结合牢固、可长时间使用的优点。为了尽可能地降低对酶活性的损失，实际使用时，应尽量降低交联剂的浓度和缩短反应的时间等。还可以使用双重固定化法，如包埋交联法和吸附交联法（图 5-11）。载体结合法、包埋法和交联法的特点见表 5-4。

4. 选择性热变性法　　选择性热变性法是将细胞在适当温度下处理使细胞膜蛋白变性，但不使酶变性而使酶固定于细胞内的方法。此法专用于细胞的固定化，具有在

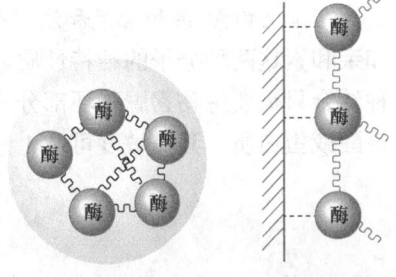

图 5-11　双重固定化法

固定化的同时使细胞膜蛋白变性而不会使细胞内的酶变性的优点。此法适用于嗜热酶，严格控制温度和时间，以防过热，如含葡萄糖异构酶的链霉菌菌体在 60～65℃下处理 15min，葡萄糖异构酶全部固定在菌体内。选择性热变性法也可与交联法及其他固定化方法联用，进行双重固定。

表 5-4　载体结合法、包埋法和交联法的特点

特点	物理吸附法	离子结合法	共价结合法	包埋法	交联法
制备难度	易	易	难	易	难
结合力	弱	中	强	强	强
酶活性	高	高	中	高	低
底物专一性	无变化	无变化	变化	无变化	变化
再生	可能	可能	不可能	不可能	不可能
成本	低	低	中	中	高

5. 定点固定化技术　　定点固定化技术是借助分子生物学方法，通过酶蛋白上的特定位点与膜载体作用，在膜表面形成一种高度有序的酶分子的二维阵列。酶蛋白上的作用位点

远离催化活性中心，使底物能充分接近活性中心。定点固定化技术主要有3种，即抗体偶联法、生物素-亲和素亲和法和氨基酸置换法。

（1）抗体偶联法　抗体偶联法是利用化学反应将特定位置的抗体与分子标记（如荧光分子或酶）结合起来的技术。此法用于研究细胞膜上的受体、抗体的亲和力和特异性，以及分子间相互作用等问题。常用于蛋白偶联（牛血清白蛋白、钥孔血蓝蛋白的载体蛋白与半抗原）；将抗体偶联到羧基包被的珠子或表面（图5-12）。

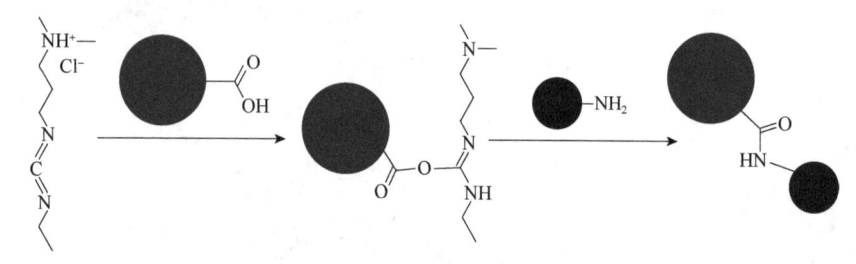

图 5-12　抗体偶联结构示意图

EDC[1-乙基-（3-二甲基氨基丙基）碳酰二亚胺]（红色球）与羧基反应，形成胺反应性 O-酰基异脲中间体（中心分子）。O-酰基异脲中间体与由较小的蓝色球代表的蛋白质分子上的氨基反应，生成稳定的酰胺键

（2）生物素-亲和素亲和法　生物素-亲和素亲和法又称为ABC法，主要是利用生物素和亲和素这两种分子的独特性质。生物素与亲和素的结合具有专一、迅速和稳定的特点，这种结合只需要生物素脲基环部分。在生物素或亲和素上结合标记抗体或酶标，即可用于检测核酸或蛋白质，其灵敏度可达1～10pg水平（图5-13）。

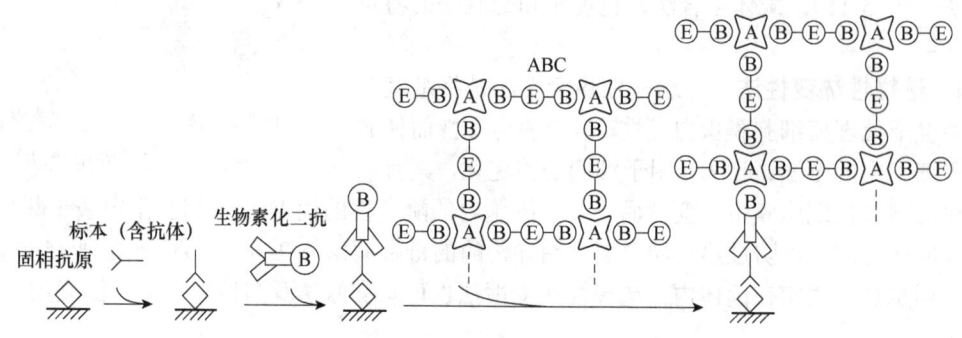

图 5-13　生物素-亲和素亲和法

A 为亲和素；B 为生物素；E 为酶

（3）氨基酸置换法　氨基酸置换法为将酶分子肽链上的某一个氨基酸换成另一个氨基酸的修饰方法。酶分子的特定位置上，氨基酸的种类和性质是特定不变的，氨基酸置换修饰使蛋白质的空间构型发生改变，从而改变酶蛋白的某些生物学特性，即氨基酸置换修饰。氨基酸置换修饰的作用主要是提高酶蛋白的酶活性和增加酶蛋白的稳定性，主要是通过遗传工程的手段来进行。

6. 无载体固定法　无载体固定法取得的重大突破是交联酶晶体（CLEC）技术，CLEC是一种不需要载体，既有纯蛋白质的高度特异活性，又对有机溶剂具有高度耐受性的生物催化剂。除CLEC技术之外，交联酶聚集体（CLEA）技术也是无载体固定法，CLEA是用盐、有机溶剂或非离子聚合物等沉淀剂沉淀酶蛋白，得到酶聚集体，再用戊二醛交联的无载体固定化方法。近几年，交联酶聚集体技术已被成功地应用于青霉素酰化酶、脲酶、氧化还原酶和 7 种不同微生物来源的脂肪酶的固定化。

无载体固定法的优点是固定化酶稳定性好、活性高，成本低廉，设备简单，不需要其他载体，因而单位体积活性大、空间效率高。缺点是此法存在一定的局限性，如交联酶聚集体没有一定的物理形态、粒径分布范围宽、颗粒大小不均、形貌不规则等。

7. 共固定化技术 随着固定化技术的发展，人们又提出了共固定化（co-immobilization）技术，最初是把外来酶结合于固定化完整细胞上，后来又发展到将两种酶、两种微生物细胞及生物催化剂（酶细胞）与底物或其他物质联合固定在一起。

8. 耦合固定化技术 耦合固定化技术是将几种固定化方法或载体联合使用，即添加稳定因子和促进因子的固定化方法。耦合固定化技术基本上能够解决单一固定化方法酶活回收率低、稳定性差、传质阻力差等问题，并具有方法多样、操作简便、技术成熟等特点。耦合固定化技术包括：①吸附-交联；②共价结合-交联；③絮凝固定化与其他方法的耦合；④包埋固定化与其他方法的耦合。

二、固定化酶的性质

酶被固定化后，由于受到固定化材料等的影响，其结构和微环境发生了变化。因此，固定化酶的某些性质与游离态的酶有不同程度的改变。在固定化酶的使用过程中必须根据其性质对操作条件进行适当的调整。

（一）酶活性

固定化酶的酶活性主要受固定化载体和固定方法的影响。

1. 固定化载体对酶活性的影响 在酶固定化过程中使用的水不溶性固体支持物称为载体。由于不同载体的结构、性质各不相同（表 5-5），与酶或细胞结合的方法也千差万别，其对固定化后的酶活性、使用时的 pH 等也会产生较大影响。

表 5-5 固定化载体类型

高分子载体		无机载体	复合载体	新型载体
天然高分子载体	合成有机高分子载体			
纤维素	聚丙烯酰胺	二氧化硅	有机载体材料与无机	高分子复配载体材料
角叉菜凝胶	聚乙烯醇	氧化铝	载体复合	磁性载体材料
琼脂	聚氨酯泡沫	氧化镁		多孔性载体材料
壳聚糖	光交联树脂	陶瓷		
海藻酸盐		玻璃		
葡聚糖凝胶		硅胶		
骨胶原		硅藻土		

选择载体的原则为：①载体在固定化过程中不会引起酶变性；②载体对酸碱有一定的耐受性；③载体具有一定的机械强度；④载体有一定的亲水性及良好的稳定性；⑤载体有一定的疏松网状结构，颗粒均匀；⑥载体在进行共价结合固定化时具有可活化的基团；⑦载体有耐受微生物和酶的能力；⑧载体要廉价易得。

2. 固定方法对酶活性的影响 Jancsik 等采用先包埋后交联的方法，分别将 β-半乳糖苷酶、青霉素酰化酶和醛缩酶包埋于聚乙烯醇膜内，然后用戊二醛对三种酶进行交联，在减少包埋蛋白损失的同时提高交联酶的机械性能。除此以外，酶的特性、酶固定量、催化反应条件及固定化酶反应器构型等都能影响催化效率。Lykourinou 等合成了多孔 MOF（铽-三氨基三硝基苯）并固定化微过氧化物酶-11（MP-11），将其氧化 3,5-二叔丁基儿茶酚（DTBC）的底物转化率提高至 48.7%，而之前大孔树脂固定化的 MP-11 转化率只有 17.0%。

一般固定化酶的酶活性低于游离酶，酶分子在固定化过程中，由于构象效应，催化中心构象发生变化，或者因屏蔽效应，酶催化中心无法结合底物。部分催化中心的氨基酸残基参与了与载体的结合，致使部分酶完全丧失活性。与载体结合后，酶与底物的结合和产物的扩散存在位阻效应。但也有固定化酶的酶活性高于游离酶的情况，如 C-N 偶联过程，酶得到化学修饰；酶对抑制剂的结合能力降低，或者酶的抑制因子被除去，因载体的作用，底物分子在酶分子周围出现富集，酶活性提高。

（二）最适温度

固定化酶催化反应的最适温度一般与游离酶相差不多，活化能也变化不大。但有些固定化酶的最适温度与游离酶比较会有较明显的变化。

（三）稳定性

固定化酶的稳定性主要表现为：①对热的稳定性提高，可以耐受较高的温度；②保存的稳定性好，可以在一定条件下保存较长的时间；③对蛋白酶的抵抗力增强，不易被蛋白酶水解；④对变性剂的耐受性提高，在尿素、有机溶剂和盐酸胍等蛋白质变性剂的作用下，仍可保持较高的酶活性等。

（四）最适 pH

与游离酶相比，固定化酶催化反应的最适 pH 常会发生偏离，这主要是由分配效应（partition effect）所致。影响固定化酶催化反应最适 pH 的因素主要有载体性质和反应产物性质两个方面。

1. 载体性质对最适 pH 的影响　酶固定化后最适 pH 发生变化的主要原因是固定化酶所处微环境（图 5-14）的性质：①带负电载体，最适 pH 会上升；②带正电载体，最适 pH 会下降；③载体不带电，最适 pH 一般不变。

2. 反应产物性质对最适 pH 的影响　当催化反应的产物为酸性时，固定化酶的最适 pH 要比游离酶的最适 pH 略高；当催化反应的产物为碱性时，固定化酶的最适 pH 要比游离酶的最适 pH 略低；当催化反应的产物为中性时，固定化酶的最适 pH 与游离酶的最适 pH 相差不多。

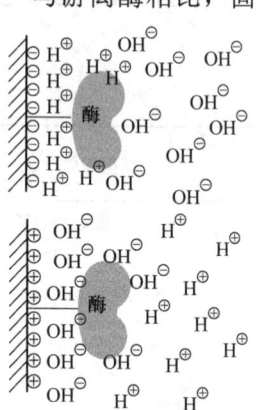

图 5-14　固定化酶所处微环境

（五）底物特异性

固定化酶的底物特异性与游离酶相比可能有些不同，其变化与底物分子量的大小有一定的关系。对于低分子量底物的酶，固定化前后的底物特异性没有明显的变化。

三、固定化细胞的制备

将细胞限制或定位于特定空间位置的方法称为细胞固定化技术。固定化细胞具有以下优点：①简化了细胞破碎提取酶的工序；②酶在固定化的细胞内环境中稳定性高，酶活性的损失小；③固定化细胞内酶的辅酶可以自动再生；④固定化细胞内含多酶系统，可催化一系列反应；⑤固定化细胞适宜于连续操作的酶反应过程，便于实现管道化和自动化控制；⑥固定化细胞的制备成本低。目前，该技术已扩展到动植物细胞、微生物活细胞、线粒体、叶绿体及微粒体等细胞器的固定化。已成功地应用于医药、食品、化工、农业、环保、能源等领域的理论研究、工艺开发和实际生产过程之中。特别是固定化动植物细胞技术，使近百种植物次级代谢产物和干扰素、白介素、疫苗等生物药物的大规模生产成为可能，大大降低了这些生物药物的生产成本，成为生物技术制药研究和开发的热点之一。

（一）固定化细胞的制备方法

细胞的固定化方法沿用了酶的固定化方法，固定化细胞技术适用于细胞内酶，要求底物和产物容易透过细胞膜，而且细胞内不应存在产物的分解系统和其他副反应。若细胞内存在副反应，应采用加入去污剂、热处理、pH 处理等方法消除副反应。根据细胞固定化所用载体和反应原理的不同，细胞的固定化方法主要有载体结合法、包埋法、交联法、无载体法等。

（二）固定化细胞的性质

1. 固定化方法对细胞催化活性的影响 采用不同的固定化方法固定化后的细胞，酶的催化活性、稳定性、最适 pH 等差异较大。固定化方法对细胞催化活性的影响取决于：①细胞的培养规模；②细胞的培养方式；③细胞的类型；④制备方法的难易和成本等。应根据每种细胞固定化方法的难易程度和制作成本，选择操作简单、成本低廉的方法。无论选择何种细胞固定化方法，都须采用适当的措施提高细胞膜的通透性，以保证酶的活力和转化效率。

2. 固定化细胞的最适 pH 细胞固定化后最适 pH 的变化无特定规律。例如，聚丙烯酰胺凝胶包埋的大肠杆菌（含天冬氨酸转氨酶）和产氨短杆菌（含延胡索酸酶）的最适 pH 与各自的游离细胞相比，均下降；但用同一方法包埋黄色短杆菌（含 L-组氨酸脱氨酶）、恶臭假单胞菌（含 L-精氨酸脱亚氨酶）和大肠杆菌（含青霉素酰胺酶）的最适 pH 与各自的游离细胞相比，无变化。因此，需针对不同的细胞选择不同的固定化方法，使其最适 pH 符合酶转化反应的要求。

3. 固定化细胞的最适温度 通常细胞固定化后的最适温度与游离细胞相同。例如，用聚丙烯酰胺凝胶包埋的大肠杆菌（含天冬氨酸转氨酶、青霉素酰胺酶）和液体无色杆菌（含 L-组氨酸脱氨酶），其最适温度与各自游离细胞的最适温度相同；但用同一方法包埋的恶臭假单胞菌（含 L-精氨酸脱亚氨酶）的最适温度比其游离细胞的最适温度提高 20℃。

4. 固定化细胞的稳定性 固定化细胞的稳定性一般都较游离细胞高，如含天冬氨酸转氨酶的大肠杆菌经三乙酸纤维素包埋后，用于生产 L-Asp，于 37℃连续运行 2 年后，其酶活性仍为原固定化细胞酶活性的 97%；用卡拉胶包埋的黄色短杆菌（含延胡索酸酶）生产 L-苹果酸，在 37℃连续运转 1 年后，其酶活性仍保持不变。

四、固定化酶和细胞在生物技术制药中的应用

目前固定化酶和细胞在生物技术制药上的应用主要体现在抗生素的生产、氨基酸的生产、酶制剂的生产、手性药物的合成等方面。

（一）抗生素的生产

自 20 世纪 70 年代初，已开始用合成树脂固定青霉素酰化酶进行 6-APA 的生产，但价格昂贵，酶活性低。我国对固定化青霉素酰化酶的应用起步较晚，目前还要靠进口价格昂贵的固定化载体或固定化青霉素酰化酶来满足半合成青霉素生产的需要。但是固定化酶在生产 β-内酰胺类抗生素中间体和半合成 β-内酰胺类抗生素方面有大规模应用。

（二）氨基酸的生产

天然蛋白质存在 20 种基本氨基酸，皆为 L 型，然而 D 型和 L 型对映体的生理作用迥异。L 型氨基酸主要通过发酵法和合成法生产，D 型氨基酸一般通过光学拆分得到。利用 D-氨基酰化酶的立体专一性，可从化学合成的底物生产具有光学活性的 D 型氨基酸。例如，利用基因重组技术构建高活性的氨基酰化酶工程菌，收集高活性氨基酰化酶菌体，通过海藻酸钠包埋技术制备成固定化酶，再连续拆分 D-Met 和 L-Met，其拆分率达 90%，收率达 74.5% 左右。

（三）酶制剂的生产

脂肪酶不仅能催化酯的水解反应，还能在有机溶剂中催化醇和酸的酯化反应、酯交换反应、氨解反应、肽合成反应等。以羧甲基纤维素为载体固定的脂肪酶的酶活性较高、回收率高、最适温度和最适 pH 及稳定性较高、酶和载体间的结合力较牢固，因此脂肪酶的固定化技术可以在医药、食品及轻工等方面广泛应用。固定化胰蛋白酶是人胰岛素固相酶促半合成转化反应中的催化剂，胰蛋白酶经固定化后，最适 pH 范围变窄，最适作用温度和 K_m 升高，热稳定性和酸碱稳定性均有所增强。

（四）手性药物的合成

目前开发的新药中 1/3 是手性药物，同时手性药物又是药品开发中的难点，往往是一种对映体具有很大的药用价值，而另一对映体没有药效，甚至对人体有毒害作用。青霉素酰化酶对 L 型氨基酸具有极高的选择性，在固定化青霉素酰化酶作用下，很容易使 L-苯甘氨酸和 D-苯甘氨酰胺合成 D-甘氨酰胺-L-甘氨酸，其可进一步环化为具有立体构象的 D,L-3,6-苯哌嗪-2,5-二酮。3,6-苯哌嗪-2,5-二酮的这两个异构体具有较多的用途，不仅可作为食品添加剂、壳聚糖酶抑制剂，还可作为抗病原体和抗过敏药物。

第三节 酶非水相催化技术

克利巴诺夫等（1984）成功地利用酶在有机介质中的催化作用，获得酯类、手性醇等多种有机化合物，提出酶能在接近无水的有机溶剂中起催化作用，从而打破了人们对传统观念的认识，拓宽了酶催化的应用范围。研究表明，非水相中的酶催化反应具有以下优点：①提高了非极性底物和产物的溶解度；②酶的热稳定性显著增加；③某些反应的热力学平衡向合成的方向移动（如酯键与肽键的形成等）；④抑制了水参与的副反应（如多肽水解等）；⑤产物易于分离纯化；⑥酶不溶于有机溶剂，易于回收再利用；⑦防止微生物的污染；⑧氨基酸侧链一般不需要保护。近年来，酶的非水相催化技术发展迅速，目前已成功地应用于多肽、脂肪酸、甾体、有机硅化合物等药物的生产。

一、酶非水相催化反应体系

根据酶非水相催化反应介质的不同，一般可分为微水相体系、反胶团体系、水-水溶性有机溶剂体系和水-水不溶性有机溶剂体系。其中有机溶剂作为反应介质的主要成分之一，对酶非水相催化反应有着显著的影响。其主要表现为：①有机溶剂影响反应过程中底物和产物的分配，从而影响酶的催化反应速率；②有机溶剂影响酶分子微环境的水化层，从而影响酶的催化作用；③有机溶剂影响酶蛋白的空间结构，对酶的催化活性起抑制作用或使酶失活。

用非极性有机溶剂取代大量水，使固体悬浮在有机相中，但仍然含有必需的结合水以保持酶的催化活性（含水量一般小于 2%）。酶的状态可以是结晶态、冻干状态、沉淀状态，或者吸附在固体载体表面上。非水相中酶催化反应的条件：①非水相介质（如有机溶剂、离子液体等）；②酶的稳定性（在非水相中保持活性和稳定性）；③底物浓度（底物浓度对反应速率有影响）；④温度和 pH（反应温度和 pH 对反应速率和产物选择性有影响）。

二、酶非水相催化反应的影响因素

根据酶非水相催化反应应用的主要方面和所用酶的不同，主要有非水相中手性化合物的酶促拆分与合成反应、固定化酶在非水相中的催化反应两种类型。酶非水相催化反应的影响因素包括：①反应溶剂的影响；②反应温度的影响；③酰化试剂的影响；④添加剂的影响。

三、酶在非水相介质中的催化特性

酶在非水相介质中起催化作用时，由于环境条件的不同，显示出与水相介质中不同的催化特性，由于有机溶剂的极性与水有很大差别，对酶的表面结构、活性中心的结合部位和底物性质都会产生一定的影响。酶在非水相介质中的催化特性受到底物特异性、酶催化反应的最适 pH 和热稳定性等因素的影响。

四、酶非水相催化在药物生产中的应用

（一）固定化脂肪酶的拆分与合成

由于固定化脂肪酶具有高立体选择性和高活性、制备的单一手性化合物光学纯度高等一系列优点，在非水相中拆分与合成手性化合物已受到普遍重视，并呈现出良好的工业化应用前景。

1. 非甾体抗炎药手性药物的拆分 根据非甾体抗炎药对酶的选择性分为非选择性的非甾体抗炎药和选择性环氧合酶Ⅱ型抑制药；根据化学结构分为水杨酸类、氨基酚类、乙酸类、烯醇酸类、吡唑酮类、昔布类等。

2-芳基丙酸类药物如奈普生、布洛芬、酮基布洛芬等属非甾体抗炎药，被广泛用于人结缔组织的疾病如关节炎等，是解热镇痛、消炎抗风湿的基本药物和主要产品。其对应的 $S(+)$ 构型具有生理活性或药理作用，而 $R(-)$ 构型活性低或无活性，如 $S(+)$-奈普生活性为 $R(-)$-奈普生的 28 倍，$S(+)$-布洛芬活性为 $R(-)$-布洛芬的 160 倍（表 5-6）。Chang 等用异丙醇干燥过的脂肪酶在异辛烷等有机溶剂中酯化萘普生，对映选择性均超过 100。

表 5-6 手性药物两种对映体的药理作用（郭勇，2007）

药物名称	有效对映体的作用	另一种对映体的作用
普萘洛尔（propranolol）	S 构型，治疗心脏病，β 阻断剂	R 构型，钠通道阻断剂
萘普生（naproxen）	S 构型，消炎、解热、镇痛	R 构型，疗效很弱
青霉胺（penicillamine）	S 构型，抗关节炎	R 构型，突变剂
羟丙哌嗪（dropropizine）	S 构型，镇咳	R 构型，有神经毒性
沙利度胺（thalidomide）	S 构型，镇静剂	R 构型，致畸胎
酮基布洛芬（ketoprofen）	S 构型，消炎	R 构型，防治牙周病
喘速宁（trimetoquinol）	S 构型，扩张支气管	R 构型，抑制血小板凝集
乙胺丁醇（ethambutol）	S 构型，抗结核病	R 构型，致失明
奈必洛尔（nebivolol）	右旋体，治疗高血压，β 受体阻断剂	左旋体，舒张血管

2．β 阻断剂类手性药物的拆分　β 阻断剂（β 受体阻断剂、β 受体拮抗剂）是一类用来治疗心律不齐、防止心脏病发作后的二次发作（二级预防）和在某些情况下用来治疗高血压的药物。普萘洛尔的 S 异构体是一类重要的 β 阻断剂。对外消旋普萘洛尔生产工艺的中间体 1-氯-3-（1-萘氧）-2-丙醇（简称萘氧氯丙醇）进行拆分是现有合成 S-普萘洛尔的各种途径中较为合理的。

3．5-羟色胺拮抗剂和 5-羟色胺再摄取抑制剂等手性药物　5-羟色胺（5-HT）是一种与精神和神经疾病有关的神经递质，目前至少已发现 7 种不同的 5-HT 受体。一种新的 5-HT 拮抗剂 MDL 的 R 对映体活性为其 S 对映体活性的 100 倍，是非手性 5-HT 拮抗剂酮色林活性的 150 倍，如 Margolin 等利用脂肪酶 CCL 催化酯的水解制备 R-MDL100907，产品光学纯度达 99%。

4．其他手性药物　一些纯对映体醇类是合成许多生物活性物质的重要中间体，如 Ghanem 等用固定在硅藻土上的假单胞菌脂肪酶对反式-4-苯基-3-丁烯-2-醇进行选择性转酯化，反应转化率为 51%，产物的对映体过量值均在 96% 以上。

葡萄糖苷-6-O-酰基衍生物是一种可生物降解的非离子表面活性剂，用脂肪酸和葡萄糖苷在吡啶、N,N-二甲基甲酰胺（DMF）及脂肪酶催化下进行选择性酯化得到脂肪酶-消旋化合物（图 5-15）。

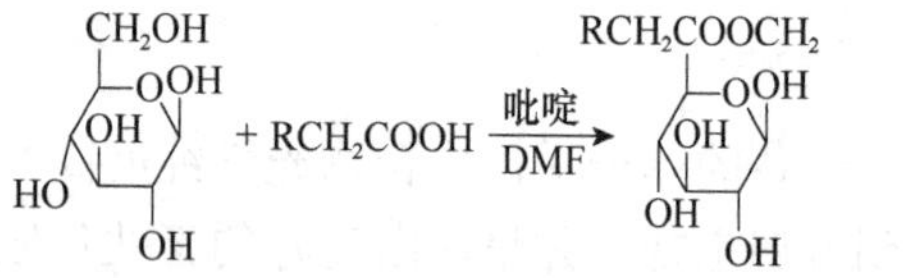

图 5-15　脂肪酶-消旋化合物（谷亨杰等，2016）

以外消旋醇和脂肪酸为原料，在有机溶剂介质中用脂肪酶 CCL 或猪肝酯酶（PLE）催化酯化反应，可得到较高光学纯度的 R-酯或 S-酯。

有机介质中用脂肪酶 PSL 催化酯化用于 γ-羟基-α,β-不饱和酯的拆分（图 5-16），可以避免副反应的发生。

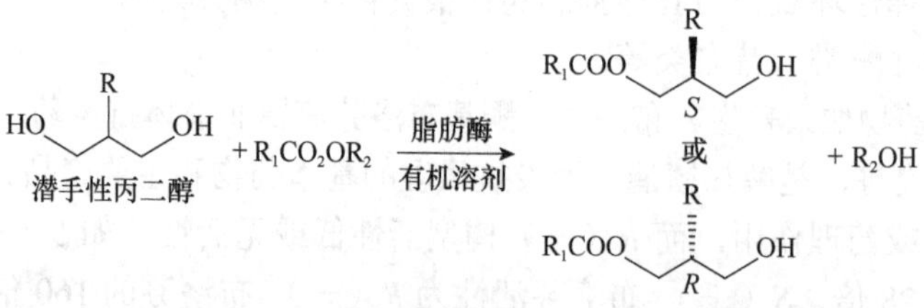

图 5-16　脂肪酶-消旋化合物的拆分（谷亨杰等，2016）

ω-羟基酸或它的酯在脂肪酶 PSL 催化下,发生分子内环化作用得到内酯化合物(图5-17)。内酯可继续反应形成开链寡聚物,内酯化产物形式主要取决于羟基酸的长度外,也取决于脂肪酶的类型、溶剂及温度等。

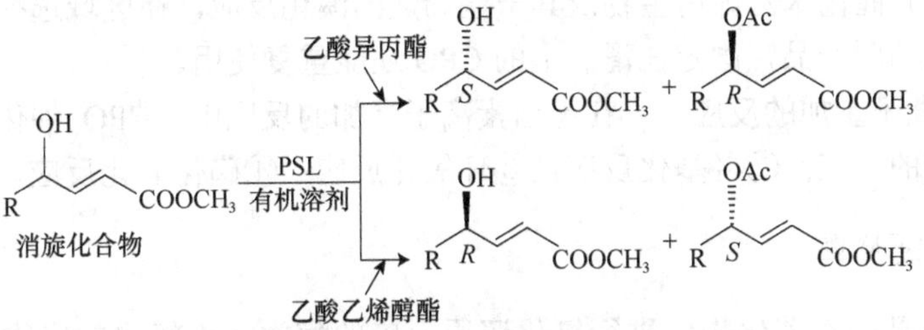

图 5-17　脂肪酶-内酯合成反应(谷亨杰等,2016)

(二)固定化脂肪酶酶法合成手性化合物

脂肪酶作为生物手性催化剂是实现手性合成的有效途径之一。近年来,脂肪酶在非水相中催化的酯交换、氨解、水解反应已用于手性醇、手性内酯、手性胺的转化合成中,并且还可以催化潜在手性物质转化为手性物质。例如,Yamada 等利用脂肪酶在无水有机溶剂中催化 3-羟基脂肪酸甲酯的分子内酯的酯交换反应,合成了具有光学活性的内酯化合物和大环内酯。

第四节　手性药物的酶法合成

许多手性药物的药理和生理作用与体内相应靶分子之间的手性匹配和分子识别有关,不同对映体显示了不同的药理作用,如导致灾难性致畸的沙利度胺,其 S 构型有镇静作用,而 R 构型有很强的致畸作用;S 构型普萘洛尔可抗心律失常,但其 R 构型却具有抑制作用。手性药物是有药理活性作用的对映纯化合物。

手性药物的生产可分为化学法和生物学法。由于酶促反应具有化学选择性、区域选择性和立体选择性,利用酶的这些性质可以合成手性药物。酶法合成手性药物以微生物酶转化法为主,可以通过固定化技术制备固定化酶或固定化细胞,使手性药物的合成朝着优质、高效、经济的方向发展。

一、手性药物的酶法合成中所用的酶类

酶的种类及其本身的特性决定了不同手性药物的合成途径、工艺过程、产品质量、产品收率和效益等。高活性和高特异性、高选择性的酶是手性药物合成的核心。在手性药物的酶法合成中使用的酶类主要有氯过氧化物酶、氧化还原酶、纤维素酶、转移酶、水解酶和裂解酶等。

(一)氯过氧化物酶

氯过氧化物酶(CPO)是从烟霉卡尔霉菌(*Caldariomyces fumago*)中分离的,既有血红素过氧化物酶的活性,也有过氧化氢酶和细胞色素 P450 的活性。CPO 作为一种生物催化剂能催化广泛的底物合成手性化合物,且有高的产率和高的对映选择率。在手性化合物或药物的合成中,CPO 主要催化卤化、醇氧化、羟基化、环氧化、磺化氧化等反应。

1. 有卤素离子参加的反应　在有卤素离子参加的反应中,CPO 的手性催化特性反应

为：以烯糖为底物，在 CPO、HX（卤化氢）、H_2O_2 存在下，高区域、高立体选择性地催化反应生成相应的 2-脱氧-2-卤糖，该化合物是重要的生物活性糖类和合成纤维，该方法对于卤代糖类的合成是一种新的方法。此外，对 CPO 催化的卤化反应又进行了不断的改进，如用固定在滑石上的 CPO 催化苯乙烯衍生物及其一些烯烃的溴化反应，在区域选择性上有很大的提高，且没有其他的副产品，固定在滑石上的 CPO 还能重复使用。

2. 无卤素离子参加的反应　在无卤素离子参加的反应中，CPO 催化反应的类型有：①氧化成醛和酸的反应；②羟基化反应；③环氧化反应；④磺化氧化反应。

（二）氧化还原酶

氧化还原酶是一类催化物质进行氧化还原反应的酶类，被氧化的底物就是氢或电子供体，这类酶都需要辅酶参与。根据受氢体的物质种类可分为 4 类：脱氢酶、氧化酶、过氧化物酶和加氧酶。

1. 脱氢酶　脱氢酶的受氢体大部分是 $NADP^+$，以氨基酸氧化酶和谷氨酸脱氢酶为催化剂，通过两步反应可将外消旋-6-羟基己氨酸转化为 L-6-羟基己氨酸，转化率为 97%，对映体过量值大于 98%。

2. 氧化酶　氧化酶以氧分子为受氢体，所以又称为需氧脱氢酶。这类酶常需要黄素单核苷酸（FMN）或黄素腺嘌呤二核苷酸（FAD）为辅酶，且结合紧密，故又称为黄素蛋白。在手性药物合成中主要的氧化酶有：①氨基酸氧化酶；②黄嘌呤氧化酶。

3. 过氧化物酶　过氧化物酶常以 FAD、血红素为辅基催化 H_2O_2 的分解与转化，包括以 H_2O_2 为氧化剂的氧化还原反应。例如，HIV-1 蛋白酶抑制剂佳息患的生产中一个关键中间体反-1S,2R-氨基茚醇，以手性的 1S,2R-环氧茚为前体合成，借助一种内生真菌 *Curvularia protuberate* MF5400 中的溴过氧化物酶和脱氢酶为催化剂，直接将手性 1S,2R-环氧茚转化为反-1S,2R-环氧茚醇。

4. 加氧酶　加氧酶常伴随羟基形成，故又称为羟化酶。和氧化酶不同，它催化氧原子直接掺入有机分子，可根据反应体系中氢供体数目分为两个亚类：单加氧酶和双加氧酶。

（三）纤维素酶

在用乙腈-乙酸缓冲液（pH 5）（5∶1）作为混合溶剂，以氟化 β-D-纤维素二糖基为底物的催化反应中，纤维素酶可以进行缩聚反应，生成不溶于水的"合成纤维"，其结构属于具有高结晶度的Ⅱ型纤维素；当底物或乙腈浓度很高时，纤维素酶可以将上述底物转化为水溶性纤维低聚糖。

（四）转移酶

转移酶能催化一种底物分子上的特定基团（如酰基、糖基、氨基、磷酰基、甲基、醛基和羧基等）转移到另一种底物分子上，在很多场合，供体是一种辅酶，它是被转移基团的携带者，所以大部分转移酶需有辅酶的参与，如磷酸吡哆醛。磷酸吡哆醛是维生素 B_6 的衍生物，它除了参与转氨基反应外，也是脱羧反应及消旋反应的辅酶。

（五）水解酶

水解酶是指在有水参加下，把大分子物质底物水解为小分子物质的酶，多数不可逆，一般不需要辅酶。在水解酶中，使用最多的是脂肪酶，其他还有蛋白酶、酰胺酶、腈水解酶、磷脂酶和环氧化物水解酶等。

（六）裂解酶

裂解酶催化小分子在不饱和键（C=C、C=N 和 C=O）上的加成或消除。裂解酶中的醛缩酶、转羟乙醛酶和氧腈酶在形成 C—C 时具有高度的立体选择性。用醛缩酶催化的醛缩反应可用于将醛的长度延长 2 或 3 个碳单元，类似于化学醛缩反应，该反应可能是将稳定的带负电的碳加到醛上，并具有高度立体选择性。

二、酶法手性合成反应的类型

按化学反应类型的不同，酶法手性合成反应主要有水解、酰化、还原、氧化和还原氨化 5 种类型。

1. 水解反应 水解反应在酶催化手性合成中应用最为广泛，酯、环氧化物等可通过酶的立体选择性水解、分离得到光学纯的单一异构体。此类反应一般在水中进行，有时也加入有机溶剂以增加底物的溶解度，此时，溶媒的水分子参与反应。目前，水解反应在手性药物合成中的应用主要有：核苷类抗病毒药物阿巴卡韦、唑烷酮类抗菌药吗啉噁酮、1,4-二氢吡啶类抗高血压化合物 R-SQ 32926、2′,3′-双脱氧-5-氟氧杂胞嘧啶核苷类抗 HIV 活性化合物 D-FDOC、腹泻治疗药依卡曲尔（ecadotril）、三唑类抗真菌活性化合物 D-0870 的合成。

2. 酰化反应 酶催化的不对称酰化反应可分为两种类型：①酰化含有潜手性中心的化合物生成手性酯；②立体选择性酰化消旋体中的一个异构体。

3. 还原反应 酶催化的还原反应可立体选择性还原羰基化合物，生成特定构型的手性醇。常用还原剂为 NADPH，因价格昂贵不易用于放大生产，其中左羟丙哌嗪合成的工艺路线（图 5-18）为：1-苯甲酰氧基-3-氯丙酮在 Baker 酵母的催化下 2 位羰基被立体选择性还原成羟基化合物，再用 1-苯基哌嗪对 Cl 进行亲核取代，同时脱去苯甲酰基得到左羟丙哌嗪（levodropropizine）。

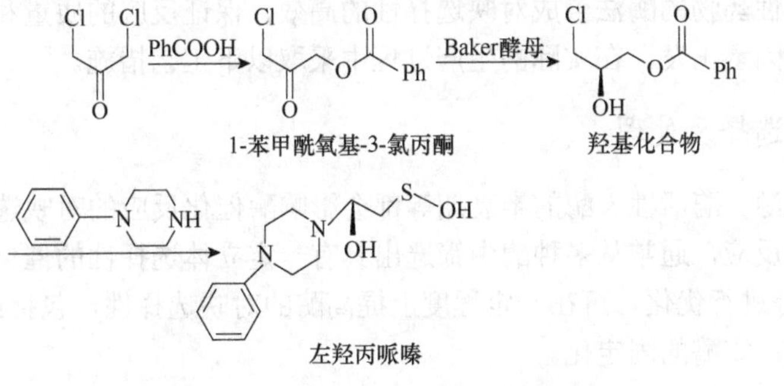

图 5-18 左羟丙哌嗪合成的工艺路线

4. 氧化反应 酶催化的氧化反应可以选择性氧化双键或某些非活泼的碳氢键，生成特定构型的羟基化合物或环氧化物。肾上腺皮质激素类药物可的松（cortisone）合成的工艺路线（图 5-19）为：使用黑根霉（*Rhizopus nigricans*）中的 11α-羟化酶催化中间体 16α,17α-环氧黄体酮转化生成 11α-羟基坎利酮，进而制备出可的松（cortisone）。

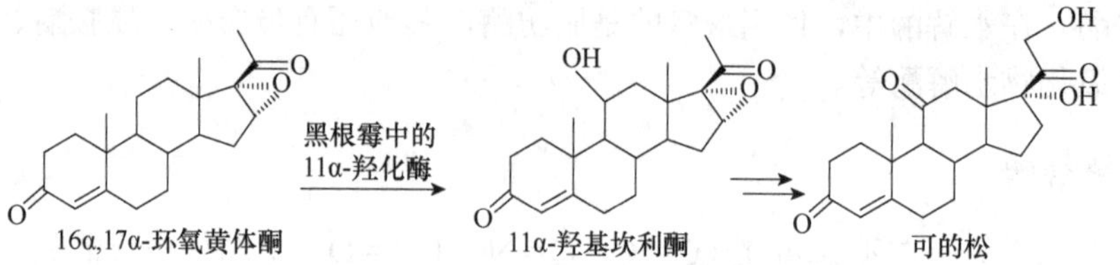

图 5-19　可的松合成的工艺路线

5. 还原氨化反应　还原氨化反应在手性药物合成中主要应用于奥帕曲拉的合成。奥帕曲拉（omapatrilat）是抗高血压药物，通过抑制血管紧张素转化酶和中性内肽酶发挥药理作用。利用中间型高温放线菌（*Thermoactinomyces intermedius*）的苯丙氨酸脱氢酶立体选择性还原氨化羰基，生成其重要手性中间体。该反应需要氨和 NADH 的介导来完成（图 5-20），利用巴斯德毕赤酵母（*Pichia pastoris*）的甲酸脱氢酶使得 NADH 可以循环使用。该酶催化反应的收率大于 90%，对映体过量值大于 99%。

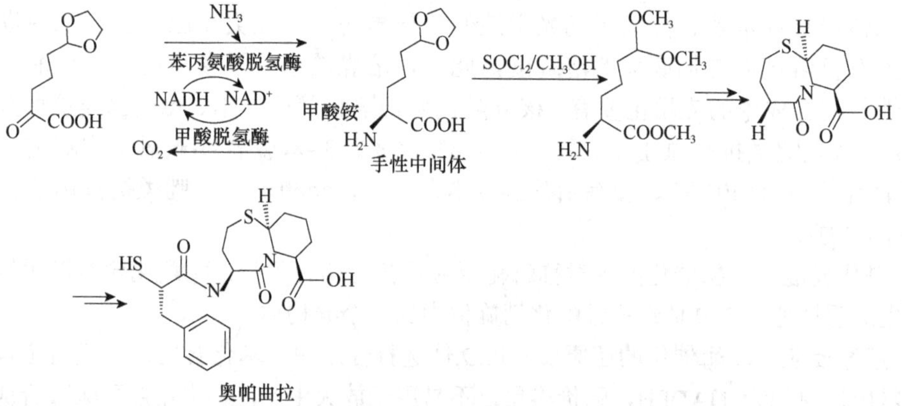

图 5-20　奥帕曲拉合成的工艺路线

三、提高手性药物的酶法合成对映选择性的工艺措施

为了提高手性药物的酶法合成对映选择性的高效，保证反应的质量和产率，需从影响酶的对映选择性的因素出发，在实际的生产过程中采取以下工艺措施。

（一）酶的选择及处理

由于酶的来源、酶活性、酶的半衰期等都会影响酶催化反应的对映选择性，因此对特定的酶的手性合成反应，通常从多种酶中筛选出具有一定立体选择性的催化剂，然后对反应条件如温度、pH 等进行优化，可在一定程度上提高酶的对映选择性，包括：①酶的纯化除杂；②酶的化学修饰；③酶的固定化。

（二）介质工程

溶剂性质对酶的对映选择性有显著影响，通过改变溶剂（介质）调控酶的选择性即酶催化反应的"介质工程"。在酶非水相催化反应体系中，为了保证酶与底物能够诱导契合表现出催化活性，酶表面要有微量"必需水"维持其柔性，而有机溶剂可能会剥夺这部分水分子。因此，对非水相的酶促反应过程，介质工程的主要工艺措施有：①采用反胶束体系；

②采用主溶剂/助溶剂的混合溶剂。

(三) 两次拆分法

为提高产物的产率和光学纯度,可采用两次拆分法。将第一次酶拆分反应终止于约50%转化率得到旋光纯产物,用化学方法将其转变为旋光纯底物,对此底物使用与第一次拆分过程相同的酶系统进行第二次拆分,最终得到高光学纯的产物。

(四) 底物分子的修饰

改变底物分子结构也可用于提高生物催化体系的对映选择性。例如,利用脂肪酶催化缩水甘油酯($C_2H_3OCH_2OCOR$),不对称水解制备手性环氧醇时,发现R基链长的增加可提高对映选择性。当R为CH_3时化学产率(E值)为4,而R为C_4H_9时化学产率(E值)增至16。

(五) 加入对映选择性抑制剂

加入对映选择性抑制剂是提高酶选择性的一种方法,而且较为简单易行。一些大环对映选择性抑制剂可以提高对映体选择性和反应产率。例如,在人肝酯酶催化扁桃酸甲酯不对称水解反应中,加入马钱子碱可以提高反应的对映选择性;在CCL催化(±)-2-(2,4-二氯苯氧基)丙酸甲酯(DCPP)的水解反应中,加入奎尼定和奎宁可使E值提高4~5倍,而dextromethorphan(DM)和levomethorphan(LM)的加入可使E值提高20倍;在固定化酶水解拆分酮基布洛芬氯乙酯反应中加入Tween-80,既能提高酶的催化效率,又能提高对映体选择性,纯化酶的对映体选择率可达100%。

除了以上方法,微波辐射也可以影响拆分效果。例如,在微波辐射下,猪胰脂肪酶(PPL)催化下的酯化反应可加快反应速度4~6倍,对映体选择性提高3~9倍。

四、酶催化工艺在制药中的应用

目前估计有100多种酶催化工艺已用于商业化生产,并且有许多新的酶催化工艺正在研发中。下面主要从已产业化和在研的酶催化工艺两个方面,说明其在制药中的应用情况。

1. 在制药中已产业化的酶催化工艺 在制药中已产业化的酶催化工艺主要以酶法合成头孢氨苄工艺为代表。其他的工艺和产物的具体情况如表5-7所示。

表5-7 已产业化的酶催化工艺

产品	底物	酶催化方法	催化剂	特点	生产规模
S-2-氯丙烷	混旋的2-氯丙酸	动力学拆分	全细胞,S-脱氯酶	去除R-脱氯酶	几千吨/年
L-赖氨酸	葡萄糖	发酵法	谷氨酸棒杆菌		100吨/年
手性醇	混旋醇	动力学拆分	脂肪酶	选择性乙酰化	几百吨/年
R-扁桃酸	混旋氰醇	动力学拆分	氰基水解酶	通过平衡消旋	几吨/年
各种氨基酸	混旋N-乙酰氨基酸	动力学拆分	D-氨基酰化酶	选择性水解	1kg~1吨/年
L-肉碱	4,4,4-三甲基丁酸	氧化	全细胞,脱氢酶	生产规模大	1000吨/年
尼克酰胺	尼可丁腈	水解	固定化细胞,氰水解酶	不用酸碱	3000吨/年
6-APA、7-ADCA	青霉素G/V	水解	青霉素酰化酶	生产规模大	1000吨/年

续表

产品	底物	酶催化方法	催化剂	特点	生产规模
(2R,3S)-3-对甲氧苯基缩水甘油酸甲酯	混旋体	动力学拆分	脂肪酶	光学纯度高	几百吨/年
D-对羟基苯甘氨酸	混旋苯海因	动力学拆分	海因酶,脱酰胺酶	同时消旋	几千吨/年
L-天冬氨酸	富马酸	选择性合成	氨基裂解酶	生产规模大	1000吨/年
维生素 B_2	葡萄糖	发酵法	枯草芽孢杆菌	生产规模大	2000吨/年
L-苏氨酸	葡萄糖	发酵法	全细胞	生产规模大	几千吨/年
L-氨基酸	混旋 N-乙酰氨基酸	动力学拆分	L-氨基酰化酶	化学、酶消旋	100吨/年
L-异亮氨酸	三甲基丙酮酸	选择性合成	亮氨酸脱氢酶	化学、酶消旋	几吨/年
L-多巴	邻苯二酚、丙酮酸	选择性合成	酪氨酸酚裂解酶	化学、酶消旋	250吨/年

2. 制药工业中正在研发的酶催化工艺 在制药工业中除上述已经产业化生产的酶催化工艺外,还有许多工艺正在研发中,下面简单介绍几种典型的工艺。

(1) 酶法合成、半合成抗氨苄青霉素、羟氨苄青霉素 氨苄青霉素、羟氨苄青霉素是半合成抗生素中用量最大的两个品种,正在开发用酶法合成氨苄青霉素、羟氨苄青霉素,其工艺是用 D-苯甘氨酰胺或 D-苯甘氨酸甲酯和 D-对羟基苯甘氨酰胺或 D-对羟基苯甘氨酸甲酯与 6-APA 在水溶液中经青霉素酰化酶催化缩合,合成氨苄青霉素、羟氨苄青霉素。

(2) 酶法拆分解热消炎药物 S-萘普生 S-萘普生是目前用量较大的一种解热消炎的手性药物,尽管开发了许多酶催化工艺,但还没有一条能实现商业化。目前通过筛选和生物进化对一种酯酶(esterase)进行改造,提高酶的立体选择性,只能水解 S-萘普生酯,起始酯的质量浓度可达到 150g/L,通过结晶进行分离,操作简单,R-萘普生酯可通过碱消旋化再拆分。

(3) 酶法生产抗胆固醇药物普伐他汀(pravastatin) 目前生产方法是两步酶法,第一步是在微生物橘青霉(Penicillium citrinum)的发酵液中纯化普伐他汀前体美伐他汀,第二步是利用微生物放线菌中的细胞色素氧化酶 P450sca-2(CYP105A3)和立体选择性氧化美伐他汀的 C3,需要消耗大量的营养源。

(4) 酶法生产甲氧基红霉素 甲氧基红霉素副作用比红霉素小,药效更高,目前是通过化学法来生产的,化学法需要经过保护和去保护等 6 步,且需在比较苛刻的条件下完成,收率较低(46%),浪费大量原料,成本较高。目前利用 DNA 重组技术,将甲基转移酶基因表达到微生物,可直接发酵生产甲氧基红霉素。这样可以降低成本,减少多步化学合成带来的环境污染,预计不久将会有很多利用上述酶的新工艺用于产业化的药物生产。

第五节 药用酶的化学修饰

药用酶在预防和治疗疾病上具有针对性强、疗效显著、副作用小等优点。但在使用过程中也存在某些药用酶活性不高、稳定性差、有抗原性等不足之处。为了提高药用酶的稳定性、解除酶的抗原性、改变酶的酶学性质、扩大酶在药学上的应用范围,必须对药用酶进行分子修饰,以便进一步提高酶的药用价值。

药用酶分子经修饰后,可以提高酶的使用范围和应用价值。因此,酶分子修饰已成为酶工程中具有重要意义的应用前景的领域。

一、药用酶化学修饰常用的修饰剂

1. 对修饰剂的要求 一般情况下,修饰剂具有较大的分子量,良好的生物相容性和水溶性,分子表面有较多的反应活性基团及修饰后酶活的半衰期较长等特点。

2. 常用的修饰剂 常用的修饰剂有:①糖及糖的衍生物,主要包括右旋糖酐、糖肽、聚乳糖、葡聚糖凝胶、右旋糖酐硫酸酯等;②高分子聚合物,主要有聚乙烯醇(PVA)、聚乙烯吡咯烷酮(PVP)、顺丁烯二酸酐、聚乙二醇(PEG)、聚丙烯酸(PAA)等;③双功能试剂,主要包括戊二醛、二胺类化合物、异硫氰酸等;④生物大分子,主要包括肽、肝素、血浆蛋白等;⑤其他修饰剂,主要有糖基化试剂、甲基化试剂、某些小分子有机物、乙基化试剂、固定化酶载体等。

二、药用酶化学修饰的方法

药用酶化学修饰技术的措施主要有:①修饰酶的功能基团;②酶分子内或分子间进行交联;③修饰酶的辅酶;④将酶与高分子化合物结合。按照酶化学修饰技术措施的不同,药用酶分子化学修饰的方法主要包括:金属离子置换修饰、大分子结合修饰、肽链的有限水解修饰、酶蛋白侧链基因修饰、氨基酸置换修饰及物理修饰等。

(一)金属离子置换修饰

此法只适用于以金属离子作为活性中心的酶类,常用的修饰金属离子为 Ca^{2+}、Mg^{2+}、Mn^{2+}、Zn^{2+}、Co^{2+}、Cu^{2+}、Fe^{2+}等。

(1) 酶原有金属离子的去除 在酶液中加入一定量的 EDTA 金属螯合剂,使酶中的金属离子形成 EDTA-金属螯合物,再通过透析或超滤的方法除去酶液中的无活性状态的 EDTA-金属螯合物。

(2) 金属离子的置换 在去除酶液中无活性的金属离子的同时加入不同的金属离子,使酶与金属离子结合,完成置换。

(3) 筛选 通过测定置换后酶的稳定性、酶活性,淘汰无活性、活力降低、稳定性差的金属离子修饰的酶,选取酶活性和稳定性比原酶高的金属离子置换的酶。例如,α-淀粉酶为杂离子型酶,可能含有 Ca^{2+}、Zn^{2+}和 Mg^{2+},将 α-淀粉酶都置换为 Ca^{2+},则其结晶型的 Ca^{2+} α-淀粉酶的酶活性比杂离子型的 α-淀粉酶的活力提高 3 倍以上,且稳定性增加。

(二)大分子结合修饰

利用水溶性大分子与酶结合,使酶的空间结构发生某些精细改变,提高酶的特性和功能的方法称为大分子结合修饰,简称大分子结合法,其优点主要如下。

(1) 提高酶活性 大分子与酶分子共价结合后,酶的构象发生某些变化,使酶的活性中心更有利于与底物结合,并形成准确的催化部位,酶活性提高。例如,1 分子核糖核酸与 6.5 分子右旋糖酐结合,可使酶活性提高到原酶活性的 2.25 倍;1 分子的胰凝乳蛋白酶与 11 分子右旋糖酐结合,可使酶活性达到原酶活性的 5.1 倍。

(2) 增加酶的稳定性 大分子与酶结合后可在酶的外围形成保护层,使酶的结构免受其他因素的影响,增加酶的稳定性,延长酶的半衰期。例如,超氧化物歧化酶(SOD)用右旋糖酐修饰后,右旋糖酐-SOD 半衰期由 6min 增加 7h。此外,酶经大分子修饰后,其热稳定性显著提高，抗蛋白酶水解、抗酸碱及抗氧化能力也有所提高，如 L-天冬酰胺酶用聚丙氨酸修饰后，其热稳定性提高；木瓜蛋白酶用右旋糖酐修饰后，其抗酸碱、抗氧化能力提高等。

（3）降低或消除酶的抗原性　　酶经大分子修饰后，其构象的变化，使其不会再与体内的抗体产生特异性结合，降低或清除其抗原性。例如，PEG-精氨酸酶可显著降低抗原性；PEG-色氨酸酶、PEG-L-天冬酰胺酶可完全清除其抗原性。

（三）肽链的有限水解修饰

常用肽链水解酶为专一性较强的蛋白酶或肽酶。例如，肽酶同蛋白酶进行修饰，使其水解除去 1~6 个肽，使其由无活性转变为具有催化活性；天冬酰胺酶经胰蛋白酶修饰，切除羧基末端的 10 个氨基酸残基，酶活性提高 4~5 倍。

（四）酶蛋白侧链基团修饰

用小分子侧链基团修饰剂，采用化学或生物修饰的方法，对酶蛋白质侧链基团的氨基、羧基、巯基、酚基、咪唑基、吲哚基、羟基、胍基、甲硫基等官能团进行修饰，使这些基团所组成的酶的次级键改变，酶的空间结构发生某些变化，产生新的特性和功能的酶。常用的小分子侧链基团的修饰剂如下。

（1）氨基修饰剂　　包括二硝基氟苯、醋酸酐、琥珀酸酐、二硫化碳、亚硝酸、乙亚胺甲酯、O-甲基异脲、顺丁烯二酸酐等。其主要作用是使侧链上的氨基产生脱氨基作用，与氨基共价结合使氨基屏蔽，使氨基原有的次级键改变，使酶蛋白质构象改变。

（2）羧基修饰剂　　乙醇-盐酸试剂、水溶性的碳化二亚胺、异唑盐等，使羧基酯化、酰基化，从而改变酶的空间构象，改变酶的某些特性与功能。

（3）胍基修饰剂　　Arg 的胍基可与二羟基化合物缩合生成稳定的杂环，使酶的空间结构发生改变，常用的修饰剂有环己二酮、乙二醛、苯基乙二醛等。

（4）巯基修饰剂　　蛋白质中的 Cys 残基侧链中含有巯基，其在许多酶中充当活性中心的催化基团，可与另一巯基形成二硫键，对维持酶的稳定性起重要作用。若用二硫苏糖醇、巯基乙醇、硫代硫酸盐、硼氢化钠等还原剂及各种酰化剂、烷基化剂修饰，可使巯基发生改变，来改变酶的特性和功能。

（5）酚基修饰剂　　蛋白质的 Tyr 残基上含有酚基，其可用四硝基甲烷（TNM）等使酚基碘化、硝化、琥珀酰化，使其引入负电荷，增加了对带正电荷底物的亲和力，有利于酶催化功能的发挥。

（6）分子内交联剂　　用含双功能基因的化合物（如 2-氨基丁烷、戊二醛、己二胺等）与酶分子内两个侧链基团反应，在分子内共价交联，使其空间构象更稳定，催化稳定性增强。

酶经上述侧链基团修饰后，其酶活性、稳定性和抗原性都有显著提高。例如，用 O-甲基异脲修饰溶菌酶，使氨基酸残基的 ε-氨基与之结合，修饰后的酶活性不变，稳定性提高，且易结晶析出；用亚硝酸修饰天冬酰胺酶氨基末端的 Leu 和肽链中 Lys 的氨基可使其脱去氨基或羟基，使其稳定性提高，在体内的半衰期延长 2 倍。

（五）氨基酸置换修饰

将酶蛋白肽链上的某一氨基酸换成另一氨基酸，会引起酶构象的某些改变，从而改变酶的某些特性和功能，此种修饰方法称为氨基酸置换修饰。例如，Tyr-tRNA 合成酶的第 51 位的 Thr 由 Pro 置换后，对质子辅助转运（PAT）的亲和性提高近 100 倍，酶活性提高 25 倍。目前蛋白质的氨基酸置换修饰主要应用于蛋白质工程研究。

（六）物理修饰

通过各种物理方法，使酶的构象发生某些改变，从而改变酶的某些特性和功能的方法称为物理修饰。其特点在于不改变酶的组分和基团，酶分子中的共价键不发生改变，在物理方法的作用下，次级键发生某些变化和重排。例如，羧肽酶 Y 经高压处理后，底物特异性发生改变，有利于催化肽的合成反应，而水解反应能力降低；用高压法处理纤维素酶，该酶的最适温度降低，在 30～40℃下，修饰酶活性比天然酶活性提高 10%。

第六节　酶工程在制药中的应用

酶工程在制药方面的应用见表 5-8。

表 5-8　酶工程在制药方面的应用

所用酶	所用酶的来源	在制药中的应用
蛋白酶	微生物、胰、胃、植物	水解蛋白质和氨基酸的制造
糖化酶	微生物	生产葡萄糖
青霉素酰化酶	微生物	半合成青霉素和头孢菌素的制造
氨基酰化酶	微生物	拆分酰化-DL-氨基酸和 L-氨基酸或 D-氨基酸的制造
天冬氨酸酶	大肠杆菌、假单胞杆菌、啤酒酵母等	由反丁烯二酸制造 L-Asp
谷氨酸脱羧酶	大肠杆菌等	由 Glu 制造 γ-氨基丁酸
5′-磷酸二酯酶	橘青霉等	5′-核苷酸的制造
多核苷酸磷酸化酶	大肠杆菌等	由核苷二磷酸制造多核苷酸、聚肌胞等
β-酪氨酸酶	植物、微生物	多巴（DOPA）的制造
无色杆菌蛋白酶	无色杆菌	由猪胰岛素制备人胰岛素
羟基酶	微生物	甾体转化
脂肪酶	微生物等	青霉素 G 前体肽的合成（非水相催化）
L-酪氨酸转氨酶	细菌	多巴（DOPA）的制造
α-甘露糖苷酶	链霉菌	高效链霉素的制造

一、固定化细胞法生产 6-氨基青霉烷酸

青霉素和头孢霉素同属 β-内酰胺抗生素，该类抗生素可以通过青霉素酰化酶的作用，改变其侧链基团，获得具有新的抗菌特性及 β-内酰胺酶能力的新型抗生素。青霉素酰化酶是生产半合成抗生素的关键酶之一。其固定化酶可催化青霉素或头孢菌素水解生成 6-氨基青霉烷酸（6-APA）或 7-氨基头孢菌酸（7-ACA）；又可催化酰基化反应，由 6-APA 合成新型青霉素或由 7-ACA 合成新型头孢菌素。

6-APA 是生产半合成抗生素的基本原料。迄今，以 6-APA 为原料已合成近 3 万种衍生物，并已筛选出数十种耐酸、低毒及具有广谱抗菌作用的半合成抗生素。

（一）工艺路线

青霉素酰化酶催化青霉素水解生成 6-APA 的工艺路线如图 5-21 所示。

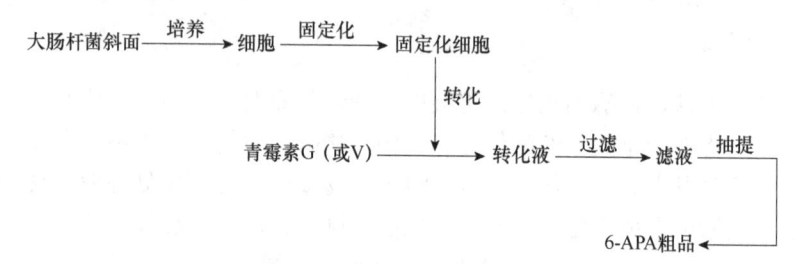

```
大肠杆菌斜面 —培养→ 细胞 —固定化→ 固定化细胞
                                      │
                                      │转化
                                      ↓
青霉素G（或V）——————————————→ 转化液 —过滤→ 滤液 —抽提—┐
                                                          │
                                          6-APA粗品 ←——————┘
```

图 5-21　青霉素酰化酶催化青霉素水解生成 6-APA 的工艺路线

（二）工艺过程

1. 大肠杆菌的培养

（1）培养基　　斜面培养基为普通肉汁琼脂培养基；发酵培养基的组成为：2%蛋白胨、0.5% NaCl、0.2%苯乙酸，配制好后，用 2mol/L NaOH 溶液调 pH 7.0，再在 55.16kPa 压力下灭菌 30min 后，备用。

（2）培养过程　　在 250mL 锥形瓶中加入发酵培养液 30mL，将斜面接种后培养 18～30h 的大肠杆菌 D816（产青霉素酰化酶），用 15mL 无菌水制成菌细胞悬液，取 1mL 悬浮液接种于装有 30mL 发酵培养基的锥形瓶中，于 28℃摇床（170r/min）振荡培养 15h，如此扩大培养，直至 1000～2000L 规模的通风发酵罐培养。培养结束后，用高速管式离心机收集菌体，备用。

2. 大肠杆菌固定化　　取大肠杆菌湿菌体 100kg，置于 40℃反应罐中，在搅拌下加入 50L 10%明胶溶液，搅拌均匀后再加入 5L 25%戊二醛，然后转移至搪瓷盘中，使之成为 3～5cm 厚的液层，室温放置 2h，再转移至 4℃冷库过夜，待形成固体后，粉碎和过筛，使其成为直径 2mm 左右的颗粒状固定化大肠杆菌细胞，用蒸馏水及 pH 7.5、0.3mol/L 磷酸缓冲液先后洗涤，抽干，备用。

3. 固定化大肠杆菌反应堆制备　　将上述充分洗涤后的固定化大肠杆菌细胞（含青霉素酰化酶）装填于带保温夹套的填充床式反应器中，即成为固定化大肠杆菌反应堆，该反应器的规格大小为 $\Phi 70cm \times 160cm$。

4. 转化反应　　取 20kg 青霉素 G（或 V）钾盐，加入到 1000L 配料罐中，用 0.03mol/L、pH 7.5 的磷酸缓冲液溶解，并使青霉素钾盐浓度为 3%，再用 2mol/L NaOH 溶液调 pH 至 7.5～7.8，然后将反应器及 pH 调节罐中的温度升至 40℃，维持反应体系的 pH 在 7.5～7.8，以 70L/min 流速使青霉素 G（或 V）钾盐溶液通过固定化大肠杆菌反应堆进行循环转化，直至转化液 pH 不变为止。循环时间一般为 3～4h。反应结束后，放出转化液，再开始下一批反应。

5. 6-APA 的提取　　将上步所得转化液过滤澄清后，滤液用薄膜浓缩器减压浓缩至 100L 左右，冷却至室温后，于 250L 搅拌罐中加 50L 乙酸丁酯充分搅拌提取 10～15min，静置分层后，取下层水相，在其中加 1g/mL 活性炭，在 70℃搅拌脱色 30min，滤出活性炭，滤液用 6mol/L HCl 调节 pH 至 4.0 左右，于 5℃放置结晶过夜，次日滤出结晶，用少量冷水洗涤，抽干，115℃烘干 2～3h，得 6-APA 成品。按青霉素 G 计，整个工艺的收率为 70%～80%。

二、固定化酶法生产 L-氨基酸

工业生产上非天然存在的氨基酸大多由化学合成法制备，但通常得到的是外消旋体氨基酸，必须通过拆分才能得到旋光纯的对映体，即 L-氨基酸或 D-氨基酸。外消旋体氨基酸的拆分方法有化学法、物理法和酶法，而多数氨基酸不易用化学法拆分，酶法拆分最为有效，能够产生纯度较高的 L-氨基酸或 D-氨基酸。

（一）工艺原理

固定化酶法拆分生产 L-氨基酸的工艺原理如图 5-22 所示。

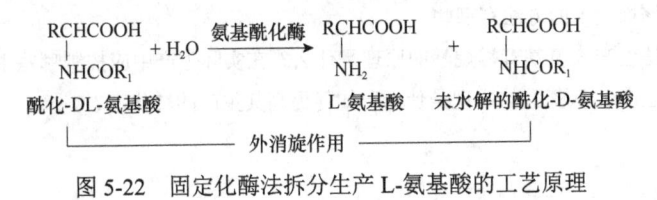

$$\underset{\text{酰化-DL-氨基酸}}{\text{RCHCOOH} \atop \text{NHCOR}_1} + H_2O \xrightarrow{\text{氨基酰化酶}} \underset{\text{L-氨基酸}}{\text{RCHCOOH} \atop \text{NH}_2} + \underset{\text{未水解的酰化-D-氨基酸}}{\text{RCHCOOH} \atop \text{NHCOR}_1}$$

外消旋作用

图 5-22　固定化酶法拆分生产 L-氨基酸的工艺原理

由图 5-24 可知，酰化-DL-氨基酸经过氨基酰化酶的水解，获得 L-氨基酸和未水解的酰化-D-氨基酸，这两种产物的溶解度不同，易于分离。未水解的酰化-D-氨基酸经过外消旋作用，又成为 DL 型，可再次进行拆分。

（二）工艺过程

1. 固定化氨基酰化酶的制备　　将预先用 pH 7.0、0.1mol/L 磷酸缓冲液处理的 DEAE 葡聚糖凝胶 A-25 溶液 1000L，在 35℃下与 1100～1700L 的天然氨基酰化酶水溶液（内含 33 400 万 U 的酶）搅拌 10h，过滤后，获得 DEAE 葡聚糖-酶复合物，再用水洗涤。所得固定化酶的活性可达 16.7 万～20.0 万 U/L，活性得率为 50%～60%。

2. 固定化酶反应柱的制备和拆分反应　　将上述所得的固定化氨基酰化酶装入柱式反应器中，制得不同规格的固定化酶反应柱。然后将不同的酰化-DL-氨基酸底物配成相应的溶液，控制一定的流速通过反应柱，实现外消旋氨基酸的连续拆分。在操作时应注意以下几个问题：①酶柱的充填要均匀；②溶液的流速要平稳；③保温和升温时要防止气泡的产生；④对于不同的底物，应控制不同的流速；⑤当酶柱长时间使用后，出现酶脱落和活性下降，应及时在反应柱中加入一定量的游离氨基酰化酶，使酶柱实现再生和完全活化。

3. 产物的提取、分离和回收　　将酶柱流出的反应液收集，减压浓缩，调节 pH，使 L-氨基酸在其等电点下沉淀析出。然后离心分离，分别收集得到 L-氨基酸粗品和母液。粗品在水中进行重结晶，进一步纯化。而母液需加入适量乙酸酐，加热至 60℃，其中未水解的酰化-D-氨基酸就会发生外消旋反应，产生酰化-DL-氨基酸混合物。在酸性条件下（pH 1.8 左右）析出外消旋混合物，收集后，可重新加入酶柱水解。

小　结

酶工程制药是利用酶的催化性质，在特定的反应器和条件下，生产人类所需药物或药物中间体产品的工艺过程。与传统制药行业中常见的化学催化剂相比，酶工程制药能量消耗低，温度较低、选择对映特性、固定化酶（细胞）可以反复使用、副产物少及环境污染小。在当今阶段酶工程主要研究内容就是如何克服酶和细胞催化现有的缺点,充分发挥酶的催化特性,在食品、生物医药、化工、能源、环保等领域广泛服务于社会生产和生活。

复习思考题

1. 酶工程制药的基本技术有哪些?并简述其各自在制药工业中的应用。
2. 固定化酶和细胞的性质有哪些?如何根据各自的性质控制相应的工艺条件?
3. 影响酶非水相催化的因素有哪些?
4. 手性药物的酶法合成反应的类型有哪些?并简述各种反应类型在制药工业中的应用。
5. 如何提高酶法手性合成药物的对映选择性?
6. 药用酶化学修饰技术的方法有哪些?
7. 固定化细胞法生产6-氨基青霉烷酸的原理是什么?在实际生产中应控制哪些主要工艺参数?
8. 固定化酶法生产L-氨基酸的原理是什么?如何提高其生产的转化率?

第六章
蛋白质工程制药

视频

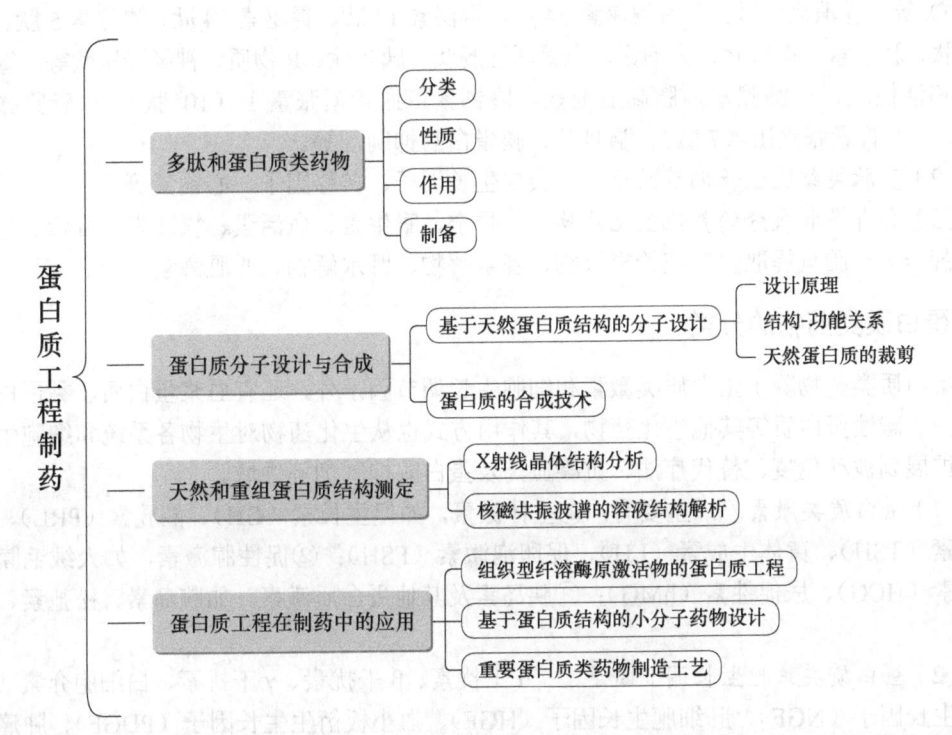

```
蛋白质工程制药 ┬─ 多肽和蛋白质类药物 ┬─ 分类
              │                      ├─ 性质
              │                      ├─ 作用
              │                      └─ 制备
              │
              ├─ 蛋白质分子设计与合成 ┬─ 基于天然蛋白质结构的分子设计 ┬─ 设计原理
              │                      │                               ├─ 结构-功能关系
              │                      │                               └─ 天然蛋白质的裁剪
              │                      └─ 蛋白质的合成技术
              │
              ├─ 天然和重组蛋白质结构测定 ┬─ X射线晶体结构分析
              │                          └─ 核磁共振波谱的溶液结构解析
              │
              └─ 蛋白质工程在制药中的应用 ┬─ 组织型纤溶酶原激活物的蛋白质工程
                                         ├─ 基于蛋白质结构的小分子药物设计
                                         └─ 重要蛋白质类药物制造工艺
```

蛋白质工程制药的主要内容和基本目的可以概括为以蛋白质分子的结构规律及其生物功能的关系为基础，通过控制基因修饰和基因合成，对现有蛋白质加以定向改造、设计、构建并最终生产出性能比自然界存在的蛋白质优良、更加符合人类社会需要的新型蛋白质。

第一节 多肽和蛋白质类药物

多肽和蛋白质都是含氮的生物大分子，基本组成单位是氨基酸。氨基酸之间通过酰胺键（或称肽键）连接成肽链，肽链中每个氨基酸称为氨基酸残基。

蛋白质除了特定的氨基酸排列顺序（一级结构）外，还由于分子内的氢键、离子键、疏水键等次级键的作用产生 α 螺旋、β 折叠和转折等立体结构，从而使蛋白质具有稳定的二级、三级和超级结构。蛋白质的超级结构是蛋白质分子借以表现其生物功能的结构基础。

一、多肽类药物的分类

多肽（polypeptide）类药物主要包括激素和细胞生长调节因子等。

（1）多肽类激素　　在生物体内已发现多种多肽类激素，仅脑中就存在近 40 种。多肽类激素在生物体内的浓度很低，但生理活性很强，在调节生理功能时起着重要的作用。依据多肽类激素的作用和分泌部位可分为：①加压素及其衍生物，有加压素、苯赖加压素、鸟氨加压素（POR-8）等；②催产素及其衍生物，有催产素、去氨基催产素等；③促肾上腺皮质激素及其衍生物，有促肾上腺皮质激素、锌促肾上腺皮质激素（ACTH-Zn）等；④下丘脑-垂体肽激素，有促性腺激素释放激素、促甲状腺素释放激素、生长激素释放激素（GHRH）、生长激素释放抑制激素（GHIH）、催乳素释放抑制激素（PIH）、促肾上腺皮质激素释放激素（CRH）等；⑤消化道激素，有胃泌素 34 肽、胃泌素 17 肽、胃泌素 14 肽、胃泌素 5 肽、胃泌素 4 肽、胰液素、抑胃肽、胃动素、血管活性肠肽、胰多肽、P 物质、神经降压肽等；⑥其他激素和活性肽，有胸腺素、胰高血糖素、降钙素、血管紧张素 I（10 肽）、血管紧张素 II（8 肽）、血管紧张素 III（7 肽）、脑啡肽、胰蛋白酶抑制剂等。

（2）多肽类细胞生长调节因子　　表皮生长因子、转移因子、心钠素等。

（3）含有多肽成分的其他生化药物　　骨宁、眼生素、血活素、氨肽素、蜂毒、蛇毒、神经营养素、胎盘提取物、花粉提取物、脾水解物、肝水解物、心脏激素等。

二、蛋白质类药物的分类

蛋白质类药物除了蛋白质类激素和细胞生长调节因子外，还有血浆蛋白质、黏蛋白、胶原蛋白、碱性蛋白质等其他生化药物，其作用方式也从生化药物对生物各系统和细胞生长的调节扩展到被动免疫、替代疗法、抗凝血药及蛋白酶抑制剂等领域。

（1）蛋白质类激素　　主要有：①垂体激素，如促生长素（GH）、催乳素（PRL）、促甲状腺素（TSH）、黄体生成素（LH）、促卵泡激素（FSH）；②促性腺激素，如人绒毛膜促性腺激素（HCG）、尿促性素（hMG）；③胰岛素及其他蛋白质激素，如胰岛素、松弛素、尿抑胃素。

（2）蛋白质类细胞生长调节因子　　α 干扰素、β 干扰素、γ 干扰素、白细胞介素（IL）、神经生长因子（NGF）、肝细胞生长因子（HGF）、血小板衍生生长因子（PDGF）、肿瘤坏死因子（TNF）、集落刺激因子（CSF）、组织型纤溶酶原激活物（t-PA）、促红细胞生成素（EPO）、骨形态发生蛋白（BMP）。

（3）血浆蛋白质　　白蛋白、纤维蛋白溶酶原、血浆纤连蛋白（FN）、免疫丙种球蛋白、抗淋巴细胞球蛋白、抗 D 免疫球蛋白、抗 HBs 免疫球蛋白、抗血友病球蛋白、纤维蛋白原、抗凝血酶 III、凝血因子 VII、凝血因子 IX。

（4）黏蛋白　　胃膜素、硫酸糖肽、内因子、血型物质 A 和 B 等。

（5）胶原蛋白　　明胶、氧化聚合明胶、阿胶、新阿胶、冻干猪皮等。

（6）碱性蛋白质　　硫酸鱼精蛋白等。

（7）蛋白酶抑制剂　　胰蛋白酶抑制剂、大豆蛋白酶抑制剂等。

（8）植物凝集素　　菜豆凝集素（PHA）、伴刀豆球蛋白（ConA）。

三、多肽和蛋白质类药物的性质

多肽的化学性质与氨基酸相似，由于组成多肽的氨基酸残基的种类和数量不同，化学性质和生物功能有很大差别。当氨基酸增加到一定数量时，因其分子量的增加而使化学性质倾向于蛋白质。

多肽的显色反应与氨基酸相似,双缩脲反应是多肽键的特征反应,凡具有 2 个直接连接的肽键结构或通过 1 个中间碳原子相连的肽键结构的化合物,均有此反应。

一般来说,由 2～50 个氨基酸残基组成的物质叫作肽,含有大于 50 个氨基酸残基的多肽称为蛋白质。含 20 个以上氨基酸的多肽与蛋白质没有明显界限,无严格定义,有的以分子量为界,有的以热稳定性分界,有的以有无空间结构为依据来区分。

蛋白质是由氨基酸组成的,所以它有许多与氨基酸相类似的化学性质,如等电点、两性离子、双缩脲反应等,但它与氨基酸有着质的区别,如有空间构型,分子量大,有胶体性质,有沉淀、凝固、变性等现象。

1. 酸碱性 蛋白质分子除了肽链两端具有自由的 $\alpha\text{-}NH_2$ 和 $\alpha\text{-}COOH$ 外,在侧链上还有许多解离基团,在一定 pH 条件下能解离为带电基团而使蛋白质带电,因此蛋白质是两性电解质。蛋白质呈酸性或碱性取决于酸性基团或碱性基团的比例。在酸性溶液中,蛋白质游离成阳离子;在碱性溶液中,游离成阴离子。若在某一 pH 的溶液中,蛋白质极性基团解离的正负离子数相等,净电荷为 0,则溶液的 pH 称为该蛋白质的等电点(pI)。在等电点,蛋白质分子所带正电荷和负电荷总数相等,即净电荷为零,此时溶解度最小,不稳定,易于从溶液中沉淀析出。

2. 离子结合 蛋白质能与阴离子和阳离子结合。不同蛋白质的混合物在一定 pH 下,如果这些蛋白质的 pI 正好都处于此时 pH 的两侧,就会存在阴、阳两种离子,因而形成蛋白质与蛋白质相互结合的盐,组织中因含有碱性和酸性蛋白质也存在这种情况。小离子与蛋白质的特异性结合在组织和体液中也起着重要作用。

很多离子与蛋白质形成不溶性盐,可作为蛋白质的沉淀剂,如磷钨酸、三氯乙酸、磺基水杨酸等,它们的阴离子能与带阳离子的蛋白质形成不溶性盐。重金属离子被用来沉淀在 pI 以下的 pH 环境中的蛋白质,此时蛋白质具有阴离子的性质。

3. 胶体性质 蛋白质对水的亲和力很大,在水溶液中可形成亲水胶体,在适当条件下,蛋白质可从胶体溶液中析出成为结晶体。因胶体颗粒很大,不能穿过"半透膜",而水及分子量较小的无机物和有机物能通过,故可用于除去蛋白质溶液中的杂质。

蛋白质的亲水胶体颗粒具有两个稳定因素,即胶粒上的电荷和水化膜。打破这两个稳定因素,蛋白质胶粒就会因凝集而沉淀。例如,先加入电解质中能和蛋白质胶粒相结合的电荷,再加入乙醇脱去水化层,蛋白质胶粒立即沉淀;先去水化层,再中和其电荷,也可以引起同样的沉淀。

4. 变性 以某些物理因素如加热、紫外线照射、超声波等,或化学因素如酸、碱、重金属盐、有机溶剂等进行作用,会使蛋白质严格的三维空间结构被破坏(不包括肽链断裂),引起蛋白质性质的改变。这种分子构象变化的现象称为蛋白质的变性。

球状蛋白质变性后,明显的改变是溶解度降低,多数形成不溶性的沉淀物。蛋白质变性后会部分或完全失去原有的生理生化功能。

四、多肽和蛋白质类药物的作用

(一)多肽类激素药物

多肽类激素和活性肽都是细胞产生的,含有调节生理和代谢功能的微量有机物质。某些多肽类激素有前体(激素原)存在,这种前体在机体内以中间体形式存在,不表现激素的生物活性，需要时通过专一酶的作用，生成具有活性的多肽类激素，然后通过血液到达靶细胞发挥作用。目前认为多肽类激素的分子量较大，不直接进入靶细胞，而是与分布在细胞表面的特异性受体结合，这样，激活与受体相连接的效应器。受体和效应器都在细胞表面的质膜上，通过某种方式相连接。有一些激素受体的效应器是腺苷酸环化酶；另一些激素受体的效应器不是腺苷酸环化酶，其机制目前尚不清楚。活化的效应器起作用后产生第二信使传递激素信息，在细胞内激活一些酶系，从而促进中间代谢，或改善细胞膜的通透性，或通过控制 DNA 转录或蛋白质翻译而影响特异蛋白质合成，最终导致特定的生理效应或发挥其药理作用。

多肽类激素药物的作用是多方面的，如促肾上腺皮质激素是脑垂体分泌的，能维持肾上腺皮质的正常生长，促进皮质激素的合成和分泌。临床上主要用于肾上腺皮质功能试验，治疗某些胶原性疾病、严重支气管哮喘、癫痫小发作及重症肌无力等。

加压素又称为抗利尿激素，具有抗利尿和升高血压两种作用。它能促进肾小管对水分的重吸收，使尿量减少，尿液浓缩，口渴减轻，适用于抗利尿激素缺乏所致尿崩症的诊断和治疗，近来发现还有增加记忆的新用途。

胸腺素参与机体的细胞免疫反应，促使淋巴干细胞分化为成熟的、有免疫活性的 T 细胞，从而增强和调整机体的免疫功能。国内外均已用于治疗自身免疫病、病毒性感染、儿童原发性免疫缺陷等与免疫有关的疾病，以及肿瘤的免疫治疗，还有望试用于治疗狼疮性肾炎的活动期、严重烧伤、乙型肝炎等。

催产素有促进子宫及乳腺平滑肌收缩的作用，适用于产前子宫无力、阵痛迟缓、分娩时催生及减少产后出血，也可用于产妇乳房充血、产褥期乳腺炎引起的泌乳不畅及手术后的肠麻痹。

舒缓激肽是由激肽释放酶作用于激肽原而产生的一类具有舒张血管、降低血压和收缩平滑肌作用的多肽，也与炎症和疼痛有关。血管紧张素主要有 3 种：血管紧张素Ⅰ（10 肽）、血管紧张素Ⅱ（8 肽）及血管紧张素Ⅲ（7 肽），具有收缩血管、升高血压的作用，用于急性低血压或休克抢救。

降钙素是影响钙、磷代谢的多肽类激素，对婴儿维生素 D 过多症、成人高钙血症、畸形性骨炎、老年性骨质疏松症等都有疗效。

胃肠道激素中的胰液素，可治疗十二指肠溃疡。缩胆囊素（CCK）具有促进胰腺酶分泌、松弛胆囊括约肌、治疗胆绞痛的作用。胰高血糖素用于治疗各种低血糖症及心力衰竭等。

抑肽酶为广谱蛋白酶抑制剂，是治疗急性胰腺炎的有效药物。脑啡肽、内啡肽、睡眠肽、记忆增强肽有镇痛、催眠和增强记忆的功能。松果肽（3 肽）有抑制促性腺激素的作用。

（二）免疫球蛋白生化药物

特异免疫球蛋白制剂的发展十分引人注目，如丙种球蛋白 A、丙种球蛋白 M、抗淋巴细胞球蛋白，以及从人血中分离纯化的对百日咳、麻疹、带状疱疹、水痘、破伤风、腮腺炎等有较好疗效的特异免疫球蛋白制剂。

丙种球蛋白是从人血浆或血清中分离提纯的蛋白质制品，是存在于人血液中的免疫球蛋白，其中有大量的 IgG 及微量的 IgA、IgM，含有多种免疫抗体，注入人体内，能贮留 2～3

周，最长1个月，可提高机体对多种细菌和病毒的抵抗力。主要用于预防麻疹、甲型病毒性肝炎、脊髓灰质炎，预防效果常取决于预防注射的时间和剂量。

（三）其他蛋白质类生化产品

有些天然蛋白质在体内具有激素的某些生化功能，如胰岛素是目前治疗糖尿病的特效药，绒毛膜促性腺激素、血清促性腺激素、垂体促性腺激素均是天然糖蛋白类激素，适用于治疗性功能不全引起的各种病症。有些蛋白质是天然抗感染物质，如干扰素具有广谱抗病毒作用，可干扰病毒在细胞内繁殖，用于治疗人类病毒性疾病。

天花粉蛋白是我国独创的中期引产药物，也用于治疗绒毛膜上皮癌。人血液制品如人血浆、白蛋白等都是重要的药物。白蛋白是从健康人血浆中分离出的血浆蛋白质。白蛋白占人血浆蛋白总量的52%～56%，主要生理功能是使血浆维持正常的胶体渗透压，占血浆胶体渗透压的80%，同时对某些离子和化合物有高度亲和力，与这些物质进行可逆结合以发挥其运输作用。每20mL 25%白蛋白液相当于100mL全血浆或200mL全血的功用。给药方式一般采用静脉推注或静脉滴注，必要时，加入5倍量的5%注射用葡萄糖液或注射用生理盐水稀释后滴注，肾病患者不宜用生理盐水稀释。临床用于抢救失血、烧伤性休克，由脑水肿、大脑损伤所致的脑压增高、低蛋白血症，由肝硬化、肾病所致的水肿、腹水等患者。

五、多肽和蛋白质类药物的制备

活性多肽和蛋白质是生化药物中非常活跃的一个领域，其生产方法主要有提取分离纯化法、化学合成法和蛋白质工程法。

（一）提取分离纯化法

多肽及蛋白质类药物都属天然大分子化合物，主要来源于动物、植物和微生物。多从天然材料中，经提取、纯化等工艺制得。具体步骤是：选择适宜的生物细胞、组织和器官作为材料，进行细胞（组织）粉碎和脱脂，用于提取。最大限度获得有效成分的关键是溶剂的选择。提取的溶剂随药物的性质而不同，如水溶性蛋白质可以用低浓度缓冲液来提取，胰岛素则可用50%乙醇提取。一般提取时要求温度较低，避免蛋白质变性。

1. 材料选择　　在选择提取分离蛋白质药物的原料时应优先考虑来源丰富、目的物含量高、成本低的材料。但有时材料来源丰富且含量高，但材料中杂质太多，分离、纯化手续烦琐，影响质量和收率，反而不如采用低含量易于操作的原料。在选择原料时还应考虑其种属、生物状态、发育阶段、解剖部位等因素。

2. 材料的预处理　　根据待提取的多肽或蛋白质在细胞的部位，来确定提取的方法，如果待提取物在细胞外，则可以直接进行提取分离；如果在细胞内，则首先将细胞破碎，使其胞内成分充分释放到溶液中，才能有效地将其提纯。不同生物体的不同组织，应采用不同的破碎方法。此外，还应考虑目的多肽或蛋白质的稳定性，尽量采用温和方法，防止其变性失活。

3. 多肽和蛋白质药物的提取　　多肽和蛋白质在不同溶剂中的溶解度主要取决于蛋白质和多肽分子中非极性疏水基团与极性亲水性基团的比例，以及这些基团在多肽、蛋白质中相对的空间位置。此外，溶液的温度、pH、离子强度等外界因素影响多肽、蛋白质在不同溶液中的溶解度。

（1）水溶液提取　　水是蛋白质提取中常用的溶剂。多数蛋白质的极性亲水性基团位于分子表面，非极性疏水基团位于分子内部，因此，蛋白质在水溶液中一般具有比较好的溶解性。

（2）有机溶剂提取　　一些与脂质结合比较牢固或非极性基团较多的蛋白质，不溶或难溶于水、稀盐、稀酸或稀碱中，常用不同比例的有机溶剂提取。正丁醇、乙醇是常见的有机提取溶剂。

离子表面活性剂（如胆酸盐、十二烷基磺酸钠）和一些非离子表面活性剂（如 Tween-60、Tween-80 等）不易使蛋白质变性失活，因而被广泛采用。

4. 多肽和蛋白质类药物的纯化　　多肽和蛋白质的分离纯化是将提取液中的目的蛋白与其他非蛋白质杂质及各种不同蛋白质分离开来的过程。对非蛋白质部分可以根据其性质采用适当的方法去除，如脂类可用有机溶剂提取去除，核酸类可用核酸沉淀剂或核酸水解酶去除，小分子杂质用透析或超滤去除等。而对于不同蛋白质的分离则可以利用它们之间性质上的差异进行。常用的方法有以下几种。

（1）利用溶解度的不同　　主要利用不同盐浓度下的盐析、不同有机溶剂浓度下的沉淀、分相的混合溶剂两相间分配系数的差异、不同 pH 下溶解度的差异等。

（2）利用分子形状和大小的不同　　蛋白质分子量从 6000 左右到几百万，可利用蛋白质这些差别分离纯化。通常采用分子筛法和超滤法提纯蛋白质。

（3）利用电离性质的不同　　蛋白质的电离基团有羧基、氨基、咪唑基、胍基、酚基和吲哚基等。由于电离基团的组成及它们在分子中暴露情况不同，蛋白质之间的带电情况也不同，依据此性质的差别分离纯化蛋白质。离子交换法是利用蛋白质带电性质的差异分离蛋白质的常用方法之一，从方法上、设备上都已相当成熟。

（4）利用生物功能专一性的不同　　蛋白质通过与其他蛋白质或小分子的结合发挥功能，这种结合方式通常具有专一性。利用化学偶合法将目的蛋白"吸附"到含有相应配基的固相支持物上，可从众多的蛋白质中专一地吸附目的蛋白，然后将其他杂蛋白质（或杂质）除去，就得到一定纯度的目的蛋白。

（5）利用蛋白质等电点的不同来纯化蛋白质　　蛋白质、多肽及氨基酸都是两性电解质。在等电点时蛋白质性质比较稳定，其物理性质如导电性、溶解度、黏度、渗透压等皆最小，因此可利用蛋白质等电点时溶解度最小的特性来制备或沉淀蛋白质。

（6）利用蛋白质疏水基团与相应的载体基团结合来纯化蛋白质　　蛋白质分子上有疏水区，它们主要由 Tyr、Leu、Ile、Val、Phe 等非极性的侧链密集在一起形成，并暴露于分子表面。这些疏水区能够与吸附剂上的疏水基团结合，再通过降低介质的离子强度和极性，或用含有去垢剂的溶剂，提高洗脱剂的 pH 等方法将蛋白质洗脱。

（7）利用蛋白质在溶剂系统中分配系数的差异来纯化蛋白质　　这是一种以化合物在两种不相溶的液相之间进行分配为基础的分离过程，称为逆流分溶，利用逆流分溶技术分离垂体激素、氨基酸、DNA 是很有效的。

（8）利用蛋白质选择性吸附的特性来纯化蛋白质　　在蛋白质分离中，最广泛使用的吸附剂有硅藻土、硅胶、氧化铝、磷酸钙结晶（磷灰石）、磷酸钙凝胶、皂土沸石、活性白土及活性炭等。例如，催产素、胰岛素、细胞色素 c 等都可以通过吸附层析技术进行纯化。

（9）利用蛋白质的某些特殊性质进行纯化　　例如，球蛋白或白蛋白在碱性条件下，可以和利凡诺作用，形成络合物而与其他蛋白质分离。

（二）化学合成法

多肽的化学合成从20世纪50年代开始获得重大进展，多肽的化学合成具有重要的应用价值，可以验证一个新的多肽结构：设计新的多肽，用于研究结构与功能的关系；为多肽的生物合成反应机制提供重要信息；同时也是多肽药物制备的有效方法。

多肽的化学合成是一个重复添加氨基酸的过程，合成一般从C端向N端进行，早期多肽的化学合成是在溶液中进行的，称为液相合成法。现在多采用固相合成法，此法可以降低产品的提纯难度，还具有省时、省力、省料、便于计算机控制、推广等优势。

在多肽合成中，一般需要经过以下几个主要步骤：①氨基保护和羟基活化；②羧基保护和氨基活化；③接肽和除去保护基团。

我国已应用固相合成法合成了催产素、黄体生成素释放因子（LRF）等，不仅产量高，而且纯度也比天然产品高。固相合成法合成多肽是以聚苯乙烯树脂为固相支持物，首先将待合成肽链C端的第一个氨基酸以共价键连接在固相支持物上，然后按肽链一级结构的顺序，将氨基端保护的氨基酸逐个连接，延长肽链，最后将结合肽链的树脂悬浮在无水三氟乙酸中，通入干燥的溴化氢或在甲醇中通入干燥的氨进行氨解，使肽链从树脂上解离，同时除去保护剂，获得新合成的多肽。

固相合成法比液相合成法操作简便，时间缩短，可以自动化，但不能保证每一步反应都全部进行，少数肽链缺损1个或几个氨基酸，纯度不高，给分离纯化带来困难。1969年，Merrifield等用自动化固相合成法合成了由124个氨基酸组成的牛胰核糖核酸酶A，纯化后为天然核糖核酸酶A活力的13%。

（三）蛋白质工程法

蛋白质工程法是应用物理化学和生物学的方法制造非天然蛋白质或多肽的新技术，包括蛋白质的化学修饰、合成及人工定向设计非天然基因、基因定点突变技术制造特定基因等。通过宿主细胞表达制造人工蛋白质和多肽类药物，也称为第二代基因工程。主要产品有人α干扰素、人β干扰素、人γ干扰素、重组人胰岛素、重组人生长激素、组织型纤溶酶原激活物、白细胞介素-1、白细胞介素-2、白细胞介素-3、白细胞介素-6、白细胞介素-11、肿瘤坏死因子、凝血因子Ⅷ、表皮生长因子（EGF）、成纤维细胞生长因子（FGF）、促红细胞生成素（EPO）、集落刺激因子（CSF）、血小板因子等。

根据内源性蛋白质的生物活性、应用蛋白质工程生产的基因工程药物都是稀有的大分子蛋白质，口服时，有受胃酸的作用而不稳定、生物利用率低等缺点，现在已改为合成这些天然蛋白质的较小活性片段，即多肽模拟或多肽结构域合成，又称为小分子结构药物设计。将设计的小分子替代原先天然活性蛋白质与特异靶相互作用，可创建自然界没有的新型基因工程药物。蛋白质工程药物分子设计主要有以下几种方法。

1）用突变技术更换活性蛋白质的关键氨基酸残基。

2）用增加、删除或调整分子上的某些肽段、结构域或寡糖链的方法使之改变活性，生成合适的糖型，产生新的生物功能。

3）功能互补的两种基因工程药物在基因水平上融合。这种嵌合型药物不仅是原有药物的加和，还会出现新的药理作用。

随着蛋白质工程的发展，将创造出更多、疗效更佳的蛋白质和活性多肽类药物。

虽然蛋白质工程和基因编辑技术在生物技术的应用和具体技术上不同，但两者相辅相成，都是生物技术的关键领域，因此我们在了解蛋白质工程的同时，也应该注意基因编辑技术的发展。近几年兴起的CRISPR/dCas9系统，是一种经过改造的CRISPR/Cas9系统，其中Cas9蛋白的核酸酶活性被抑制，因此不能切割DNA，但保留了与目的DNA结合的能力。这使得dCas9能够与目的DNA序列结合，而不引起DNA双链断裂。这种特性使得CRISPR/dCas9系统能够作为一种高效的基因表达调控工具。

在蛋白质制药工程中，CRISPR/dCas9系统可以通过结合特定的DNA序列，实现对目的基因的转录激活或抑制。例如，当dCas9与转录激活因子融合后，可以结合到目的基因的启动子区域，从而增强该基因的表达。相反，当dCas9与转录抑制因子融合时，可以阻止转录因子与目的基因的结合，从而抑制该基因的表达。

通过调控目的基因的表达，CRISPR/dCas9系统可用于优化蛋白质的生产过程。例如，在生物技术制药中，某些蛋白质的生产可能需要特定的细胞类型或细胞状态。通过CRISPR/dCas9系统调控相关基因的表达，可以优化细胞环境，提高蛋白质的产量和纯度。

总的来说，CRISPR/dCas9系统在蛋白质制药工程中具有广泛的应用前景，有望为蛋白质生产和研究提供新的工具和策略。然而，目前这一领域的研究仍在进行中，需要更多的实验验证和优化，以实现其在实际生产中的应用。

第二节　蛋白质分子设计与合成

蛋白质的分子质量通常在10~1 000kDa，不像化学试剂那样被普遍应用，其原因是它们中大多数不能通过化学方法合成。分子生物学的迅速发展克服了上述缺点，特别是定点突变（site-directed mutagenesis）及PCR等技术的应用，使得蛋白质的生产可以工程化。

蛋白质分子设计的目的有二：一是为蛋白质工程制药提供指导性信息；二是探索蛋白质的折叠机制。蛋白质分子设计分为基于天然蛋白质结构的分子设计、全新蛋白质设计和蛋白质从头设计（protein de novo design），下面主要介绍基于天然蛋白质结构的分子设计。

一、基于天然蛋白质结构的分子设计

蛋白质结构涉及一级结构及三维结构。即使蛋白质的三维结构是已知的，选择一个合适的突变体仍是困难的，这说明蛋白质设计任务的艰巨性，它涉及多种学科的配合，如计算机模拟、X射线晶体技术、生物化学和生物技术等。

用计算机模拟技术建立蛋白质三维结构模型，确立突变位点或区域及预测突变后的蛋白质的结构与功能。在明确突变位点或蛋白质序列应改变的区域后，可以进行定点突变，但要得到具有预期结构与功能的蛋白质是不容易的，可能需要经过几轮的循环。

蛋白质分子设计流程图如图6-1所示。

蛋白质结构与功能的关系对于蛋白质工程及蛋白质分子设计都是至关重要的。如果想改变蛋白质的性质，必须改变蛋白质的序列。Hartley等于1986年总结了蛋白质设计的目标及解决办法，如表6-1所示，该表至今仍有重要的参考价值。

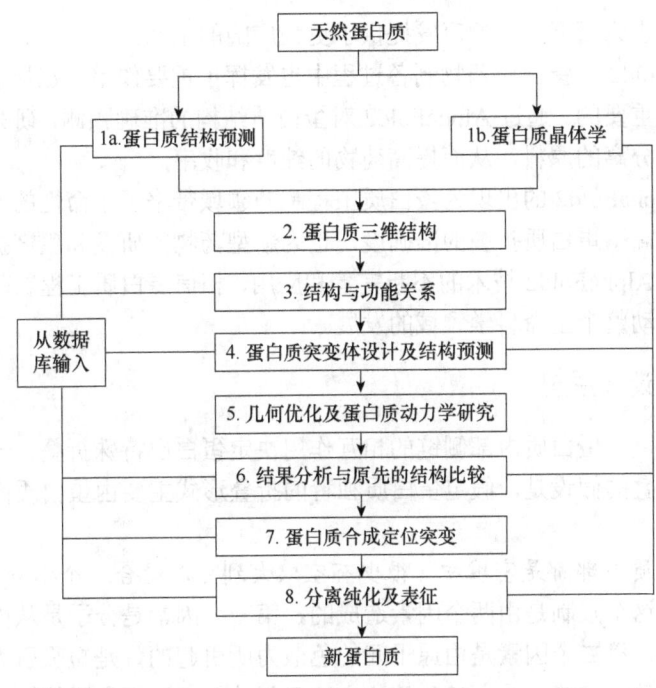

图 6-1 蛋白质分子设计流程图

表 6-1 蛋白质设计的目标及解决方法

设计目标	解决方法	设计目标	解决方法
热稳定性	引入二硫键	对重金属的稳定性	把 Met 转换为 Gln、Val、Ile 或 Leu
	增加内氢键数目		替代表面羧基
	改善内疏水堆积	pH 稳定性	替换表面荷电基团
	增加表面盐桥		His、Cys 以及 Tyr 的置换
对氧化的稳定性	把 Cys 转换为 Ala 或 Ser		内离子对的置换
	把 Met 转换为 Gln、Val、Ile 或 Leu	提高酶学性质	专一性的改变
	把 Trp 转换为 Phe 或 Tyr		增加逆转数（turnover number）
对重金属的稳定性	把 Cys 转换为 Ala 或 Ser		改变酸碱度

随着科技的飞速发展，蛋白质工程制药领域近年来取得了重大突破。其中，AlphaFold2 的出现更是为蛋白质折叠准确度的提升带来了革命性的变革。AlphaFold2 利用深度神经网络对蛋白质结构进行预测，实现了前所未有的高准确度。

在传统的研究方法中，确定蛋白质的结构是一个复杂且耗时的过程，往往需要借助 X 射线晶体结构分析或核磁共振（NMR）波谱法等技术。这些方法不仅操作复杂、成本高昂，而且难以大规模应用于蛋白质结构的测定。然而，AlphaFold2 的出现为这一难题提供了新的解决方案。它能够通过深度学习大量的蛋白质结构数据，训练出强大的预测模型，从而快速、准确地预测出蛋白质的三维结构。

这一突破不仅加快了蛋白质结构测定的速度，也为蛋白质工程制药领域的研究提供了更为便捷、高效的工具。基于 AlphaFold2 的高准确度预测结果，研究人员可以更加精确地设计出符合特定功能的蛋白质分子，并通过基因修饰和合成技术实现其生产。这不仅提高了药物的疗效和安全性，也为新型药物的研发提供了更为广阔的空间。

此外，AlphaFold2 在蛋白质药物制备过程中也发挥了重要作用。在提取分离纯化法中，材料的选择是至关重要的。通过 AlphaFold2 对蛋白质结构的准确预测，研究人员可以更加精确地选择适合提取分离的原料，从而提高药物的纯度和收率。

总体来说，AlphaFold2 的出现为蛋白质工程制药领域带来了革命性的变革。它的高准确度预测结果不仅提高了蛋白质折叠的准确度，也为新型药物的研发和生产提供了更为便捷、高效的工具。随着 AlphaFold2 技术的不断完善和应用，相信蛋白质工程制药领域将会取得更加丰硕的成果，推动整个生命科学领域的发展。

（一）蛋白质设计原理

（1）内核假设　　蛋白质内部侧链的相互作用决定蛋白质特殊折叠。一个非常简单和有用的关于蛋白质折叠的假设是，假定蛋白质独特的折叠形式主要由蛋白质内核中残基的相互作用所决定。

（2）所有蛋白质内部都是密堆积（很少有空穴大到可以结合一个水分子或惰性气体），并且没有重叠　　这个限制是由两个因素造成的，第一个因素是分子是从内部排出的，这是疏水效应的一部分；第二个因素是由原子间的色散力所引起的，是短吸引力的优化。

（3）所有内部的氢键都是最大满足的（主链及侧链）　　蛋白质的氢键形成涉及一个交换反应，溶剂键被蛋白质键所替代。溶剂键的断裂所带来的能量损失由折叠状态的重组及可能释放一个结合的水分子而引起的熵的增益所弥补。

（4）疏水及亲水基团需要合理地分布在溶剂可及表面及不可及表面　　这种分布代表了疏水效应的主要驱动力。这种分布的正确设计不是简单地使暴露残基亲水、使埋藏残基疏水。至少有两种原因使图像复杂化，首先，侧链并不总是完全亲水；其次，正确的分布需要在表面安排一些疏水基团，并在内部安排一些亲水基团。

（5）在金属蛋白中，配位残基的替换要满足金属配位几何　　这涉及在金属中心周围正确地放置适当数量的蛋白质侧链或溶剂分子，同时确保它们之间的键长、键角及整体的几何结构符合规范。

（6）对于金属蛋白，围绕金属中心的第二壳层的相互作用是重要的　　大部分配基含有多于一个与金属作用或形成氢键的基团。如果一个功能基团与金属结合，另几个功能基团可以自由地采取其他的相互作用方式。这些相互作用起到两个作用，一是符合蛋白质折叠的热力学要求；二是这些氢键固定在空间的配位位置。

（7）最优的氨基酸侧链几何排列　　蛋白质中侧链构象是由空间两个立体因素所决定的。侧链构象首先是由旋转每条链的立体势垒所决定，其择优构象可以通过实验统计测量，也可以由第一原理计算得到；其次是由氨基酸在结构中的位置所决定。蛋白质内部的密堆积表明在折叠状态侧链构象只能采取一种合适的构象，即一种能量最低的构象。

（8）结构及功能的专一性　　实现蛋白质的特定三维结构、精确的分子间相互作用及特定的生物化学活性，是蛋白质设计领域中最具有挑战性的问题。要构筑一个蛋白质模型必须满足所有合适的几何要求，同时满足蛋白质折叠的几何限制。因为蛋白质是一个复杂的体系，其有可能采取一个能量与所希望状态相近的另外一个构象。因此，在设计程序中必须引入一个特征，它稳定所希望的状态，而不稳定不希望的状态，这是计算机模拟技术的难点之一。

（二）蛋白质设计中的结构-功能关系

蛋白质的序列、三维结构，热力学及功能性质之间的关系对蛋白质工程及蛋白质设计非常重要。对蛋白质结构与功能的认识过程始于蛋白质中重要功能残基及蛋白质与其他分子相互作用的确定。通过定点突变替换单独氨基酸残基是分析功能残基的有力工具。选择突变残基，最重要的信息来自结构特征。因此，如果蛋白质的立体结构是未知的，则突变功能残基的研究带有不确定性，不能很好地区别蛋白质构象扭曲变化的影响与原有功能残基突变的影响。可以根据序列同源性或原先的生物化学实验证据选择突变残基，也可以通过随机或合理筛选技术鉴定重要的功能区域，以便进一步重点分析蛋白质功能残基。

1. 根据结构信息确定氨基酸残基的突变 对于三维结构经过 X 射线测定或核磁共振波谱法测定的蛋白质，可以根据氨基酸来推测专一性残基的功能作用。如果蛋白质与它们的抑制剂、辅酶及受体的三维结构是已知的，这个方法就更有价值了。可以根据蛋白质上的氨基酸与受体基团间的距离与取向决定它们之间形成的氢键、离子对或疏水相互作用。这样的残基通过定点突变取代后，能够证实其对键合过程的参与及每一个相互作用对复合物结构的贡献。这样的研究是认识专一性及酶催化的基础。

2. 其他实验方法鉴定功能残基 随机突变、删除分析及连接片段扫描突变等实验方法可用于鉴定功能残基。随机突变技术分析蛋白质功能的优点是用一种简单方法就可产生突变体。然而，因为对于突变没有控制，必须进行大数目的突变产生大量可解释的数据。在这些研究中，非保守残基或小的氨基酸残基常常被大的氨基酸所替代，这可能会导致蛋白质构象的变化，进而影响其功能。为了比较保守和非保守氨基酸替换对蛋白质功能的影响，每个位置上的氨基酸会被几个不同的氨基酸替换。

3. 利用蛋白质同源性鉴定功能残基 随着克隆基因数据库的增加，根据与其他蛋白质的序列比对确定蛋白质中的功能域已成为可能。每个残基所起作用的信息能够通过来自不同种同源蛋白质的序列比较或一类具有相应活性的蛋白质的序列比较确定。同源蛋白质的保守残基是保持这类蛋白质共同功能或者是维持共同结构的关键因素。相反，在一类蛋白质内变化的残基看来对结构及功能是不重要的，但在分子识别中起到专一性的作用。这两个假设已经用于指导位点突变分析蛋白质。

研究蛋白质功能时，突变分析存在一定的不确定性，主要原因是难以区分突变本身的效应与蛋白质结构微小变化的影响。为了降低这种不确定性，最佳方法是在突变过程中尽量减少对蛋白质结构的影响。这需要我们预先尽可能多地了解蛋白质的结构、进化保守性及生物化学信息。理想的突变策略应基于所研究蛋白质的特性、生物体系和已有的知识。这些信息包括 X 射线或 NMR 提供的蛋白质结构信息，特别是蛋白质与配体或底物形成的复合物的结构，以及在原子水平上结构与活性的关系和分子间相互作用的信息。

如果已知同源蛋白质的结构，可以通过序列比对来设计突变策略。例如，可以通过改变蛋白质中的环（loop）结构来实现二级结构单元之间的转换，以此降低对整体结构的破坏风险。

通过对一组同源蛋白质的序列进行比较，可以鉴定出高度保守的残基。这些残基是进行突变和功能演化研究的理想候选，因为它们与蛋白质的共同功能和结构稳定性密切相关。相对地，非保守残基则涉及每个蛋白质的独特功能，如底物结合或专一性。因此，非保守残基成为专一性研究的重点。有效的策略之一是在同一同源蛋白质间转换序列单元，可以是整个结构域、单个环或单个残基的交换。这种方法的优点在于，所转换的序列与蛋白质的整体构象是协调的,从而减少了对结构的破坏。

(三) 天然蛋白质的剪裁

分子剪裁是指在对天然蛋白质的改造中替换一个肽段或一个结构域。Winter 等将分子剪裁技术成功用于抗体分子的改造。他们将小鼠单克隆抗体分子重链的互补决定区用基因操作方法插入到人体分子的相应部位上,使得小鼠单抗分子所具有的抗原结合专一性转移到人的抗体分子上。这项实验有重要的医学价值。

蛋白质结构及功能对残基的替换有一定的容忍度,即结构与功能关系有一定的稳健度。例如,Fersht 等替换了 Barnase 的所有内核残基,结果表明 23% 的突变体保留了酶的活性。

Mathews 及其合作者通过在 T4 溶菌酶中替换多达 10 个残基,检验了蛋白质折叠的模型。他们发现,即使在多重取代后,蛋白质仍然保持活性和协同折叠,这些结果表明不同的氨基酸序列可以有相似的功能性结构。

二、蛋白质的合成技术

蛋白质是生物体中功能最重要的一类生物大分子,蛋白质的制备方法主要有三种:生化提取法、基因工程法和化学合成法。各种方法利弊并存,没有一种方法能够完全适用于所有蛋白质的制备。化学合成法提供了一条快速、高效的蛋白质制备途径,同时它方便引入非天然氨基酸,改变碳链骨架及其他化学修饰来提高蛋白质活性,构建新蛋白质,经过 30 多年的发展,蛋白质的化学合成取得巨大的进步,逐步合成法、片段组合法、化学选择性连接、非共价定向拼接的依次出现,大大推动了蛋白质化学合成纵深方向发展。

1. 逐步合成法 逐步合成法是最早发展起来的化学合成蛋白质的方法,它的基本原理是根据目的蛋白的氨基酸序列(一级结构),从 C 端(或 N 端)依次逐个偶联各个氨基酸来合成蛋白质。逐步合成法最大的特点是简单明了,但是它合成蛋白质的能力依赖于各步的合成效率。特别是合成由上百个氨基酸组成的目标分子。一般来说,根据保护方法和偶联策略的不同,每个氨基酸的偶联需要 20~120min,如果是"困难序列"的合成,那就需要 2 倍甚至 3 倍的偶联时间,才能达到可以接受的酰化产率。快速合成法的出现,满足了人们一直追求的偶联 10~15 个氨基酸/h 的目标。固相载体上的快速合成由脱保护、排空、冲洗偶联的重复循环过程组成。由图 6-2 可见,整个循环时间不到 5min,一直重复该循环直到合成完目标分子。成功地高产率合成"困难片段"ACP(酰基载体蛋白)(10~15)、PnIA(是一种芋螺毒素)(A10L,指将 PnIA 进行结构突变,将第 10 位的丙氨酸替换成壳氨酸)和 PR(蛋白酶)(81~99),平均产率分别为 99.2%、99.4% 和 97.9%,证明了此法的快速性和有效性。

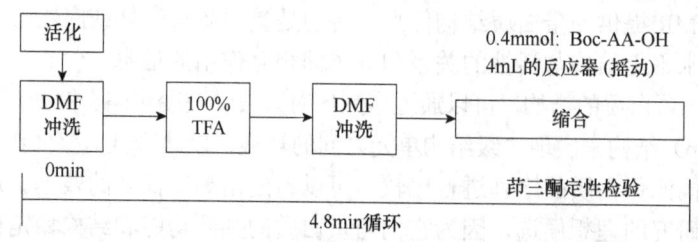

图 6-2 快速合成法示意图

TFA 为三氟乙酸;DMF 为二甲基甲酰胺;Boc-AA-OH 为叔丁氧羰基,一种氨基酸试剂,多用在多肽合成中

在蛋白质工程制药中,逐步合成法可以用于表达和生产具有特定结构和功能的蛋白质,

以满足药物研发和生产的需求。例如，在抗体药物的研发中，可以通过逐步合成法对抗体分子的可变区和恒定区进行设计和优化，以提高其亲和性和特异性；在酶抑制剂药物的研发中，可以运用逐步合成法对酶抑制剂进行改造和优化，以提高其抑制活性和选择性。

2. 片段组合法 片段组合法的基本策略是，固相合成几个小片段纯化以后，再在溶液中（或固体载体上）组合成需要的蛋白质。根据片段组合场所的不同，分别称为液相片段组合和固相片段组合。片段组合法的主要步骤为：①片段的设计与合成；②片段组合。

（1）**片段的设计与合成** 对于片段组合而言，可将整个目标序列分为大约由 10 个氨基酸残基组成的片段。如果 C 端或 N 端的氨基酸需要和其他片段发生偶联反应，那就要选用特定的氨基酸。末端残基的选择十分重要，正确的选择能保证反应的快速进行，从而降低反应过程中的消旋作用和副产物的生成。

在化学合成过程中，影响产物质量的因素是多种多样的，偶联试剂是其中一个较为重要的影响因素。对于单一的偶联试剂二环己基碳二亚胺（DCC），反应过程中产生了多种副产物，包括消旋化和过度活化等不利后果。针对偶联试剂，改进的措施是加入辅助性亲核试剂，如 1-羟基苯并三唑（HOBT）和 N-羟基琥珀酰亚胺（HONSU），这些化合物易与过分活泼的中间体（O-酰基异脲）反应，从而抑制消旋化和副产物的生成，但是这种趋势依然依赖于片段的序列。评价一个氨基酸能否作为末端残基的关键在于它是否具有空间位阻结构，是否会发生 β-H 消除反应。

（2）**片段组合** 片段的偶联既可以在液相中进行，也可在固相载体上进行，相应地分别称为液相组合和固相组合（图 6-3）。对于液相组合而言，由于所用的肽片段是完全保护的，因而溶解性差就成为最为棘手的问题，特别是随着片段的延伸，问题就显得更加突出。采用固相组合的方法，将片段的偶联从液相转移到固相载体上，可以解决这一问题。两者相比，固相组合不仅减少了完全保护片段及中间产物的溶解性和聚集性问题，而且简化了实验操作，比液相组合更有实际应用价值，固相组合已成功地用于 β-淀粉样蛋白、γ-玉米蛋白 N 端等的化学合成。

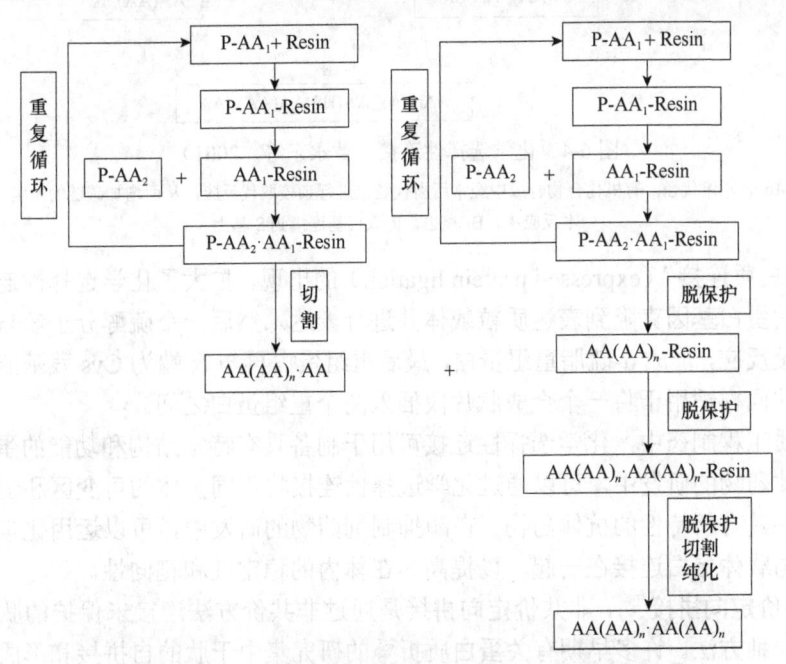

图 6-3 完全保护片段固相组合（黄永东等，2001）

AA 为氨基酸；Resin 为树脂

在蛋白质工程制药中，片段组合法可以用于预测和设计具有特定功能和药理活性的蛋白质药物。例如，在抗体药物的研发中，可以通过片段组合法预测和设计抗体的抗原结合域，以提高其亲和性和特异性。在酶抑制剂药物的研发中，可以运用片段组合法预测和设计酶抑制剂的活性位点，以提高其抑制活性和选择性。

3. 化学选择性连接　　化学选择性连接的基本原理是，在pH 7的水溶液中，一个C端为α-硫脂和另一个N端为Cys残基的两个（或多个）未保护的肽片段通过形成硫脂键连接的中间物，同时进行S→N的酰基重排，在结合位点处形成天然肽键（图6-4）。当前，化学选择性连接是最有前途的蛋白质化学合成路线。随着研究的深入，采用参与反应的片段具有化学选择性，不需要采取保护措施，避开了保护片段溶解性差的问题，因此化学选择性连接合成速度比片段组合法快、效率高，是直接从基因序列数据库快速合成具有天然活性、富含Cys的蛋白质的常用方法。它唯一的制约因素在于连接位点只能选用特定的Cys残基。

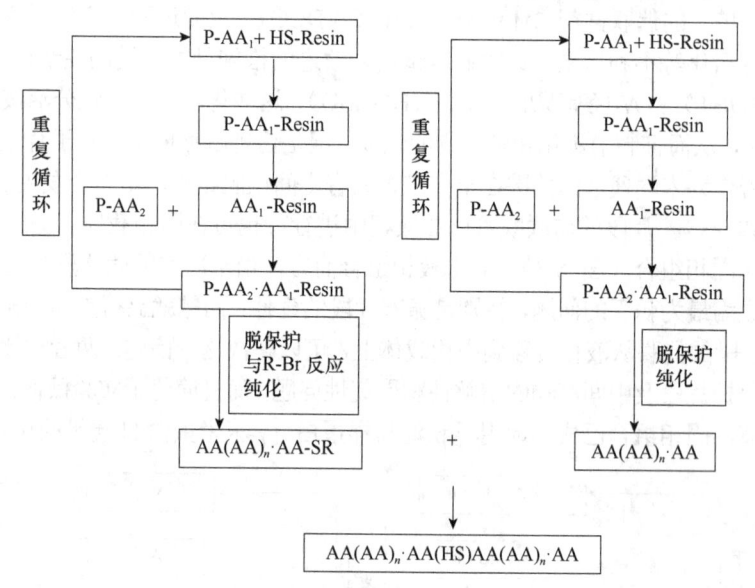

图6-4　化学选择性连接（黄永东等，2001）

R-Br表示溴代烃，有机化合物合成中经常用卤代烃来进行亲核取代反应，从而增加碳链的长度，本反应中，Br离去，R取代基连接到S基上

"表达蛋白质连接"（expressed protein ligation）的出现，扩大了化学选择性连接的应用领域。首先目的蛋白基因克隆到表达质粒载体并进行表达。然后一个硫醇分子参与在重组蛋白连接点的连接反应，形成α-硫脂重组蛋白，最后重组蛋白再与N端为Cys残基的肽或蛋白进行连接。此法同样适用于将一个合成肽片段插入两个重组蛋白之间。

在蛋白质工程制药中，化学选择性连接可用于制备具有特定结构和功能的蛋白质药物。例如，在抗体药物的研发中，可以通过化学选择性连接将不同抗体的可变区和恒定区连接在一起，以制备具有新特性的抗体药物。在酶抑制剂药物的研发中，可以运用化学选择性连接将酶抑制剂与载体蛋白连接在一起，以提高其在体内的稳定性和靶向性。

4. 非共价定向拼接　　非共价定向拼接是通过非共价方法连接未保护的肽片段来合成目的蛋白的一种方法。许多早期有关蛋白质折叠的研究集中于肽的自拼接和形成特定结构的能力。肽的自拼接并不是一个容易控制的过程，拼接过程中经常会形成α螺旋的二聚体、三聚体及肽链聚集成未知序列的聚集体。常用的改善措施主要是在肽链的末端结合上引入特定的化学基团，用它们来促使肽片段以特定的形式进行拼接。

综上所述，化学合成法是制备已有蛋白质、构建新蛋白质最有前途的方法之一。它能够方便地引入非天然结构单元，如 D-氨基酸，以及实现碳链骨架的替换。同时它也能用于那些无法用基因工程法生产的毒素蛋白的合成。

总的来说，这 4 种适用于蛋白质化学合成的基本方法各有利弊，如表 6-2 所示。

表 6-2　各种蛋白质化学合成法的优缺点

化学合成法	优点	缺点
逐步合成法	简单明了	副产物累积效应
片段组合法	片段纯度高，最小化了逐步合成法的副产物累积效应	保护片段溶解性差，易产生消旋，片段偶联速率低
化学选择性连接	片段纯度高，最小化了逐步合成法的副产物累积效应，片段在水溶液中溶解性好	连接位点受限制，疏水性片段在水溶液中溶解性可能较差
非共价定向拼接	片段纯度高，最小化了逐步合成法的副产物累积效应，片段在水溶液中溶解性好，片段通过非共价键连接	蛋白结构单元冗余，易产生聚集体

由表 6-2 可见，化学合成法具有很强的目的蛋白依赖性，应根据目的蛋白的大小、序列特性和蛋白结构来从中选取确实可行的化学合成法。总之，蛋白质合成技术与蛋白质工程制药之间存在着密切的关系，前者为后者提供了必要的技术支持和基础，后者则是前者在制药领域的重要应用和发展方向。

第三节　天然和重组蛋白质结构测定

蛋白质是生物体内功能最为多样且重要的分子之一，为了全面了解蛋白质的功能和机制，解析其三维结构是至关重要的。本文将介绍两种关键方法，用于揭示蛋白质的三维构象，包括 X 射线晶体结构分析、核磁共振（NMR）波谱的溶液结构解析。通过了解这些方法的原理和应用，我们可以更好地理解蛋白质的结构与功能之间的关系，以及它们在药物研发和生物学研究中的重要性。

一、X 射线晶体结构分析

（一）概念基本原理

X 射线晶体结构分析是使用 X 射线作为物理工具，以晶体作为研究对象，晶体结构作为研究结果的一种分析方法。从使用的物理工具和研究对象的观点出发，它包含 X 射线和晶体两方面的内容。X 射线晶体结构分析是一种常用的解析蛋白质结构的方法。它基于 X 射线的散射原理，通过测量蛋白质晶体中 X 射线的散射图案来获得蛋白质的结构信息。X 射线晶体结构分析可以揭示蛋白质的原子级别细节，包括原子的位置、键长和角度等。这种方法在蛋白质结构研究中应用广泛，尤其是对于较大的蛋白质复合物和酶的催化机制的研究。

（二）蛋白质结晶和晶体生长

1. 对原料的要求　晶体的重要特征是其内部的高度有序性，所以要求能够生长晶体的原料也应具有高度的均一性。构成原料的微观不均一性的某些方面对某些生物化学研究可能不重要，但直接影响大的单晶的形成。所以尽量做到微观的均一性，是对原料的基本要求，这是问题的主要方面。但也有很多例外，如有一些植物蛋白，在原料不很纯的情况下可以得到很好的晶体，如我国早期关于天花粉蛋白晶体结构的研究。

2．晶体生长的生物化学条件　蛋白质晶体生长的主要条件是指pH、离子强度、沉淀剂和添加剂（如有机溶剂、盐或去垢剂）的浓度等因素。

3．晶体生长的物理条件　物理条件是指温度、振动、溶剂的清洁度、试剂的纯度、重力等因素。在条件合适的情况下，往往就可以得到微晶，在良好的物理条件下，可以获得较大的单晶，因为物理条件控制了晶核形成的速度和晶体生长的速度。

4．蛋白质晶体的鉴定　在某些情况下，蛋白质晶体在生长过程中，会析出盐或某些沉淀剂的晶体，对此需要进行鉴别，特别是在微晶状态下。

蛋白质晶体往往没有小分子晶体漂亮，边界常常不完整，很容易形成多晶。用针在低倍光学显微镜下触碰微晶，可以感到小分子晶体偏硬，容易碎成两瓣或几瓣；蛋白质晶体偏软，容易碎成粉。如果溶液变干，蛋白质晶体由于脱水而破坏；小分子晶体则不变化。用湿滤纸触碰，蛋白质粉末会很快溶解；而小分子晶体溶解很慢。小分子晶体偏光性强于蛋白质晶体，但偏光多用来鉴定晶体或其他非晶态物质，如玻璃碎片、玻璃壁上的小气泡、无定形沉淀等。还可以使用染料甲基蓝等鉴别，因为蛋白质晶体吸收染料的能力极强。蛋白质晶体的密度与母液相当，小心轻放可使其晶体浮于母液表面，小分子晶体则下沉。

（三）衍射数据收集

衍射数据是晶体结构分析的基础，衍射数据的优劣直接涉及结果的精度。衍射数据与晶体的好坏、X射线源的强度及收集数据的仪器和方法有关，勉强地处理数据并分析结果会得到错误的结构。数据收集的环节如下。

1．晶体的收集和处理　通常用低温冷冻晶体的方法来收集数据，蛋白质晶体快速冷冻于液氮中。

2．X射线源的选择　常用的X射线源有两类：一类是阳极靶式（包括封闭管式和旋转阳极靶式）；另一类是同步加速器辐射。

3．衍射线记录装置及其使用方法　按记录衍射线的方式可将收集数据的装置分为两大类，一类是使用对X射线敏感的照相底片或影像板（image plate）；另一类是计数管和面探测器。按记录装置的运动方式分为外森堡相机、徘徊相机、回摆相机、四圆衍射仪等。

（四）确定位相

X射线晶体结构分析的核心问题是位相问题。位相不可能直接由实验技术探测到，因而只能通过一些间接的方法推导出来。最基本、最有效的方法是同晶置换法。在已知结构的基础上解决不同种属不同来源的突变蛋白或它的复合物结构还可以使用分子置换法和差值电子密度法。由于同步加速器辐射光源的改进，目前多波长反常散射（MAD）已趋成熟，大有取代同晶置换法的可能，使解决相位问题大大简化。

（五）电子密度图诠释

电子密度图是晶体结构分析的直接结果，它包含了结构的全部信息，包括电子密度修饰、分辨率、分析电子密度图。

（六）结构模型精化

通过电子密度图分析获得的结构模型，需要进行原子坐标精化，反映结构精确性的一个参数是 R 因子。结构精化主要使用的是限制性最小二乘修正，最后结构模型表达，大致可分为两类，一类是实体模型；另一类是屏幕上的三维显示。

二、核磁共振波谱的溶液结构解析

多维核磁共振波谱法是目前唯一能够用以测定蛋白质（或核酸）溶液三维结构的方法。与 X 射线晶体结构分析不同，NMR 可以在溶液中研究蛋白质的结构，因此适用于那些难以结晶的蛋白质。NMR 可以提供关于蛋白质的动态性和溶液环境中的结构信息，对于研究蛋白质的折叠和结构动力学非常有价值。

通常，二维同核核磁共振方法可以解析氨基酸残基数在 100 以下的蛋白质溶液的三维结构。对于分子质量远高于 10kDa 的蛋白质，或二级结构单元主要为 α 螺旋的多肽，需运用多维（三维、四维）异核核磁共振方法进行结构解析。异核核磁共振方法除了要求蛋白质可溶性和高稳定性外，蛋白质分子必须要进行 ^{13}C 和 ^{15}N 同位素富集，也就是核磁共振样品必须是 ^{13}C 和 ^{15}N 稳定同位素双标记的蛋白质。多维异核核磁共振实验主要是检测蛋白质中 ^{1}H、^{13}C、^{15}N 核之间的相关共振信号，用以提取确定蛋白质溶液三级结构的基本信息。

第四节　蛋白质工程在制药中的应用

蛋白质工程是基因工程同蛋白质物理化学、蛋白质生物化学研究的现代进展相结合产生的一个科学领域，广义地说这门科学所要解决的问题应是修饰和创造蛋白质，使其具有更高的活性，更好的特异性、稳定性，乃至产生新的特性。要使蛋白质工程发挥作用，关键之处是清楚是什么决定了蛋白质分子的空间结构，以及空间结构对蛋白质功能的影响。

一、组织型纤溶酶原激活物的蛋白质工程

组织型纤溶酶原激活物（t-PA）是一种血浆糖蛋白，其功能是将单链无活性形式的血纤维蛋白溶酶原转换成双链酶——血纤维蛋白溶解酶，血纤维蛋白溶解酶转而切割不溶的血纤维蛋白胶变成可溶的降解产物。t-PA 的这种特性使得它被用作急性心血管栓塞的溶栓制剂。用 DNA 重组技术可以改变 t-PA 的氨基酸序列，改善 t-PA 的功能。可以采用不同的方法对 t-PA 的变种进行设计和评估。研究表明，利用蛋白质工程的方法对 t-PA 进行改造可以改善 t-PA 的性质，如溶血活性、血纤维结合和血纤维特异性、与血浆抑制因子的相互作用和半衰期等。

（一）有关重组 t-PA

20 世纪 80 年代，发现在血纤维存在时可以刺激 t-PA 的活性，于是 t-PA 被认为可能是一种有效的溶栓试剂。1984 年 t-PA 基因被克隆并表达，1987 年美国食品药品监督管理局（FDA）批准了该药物，用于急性心肌梗死及肺栓塞。t-PA 是一种多结构的丝氨酸蛋白酶，全长由 527 个氨基酸组成，整个分子由 5 个不同的结构单元组成，即指区（finger，F）、生长因子区（growth factor，G）、两个铰链区（kringle，K_1、K_2）及丝氨酸蛋白酶结构域（P）。血纤维蛋白溶

酶在 Arg275 和 Ile276 之间将 t-PA 切开，形成由 A 链（从第 1 个氨基酸残基到第 275 残基，含 F、G、K₁ 和 K₂ 结构域）和 B 链（276～527 残基，含 P 结构域）组成的双链蛋白，在 Cys264 与 Cys395 之间形成二硫键相连。人的 t-PA 分子中有 35 个 Cys 残基，形成 17 对二硫键，只有一个未配对的 Cys。t-PA 分子的结构如图 6-5 所示。

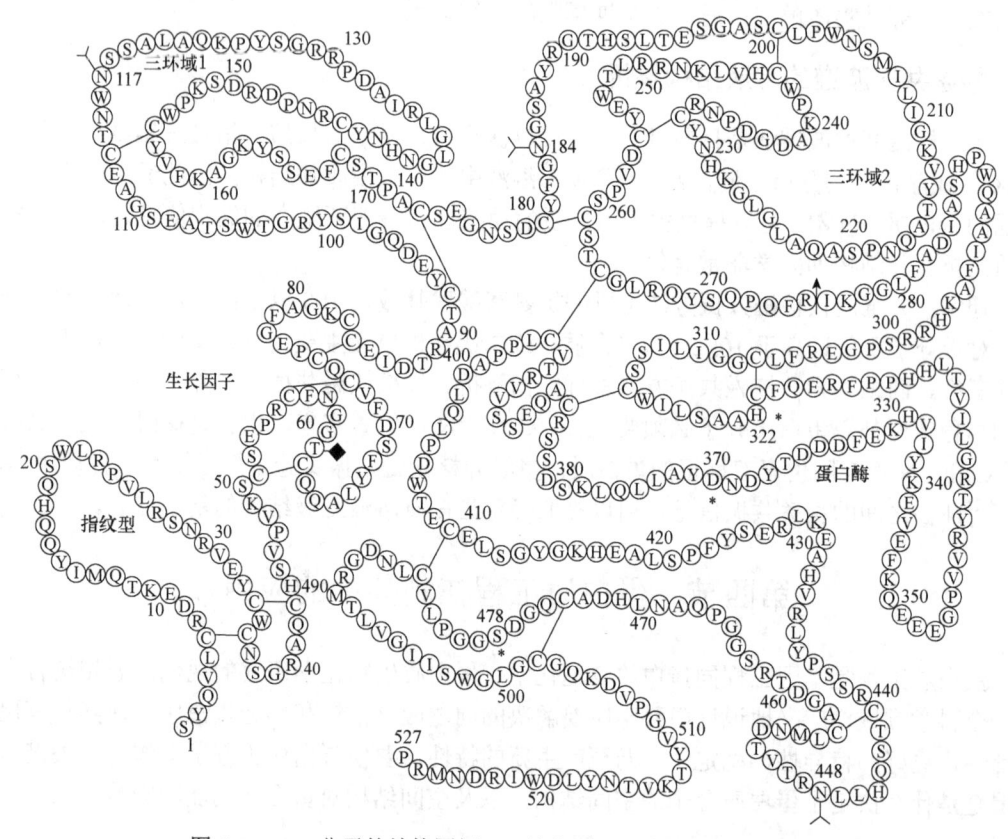

图 6-5　t-PA 分子的结构图解——结构域、二硫键、糖基化位点

（二）t-PA 蛋白质工程的几个方面

在设计产生 t-PA 突变体时人们需要考虑，通过改变蛋白质的结构会产生什么样的功能变化；改善 t-PA 的目的是什么？从生物化学的观点来讲包括：①减少 t-PA 在血浆中的清除速率；②增加纤维蛋白的特异性；③减少血浆中抑制剂对 t-PA 的抑制；④增加 t-PA 的酶原性；⑤增加内源溶解纤维蛋白的活性。利用体外和体内实验，通过建造和测试 t-PA 突变体的方法来改变这些生化参数，其中利用位点特异性突变所实施的蛋白质工程是理性药物设计中的一个组成部分。

二、基于蛋白质结构的小分子药物设计

蛋白质工程长远目标之一就是蛋白质分子的从头设计，即根据所掌握的蛋白质结构与功能关系，按照预先确定的活性和结构，对蛋白质分子进行设计、剪接，最终按人类的意愿产生全新性质的蛋白质。基于结构的药物设计是发现和开发治疗制剂的一个新方法，虽然在理论上可用于所有的生物分子，但最成功的还是发现蛋白质的新配体。利用 DOCK（分子对接）

计算机程序和以人类免疫缺陷病毒Ⅰ（HIV-1）的蛋白酶的三维结构为基础寻找一种 HIV-1 蛋白酶（HIV-1 PR）的有效抑制剂为例，介绍基于蛋白质结构的小分子药物设计。

人类免疫缺陷病毒是艾滋病病毒，其基因组编码的几个酶蛋白在病毒的感染及其后的增殖中起着重要作用。门冬酰胺酶就是其中之一，这个蛋白酶的结构和生物化学特性都已明晰。该蛋白酶是病毒蛋白质恰当加工所必需的，其切割时表现出高度的特异性。蛋白酶活性紧密调控的破坏引起 HIV-1 病毒感染性的丧失，因此 HIV-1 蛋白酶成为一个潜在的化学药物治疗靶位。

基于 HIV-1 PR 天然底物的模拟肽化合物，在试管内和活体外的实验中都是 HIV-1 PR 有效的抑制剂。在细胞培养中，蛋白酶抑制剂在减少病毒的负荷方面明显优于齐多夫定（AZT）药物。然而，这些抑制剂所具有肽的性质限制了它的生物利用度（bioavailability）和在活体内的有效性，因此需要设计有类似功能的非肽分子作为抑制剂。虽然绝大多数最初找到的非肽化合物没有底物类似物有效，但其在口服给药、穿过脑血屏障、低免疫原性及生物利用度方面都有优势。

（一）用 DOCK 发现先导化合物

1989 年，Wlodawer 等得到了 HIV-1 PR 的晶体结构数据。此蛋白酶为同源二聚体，二聚体上有两个可开关的盖子。在催化过程中，盖子在活性位点上关闭并与肽底物之间形成很多点相互作用。在盖子下面的活性位点的腔像圆柱状的洞。在活性位点腔的底部包含两个催化的 Asp 残基，每个由不同的亚基提供，每个酶亚基提供一个 Asp 残基。进行 DOCK 程序的第一步，是用 Connolly 的 MS 程序计算活性位点的分子表面。产生了由一系列重叠球体表示的活性位点的负空间，在此情况下，此酶的活性位点腔是一个长 2.4nm、直径 0.8nm 的圆柱形结构。此酶的负影像是 DOCK 程序用于寻找抑制物的基础。

DOCK 算法的第二步是通过比较内部的距离，使用 X 射线或计算机得到的假定配体与酶蛋白活性中心的负影像相匹配，再用一系列计算、分析找出候选化合物，原则如下：与蛋白酶活性位点部位在立体结构上较符合；与关键的催化残基、Asp 的侧链可能有相互作用。从整体上说，四大类化合物的空间结构与蛋白酶活性位点相容，它们是肽、类固醇化合物、血红素类化合物及伸展的多环系统。其中，肽由于上述原因被排除；而固醇和血红素类难以合成也被排除；最后选择出 5 个化合物。这 5 个化合物都可进行合成和生成衍生物，其中黑茶渍素（Atranorin）和氟哌啶醇（Haloperidol）在试管反应中表现出对 HIV-1 PR 有些抗性（图 6-6）。Atranorin 是来自苔藓的天然产物，Haloperidol 可人工合成。最后，将 Haloperidol 定为有前景的先导化合物，其理由是：①它与 HIV-1 PR 的活性位点有很好的匹配，其分子上的羟基接近 Asp 催化基团；②它是商业上可提供的试剂，在临床上用作抗精神病药剂，具有很好的药代动力学特性，可口服和穿过血脑屏障；③可以进行合成。

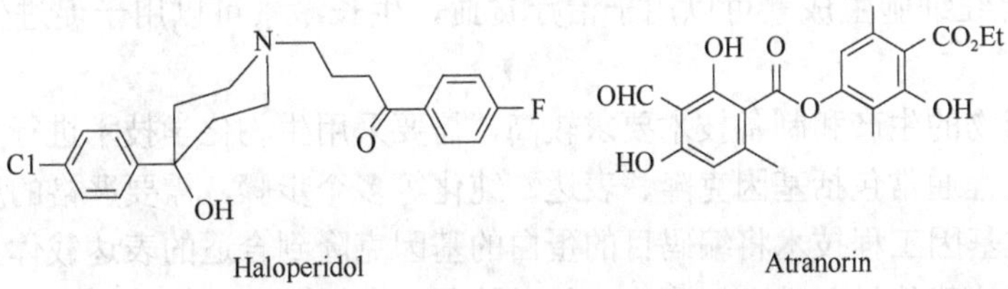

图 6-6 Haloperidol 和 Atranorin 的结构图

（二）Haloperidol 衍生物对 HIV-1 PR 的抑制

Haloperidol 对 HIV-1 PR 的抑制与其浓度相关，抑制的程度与保温过程无关，这反映出 Haloperidol 与 HIV-1 PR 的结合是可逆的，它对 HIV-1 PR 和 HIV-2 PR 的 IC_{50}（半抑制浓度）分别是 125μmol/L 和 140μmol/L。在存在 500μmol/L 抑制剂的情况下，对 HIV-1 PR 和 HIV-2 PR 活力的抑制分别是 74%和 70%。

除 Haloperidol 外，也研究了它的二醇和羟基衍生物对 HIV-1 PR 和 HIV-2 PR 的抑制作用。两种化合物对 HIV-1 PR 和 HIV-2 PR 都有明显的抑制作用。两种衍生物对 HIV-1 PR 的抑制程度相近似，抑制浓度可达 1mmol/L。而 Haloperidol 的羟基衍生物对 HIV-2 PR 的抑制作用不如其二醇衍生物，这可能反映出两种蛋白酶底物特异性有差别。

在缺少晶体结构的情况下，Haloperidol 与 HIV-1 PR 活性位点的计算机建模的相互作用被用以作为抑制剂理性设计的基础。超过 170 个这类抑制剂的类似物通过对 Haloperidol 的羟基、羧基及芳香环的修饰而合成。这些衍生物的结构与活性之间的关系通过测定它们对 HIV-1 PR 和 HIV-2 PR 的 IC_{50} 进行评估。通过修饰 Haloperidol 得到了被改进了的抑制剂化合物，对两种酶的 IC_{50} 大约是 1μmol/L，其效力增加 100 倍。

因为羧基容易修饰，所以改变羧基是产生 Haloperidol 衍生物的首选途径，这样的修饰可进一步扩大与催化 Asn 基团的相互作用。后来的实验表明，将羧基转换成硫缩酮衍生物，IC_{50} 明显减少。

基于蛋白质分子设计在酶抑制剂领域已取得成功，近年已经有 6 个大公司对 6 种药物进行Ⅰ～Ⅲ期临床试验。随着蛋白质晶体学和 NMR 对蛋白质结构测定的技术飞快发展，获得蛋白质高分辨率结构信息的时间将更快。人类基因组序列的破译，为药物设计提供了更多的蛋白质靶位。对大量未知蛋白质的发现和结构评估将为新药的创新提供新的机遇。随着用于药物设计的计算机方法的改进，未来的计算机程序可能对先导化合物的代谢和毒理学进行预测。人类面临新的健康问题，如艾滋病、病原菌的抗药品系的出现及如癌症和心血管病等，都对以结构为基础的定点药物设计提出很多的挑战，而蛋白质工程也必然在面对这些挑战中不断得到完善和发展。

三、重要蛋白质类药物制造工艺

重要蛋白质类药物是指一类利用生物化学技术制备的，具有特定生物活性的蛋白质类药物。这些药物在预防、诊断和治疗各种疾病中具有重要作用。常见的蛋白质类药物包括胰岛素、干扰素、白细胞介素、促红细胞生成素、生长激素等。蛋白质类药物具有特定的生物活性，可以针对特定的疾病进行有效的预防和治疗。例如，胰岛素可以用于治疗糖尿病，干扰素可以用于治疗病毒性感染和某些癌症，白细胞介素可以用于治疗白细胞减少症和某些肿瘤，促红细胞生成素可以用于治疗贫血，生长激素可以用于促进生长发育和治疗侏儒症等。

蛋白质类药物的生产和制备技术要求较高，需要采用生物化学技术进行大规模生产。这些药物的制备过程通常包括基因克隆、表达、纯化等多个步骤，需要严格的质量控制和安全性评估。①通过基因工程技术将编码目的蛋白的基因克隆到合适的表达载体上，如质粒或病毒载体。②将表达载体导入宿主细胞中，使目的蛋白在细胞内表达。在适宜的条件下，对宿主细胞进行培养和扩增，使其大量繁殖。这个过程中需要控制细胞的生长环境和营养条件，以确保细胞的健康和蛋白质的稳定表达。③从宿主细胞中分离出目的蛋白，并进行纯化。这一步通常采用多种分离纯化技术，如离心、过滤、沉淀、离子交换、凝胶电泳等，以去除杂质并获得高纯度的蛋白质。④某些蛋白质类药物需要进行修饰和加工，以增加其生物活性和稳定性。这一步可以通过化学修饰、酶促反应等方法实现。⑤在制造过程中，需要对蛋白质进行质量控制和分析，以确保其质量和纯度符合标准。这一步通常包括对蛋白质的理化性质、生物学活性、安全性等方面的检测和分析。⑥将蛋白质类药物制成适合临床使用的剂型，并进行包装。剂型的选择需要根据药物的性质和临床需求来确定，包装材料的选择则需要考虑保护药物不受外界环境的影响。

总体而言，重要蛋白质类生化药物在医学领域中具有重要的地位和应用价值，为人类的健康和疾病治疗提供了重要的支持。随着生物技术的不断发展，蛋白质类药物的研究和开发将不断取得新的进展，为人类的健康事业做出更大的贡献。

（一）谷胱甘肽的制造工艺和技术要点

谷胱甘肽（glutathione，GSH）是一种由 Gly、L-Cys 和 L-Glu 构成的三肽化合物，经 GSH 合成酶系催化而成，其活性基团为巯基和 γ-谷氨酰基。经研究，GSH 含有的巯基（—SH）通过清除自由基和激活酶的活性发挥主要作用，它也可以维持细胞内 GSH 的氧化还原稳态。GSH 主要在细胞质中合成，合成的 GSH 通过特定的转运蛋白从细胞质运输到细胞器。GSH 的分子式为 $C_{10}H_{17}N_3O_6S$，其化学结构式见图 6-7。

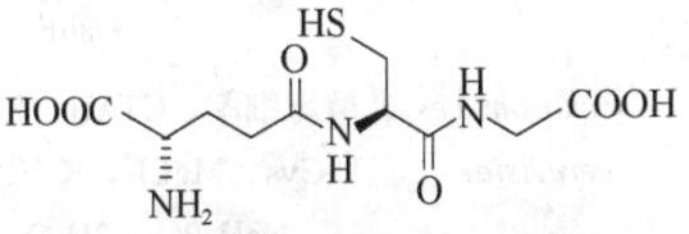

GSH 生产的经典方法是萃取法，萃取溶剂可以是酸性有机溶剂、H_2O、酯类、烯醇类及以上成分不同比例的混合。传统的 GSH 生产工艺如图 6-8 所示。萃取法是 GSH 最初始的生产方法，主要是利用 GSH 在两种不同溶剂中的溶解度不同的

图 6-7 谷胱甘肽的化学结构式

特性。萃取法主要用于动植物组织的分离提取，采用提取沉淀的方法，由于很难获取原料且动植物组织胞内 GSH 含量极低，因此有机溶剂萃取法萃取 GSH 实际应用意义不大，并没有得到广泛应用。

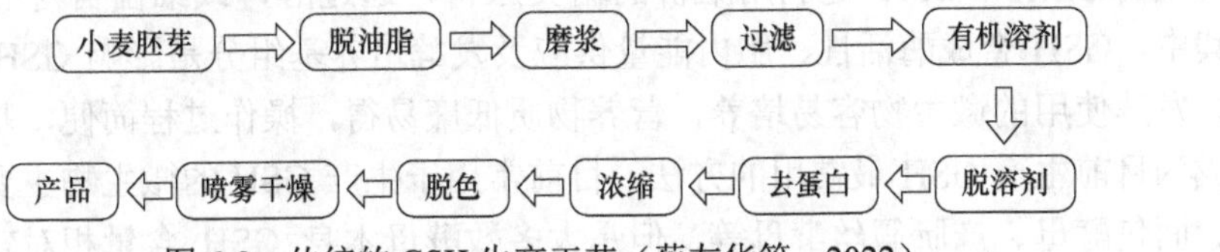

小麦胚芽 ⇒ 脱油脂 ⇒ 磨浆 ⇒ 过滤 ⇒ 有机溶剂 ⇓
产品 ⇐ 喷雾干燥 ⇐ 脱色 ⇐ 浓缩 ⇐ 去蛋白 ⇐ 脱溶剂

图 6-8 传统的 GSH 生产工艺（蔡友华等，2022）

GSH 的化学合成法制备是将 L-Glu、L-Cys 和 Gly 脱水缩合形成三肽 GSH 的过程，主要经过基团保护、脱水缩合、脱保护 3 个步骤实现，GSH 的化学合成法在 20 世纪 50 年代就已经形成工业化，技术较为成熟，但这种方法反应操作复杂、工艺难度高、耗时长、污染大，而且得到的产物是左旋 GSH 和右旋 GSH 的混合物，纯度低，效价不稳定，所以化学合成法也早已被工业生产所淘汰。

酶合成法主要利用微生物体内的 GSH 合成所需的酶包括 GSH Ⅰ 和 GSH Ⅱ，以 L-Glu、L-Cys、Gly 为底物，并添加一定量的 ATP、镁（辅酶因子）、磷酸盐缓冲液（稳定 pH）和钙等合成 GSH，可以避免形成外消旋体（DL-GSH，由等量的 L-GSH 和 D-GSH 混合而成，无旋光性），GSH 合成所需的酶主要来自大肠杆菌或者酵母。GSH Ⅰ 和 GSH Ⅱ 分别由原核生物

中的 gshA 和 gshB 编码（真核生物中的 gsh1 和 gsh2）。过表达 GSH Ⅰ 和 GSH Ⅱ 是提高 GSH 产量的有效途径。此外，为了重复利用酶，生产过程中一般采用细胞或酶固定化，不仅能提高 GSH 的生产效率，也方便生产过程的自动化控制。酶法合成的优势在于具有很高的特异性，生产工艺明确、操作简单、生产周期短，反应速度快，产品浓度高且较易纯化，但加入的前体物料氨基酸和 ATP 价格相对昂贵，成本较高。近年来，学者在利用酶法合成 GSH 方面进行了有益探索和实践（表 6-3），主要包括寻求高效的 ATP 生成系统、降低原料成本、发掘高性能的谷胱甘肽合成酶系统、缓解产物的反馈抑制、提高产量。

表 6-3 酶法合成 GSH 的技术方法（蔡友华等，2022）

酶的来源	添加底物	ATP 来源	反应条件	GSH 产量/（g/L）
Streptococcus thermophilus	Gly、L-Cys、L-Glu、ATP、MgCl$_2$·7H$_2$O、乙酰磷酸、乙酰激酶粗提物、谷胱甘肽合成酶粗提物	*Lactobacillus sanfranciscensis*，乙酸激酶催化乙酰磷酸生成 ATP	pH 6.8，30℃，150r/min，绝氧，3h	18.3±0.1
Streptococcus sanguinis	纯化的 GshFSS、L-Glu、Gly、L-Cys、MgCl$_2$、ADP、二硫苏糖醇（DTT）、多聚磷酸盐（polyP）、大肠杆菌 pET28a-PPK 湿细胞	*Thermosynechococcus elongatus* BP-1 源多聚磷酸激酶（PPK）催化 polyP 生成 ATP	pH 8.0，45℃，一步法，5h	8.76
Streptococcus agalactiae	L-Glu、Gly、L-Cys、ADP、polyP、MgCl$_2$、Tris-HCl 缓冲液、PPK、GshF	*Corynebacterium glutamicum* 源 PPK 催化 polyP 生成 ATP	pH 7.5，30℃，180r/min，7h	12.32
Saccharomyces cerevisiae	酵母细胞、CTAB、L-Glu、Gly、L-Cys、MgCl$_2$、K$_2$HPO$_4$·3H$_2$O、NaH$_2$PO$_4$·2H$_2$O、葡萄糖	酵母糖酵解途径产生 ATP	pH 5.5，37℃，220r/min，10h，两步法	GSH 2.1（GSSG 17.5）
Streptococcus sanguinis	L-Glu、Gly、L-Cys、MgCl$_2$、PPK、DTT、生长抑素、ADP、polyP	*Thermosynechococcus elongates* 源 PPK 催化 polyP 生成 ATP	pH 8.5，45℃，3h	17.82±1.01
Streptococcus sanguinis	L-Glu、Gly、L-Cys、MgCl$_2$、polyP、ADP、GshF、PPK	*Jhaorihella thermophile* 源 PPK 催化 polyP 生成 ATP	pH 8.0，45℃，一步法，2h	30.71

生物发酵法生产 GSH 是利用廉价的糖类原料，通过酵母或细菌自身的物质代谢合成 GSH。其中，GSH 合成酶活性、胞内能量供应及发酵培养基组分是影响 GSH 高效合成的重要因素。发酵使用的微生物容易培养，营养物质低廉易得，操作过程简便，基于以上优点发酵法已成为目前生产 GSH 最常用的方法。目前常用于生产 GSH 的微生物主要为酵母，如酿酒酵母、面包酵母、产朊假丝酵母等，但是大多数酵母本身 GSH 含量相对较低，因此选育优产菌株、对野生菌株进行诱变育种和基因工程育种技术及在 GSH 发酵生产工艺（培养条件优化及调控策略）是发酵法的研究热点。由于酵母中 GSH 含量较高，遗传背景清晰，所以常被用作生产 GSH 的首选菌种，特别是产朊假丝酵母和酿酒酵母，自然界中野生型微生物细胞中 GSH 的含量通常不高，一般是 1～10mmol/L，这导致 GSH 的实际生产成本非常高。因此，通常采用诱变或者基因工程来提高 GSH 合成酶的活性，或通过优化发酵条件提高前体的利用率，或促进胞内 GSH 外排，减少胞内 GSH 合成的反馈抑制，从而提高 GSH 产量。研究表明在酵母细胞培养过程中添加三种前体氨基酸，在一定程度上可提高 GSH 含量。此外，利用大肠杆菌发酵也可获得较高的产量和浓度的 GSH。整体而言，微生物发酵法生产 GSH 与较早的萃取法、化学合成法、酶合成法相比具有步骤简单、条件温和、成本低、效率高、速度快、易分离、污染少等优点，已经成为目前工业大规模生产 GSH 最常用的方法，

其主要工艺流程见图 6-9。

菌种培养 → 一级种子培养 → 二级种子培养 → 发酵罐配料

溶解 ← 沉淀、洗涤 ← 破壁、过滤 ← 离心

脱色 → 浓缩 → 干燥包装 → 贮藏

图 6-9　发酵法制备 GSH 的工艺流程（蔡友华等，2022）

（二）胃膜素

胃膜素是从胃黏膜中分离出来的蛋白，它呈现为白色至黄白色粉末或黄褐色颗粒，具有蛋白胨样臭味，微咸。当遇到水时，胃膜素会胀成黏浆状，并在遇到弱酸时沉淀。能抵抗胃蛋白酶的消化并吸附胃酸，对胃、十二指肠溃疡灶面起生理保护作用，可用于治疗胃及十二指肠溃疡、胃酸过多症及胃痛等。我国胃膜素合成原料极为丰富，但从胃黏膜中提取高附加值胃膜素的工艺相对落后，国内主要按胃黏膜消化、三氯甲烷或乙醚脱脂、丙酮沉淀、干燥的工艺路线生产，该工艺耗时长、胃膜素得率低，仅 1.5% 左右；国外采用 pH 6.5 的 NaH_2PO_4、EDTA、NEM 及盐酸胍的缓冲液为提取液，再经高速离心、透析、等密度梯度离心制得胃膜素，该工艺复杂、生产成本高、生产周期长，为了得到经济、简便、高效的胃膜素生产工艺，采用二次回归正交旋转组合设计方法进行优化。首先进行胃膜素的提取，加入盐酸，搅拌后在水浴锅中静置消化，离心 10min，保留上清液并冷冻，上清液在搅拌下加入等体积的冷丙酮，即有白色长丝状的胃膜素出现，静置后滤取胃膜素，将滤取的胃膜素用适量 60% 冷丙酮洗涤，然后将其置于电热干燥箱中干燥至质量恒定，得到胃膜素。

小　结

蛋白质工程制药是运用蛋白质结构规律及其生物功能关系，通过基因修饰和合成，对现有蛋白质进行定向改造、设计和构建，以生产性能更优良、更符合人类需求的新型蛋白质。这涉及多肽和蛋白质类药物的分类、性质、作用及制备。蛋白质类药物则包括各种具有生物活性的蛋白质。这些药物的制备涉及复杂的生物化学技术。蛋白质分子设计与合成是关键环节，包括基于天然蛋白质结构的分子设计和先进的蛋白质合成技术。此外，确定蛋白质的结构也至关重要，如通过 X 射线晶体结构分析和核磁共振波谱溶液结构解析。在制药领域，蛋白质工程应用于组织纤维蛋白溶酶原激活因子的改造、基于蛋白质结构的小分子药物设计及重要蛋白质类生化药物的制造工艺。

复习思考题

1. 在蛋白质药物的提取分离过程中，如何选择合适的原料？
2. 蛋白质的化学合成方法相比其他制备方法有哪些优势？
3. 在蛋白质化学合成中，逐步合成法的原理是什么？它存在哪些局限性？
4. 在蛋白质药物的提取过程中，为什么需要对原料进行预处理？
5. 在蛋白质化学合成中，如何确保合成的准确性和高效性？

第七章
抗体工程制药

视频

```
抗体工程制药
├─ 抗体的生物学基础
│   ├─ 抗体的结构与分类
│   └─ 抗体多样性的遗传基础
├─ 抗体工程概述
│   ├─ 抗体设计的基础理论
│   ├─ 抗体与抗原的相互作用
│   └─ 抗体工程的目标
├─ 分子生物学技术在抗体工程中的应用
│   ├─ 蛋白质工程技术
│   │   ├─ 蛋白质设计与模拟
│   │   ├─ 点突变技术
│   │   ├─ 抗体库的构建与筛选
│   │   └─ 蛋白质表达系统
│   ├─ 单克隆抗体及其应用
│   │   ├─ 单克隆抗体的生产技术
│   │   └─ 单克隆抗体的应用
│   └─ 重组抗体技术
│       ├─ 嵌合抗体与人源化抗体
│       ├─ 单链Fv
│       └─ 双特异性抗体
├─ 抗体工程的分析方法
│   ├─ 抗体亲和力的测定
│   ├─ 抗体特异性的评价
│   └─ 抗体疗效与毒性的评估
├─ 抗体工程的高通量筛选技术
│   ├─ 抗体库的构建
│   ├─ 噬菌体展示技术
│   └─ 细胞表面展示技术
├─ 抗体药物的研发流程
│   ├─ 目标选择与验证
│   ├─ 抗体药物的设计与优化
│   └─ 临床研究与临床试验设计
├─ 抗体药物的制造与质量控制
│   ├─ 抗体药物的生产工艺
│   ├─ 抗体药物的纯化技术
│   └─ 抗体药物质量的控制标准与方法
└─ 抗体药物的临床应用
    ├─ 肿瘤疾病
    ├─ 自身免疫病
    ├─ 传染性疾病与其他疾病
    └─ 抗体工程未来发展趋势
        ├─ 下一代抗体药物
        ├─ 组合疗法与个性化医疗
        └─ 抗体工程的新挑战与机遇
```

抗体是一种具有保护作用的蛋白质，由机体在抗原刺激下产生。它是生物进化中最重要的蛋白质之一，能够特异识别抗原。在基础科学研究中，抗体已成为不可或缺的工具，用于鉴定蛋白质的表达、定位和研究其功能等。在医学领域，抗体药物已经成为发展最为迅速的生物药物，广泛应用于治疗感染性疾病、癌症、自身免疫病等，同时也在医学研究和临床诊断中发挥重要作用。

第一节　抗体的生物学基础

抗体（antibody）也称为免疫球蛋白（immunoglobulin，Ig），它们具有识别和结合特定抗原（如病原体或外来物质）的能力。每个抗体分子由4条多肽链组成，包括两条重链（heavy chain，H）和两条轻链（light chain，L），通过二硫键连接形成"Y"形结构。抗体的主要作用是识别和中和入侵的病原体，如细菌、病毒和寄生虫，以及检测和清除体内的异常细胞（如癌细胞）。其在体内发挥多种作用，如中和作用，有些抗体可以直接与病原体表面的抗原结合，阻止其进入宿主细胞。某些抗体能够激活补体系统，导致病原体的裂解和破坏。抗体还具有促进吞噬作用，促使吞噬细胞识别并吞噬病原体。抗体还可以调节免疫反应，可以影响其他免疫细胞的活性，增强或抑制免疫应答。

一、抗体的结构与分类

抗体由4条多肽链组成，它们通过二硫键相连。每条链都由一个可变区（variable region，V）和一个恒定区（constant region，C）组成。可变区负责识别特异性抗原，而恒定区则决定了抗体的类别和其介导免疫效应的方式。抗体的分类基于其恒定区的结构差异，哺乳动物抗体重链可分为5类，分别以希腊字母 γ、α、μ、δ、和 ε 表示，据此将抗体相应地分为 IgG、IgA、IgM、IgD 和 IgE。抗体主要由脾、淋巴结和其他淋巴组织内的浆细胞所产生。

二、抗体多样性的遗传基础

抗体的多样性和异质性是指血清中抗体的高度非均一性。当机体受到外界环境中多种抗原刺激时，会产生特异性抗体做出应答。据推测，抗体的多样性可能超过 1000 万种。造成抗体多样性的原因包括外部和内部因素。外部因素是指自然界中存在着各种各样变化多端的抗原分子和它们的表位，但更重要的是内部因素，即基因控制。抗体多样性的遗传基础主要表现在以下几个方面：①在胚系中存在着大量的 *V*、*D*、*J* 基因片段。②*VDJ* 连接的多样性，在轻链基因的重排过程中，*V-J* 连接位点有一定的变异范围。③体细胞突变，在体细胞发育过程中可能发生基因突变。④在 Ig 重链基因片段的重排过程中，有时会通过无模板指导的机制，在重组后的 *D* 基因片段的两侧（*VH-DH* 或 *DH-JH* 连接处）额外插入一些核苷酸，称为 N 区。N 区不是由胚系基因所编码的。⑤轻链和重链的随机组合。

第二节　抗体工程概述

抗体工程是一个涉及生物医药、分子生物学和免疫学等多学科交叉的前沿科学领域。它的目标是通过遗传工程手段对抗体分子进行设计和改造，以获得具有特定生物学功能的抗体或抗体衍生物。抗体工程的研究始于 20 世纪 70 年代，科学家首次利用杂交瘤技术生产出单克隆抗体。这些抗体具有高度特异性和一致性，为后续的抗体工程打下了坚实的基础。随着分子克隆和 DNA 重组技术的发展，开始尝试将抗体基因克隆到细菌或哺乳动物细胞中，实现抗体的体外生产。此后，通过进一步的遗传操作，如抗体链的重排、变异和融合，创制了一系列具有改良性质的抗体，如嵌合抗体、人源化抗体等。这些工程化抗体大大降低了临床应用中的免疫原性问题，并提高了疗效。

抗体工程的主要目的是开发具有改进临床疗效和安全性的抗体药物。在癌症治疗、自身免疫病治疗、传染病防治及生物技术制药等领域，工程化抗体已经显示出巨大的潜力和显著的优势。例如，嵌合抗体可用于靶向疗法，人源化抗体和全人源化抗体则用于减少患者对抗体药物的免疫反应。在癌症治疗中，通过抗体工程技术生成的单克隆抗体可以特异性地结合肿瘤细胞表面的抗原，引导免疫系统攻击并消灭肿瘤细胞。此外，抗体-药物偶联物（antibody-drug conjugate，ADC）和双特异性抗体（bispecific antibody，BsAb）等新型抗体药物的出现，进一步拓宽了抗体在癌症治疗中的应用范围。在自身免疫病治疗方面，抗体工程可以精准调控免疫反应，通过靶向特定的细胞表面分子或细胞因子，缓解炎症和自身免疫反应。在传染病领域，基于抗体工程的生物制品提供了快速响应的策略，以生产特异性抗体，用于疫苗开发或作为直接的治疗手段。

一、抗体设计的基础理论

抗体设计的基础理论是理解抗体分子的结构和功能关系。抗体主要由两条轻链（L 链）和两条重链（H 链）经二硫键连接形成，两端游离的氨基或羧基分别命名为氨基端（N 端）和羧基端（C 端）。抗体是一种由两条轻链和两条重链组成的"Y"形糖蛋白。每条链包含一个恒定区（constant region）和一个可变区（variable region）。可变区位于抗体分子的 N 端，用于识别和结合抗原。每个可变区包含一个由内部二硫键连接的肽环，由 67~75 个氨基酸残基组成。可变区的氨基酸组成和排列因抗体结合不同抗原的特异性而有较大变异。由于可变区中氨基酸的种类和排列顺序千变万化，因此可以形成许多具有不同结合抗原特异性的抗体。重链的每个功能区包含 110 多个氨基酸残基，其中包含一个由二硫键连接的肽环，由 50~60 个氨基酸残基组成。这个区域的氨基酸组成和排列在同一种 Ig 同型轻链和同一类重链中相对恒定，决定了抗体的亚型（如 IgG、IgM 等）和生物学功能（如激活补体或结合细胞表面受体）。比较多种抗体的可变区氨基酸序列发现，重链可变区和轻链可变区各有三个区域的氨基酸组成和排列特别容易变化，这些可变区域称为高变区（hypervariable region，HVR），分别用 HVR1、HVR2 和 HVR3 表示。轻链可变区和重链可变区的三个高变区共同组成抗体与抗原结合的部位，该部位形成一个与抗原决定簇互补的表面。因此，高变区也被称为互补决定区（complementarity determining region，CDR）。

在抗体设计中，可变区域的互补决定区是关键，因为它们直接参与与抗原的结合。通过改变 CDR 的氨基酸序列，可以增强或改变抗体的亲和力、特异性和交叉反应性。此外，通过改变恒定区或通过改变抗体的糖基化模式，可以调节抗体的生物学效应。抗体通过其可变区的 CDR 与抗原的表位（epitope）特异性结合。表位是抗原上能够被抗体识别和结合的特定部分，可能是一个连续的氨基酸序列，也可能是由多个不连续的氨基酸残基构成的空间结构。抗体与抗原的结合是通过多个非共价键实现的，包括氢键、疏水作用、范德瓦耳斯力和静电力。结合亲和力（affinity）是衡量抗体与抗原结合强度的指标，结合亲和力越高，抗体与抗原的结合越稳定。

二、抗体与抗原的相互作用

Ig 具有特异性结合抗原的能力，可以与细菌、病毒、寄生虫、某些药物或其他异物特异性结合。这种特异性结合是由其 V 区决定的，尤其是 V 区中的高变区。抗原结合点由轻链和重链的高变区组成，与抗原上的表位互补。结合过程依赖于静电力、氢键和范德瓦耳斯力等次级键，并受到 pH、温度和电解浓度等因素的影响，是可逆的。在某些情况下，由于不同抗原分子上存在相同或相似的抗原决定簇，一种抗体可以与两种以上的抗原发生反应，这称为交叉反应。

三、抗体工程的目标

抗体工程是通过生物技术手段对抗体进行设计和改造的科学。通过抗体工程，科学家能够生产出具有改进特性的抗体，如增强结合亲和力、提高特异性、减少免疫原性或延长血液半衰期。主要包括单克隆抗体，其是通过杂交瘤技术或重组 DNA 技术产生的，针对特定抗原表位的单一抗体品种。还有重组抗体，其是利用基因工程技术，将特定抗体基因序列插入宿主细胞，由这些细胞大量表达和分泌抗体。最后还有抗体片段，如单链变异片段（ScFv）和单域抗体（single domain antibody），它们由抗体的一部分（通常是可变区）组成，其大小更小，可以更容易渗透到组织中，有时甚至能结合到常规抗体无法接触的表位。

抗体设计的核心目标是开发出能够与特定抗原高亲和力结合的抗体，同时保证其在临床应用中的安全性和有效性。通过分析抗原的三维结构，尤其是表位（抗原的抗体结合部位），设计出能够与抗原高亲和力结合的抗体。这一过程通常包括对抗原的免疫原性区域进行细致的研究，然后选择合适的抗体框架，并对其可变区进行特定的氨基酸残基替换，以提高抗体与抗原的结合能力。抗体库筛选技术是一种高通量的方法，用于从大规模的抗体库中筛选出与特定抗原结合的抗体。人源化处理是指将来自非人动物（如小鼠）的抗体进行改造，使其在功能上更接近人类抗体，从而减少其在人体内的免疫原性（immunogenicity）。这一过程通常包括将非人抗体 CDR 植入人类抗体框架中，并对部分框架区域进行调整，以保持 CDR 的结构和功能。人源化抗体因其较低的免疫原性和较好的安全性，在临床治疗中具有广泛的应用前景。

第三节　分子生物学技术在抗体工程中的应用

在抗体工程中，分子生物学技术是实现抗体优化、生产和应用的基石。基因克隆是将特定 DNA 片段从其原始来源分离出来，并将其插入到一个可以在宿主细胞内复制和表达的载体中的过程。需要确保在宿主细胞中正确表达和抗体链的组装。表达宿主的选择对于成功的抗体生产至关重要。重组抗体（recombinant antibody，rAb）的生产涉及将抗体基因插入适当的表达载体，转染到宿主细胞，然后培养细胞以产生所需的抗体。这个过程需要精确控制培养条件以最大化抗体的产量和质量。在表达系统中，重组抗体通过分泌途径被分泌到培养基中。分泌到外部的抗体可以被收集并纯化，纯化通常涉及亲和色谱技术。之后，所获得的抗体可以通过各种生物化学和分子生物学方法进行表征，包括 SDS 聚丙烯酰胺凝胶电泳（SDS-PAGE）、蛋白质印迹（Western blotting）、酶联免疫吸附试验（ELISA）、光谱分析及质谱分析等，以确保抗体具有正确的大小、纯度和功能活性。

一、蛋白质工程技术

蛋白质工程是一门利用生物信息学、分子生物学和化学技术对蛋白质进行系统设计和改造的学科，旨在优化其性能，以满足工业、研究和治疗上的需求。在抗体工程中，蛋白质工程技术的应用尤为关键，它涉及对抗体的结构和功能进行精确修改，以增强其亲和力、稳定性和生物活性。

（一）蛋白质设计与模拟

蛋白质设计与模拟是通过计算方法预测蛋白质的三维结构，并在此基础上设计新的蛋白质变体。这一过程通常涉及以下步骤。

（1）序列对齐　通过比较已知结构的蛋白质序列来预测目的蛋白的结构。

（2）结构建模　运用同源建模、蛋白质折叠和分子动力学模拟等技术生成蛋白质的三维模型。

（3）设计与优化　根据预期的蛋白质功能，通过计算方法对蛋白质进行设计，如改变特定氨基酸残基以改善结合亲和力或稳定性。

（4）验证与迭代　将设计的蛋白质表达和纯化后，通过实验验证其结构和功能，必要时进行进一步的设计迭代。

（二）点突变技术

点突变技术是一种通过改变蛋白质序列中的单个核苷酸，从而替换特定氨基酸残基的方法。这种技术可以用来揭示特定残基对蛋白质功能的影响，或者用来增强蛋白质的性能。点突变通常通过定向突变实现，该过程包括以下几个关键步骤：引物设计，设计含有所需突变的特异性引物。PCR 扩增，使用这些引物通过 PCR 方法扩增目的基因，引入突变。产品验证与表达，通过 DNA 测序验证突变的准确性，并将突变基因表达以产生突变蛋白。功能评估，通过生物化学和生物物理方法评估突变蛋白的功能和稳定性。

（三）抗体库的构建与筛选

构建抗体库是抗体工程中的一项关键技术，目的是通过随机组合抗体的可变区（V 区）来生成大量不同的抗体变体。抗体库的筛选是为了从中识别出具有特定结合特性的抗体。构建和筛选包括以下过程：首先是库的构建，通过随机组合抗体 V 区基因片段，或者通过体外突变引入多样性，构建含有大量不同抗体变体的基因库。其次是表达系统的选择，选择合适的表达系统（如噬菌体、酵母或哺乳动物细胞）来展示抗体库。再次是筛选与鉴定，利用生物学筛选技术（如噬菌体展示）从抗体库中筛选出与目的抗原结合的抗体。最后是特性分析，对筛选出的抗体进行详细的生物化学和生物物理分析，以评估其亲和力、特异性和其他功能特性。

（四）蛋白质表达系统

在生物技术制药领域，抗体的表达是一个关键环节，它涉及将特定的遗传信息转化为功能性蛋白质的过程。当前，各种表达系统包括细菌、酵母、昆虫细胞和哺乳动物细胞等，被用于生产重组抗体。大肠杆菌表达系统利用了大肠杆菌细胞内的自然转录和翻译机制来生产重组蛋白。在这一过程中，目的蛋白的编码基因首先被克隆到一个质粒载体上，该载体含有细菌启动子、核糖体结合位点、目的基因及相应的终止子（terminator）。将此质粒通过转化作用引入大肠杆菌后，细菌的转录和翻译系统便可识别载体上的启动子，启动目的基因的表达。

大肠杆菌表达系统的优势在于其高效、快速且成本效益高。大肠杆菌的倍增时间短，可以在短时间内获得大量目的蛋白。此外，大肠杆菌细胞易于遗传操作，适用于高通量筛选和大规模生产。成熟的质粒构建和转化技术也使得大肠杆菌成为实验室常用的表达系统。大肠杆菌表达系统在生产抗体片段方面特别有益，因为这些小分子相对于整个 IgG 分子来说，对糖基化的依赖性较小。此外，大肠杆菌系统也被用于表达一些非糖基化的全长 IgG，尽管这样的抗体可能缺乏某些效应功能。

尽管大肠杆菌表达系统具有多方面的优势，但它在抗体表达方面也存在一些限制。最主要的问题是它不能进行复杂的翻译后修饰，如糖基化、磷酸化和正确的折叠。这会影响到抗体的功能和稳定性，尤其是当抗体用于治疗目的时，其糖基化模式对于免疫系统的识别和清除抗体至关重要。另一个问题是，大肠杆菌中的外源蛋白有时会形成包含体，需要通过复杂的溶解和重折叠步骤才能获得活性蛋白。针对大肠杆菌表达系统的限制，研究人员开发了多种策略来改善抗体的表达和功能。例如，通过优化目的基因的密码子，提高大肠杆菌中的表达水平；通过调整培养条件，减少包含体的形成；通过使用辅助蛋白促进正确的蛋白质折叠。此外，还可以通过工程技术改造大肠杆菌菌株，使其能够执行某些简单的糖基化反应。

哺乳动物细胞表达系统应用最为广泛。哺乳动物细胞表达系统是现代生物技术中用于生产高质量抗体的核心工具之一。通过对细胞系的精心选择、优化转染和培养条件，以及精细的过程控制，该系统能够高效生产出用于基础研究、临床前研究和疗法开发的抗体。随着对抗体疗法需求的不断增长，哺乳动物细胞表达系统在未来的生物医药领域将持续扮演关键角色，并将不断优化以满足更高标准的生产需求。

哺乳动物细胞表达系统是一种利用哺乳动物细胞的生物学机制来生产重组蛋白，尤其是抗体的高级表达平台。与其他表达系统相比，哺乳动物细胞能够进行复杂的翻译后修饰过程，如正确的折叠、糖基化、硫醚键形成和分泌，这些是保证抗体结构和功能完整性的关键。哺乳动物细胞表达系统主要分为瞬时表达系统和稳定表达系统两种。瞬时表达系统通常用于快速生产小批量抗体，适合于初步的功能性测试和抗体设计的优化。稳定表达系统则用于长期、大规模生产特定抗体，适用于临床前研究和商业生产。哺乳动物细胞表达系统的主要优势在于其能够进行接近人类体内的蛋白质修饰，从而确保所生产的抗体具有很高的生物活性和稳定性。此外，哺乳动物细胞产生的抗体糖基化模式与人类相似，这对于抗体的功能和减少免疫原性至关重要。

二、单克隆抗体及其应用

单克隆抗体（monoclonal antibody，mAb）是具有高度特异性的抗体，能够精确识别和结合特定的抗原。自单克隆抗体技术问世以来，在生命科学研究和临床医学诊断中扮演着越来越重要的角色。每年都有成千上万种生物产品和用于临床诊断的单抗试剂问世。随着人类基因组计划的完成和蛋白质组计划的启动，单克隆抗体在蛋白质功能研究、基因表达谱分析、临床疾病检测和治疗等方面的应用将变得更加广泛。单克隆抗体技术的出现使免疫学研究进入了更高级和更精细的阶段，单克隆抗体已成为生物科学中最精确的工具之一。

（一）单克隆抗体的生产技术

单克隆抗体的制备过程涉及将生化缺陷型骨髓瘤细胞与经抗原免疫的同种系B细胞进行融合，然后从中筛选出同时具有骨髓瘤细胞无限增殖特性和B细胞抗体分泌特性的杂交瘤细胞。制备过程分为融合前准备、融合和融合后杂交瘤管理三个阶段。在准备阶段，主要解决实验所需设备和材料，并建立与融合前相关的方法，如免疫和筛选方法。融合后的杂交瘤管理主要包括筛选、克隆、冻存和制备抗体。细胞融合是一个成熟的过程，但要制备分泌具有特异性抗体的杂交瘤，则需要考虑多种因素，整个操作过程相对复杂。下面以鼠源单克隆抗体的制备为例进行简要介绍。

制备鼠源单克隆抗体的第一步是选择合适的抗原和免疫程序。抗原是引发免疫反应的物质。为了激发小鼠产生强烈的特异性免疫反应，通常需要将抗原与佐剂混合，佐剂是一种可增强和延长免疫反应的物质。抗原和佐剂的混合物通过注射的方式进入小鼠体内，刺激其免疫系统产生针对抗原的特异性抗体。经过一系列免疫后，小鼠的脾会富含可产生特异性抗体的B细胞。从小鼠脾中分离B细胞，并与长期培养的小鼠骨髓瘤细胞（如SP2/0或P3X63Ag8.653）进行融合。融合过程通常使用高浓度的聚乙二醇（PEG）。融合后形成的细胞称为杂交瘤细胞，它们既具有B细胞产生特异性抗体的能力，又拥有骨髓瘤细胞的不死性。通过限制稀释法将杂交瘤细胞单克隆化，并通过ELISA、流式细胞术等方法筛选产生所需抗体的克隆。为了确保所选杂交瘤克隆能长期稳定地产生单克隆抗体，需要挑选稳定产生高效价抗体的克隆用于进一步的生产。选定的杂交瘤克隆可以在体外或体内进行抗体的生产。体外生产是在生物反应器中大规模培养杂交瘤细胞，将分泌到培养基中的抗体收集并纯化。体内生产通常涉及将杂交瘤细胞注射到特定的无菌小鼠的腹腔中，这些小鼠会产生富含单克隆抗体的腹水。腹水法通常能获得较高浓度的抗体，但可能伴随有杂质和异种蛋白。在培养上清或腹水中，可以通过多种柱层析技术进行抗体的纯化，包括蛋白A/G亲和层析、离子交换层析和凝胶过滤层析等。纯化后的单克隆抗体需要进行质量控制测试，以确保其特异性、亲和力、纯度和功能。鼠源单克隆抗体的制备是一项复杂的技术过程，涉及小鼠免疫、细胞融合、杂交瘤筛选、克隆稳定性测试、抗体生产和纯化等多个步骤。

（二）单克隆抗体的应用

由于单克隆抗体能识别各种生物活性物质，如蛋白质、多糖、核酸、脂蛋白、神经肽等的单一抗原决定簇并与其特异结合，同时由于单克隆抗体的均质性及易于大量生产，其在生命科学研究领域中得到了广泛应用。在蛋白质组学研究领域，单克隆抗体可以实现对蛋白质的定性、定量和细胞（内）定位分析，以及蛋白质相对丰度比较。某些抗体还可以特异性识别蛋白质翻译后修饰的糖基化或磷酸化位点、降解产物、功能状态和构象变化等。单克隆抗体还有助于蛋白质复合物及其相互作用的研究，以及新的蛋白质的发现和确认。在细胞抗原研究和鉴定分类中，单克隆抗体可用于细胞分化抗原研究和淋巴细胞亚群分类。在细胞受体研究中，单克隆抗体可用于受体的分离纯化、细胞定位、结构研究和功能分析。总之，单克隆抗体在生命科学研究中发挥着重要且不可替代的作用。

抗体在医学中的应用极为广泛，涉及疾病的研究、诊断及治疗等各个方面。抗体在医学领域的应用形式已经由多抗血清逐渐发展到单克隆抗体。单克隆抗体由于其均一性、可大量生产和易于质量控制的特点，逐渐取代了多克隆抗体在疾病检测中的应用。在感染性疾病诊断中，单克隆抗体可以帮助对疾病的诊断和病期的判断。此外，单克隆抗体还在病原体的分型和鉴定中发挥着重要作用。在肿瘤诊断和预后判断中，单克隆抗体可以用于测量肿瘤标志物的表达水平，帮助判断肿瘤的来源和预后。此外，单克隆抗体还可以在其他诊断和研究中应用，如对微量物质的检测和兴奋剂、毒品的鉴定。最后，单克隆抗体还被广泛用于疾病治疗中，已经有许多治疗性单克隆抗体药物被开发出来，用于治疗癌症和慢性疾病。

三、重组抗体技术

传统的多克隆和单克隆抗体技术在很多方面受到限制，尤其是在人体内的应用上存在着免疫原性等问题。为了克服上述限制，科学家发展了重组抗体技术，它包括嵌合抗体与人源化抗体、单链变异片段（ScFv，单链Fv）、双特异性抗体等，这些技术极大地推动了抗体工程的发展。

（一）嵌合抗体与人源化抗体

鼠单抗因为在体内可以引起人抗鼠抗体（human anti-mouse antibody，HAMA）反应，临床应用受限。随着基因重组技术的进步，人们改造了鼠源单克隆抗体，研发出人鼠嵌合抗体，这是早期的基因工程抗体。它保留了高特异性和高亲和力、半衰期较长、易于操作等优点。其通过基因工程技术将非人抗体（通常是小鼠）的可变区与人抗体恒定区序列相结合而形成重组抗体。在此过程中，小鼠抗体的可变区负责识别和结合抗原，而人类抗体的恒定区则负责与人体免疫系统的其他部分交互作用。嵌合抗体相比原始的小鼠抗体在人体内具有更低的免疫原性和更好的免疫效应。然而，嵌合抗体仍然可能导致HAMA反应，干扰抗体疗效，引发超敏反应。因此，随着基因工程技术和细胞工程技术等的发展，研究者研发了人源化抗体和全人源化抗体。与嵌合抗体相比，人源化抗体进一步减少了非人成分。通过将小鼠抗体可变区中的人类同源部分保留，并替换其他部分为人类序列，制造出几乎完全由人类序列构成的抗体。人源化抗体在减少免疫原性的同时，保留了抗体原有的高亲和力和特异性，使其在临床治疗上更为安全有效。

（二）单链Fv

随着基因工程抗体的研发，单链Fv在理论和实际应用方面得到了越来越多的关注。与经典抗体相比，ScFv具有分子量小、能够自发折叠并形成天然结构的特点。它在抗病毒、肿瘤治疗、自身免疫病治疗、靶向药物治疗等方面有广泛的应用前景。ScFv是由抗体重链可变区和轻链可变区通过短肽连接而成，不含Fc片段，属于小分子基因工程抗体。通过基因工程技术，将抗体重链可变区和轻链可变区连接成重组基因，表达的抗体称为单链Fv。制备ScFv通常使用噬菌体展示技术（phage display technique，PDT），利用不同类型的抗体库进行筛选。ScFv具有抗原结合特性、穿透力强、体内半衰期短、免疫原性低等特点。它可以作为靶向药物的重要组成部分，如CAR-T中的嵌合抗原受体。此外，ScFv还可以应用于疾病的诊断，如狂犬病毒的检测。

（三）双特异性抗体

双特异性抗体（bispecific antibody，BsAb）是一类可同时识别两种不同抗原的重组抗体。它们由两种不同的抗体可变区组合而成，因此可以同时结合两个不同的表位，如结合一个肿瘤抗原和一个免疫细胞表面分子。这种独特的双特异性使其在免疫治疗方面显示出巨大潜力，尤其在诱导免疫细胞对肿瘤细胞的靶向杀伤中。双特异性抗体的设计和生产是一个挑战，涉及复杂的蛋白工程和重组DNA技术。有效的双特异性抗体需要精确的组装和正确的折叠，以保证两个可变区的功能不受影响。目前，通过使用多肽连接子和融合蛋白技术等方法，已经成功开发出多种双特异性抗体，包括双特异性T细胞引导抗体（BiTE）、双特异性抗体融合蛋白（DART）等。

抗体片段相较于完整的抗体具有更小的分子量和更好的组织渗透能力，但其稳定性和功能性可能不足。因此，需要通过多种策略改进抗体片段的稳定性和功能，如通过蛋白质工程增强其热稳定性和耐久性。此外，通过偶联技术，可以将抗体片段与药物、放射性同位素或毒素等结合，制造出新型的靶向治疗药物。这些偶联物可将治疗剂直接送达病变部位，从而提高治疗效果，并减少对正常组织的毒性。

第四节 抗体工程的分析方法

抗体工程是应用分子生物学、免疫学和蛋白质工程等交叉学科的知识，对抗体的结构和功能进行定向改造的科学。在抗体工程的研究和应用中，对抗体的亲和力、特异性及疗效与毒性进行精确分析是不可或缺的，这些分析方法对于评估和优化抗体药物的性能至关重要。

一、抗体亲和力的测定

抗体与抗原的结合强度即亲和力，是表征抗体功能的一个关键参数。高亲和力的抗体能够更加稳定地与抗原结合，从而在生物学试验和临床治疗中显示出更好的性能。亲和力的测定通常采用生物物理学方法，包括表面等离子体共振（surface plasmon resonance，SPR）、酶联免疫吸附试验（enzyme-linked immunosorbent assay，ELISA）和放射免疫测定（radio-immunoassay，RIA）等。SPR是一种实时、无标记的技术，能够直接测定抗体与抗原相互作用的动态过程。ELISA是一种基于酶标记的免疫分析技术，广泛应用于抗体亲和力的定量测定。通过对抗原或抗体的不同稀释度进行检测，可以获得亲和力相关的曲线，从而评估抗体与抗原的结合能力。RIA是一种使用放射性同位素标记的抗原或抗体来测定亲和力的传统方法。尽管RIA非常灵敏和精确，但由于涉及放射性物质，其使用受到严格的法规限制。

二、抗体特异性的评价

抗体特异性是指其对特定抗原的识别能力。高特异性的抗体能够区分目标抗原和非目标分子，从而减少交叉反应和非特异性结合。抗体特异性的评价通常采用竞争性免疫分析、蛋白质印迹和免疫组织化学染色等技术。竞争性免疫分析是一种通过添加已知的目标抗原来干扰抗体与未知样本中抗原的结合，从而评估抗体的特异性的方法。根据抗体与目标抗原的结合能力，可以推断抗体对特定抗原的识别特异性。在蛋白质印迹中，蛋白质首先通过凝胶电泳分离，然后转移至膜上，并用待测试的抗体进行探测。免疫组织化学染色是在组织切片上进行的，通过观察抗体在组织中的分布和结合模式，可以评价其对特定抗原的特异性和反应性。

三、抗体疗效与毒性的评估

抗体疗效与毒性的评估是抗体药物开发过程中的重要环节。疗效评估主要侧重于抗体在体内外模型中的治疗效果，包括肿瘤生长抑制、病原体中和及炎症反应的调节等作用。毒性评估则重点关注抗体的安全性，包括急性和慢性毒性、免疫原性及药物引起的不良反应等。实验动物模型是评估抗体疗效的常用方法之一，通过在动物体内测试抗体对疾病模型的影响，可以评估其潜在的治疗效果。此外，体外细胞培养模型也被广泛用于测试抗体的抗病原、抗肿瘤效果。毒性评估通常采用动物实验和体外细胞毒性测试相结合的方法。动物实验可以提供关于抗体在整个生物体内的安全性信息，包括临床观察、血液学分析和病理学检查等。体外细胞毒性测试则能够在更早的研发阶段快速识别出可能对细胞有害的抗体。

第五节 抗体工程的高通量筛选技术

在抗体工程和药物发现领域，高通量筛选技术是一种重要的方法，其能够从数以百万计的候选分子中快速、高效地筛选出具有特定性质的抗体。随着分子生物学、免疫学和自动化技术的发展，高通量筛选技术已成为寻找新型治疗剂和诊断工具的关键步骤。抗体库技术是现代分子物学和蛋白质工程领域的重要方法，它通过构建大规模的抗体变异库，使研究人员能够筛选和鉴定出具有高亲和力和特异性的抗体。

一、抗体库的构建

抗体库是高通量筛选的基础，它是由大量不同抗体基因片段组成的集合，这些片段编码能识别各种抗原的抗体。抗体库的构建往往涉及随机组合抗体的重链和轻链可变区基因片段，这些片段可以来源于免疫动物的 B 细胞、人类样本或者通过体外合成获得。构建抗体库的目的是模拟天然免疫系统的多样性，创造一个覆盖广泛抗原特异性的抗体集合。抗体库包括天然抗体库，其基因来自人体或动物体内的血液、骨髓、脾的 B 细胞。半合成抗体库，主要基于天然抗体库中的框架区和 CDR1、CDR2 区，随机合成扩增 CDR3 区 DNA 序列而构成的抗体库。全合成抗体库，可变区序列全部由人工合成，需要对抗体的 CDR 区有深入的了解，保留 CDR 区的通用或主干部分，设计可替换的基因区域，实现高度的随机化，带来巨大的库容量。抗体库也可以分为两大类：免疫库和非免疫库。免疫库是通过对动物进行免疫化，采集反应后的 B 细胞得到的，这种库通常具有针对特定抗原的高亲和力抗体。而非免疫库则通过随机组合人类抗体基因片段构建，不依赖于先前的免疫过程，因此其多样性来自于人工设计。

二、噬菌体展示技术

噬菌体展示技术的优点为能够快速筛选大规模的抗体库，以及可以在体外环境下进行，不受动物模型的限制。噬菌体展示技术是一种用于高通量筛选的强有力工具，在这一技术中，抗体片段的基因被插入噬菌体的外壳蛋白基因中，使得抗体片段能够在噬菌体表面展示出来。通过与目标抗原的结合，可以从含有数亿到数十亿克隆的噬菌体抗体库中筛选出特定的抗体。噬菌体展示技术的关键步骤包括亲和力筛选、洗脱和扩增。亲和力筛选是通过把含有抗原的固相表面暴露于噬菌体抗体库，让表面展示有亲和力的抗体片段的噬菌体与其结合。非特异性结合的噬菌体通过洗涤去除，而特异性结合的噬菌体则通过洗脱得到，随后通过宿主细胞扩增，以备下一轮筛选使用。

噬菌体展示抗体库（phage display antibody library）的构建首先需要获取大量不同抗体变

异片段的基因序列。这些序列可以来源于免疫过的动物，如小鼠或兔子，也可以来源于人类B细胞。通过PCR技术和重组DNA技术，将抗体片段基因克隆到噬菌体载体中，并将此载体转染到宿主细菌（通常是大肠杆菌）中。在宿主细菌内，噬菌体将复制并打包含有抗体片段基因的DNA，同时在其表面展示相应的抗体片段。筛选过程采用生物学筛选技术，又称为生物淘洗（biopanning），将噬菌体抗体库与固定化的目标抗原接触，允许具有高亲和力的抗体片段与抗原结合。未结合的噬菌体将被洗脱，而结合的噬菌体随后可以通过酸洗或竞争性洗脱等方法从抗原上解离。洗脱后的噬菌体再次感染宿主细菌，使得结合的抗体片段得以扩增。这个过程可以重复多轮，从而富集具有最高亲和力的抗体片段。通过噬菌体抗体库筛选出的抗体片段需要进行表征，以确定它们的亲和力、特异性和功能。常用的表征方法包括ELISA、表面等离子体共振（SPR）和流式细胞术等。此外，也可以通过序列分析来鉴定抗体片段的氨基酸序列，进一步了解其与抗原结合的分子机制。

噬菌体抗体库技术在药物发现、分子诊断和生物学研究中有着广泛的应用。它可以用于筛选出针对疾病相关靶标的高亲和力抗体，开发新型治疗剂；也可以用于鉴定疾病标志物，提高诊断的准确性；此外，噬菌体抗体库还是研究抗原-抗体相互作用和免疫应答机制的有力工具。

根据抗体基因序列的来源，噬菌体抗体库可以分为免疫抗体库和非免疫抗体库。免疫抗体库的抗体基因来自经过抗原免疫的个体，可以筛选出针对特定抗原不同表位的高亲和力抗体克隆。非免疫抗体库可以识别多样性抗原，包括弱抗原、自身抗原和具有毒性的抗原，可以制备大量多样性抗体。非免疫抗体库又可分为天然抗体库、半合成抗体库和全合成抗体库。噬菌体抗体库技术可以选择不同的噬菌体展示系统，不同的噬菌体展示系统具有展示范围和速度的差异，适用于筛选不同分子量、不同亲和力的蛋白质。

三、细胞表面展示技术

细胞表面展示技术与噬菌体展示技术类似，但抗体片段是在活细胞的表面上展示。使用的细胞可以是酵母细胞、细菌细胞或哺乳动物细胞等。与噬菌体展示技术相比，细胞表面展示技术提供了一个更为复杂的生物环境，有助于保持抗体片段的正确折叠和糖基化，这对于某些抗体的活性是必需的。细胞表面展示技术的筛选流程与噬菌体展示技术类似，也涉及亲和力筛选、洗脱和扩增。但是由于细胞的复杂性，细胞表面展示筛选的操作通常更为烦琐。尽管如此，细胞表面展示技术在某些情况下，特别是当抗体的正确折叠和糖基化对其功能至关重要时，该技术是非常有价值的工具。

哺乳动物细胞表面展示（mammalian cell surface display）技术是一种解决在原核表达系统中出现问题的有效方法。它不仅可以展示全长抗体，还可以利用真核表达系统指导蛋白质的正确折叠，并提供复杂的翻译后修饰功能，如N型糖基化和O型糖基化。因此，展示的抗体在分子结构、理化特性和生物学功能方面最接近于天然的高等生物蛋白质分子，并且在哺乳细胞中稳定且高水平地表达和分泌。因此，哺乳动物细胞表面展示技术具有其他技术无法比拟的优势。哺乳动物细胞表面展示技术主要包括两个部分：构建哺乳动物细胞表面展示抗体库和与靶标特异性结合抗体的富集和筛选。构建哺乳动物细胞表面展示抗体库：可以通过质粒转染或病毒感染的方法进行。质粒转染是将重组DNA序列通过质粒转染进入哺乳动物细胞中；病毒感染则利用牛痘病毒、慢病毒等病毒将重组DNA序列转入宿主细胞。这些方法可以将目的基因整合到细胞基因组中，从而实现高水平的表达效应。与靶标特异性结合抗体的富集和筛选：哺乳动物细胞表面展示技术利用细胞分选和细胞扩增来富集目的抗体。常用的方法包括流式细胞分选和免疫磁珠分离技术。这些方法可以将带有目的抗体的细胞从混合细胞群中分离出来。哺乳动物细胞表面展示技术虽然具有许多优势和潜力，但仍然存在一些问题需要解决。例如，哺乳动物细胞表面展示抗体库的库容多样性较低，操作难度大，周期长，成本较高。

第六节 抗体药物的研发流程

抗体药物的研发是一个复杂而漫长的过程，涉及从目标选择与验证到药物设计与优化，再到临床研究和临床试验设计多个步骤。每一步都需要严格的科学评估和合规性考虑，以确保最终产品的安全性、有效性和质量。

一、目标选择与验证

抗体药物研发首先需要选择和验证合适的疾病靶标。一个理想的靶标应当在疾病状态下表达增加或者在疾病的发展中起关键作用，同时在正常生理状态下的表达较低或者不具有关键功能。此外，靶标应当具有良好的"可药性"（druggability），即能够被抗体识别并调节其生物学功能。验证一个靶标通常涉及广泛的生物学研究，包括基因表达分析、蛋白质定量、细胞和动物模型研究等。这些研究有助于确定靶标在疾病中的作用，并评估靶向该靶标的潜在疗效和副作用风险。在此阶段，高通量筛选技术和基因编辑技术如CRISPR/Cas9等可能被用于识别和验证疾病相关的新靶标。

二、抗体药物的设计与优化

靶标确定后，需要设计和优化具有治疗潜力的抗体分子。这个阶段的目标是生成具有高亲和力、高特异性、适当药代动力学特性和良好安全性的抗体。抗体药物设计通常开始于自然存在的抗体序列，然后通过工程手段进行改造。这些改造可能包括人源化（将非人源的抗体可变区替换为人类序列）、亲和力成熟（通过突变和筛选提高抗体与靶标的结合强度）、格式（format）工程（如构建双特异性抗体或融合蛋白）等。在优化阶段，需要对抗体的结构和功能进行细致的表征，包括亲和力、特异性、稳定性、表达水平和细胞毒性等。此外，也会对抗体的药代动力学和免疫原性进行评估，这些特性对于确定剂量、给药频率和潜在的不良反应风险至关重要。

三、临床研究与临床试验设计

在抗体药物候选分子的设计和优化之后，必须经过一系列临床研究，以评估其安全性和有效性。临床研究包括体外实验和动物模型研究。体外实验可以提供关于抗体药物与靶标的相互作用、对疾病相关细胞的影响，以及可能的细胞毒性或细胞激活作用的信息。动物模型研究则进一步评估药物的疗效和安全性。这些模型可能包括转基因动物模型、肿瘤移植模型或感染模型，它们可以模拟疾病的关键点，并能够观察抗体药物在整个生物体内的作用。在这些阶段，可以详细评估药物的剂量、给药途径、药效、药代动力学和潜在的副作用。在临床研究提供了积极数据的基础上，抗体药物将进入临床试验阶段。临床试验的设计需要严格遵守法规要求，并根据药物的特性和旨在治疗的疾病来规划。

第七节　抗体药物的制造与质量控制

抗体药物具有特异性、有效性和安全性等特点，在治疗多种重大疾病中取得了良好的疗效。由于抗体的结构相对复杂，分子量大，生产过程多采用哺乳动物细胞表达并经过翻译后修饰，因此抗体药物的质量控制具有复杂性和多样性的特点。抗体药物的质量控制不仅包括药物本身的质量一致性、质量控制、理化分析和纯度检测等，还需要对其生物活性进行质量控制。生产细胞的质量控制是确保抗体药物生产的关键环节之一，包括对细胞株的选择、传代扩增和细胞培养条件的优化等。

一、抗体药物的生产工艺

抗体药物的制造与品质控制是保障患者安全和治疗效果的重要环节。生产工艺的每个步骤都必须遵循严格的操作规程和标准化流程，同时，质量控制的每项测试都需要准确、可靠，以满足严格的药品质量标准。由于抗体药物的复杂性和对质量的极高要求，其生产工艺和品质控制标准比传统小分子药物更为严格和复杂。

抗体药物的生产是一个多阶段的生物工艺过程，包括宿主细胞的选择、基因工程、细胞培养、产品收集和提纯等步骤。基因工程是在宿主细胞中引入包含抗体重链和轻链基因的表达载体。这些基因被转录和翻译成抗体分子，然后折叠和组装成功能性抗体。在细胞培养阶段，宿主细胞在生物反应器中扩增，并在优化的培养条件下产生抗体。随着生产周期的结束，抗体药物与细胞和培养基中的其他成分混合在一起，需要通过后续步骤进行分离和纯化。

二、抗体药物的纯化技术

抗体药物的纯化是一个多步骤的过程，旨在去除杂质并收集高纯度的目标产品。杂质可能包括宿主细胞蛋白、DNA 残留、病毒、内毒素和其他非目的蛋白等。纯化过程通常包括几种色谱技术，如亲和色谱、离子交换色谱和凝胶过滤色谱。亲和色谱是一种高度特异性的纯化方法，通常以 Protein A 或 Protein G 作为固定相，能够有效分离抗体和大多数杂质。随后，离子交换色谱可以根据抗体和杂质的电荷差异进一步纯化抗体。最后，凝胶过滤色谱可以根据大小排除聚合体和残留杂质，确保最终产品的纯度和均一性。

三、抗体药物质量的控制标准与方法

抗体药物质量的控制是确保抗体药物安全和有效的必要条件。质量控制过程包括一系列旨在监测和测试产品质量的标准化方法，从原料检测到最终产品的释放测试，每个阶段都有严格的标准和规范。

控制标准主要包括产品的纯度、活性、均一性、稳定性和安全性等方面。纯度测试包括蛋白质含量的测定、杂蛋白和核酸残留的检测等。活性测试则通过生物学实验评估抗体药物的功能，如抗原结合试验和细胞增殖抑制试验等。均一性测试主要检测产品中是否存在聚合体或片段，而稳定性测试则通过加速和真实条件下的存储实验评估产品的有效期。为了保证药品的安全性，除了对杂质的控制外，还必须进行病毒清除和内毒素检测等安全性评估。

第八节 抗体药物的临床应用

抗体药物因其高度的特异性和能够精确靶向病理过程的关键分子，在肿瘤疾病、自身免疫病、传染性疾病等多个领域显示出显著的疗效。

一、肿瘤疾病

肿瘤疾病是抗体药物最早并且最为广泛的应用领域。针对肿瘤的抗体药物通常可以直接靶向肿瘤细胞表面的特定抗原，从而抑制肿瘤细胞的生长或诱导其凋亡；也可以靶向肿瘤微环境中的关键分子，阻断肿瘤的营养供应，抑制肿瘤生长。抗体药物在肿瘤治疗中的应用已经取得显著成效。肿瘤是一种全身性疾病，其发展受多种因素和多个基因改变的影响。过去几十年，肿瘤的诊断方法局限于显微镜下的形态观察，无法准确了解其分子改变。然而，随着分子生物学的发展，科学家不断克隆和鉴定与肿瘤发生发展相关的分子。这些分子的异常表达通常与某些肿瘤的生物学特性相关联。因此，目前最常用的方法之一是使用抗体测量肿瘤相关分子的表达水平，这有助于判断肿瘤的来源、预后和某些生物学特性。肿瘤标志物是与肿瘤发生关系最密切的一组生物活性物质，包括酶、激素、代谢产物或肿瘤细胞的独特表达产物。这些标志物可以存在于血液中，也可以存在于肿瘤细胞中。例如，葡萄胎和绒癌患者血液中人绒毛膜促性腺激素（hCG）的升高、肺癌患者血清中唾液酸和癌胚抗原（carcinoembryonic antigen，CEA）的升高、肝癌患者血清中甲胎蛋白的升高及前列腺癌患者血液中前列腺特异性抗原（prostate specific antigen，PSA）的升高等。使用抗体检测这些血液中的肿瘤标志物是早期诊断肿瘤和判断预后的重要方法。例如，在实体瘤的生长和转移过程中，肿瘤细胞会分泌大量的血管生成因子，如血管内皮细胞生长因子（vascular endothelial growth factor，VEGF）和碱性成纤维细胞生长因子（basic fibroblast growth factor，bFGF）。通过检测血液中 VEGF 和 bFGF 的水平，可以帮助诊断肿瘤并判断预后。

二、自身免疫病

自身免疫病是由于免疫系统错误地攻击身体自身组织而引发的一类疾病，包括类风湿关节炎（rheumatoid arthritis，RA）、系统性红斑狼疮（systemic lupus erythematosus，SLE）、多发性硬化症（multiple sclerosis，MS）等。在这些疾病的治疗中，抗体药物能够靶向免疫调节分子或细胞因子，调节免疫反应，减轻组织损伤。例如，抗 TNF-α 的抗体药物已经成为类风湿关节炎治疗的标准治疗手段之一，能够显著改善患者的症状和生活质量。抗 CD20 的抗体在治疗某些自身免疫病中也显示出优异的效果，通过靶向 B 细胞，减少自身抗体的产生。

三、传染性疾病与其他疾病

在传染性疾病领域，抗体药物可以直接靶向病原体，如病毒或细菌，阻止它们的侵入和复制，或者增强宿主的免疫应答。单克隆抗体在感染性疾病的诊断中起到了重要作用。所有致病微生物和其他病原体都有特异的抗原，这些抗原分子可以作为病原体的标志物。通过使用抗体检测病原体微生物的抗原，可以帮助诊断疾病和判断病程。例如，临床通过血液检测乙肝病毒和人类免疫缺陷病毒，是诊断乙肝和艾滋病的重要指标。单克隆抗体的使用可以对病原体进行分型和鉴定，弥补了过去多抗血清的不足。由于单抗的均一性和高亲和力，它被广泛用于病原体的分离和鉴定。例如，对于沙门氏菌的鉴定，使用抗沙门氏菌的单克隆抗体可以降低交叉反应的程度，从而在较短时间内获得血清型的分析结果。对于其他病原体如李斯特杆菌和流感病毒的检测，单克隆抗体也可以提供快速的诊断结果。因此，单克隆抗体在感染性疾病的诊断中具有重要的应用价值，并且有助于病原体的分型和鉴定，为疾病的治疗和预防提供了重要的依据。

除了上述领域，抗体药物在其他多种疾病的治疗中也有应用，包括心血管疾病、眼科疾病、炎症性疾病等。在这些疾病中，抗体药物可以通过多种机制发挥作用，如调节血液凝固、抑制病理性血管生成或中和炎症介质等。

四、抗体工程未来发展趋势

随着分子生物学、免疫学和生物信息学等科学领域的快速进展，抗体工程正朝着更加精准、高效的方向发展。未来的抗体疗法将不仅仅局限于当前已知的单克隆抗体，还将拓展到多功能抗体、个性化治疗及与其他治疗方式的组合应用。

（一）下一代抗体药物

下一代抗体药物的发展重点在于提高抗体疗效、降低副作用，并增强其治疗范围。这些药物包括但不限于双特异性抗体（BsAb）、抗体药物偶联物（antibody-drug conjugate，ADC）、免疫检查点抑制剂（immune checkpoint inhibitor，ICI）等。双特异性抗体能够同时靶向两个不同的抗原，这使得它们在精准治疗肿瘤等疾病时具有较大潜力。例如，一些双特异性抗体能够将免疫细胞引导至肿瘤细胞附近，促进肿瘤细胞的清除。抗体药物偶联物是一类结合了抗体和高效药物的新型疗法。通过抗体指导，这些药物能够精确地将毒性药物送达病变部位，最大限度地减少对正常组织的损害。免疫检查点抑制剂的成功推动了免疫疗法的快速发展。未来的研究致力于发现新的免疫检查点，并开发针对这些检查点的抗体，以提高肿瘤治疗的疗效。

（二）组合疗法与个性化医疗

随着对疾病机制了解的深入，单一疗法往往难以达到最佳治疗效果。因此，将抗体药物与化疗、放疗或其他靶向药物联合使用的组合疗法越来越受到重视。组合疗法能够针对疾病的多个环节，提高治疗效果，降低药物耐药性的发生。个性化医疗则是根据患者的遗传信息、疾病特征和生活方式等因素，定制专属治疗方案。在抗体疗法中，通过对患者肿瘤基因组的深入分析，可以为患者选择最合适的抗体药物，或者开发专门针对其肿瘤变异的个性化抗体。

（三）抗体工程的新挑战与机遇

随着抗体工程的不断发展，新的挑战也不断出现。一方面，新药物的研发过程需要巨额投资和长期的研究，且成功率有限。另一方面，对于复杂疾病的治疗，单一抗体的疗效可能有限，需要开发新型多功能抗体或组合疗法。此外，随着新型疗法的出现，如T细胞受体（T cell receptor，TCR）疗法、嵌合抗原受体T细胞（chimeric antigen receptor T cell，CAR-T）疗法等，抗体工程领域的研究者面临与这些疗法整合的机遇与挑战。未来的抗体药物可能会与这些细胞疗法相结合，为患者提供更为全面的治疗方案。此外，随着人工智能和大数据分析技术的发展，抗体药物的设计和筛选过程将变得更加高效。人工智能可以帮助研究者预测抗体与抗原的结合方式，筛选出最有潜力的候选分子，从而加快新药物的研发进程。

抗体工程的未来发展将依赖于新技术的创新，对疾病机制的深入理解及跨学科合作的加强。随着下一代抗体药物的开发，组合疗法和个性化医疗的应用，抗体工程将继续在提高人类健康水平方面发挥重要作用。

小　　结

抗体工程制药是通过改造和调整抗体结构，以获得更高亲和力和特异性的抗体药物的过程。首先，抗体工程制药通过对抗体结构的理解，可以进行针对性的改造。通过基因工程技术，可以人为地改变抗体的结构，使其具有更好的药理特性。例如，可以通过引入点突变来改变抗体的亲和力和特异性，使其更好地结合目标分子，从而提高药效。其次，抗体工程制药还可以通过改变抗体的结构来增强其稳定性和生物活性。由于抗体药物在体内受到多种因素的影响，因此需要具有较长的半衰期和较好的稳定性。通过对抗体的修饰和改造，可以增加其在体内的稳定性，使其能够更好地发挥药效。此外，抗体工程制药还可以用于生产大规模、高纯度的抗体药物。而通过抗体工程技术，可以利用真核细胞或细菌表达系统，大规模生产高纯度的抗体药物，提高了药物的供应量和质量。最后，抗体工程制药为治疗许多疾病提供了新的治疗手段。由于抗体具有较好的特异性和亲和力，可以与特定的目标分子结合，因此被广泛应用于肿瘤治疗、炎症治疗、自身免疫疾病治疗等领域。通过抗体工程制药，可以开发出更加安全、有效的药物，为临床治疗提供了新的选择。总之，抗体工程制药是一种基于基因工程技术的药物研发方式，通过对抗体结构的改造和调整，能够获得更高亲和力、更好特异性的抗体药物。它在药物研发领域具有广阔的应用前景，为治疗多种疾病提供了新的治疗策略。

复习思考题

1. 抗体工程制药是如何利用基因工程技术来改造和调整抗体的结构？
2. 通过引入点突变，如何改变抗体的亲和力和特异性？
3. 抗体工程制药如何实现大规模、高纯度的抗体药物生产？
4. 抗体工程制药在哪些领域有广泛的应用？请举例说明。
5. 抗体工程制药如何为临床治疗提供新的选择和治疗策略？

第八章 生物化学制药

生物化学制药
├─ 生化药物概述
│   ├─ 生化药物的定义和特点
│   └─ 生化药物的分类
├─ 生化药物生产的工艺过程
│   ├─ 生化药物的制造方法
│   └─ 生化药物的制备工艺
├─ 氨基酸类药物
│   ├─ 氨基酸类药物概述
│   │   ├─ 氨基酸的分类
│   │   └─ 氨基酸的药理作用
│   ├─ 氨基酸类药物的一般制备方法
│   │   ├─ 蛋白质水解提取法
│   │   ├─ 氨基酸的分离
│   │   └─ 氨基酸的精制
│   └─ 亮氨酸的制造工艺
│   ├─ 以血粉为原料的制造方法
│   └─ 以酪蛋白为原料的制造方法
├─ 糖类药物
│   ├─ 糖类药物的一般制备方法
│   │   ├─ 单糖及其衍生物的制备
│   │   └─ 多糖的提取分离和纯化
│   └─ 糖类药物的生产
│   ├─ D-甘露醇的制备工艺
│   └─ 肝素
├─ 维生素及辅酶类药物
│   ├─ 维生素及辅酶类药物的一般生产方法
│   └─ 维生素及辅酶类药物的生产
│   ├─ 辅酶Ⅰ
│   └─ 辅酶Q
├─ 核酸类药物
│   ├─ 核酸类药物概述
│   │   ├─ 分类
│   │   └─ 核酸类药物的应用
│   ├─ 核酸类药物的一般制备方法
│   │   ├─ RNA与DNA的提取与制备
│   │   └─ 核苷酸的制备
│   └─ 重要核酸类药物的生产
│   ├─ 腺苷三磷酸
│   └─ 5'-核苷酸
└─ 脂类药物
    ├─ 脂类药物概述
    │   ├─ 脂类药物的分类
    │   └─ 脂类药物的临床应用
    ├─ 脂类药物的一般生产方法
    │   ├─ 脂类药物的制备
    │   ├─ 脂类药物的分离
    │   └─ 脂类药物的精制
    └─ 重要脂类生化药物的制备工艺
        ├─ 卵磷脂
        ├─ 胆酸
        ├─ 胆固醇
        └─ 前列腺素

视频

生物化学（简称生化）制药是指利用现代生物化学、分子生物学、细胞生物学、微生物学和制剂学等多学科先进技术形成与发展起来的从生物体中分离、纯化，制备用于预防、治疗和诊断疾病的具有活性的生化物质。生化制药技术已经发展成为有科学理论依据、有多学科先进技术和工艺方法的新阶段，成为医药工业不可或缺的重要组成部分和分支。本章着重介绍生化提取的方法和工艺，包括氨基酸类、糖类、维生素及辅酶类、核酸类、脂类等药物的一般生产工艺过程，从基础理论、分类、化学结构或组分、性质、临床用途等方面进行介绍，并举例说明各类生化药物的原料、技术路线和工艺过程。

第一节 生化药物概述

随着生物化学、医药学的蓬勃发展，临床上愈来愈多地用到生物体内的生化基本物质，如氨基酸、多肽、蛋白质、核酸、酶及辅酶、糖类、脂类等进行多种疾病的预防、诊断和治疗，并取得了令人鼓舞的效果，成为临床上不可缺少的药物。

一、生化药物的定义和特点

运用生物化学研究方法，将生物体中起重要生化作用的各种基本物质经过提取、分离、纯化等手段提取的药物，或者将上述这些已知药物加以结构改造或人工合成的药物，统称为生化药物。

生化药物属于生物药物，除具有生物药物的药理活性高、治疗针对性强、毒副作用小等优点外，还具有自身的一些特点。

1) 来自于生物材料，即从动物、植物和微生物中获得的，具有高疗效的天然活性物质。

2) 是生物体中的基本生化成分，其有效成分和化学本质多数比较清楚，在医疗应用中具有高效、低毒、量小的临床效果。传统上认为天然药物中的一些大分子蛋白质、多糖、淀粉等成分是无效成分或者杂质，但随着科学技术的发展，对天然药物中活性成分的不断开发及生物制药技术的不断进步，原来认为无生物活性的化合物，如一些脂肪、蛋白质、多糖等，现已被证明具有生物活性。

3) 化学结构与组成比较复杂，分子量比较大，一般不易化学合成。

4) 药物的生产主要应用生化技术，生化药物的生产传统上是从动植物器官、组织（或细胞）中分离纯化制得。

二、生化药物的分类

生化药物主要按其化学性质、结构进行分类，此分类方法有利于比较同一类药物的结构与功能的关系，以及分离制备方法的特点和检验方法的统一。按照此方法可以将生化药物分为以下几大类。

1. 氨基酸类药物 这类药物包括天然的氨基酸、氨基酸混合物及氨基酸衍生物，该类生化药物结构简单，分子量小，易于制备。

2. 多肽类和蛋白质类药物 多肽是一类和蛋白质本质相同、化学性质相似，只是分子量不同而导致其生物学性质上有较大差异的生化物质，如分子量大小不同，物质的免疫学性质就大不一样。多肽类药物主要是指多肽类激素，如催乳素、降解素、胰高血糖素等，目前人们正以较快的速度阐明其化学本质和结构，应用于临床。

蛋白质类药物种类很多，有单纯蛋白质（丙种球蛋白、人白蛋白、胰岛素等）与结合蛋白类（包括促甲状腺素、唾液腺素、干扰素等），还有从植物来源的凝集素等。

3. 酶类药物 酶类药物在生化药物中占有重要地位，除有消化酶类，还有消炎酶类、心脑血管疾病治疗酶类、抗肿瘤酶类、氧化还原酶类等。近年来，酶类药物广泛应用于医疗方面，在临床治疗及临床诊断上的应用引起人们的广泛的重视并得到了迅速的发展。

4. 核酸类药物 核酸类药物包括碱基及其降解产物和衍生物，腺苷及其衍生物，核苷酸及其衍生物和多核苷酸。此类药物有核酸（DNA 和 RNA）、多聚核苷酸、单核苷酸、核苷、碱基及其衍生物，如 5-氟尿嘧啶、6-巯基嘌呤等。

5. 糖类药物 糖类药物是指药物分子中含糖分子骨架或源于糖类化合物及其衍生物的一类药物。多糖类药物是由糖苷键将单糖连接而成，由于糖苷键的位置、数目不同，糖类药物种类繁多，药理活性各异。

6. 脂类药物 此类药物包括许多非水溶性的、能溶于有机溶剂的小分子生理活性物质。其化学结构差异较大，功能各异。此类药物主要有脂肪、脂肪酸类、磷脂类、胆酸类、固醇类、卟啉类等。例如，治疗胆囊炎、消化不良的胆酸钠；抗病毒的牛磺去氢胆酸；治疗肝炎的原卟啉等。

7. 其他生化药物 包括维生素及辅酶、酶抑制剂等生化药物。

第二节　生化药物生产的工艺过程

生化制药是把动物、植物或微生物机体内的生化基本物质，在其原本结构和功能不受破坏的基础上，采用多种生化分离技术从含有多种物质的液相或固相中提取、纯化的工艺过程。它主要利用物理、化学、生物学等方面的知识和操作技术，是一项严格、精细、复杂的工艺操作过程。

一、生化药物的制造方法

生产中，根据生化药物的生产制备方法分为以下四种。

1. 提取法 提取法是指用溶剂直接从动植物组织或器官中提取天然有效成分的工艺过程，是一种经典的方法。根据生物材料中各种化学成分在不同溶剂中的溶解度不同，选用对有效成分溶解度大、对杂质成分溶解度小的溶剂，将有效成分从生物材料组织内溶解出来。

2. 发酵法 发酵法是指人工培养微生物（细菌、放线菌、真菌）生产各种生化药物的方法。是从发酵液中获取代谢产物，或破碎菌体细胞壁，分离出生化药物，或利用菌体中的酶体系，加入前体进行合成，包括菌种培养、发酵、提取、纯化等工艺过程。

3. 化学合成法 化学合成法是指采用有机化学合成的原理和方法，根据已知的化学结构，制造生化药物的工艺过程。化学合成法常与酶合成、酶分解等结合，改进工艺，提高收率和经济效益。应用化学合成法成本低、产量高、原料易得，适用于一些小分子生化药物的生产，如活性多肽、核苷酸、核苷、氨基酸等。

4. 组织培养法 组织培养法是指在特殊控制的培养条件下大规模离体培养动植物组织细胞，在培养液或培养的细胞中获得天然生化药物的过程。与天然产物提取法相比，不受自然资源的限制，可以人工控制，有效成分含量高，如用红豆杉组织培养生产紫杉醇等。

二、生化药物的制备工艺

一般从天然生物材料制备生化药物,其提取和分离纯化的过程可分为 5 个主要步骤:预处理、固液分离(细胞分离、细胞破碎、碎片分离)、初步纯化、高度纯化、产品加工(图 8-1)。以上各步骤在不同的生化药物制备中,根据所选材料的不同,可灵活取舍,择优选用。

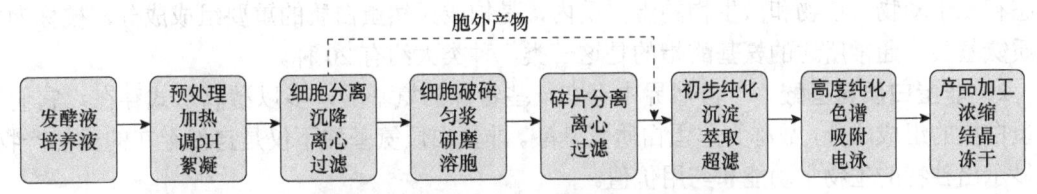

图 8-1 生化药物提取工艺流程的基本模式

利用生化制备技术从生物材料中获得特殊的生物活性物质,应注意以下几个问题。

1)生物材料的组成成分复杂,有数百种甚至更多;各种化合物的形状、大小、分子量和理化性质各不相同,有的迄今还是未知物,而且这些化合物在分离时仍在不断地代谢变化。

2)在生物材料中,有些活性物质含量很低,而杂质的含量相对较高,制备时,原料用量很大,得到产品很少。

3)多数药物为活性物质,其生理活性大多是在生物体内的温和条件下维持并发挥功能,对外界条件非常敏感,一旦离开了生物体内环境,容易变性或被破坏。为保护这些物质的活性,常选择十分温和的条件,尽可能在较低温度和洁净环境中进行。

4)生化分离制备过程几乎都在溶液中进行,各种温度、pH、离子强度等参数,对溶液中各种组成的综合影响,常常无法固定,有些实验或工艺的设计理论性不强,常带有很大的经验成分。因此,要建立重复性好的成熟工艺,对生物材料、各种试剂及其辅助材料等都要严格地加以规定。

5)生化制备方法最后均一性的证明与化学上纯度的概念并不完全相同,这是由于生物分子对环境反应十分敏感,结构与功能的关系比较复杂,评定其均一性时,要通过不同角度测定,才能得出"相对均一性"结论,仅凭一种方法所得纯度的结论,往往是片面的,甚至是错误的。

第三节 氨基酸类药物

氨基酸(AA)是含有氨基和羧基的两性有机化合物,是构成蛋白质分子的基本组成单位,与生物的生命活动有密切的关系。它在机体内表现出极为重要的生物学功能,是治疗蛋白质代谢紊乱、蛋白质缺损所引起的一系列疾病的重要生化药物,也是具有高度营养价值的蛋白质补充剂,有着广泛的生化作用和临床作用。其生物功能主要取决于其分子中氨基酸的组成、排列顺序及以此为基础而形成的特定分子构象。生物体内蛋白质的动态平衡是受氨基酸支持的,缺少任何一种氨基酸,都会使这种平衡遭到破坏,从而导致机体代谢紊乱。人类有些疾病也与氨基酸的存在情况有关,所以氨基酸类药物也越来越多地受到重视。

一、氨基酸类药物概述

（一）氨基酸的分类

依据存在方式和在人体中能否合成，可将氨基酸分为以下三类。

1. 蛋白质氨基酸　在自然界中，有一类氨基酸很少以游离状态存在，大多数以结合状态存在于动物、植物和微生物的蛋白质内，是构成天然蛋白质的重要组成成分，被称为蛋白质氨基酸，通常所述的氨基酸指的是这一类，种类大约有 20 种。

2. 非蛋白质氨基酸　自然界中存在一些特殊的氨基酸，多以游离形式存在，它们并非蛋白质的组成成分，故称为非蛋白质氨基酸。非蛋白质氨基酸不仅是自然存在的天然产物，还显示出独特的生物学功能和药用价值。

3. 衍生或修饰氨基酸　参与构成多肽链的一类特殊氨基酸，特点在于其活性基团经酶催化或化学修饰后形成，这类氨基酸称为衍生或修饰氨基酸。可被修饰的氨基酸较多，方式也不同，如其活性基团 α-COOH 可酰胺化、α-NH$_2$ 可甲基化或乙酰化、—OH 可磷酸化等。还有一些人工合成的氨基酸衍生物，属于新的生化药物，临床上具有重要的应用价值。

（二）氨基酸的药理作用

氨基酸参与体内代谢和各种生理机能活动，因此可用于治疗多种疾病。氨基酸药物分为个别氨基酸制剂和复方氨基酸制剂。主要氨基酸类药物及其用途见表 8-1。

表 8-1　主要氨基酸类药物及其用途

用途	代表氨基酸
治疗消化道疾病的氨基酸及其衍生物	谷氨酸及其盐酸盐、谷氨酰胺、乙酰谷酰胺铝、甘氨酸及其铝盐、硫酸甘氨酸铁、维生素 U 及组氨酸盐酸盐等
治疗肝病的氨基酸及其衍生物	精氨酸及其盐酸盐、鸟夭氨酸、谷氨酸钠、甲硫氨酸、乙酰甲硫氨酸、瓜氨酸、赖氨酸盐酸盐及天冬氨酸等
治疗脑及神经系统疾病的氨基酸及其衍生物	谷氨酸钙盐及镁盐、γ-酪氨酸、色氨酸、5-羟色氨酸、酪氨酸亚硫酸盐及左旋多巴等
用于肿瘤治疗的氨基酸及其衍生物	偶氮丝氨酸、氯苯丙氨酸、磷乙天冬氨酸、重氮氧代正亮氨酸等
复方氨基酸制剂	水解蛋白氨基酸注射液、复方氨基酸注射液等

二、氨基酸类药物的一般制备方法

常用的氨基酸生产方法有蛋白质水解提取法、直接发酵法、微生物转化法、酶合成法和化学合成法等。通常将直接发酵法和微生物转化法统称为发酵法，多数氨基酸都采用发酵法生产，也有几种氨基酸采用化学合成法和酶合成法生产，少数几种氨基酸用蛋白质水解提取法生产，如利用蛋白质水解提取法生产 Tyr。

蛋白质水解提取法是最早发展起来的生产氨基酸的基本方法。它是以富含蛋白质的物质如毛发、血粉及废蚕丝等蛋白质为原料，利用酸、碱或蛋白质水解酶将这些原料水解成多种氨基酸混合物，再经分离纯化获得各种药用氨基酸的方法。蛋白质水解提取法的优点是原料比较丰富，投产比较容易；缺点是产量低，成本高，污染严重。目前用蛋白质水解提取法生产的氨基酸主要有 L-胱氨酸和 L-半胱氨酸。蛋白质水解提取法生产氨基酸的主要过程为水解、分离和结晶精制三个步骤。

(一)蛋白质水解提取法

目前蛋白质水解提取法分为酸水解法、碱水解法及酶水解法三种。

1. 酸水解法 酸水解法是蛋白质水解常用的方法。一般是在蛋白质原料中加入约 4 倍体积的 6~10mol/L HCl 或 8mol/L H_2SO_4,于 110~120℃加热回流 12~24h,使蛋白质肽链完全断裂,氨基酸充分析出,除酸后即得多种氨基酸混合物,此法优点是水解迅速而且完全,产物全部为天然 L 型氨基酸,不引起氨基酸的消旋作用。缺点是色氨酸几乎全部被破坏,含羟基的丝氨酸及酪氨酸部分被破坏,产生大量废酸污染环境。

2. 碱水解法 蛋白质原料经 6mol/L NaOH 或 4mol/L Ba(OH)$_2$ 于 100℃条件下水解 6h 即得多种氨基酸混合物。此法水解迅速而彻底,色氨酸不被破坏,不腐蚀设备。但缺点是含羟基或巯基的氨基酸全部被破坏,且产生消旋作用,产物是 D 型和 L 型氨基酸。工业上不常采用此方法。

3. 酶水解法 蛋白质原料在适宜 pH 和温度条件下经胰酶、胰液或微生物蛋白酶等作用分解成氨基酸和小肽混合物的过程称为酶水解法。此法优点为反应条件温和,不需要特殊设备,氨基酸不破坏,无消旋作用,设备简单。缺点是水解不彻底,产物中除氨基酸外,仍含较多肽类,一般水解时间也较长,过程中容易染菌。

(二)氨基酸的分离

氨基酸的分离是指从氨基酸混合物中获得某种氨基酸产品的工艺过程,是氨基酸生产中的重要环节。氨基酸分离方法较多,通常有沉淀法、吸附法及离子交换法等。

1. 沉淀法 沉淀法是最古老的分离、纯化方法,目前仍广泛应用在工业上和实验室中。它是利用某种沉淀剂使所需要提取的物质在溶液中的溶解度降低而形成沉淀的过程。此法具有简单、方便、经济和浓缩倍数高的优点。氨基酸工业中常用的沉淀法有等电点沉淀法、有机溶剂沉淀法和特殊试剂沉淀法。

(1)等电点沉淀法 氨基酸的等电点沉淀法是氨基酸提取方法中最简单的一种方法。它采用氨基酸的两性解离性质,不同的氨基酸有不同的等电点,在等电点时,氨基酸分子的静电荷为零,氨基酸的溶解度最小,氨基酸分子彼此吸引,形成大分子沉淀。

(2)有机溶剂沉淀法 在氨基酸溶液中加入与水互溶的有机溶剂,能显著降低氨基酸的溶解度而发生沉淀。乙醇是最常用的有机溶剂,其最大优点是无毒,适用于医药品制备过程,并能很好地用于氨基酸的沉淀。有机溶剂沉淀法常与等电点沉淀法可配合使用。

(3)特殊试剂沉淀法 特殊试剂沉淀法是采用某些有机或无机试剂与相应氨基酸形成具有特殊性质的不溶性衍生物的分离方法,利用此性质可分离、纯化某些氨基酸。此法操作方便、针对性强,故至今仍用于生产某些氨基酸。

2. 吸附法 吸附法是利用吸附剂对不同氨基酸吸附力的差异进行分离的方法,如颗粒活性炭对苯丙氨酸(Phe)、Tyr 及 Trp 的吸附力大于对其他非芳香族氨基酸的吸附力,故可从氨基酸混合液中将上述氨基酸分离出来。

3. 离子交换法 离子交换法是氨基酸工业中应用最为广泛的提取方法之一。离子交换法是利用离子交换剂对不同氨基酸吸附能力的差异进行分离的方法。氨基酸为两性电解质,在特定条件下,不同氨基酸的带电性质及解离状态不同,故利用离子交换剂对不同氨基酸的吸附力不同，可对氨基酸混合物进行分组或实现单一成分的分离。

（三）氨基酸的精制

在实际生产中，常用结晶和重结晶的方法除去杂质，提高纯度。根据氨基酸的溶解度和等电点性质选择条件，为了使结晶进行顺利，还常使被分离的氨基酸溶液的pH保持在等电点附近。也可采用降低氨基酸溶解度或结晶相结合的技术，如丙氨酸在稀乙醇或甲醇中溶解度较小，且等电点（pI）为6.0，故Ala可在pH 6.0时，用50%冷乙醇结晶或重结晶加以精制。

三、亮氨酸的制造工艺

亮氨酸（Leu）的化学名称为L-2-氨基-4-甲基戊酸、L-2-氨基异己酸、L-2-氨基异丁基乙酸。分子量为131.17。

Leu是人体必需氨基酸，广泛存在于所有蛋白质中，常以玉米麸质、血粉、棉籽饼、鸡毛和甲角作为Leu的制备原料。目前工业生产中制备Leu常采用成本相对较低的提取法，而化学合成和发酵法成本较高。

（一）以血粉为原料的制造方法

1. 技术路线　　以血粉为原料生产亮氨酸的技术路线见图8-2。

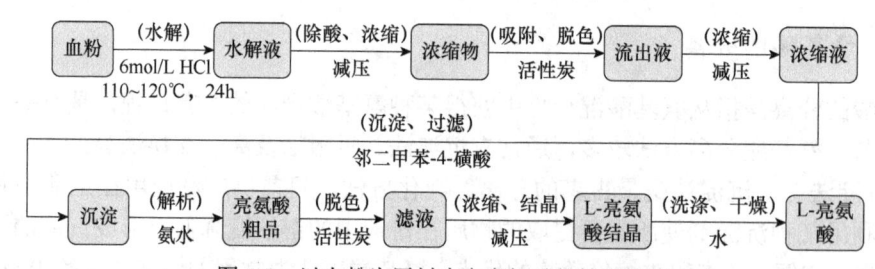

图8-2　以血粉为原料生产亮氨酸的技术路线

2. 工艺过程

（1）水解、除酸　　取6mol/L HCl 500L置于水解罐中，投入100kg动物血粉，110～120℃回流水解24h后，于70～80℃减压浓缩至糊状。加50L水稀释后再次减压浓缩至糊状，如此反复操作3次，完成除酸步骤后冷却至室温并过滤，取滤液进行下一步操作。

（2）吸附、脱色　　上述滤液稀释1倍后，以0.5L/min的流速进颗粒活性炭柱（30cm×180cm）至流出液出现亮氨酸为止，用去离子水以同样流速洗至流出液为pH 4.0为止。将流出液与洗涤液合并。

（3）浓缩、沉淀、氨解　　将上述合并液减压浓缩至进柱液体积的1/3，搅拌下加入1/10体积的邻二甲苯-4-磺酸，产生亮氨酸磺酸盐沉淀，过滤，再用2倍体积去离子水搅拌洗涤沉淀2次，过滤，压干得滤饼，再将滤饼加2倍体积去离子水搅匀，用6mol/L氨水中和至pH 6～8，于70～80℃保温搅拌1h，冷却过滤，收取沉淀用2倍体积去离子水搅拌洗涤2次，过滤，得亮氨酸粗品。

（4）精制　　取粗品加40倍体积去离子水加热溶解，加0.5%活性炭（5g/L）于70℃搅拌脱色0.5h，过滤，滤液浓缩至原体积的1/4，冷却后即析出白色片状亮氨酸结晶，过滤，收集结晶，用少量水洗涤、抽干，70～80℃烘箱干燥，即得L-亮氨酸成品。

（二）以酪蛋白为原料的制造方法

1. 技术路线　以酪蛋白为原料生产亮氨酸的技术路线见图 8-3。

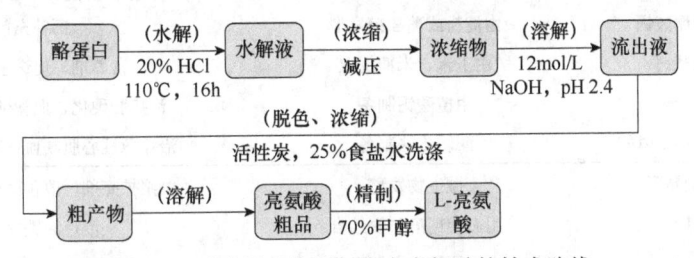

酪蛋白 —（水解）20% HCl 110℃, 16h→ 水解液 —（浓缩）减压→ 浓缩物 —（溶解）12mol/L NaOH, pH 2.4→ 流出液 —（脱色、浓缩）活性炭, 25%食盐水洗涤→ 粗产物 —（溶解）→ 亮氨酸粗品 —（精制）70%甲醇→ L-亮氨酸

图 8-3　以酪蛋白为原料生产亮氨酸的技术路线

2. 工艺过程

（1）水解　称取酪蛋白 500g，加 20% HCl 1360mL 煮沸水解 16h 至终点。

（2）浓缩、溶解　水解液经减压浓缩，除去过剩的 HCl，将残留物溶于 2L 的热水中，加入 12mol/L NaOH 190mL，溶液的 pH 为 2.4。

（3）脱色、浓缩　将溶液中加入 60g 活性炭煮沸数分钟，脱色，过滤，洗净，滤液与洗涤液合并，冷却，放置过夜，滤除析出的酪氨酸（回收），滤液减压浓缩至 900mL 放置过夜，析出沉淀，过滤，用 25% 食盐水洗涤，得粗产物，再将其溶于 600mL 温水中，活性炭脱色，过滤，滤液用 NaOH 溶液中和至甲基红中性，滤出第 1 次结晶。再将洗液与滤液合并，浓缩至 200mL，得第 2 次结晶，合并两次结晶约 34g，得粗品。

（4）精制　取粗品用 70%甲醇 4L 加热溶解，活性炭脱色，过滤，结晶用 70%甲醇洗涤，干燥，即得精品 L-亮氨酸，约 28g。以酪蛋白含亮氨酸 9.2%计算，收率为 60%左右。

第四节　糖 类 药 物

糖类是自然界广泛存在的一大类生物活性物质，人们对生命过程中糖的功能与特性的深入研究使糖类药物迅速发展。糖类药物具有多种生理活性：①营养和能量来源。促进生长发育，如葡萄糖、葡萄糖酸钙、植酸钙等。②调节免疫功能。主要表现为影响补体活性，促进淋巴细胞增殖，激活或提高吞噬细胞的功能，增强机体的抗炎、抗氧化和抗衰老作用。③抗感染作用。可以提高机体组织细胞对细菌、原虫、病毒和真菌感染的抵抗力，如甲壳素对皮下肿胀有治疗作用，对皮肤伤口有愈合作用。④促进细胞 DNA、蛋白质的合成，促进细胞的增殖、生长。⑤抗辐射损伤作用。茯苓多糖、紫菜多糖、透明质酸、甲壳素等均能抗 γ 射线的损伤。⑥抗凝血作用。肝素是天然抗凝剂，甲壳素、芦荟多糖、黑木耳多糖等也具有肝素样的抗凝血作用。⑦降血脂，抗动脉粥样硬化作用。用于防治冠心病和动脉硬化。

已研究和应用的糖类药物有数十种，常见糖类药物一览表如表 8-2 所示。

表 8-2　常见糖类药物一览表

类型	品名	来源	作用与用途
单糖及其衍生物	甘露醇	由海藻提取或葡萄糖电解	降低颅内压、抗脑水肿
	山梨醇	由葡萄糖氢化或电解还原	降低颅内压、抗脑水肿、治疗青光眼
	葡萄糖	由淀粉水解制备	制备葡萄糖输液

续表

类型	品名	来源	作用与用途
单糖及其衍生物	葡萄糖醛酸内酯	由葡萄糖氧化制备	治疗肝炎、中毒性肝病、风湿性关节炎
	葡萄糖酸钙	由淀粉或葡萄糖发酵	钙补充剂
	植酸钙	由玉米、米糠提取	营养剂、促进生长发育
	肌醇	由植酸钙制备	治疗肝硬化、血管硬化、降血脂
	果糖-1,6-二磷酸	酶转化法制备	治疗急性心肌缺血休克、心肌梗死
多糖	右旋糖酐	微生物发酵	血浆扩充剂、改善微循环、抗休克
	右旋糖酐铁	用右旋糖酐与铁结合	治疗缺铁性贫血
	糖酐酯钠	由右旋糖酐水解酯化	降血脂、防治动脉硬化
	猪苓多糖	由真菌猪苓提取	抗肿瘤转移、调节免疫功能
	海藻酸	由海带或海藻提取	增加血容量抗休克、抑制胆固醇吸收
	透明质酸	由鸡冠、眼球、脐带提取	化妆品基质、眼科用药
	肝素钠	由肠黏膜和肺提取	抗凝血、防肿瘤转移
	肝素钙	由肝素制备	抗凝血、防治血栓
	硫酸软骨素	由喉骨、鼻中隔提取	治疗偏头痛、关节炎
	硫酸软骨素 A	由硫酸软骨素提取	降血脂、防治冠心病
	冠心舒	由猪十二指肠提取	治疗冠心病
	甲壳素	由甲壳动物外壳提取	人造皮、药物赋形剂
	脱己酰壳多糖	由甲壳质制备	降血脂、金属解毒、止血、消炎

一、糖类药物的一般制备方法

(一) 单糖及其衍生物的制备

用水或在中性条件下以 50%乙醇为提取溶剂，也可以用 80%乙醇，在 70~78℃下回流提取。溶剂用量一般为材料的 20 倍，需多次提取。植物材料磨碎经乙醚或石油酸脱脂，拌加 $CaCO_3$，以 50%乙醇温浸，浸液合并，于 40~45℃减压浓缩至适当体积，用中性乙酸铅去杂蛋白及其他杂质，铅离子可通 H_2S 除去，再浓缩至黏稠状。单糖或小分子寡糖也可以在提取后，用吸附层析法或离子交换法进行纯化。

(二) 多糖的提取分离和纯化

1. 提取分离 多糖类药物的原料来源和性质各不相同，因此常选用不同的提取方法，常用的提取方法主要有以下几种。

（1）难溶于冷水、热水，可溶于稀碱液类型 这一类多糖主要是不溶性胶类，如木聚糖、半乳聚糖等。用冷水浸润材料后用 0.5mol/L NaOH 提取，提取液用 HCl 中和、浓缩后，加乙醇沉淀得多糖。在稀碱中仍不易溶出者，可加入硼砂，对甘露聚糖、半乳聚糖等能形成硼酸络合物的多糖，此法可得相当纯的物质。

（2）易溶于温水，难溶于冷水和乙醇类型 材料用冷水浸过，用热水提取，必要时可加热至 80~90℃搅拌提取，提取液用正丁醇与三氯甲烷混合液除去杂蛋白（或用三氯乙酸除杂蛋白），离心除去杂蛋白后的上清液，透析后用乙醇沉淀得多糖。

（3）黏多糖　　有些黏多糖可用水或盐溶液直接提取，但因大部分黏多糖与蛋白质结合于细胞中，因此需用酶解法或碱解法使糖-蛋白质间的结合键断裂，促使多糖释放。一般组织中存在多种黏多糖，可利用各种黏多糖在乙醇中溶解度的不同，以乙醇分级沉淀法进行纯化分离；或利用黏多糖聚阴离子电荷密度的不同，用季铵盐络合物法、阴离子交换层析法和电泳法进行分离、纯化。

2. 多糖的纯化　　多糖的纯化方法很多，但必须根据目的物的性质及条件，选择合适的纯化方法。通常用一种方法不易达到理想的效果，必要时应考虑合用几种方法。

（1）乙醇沉淀法　　乙醇沉淀法是制备黏多糖的常用手段。乙醇的加入改变了溶液的极性，导致糖溶解度下降。供乙醇沉淀的多糖溶液，其含多糖的浓度以 1%~2% 为佳。如使用充分过量的乙醇，黏多糖浓度小于 0.1% 也可以沉淀完全。

（2）分级沉淀法　　不同多糖在不同浓度的甲醇、乙醇或丙酮中的溶解度不同，因此可用不同浓度的有机溶剂分级沉淀分子量大小不同的黏多糖。

（3）季铵盐络合法　　黏多糖与一些阳离子表面活性剂，如十六烷基三甲基溴化铵（CTAB）和十六烷基氯化吡啶（CPC）等能形成季铵盐络合物。这些络合物在低离子强度的水溶液中不溶解，在离子强度大时，这种络合物可以解离、溶解、释放。使其溶解度发生明显改变时的无机盐浓度（临界盐浓度）主要取决于聚阴离子的电荷密度。

（4）离子交换层析法　　黏多糖由于具有酸性基团，如糖醛酸和各种硫酸基，在溶液中以聚阴离子形式存在，因而可用阴离子交换剂进行交换吸附。吸附时可以使用低盐浓度样液，洗脱时可以逐步提高盐浓度，如梯度洗脱或分阶段洗脱，以 Dowex1 进行分离时，分别用 0.5mol/L、1.25mol/L、1.5mol/L、2.0 mol/L NaCl 洗脱，可以分离透明质酸、硫酸乙酰肝素、硫酸软骨素、硫酸皮肤素、硫酸角质素和肝素。

（5）凝胶过滤法　　凝胶过滤法可根据多糖分子量的大小进行分离，常用于多糖分离的凝胶有 Sephadex G 类、Sephamse 6B、Sephacryl 等。

此外，区带电泳法、超滤法及金属络合法等在多糖分离纯化中也常采用，如应用区带电泳法可分离透明质酸、硫酸软骨素与肝素等。

二、糖类药物的生产

糖类药物种类繁多，发展迅速。根据其来源、性质及工艺特点不同，主要介绍具有代表性的两个重要糖类的生产工艺。

（一）D-甘露醇的制备工艺

1. 结构与性质　　甘露醇又名己六醇（图 8-4），用于烧伤及烫伤，防止肾衰竭，降低颅内压，降低眼内压，治疗急性青光眼等。

2. 生产工艺　　甘露醇的生产方法有提取法、发酵法和电解转化法三种，这里主要介绍提取法。甘露醇在海藻、海带中含量较高。海藻洗涤液和海带洗涤液中甘露醇的含量分别为 2% 与 1.5%，是提取甘露醇的重要原料。

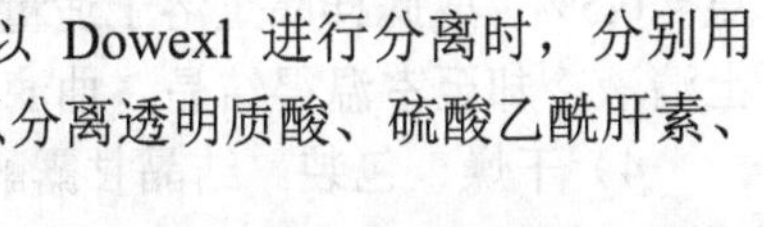

$$HO-CH_2-CH-CH-CH-CH-CH_2-OH$$
$$\quad\quad\quad\ |\ \ \ \ |\ \ \ \ |\ \ \ \ |$$
$$\quad\quad\quad OH\ OH\ OH\ OH$$

图 8-4　甘露醇结构

（1）工艺路线

甘露醇制备工艺路线如图 8-5 所示。

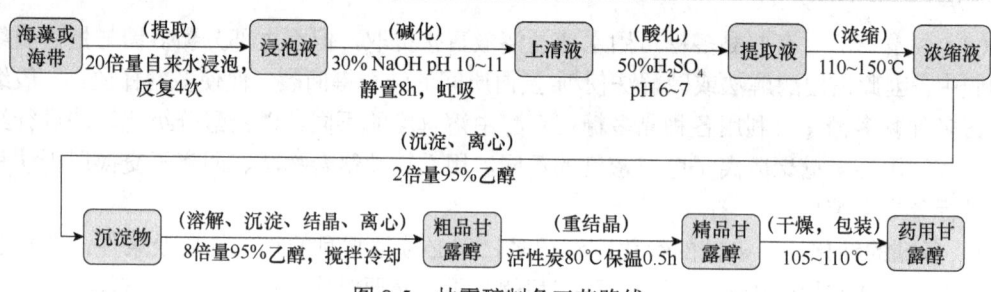

```
海藻或     (提取)              碱化              上清液    (酸化)              提取液   (浓缩)    浓缩液
海带    ──────→  浸泡液  ──────────→  ────────→ ──────────→ ─────→  ────────→ ─────────→ ───────┐
      20倍量自来水浸泡,         30% NaOH pH 10~11         50%H₂SO₄            110~150℃        │
       反复4次                  静置8h, 虹吸              pH 6~7                              │
                                                                                            │
                                        (沉淀、离心)                                         │
                                ┌───────────────────────────────────────────────────────────┘
                                │       2倍量95%乙醇
                                ↓
       沉淀物   (溶解、沉淀、结晶、离心)  粗品甘   (重结晶)      精品甘    (干燥、包装)   药用甘
       ──────→ ──────────────────────→  露醇  ─────────────→  露醇   ─────────────→ 露醇
              8倍量95%乙醇, 搅拌冷却            活性炭80℃保温0.5h            105~110℃
```

图 8-5 甘露醇制备工艺路线

（2）工艺过程

1）浸泡提取、碱化、中和。海藻或海带加 20 倍量自来水，室温浸泡 2~3h，浸泡液可作为第二批原料的提取溶剂，一般可用 4 批，浸泡液中的甘露醇含量比较高。取浸泡液用 30% NaOH 调 pH 10~11，静置 8h，凝集沉淀多糖类黏性物。虹吸上清液，用 50% H_2SO_4 中和 pH 至 6~7，进一步除去胶状物，得中性提取液。

2）浓缩、沉淀。沸腾浓缩中性提取液，除去 NaCl 和胶状物，直到浓缩液含甘露醇 30%以上，冷却至 60~70℃ 趁热加入 2 倍量 95% 乙醇，搅拌均匀，冷至室温离心收集灰白色松散沉淀物。

3）精制。沉淀物悬浮于 8 倍量 95% 乙醇中，搅拌回流 30min，出料，冷却过夜，离心得粗品甘露醇，含量为 70%~80%。重复操作 1 次，经乙醇重结晶后，含量＞90%，氯化物含量＜0.5%。取此样品重溶于适量蒸馏水中，加入 1/10~1/8 活性炭，80℃ 保温 0.5h，滤清。上清液冷却至室温得结晶，抽滤，洗涤后得到精品甘露醇。

4）干燥、包装。结晶甘露醇于 105~110℃ 烘干，检验 Cl^- 合格后（Cl^-＜0.007%）进行无菌包装，含量为 98%~100%。

（二）肝素

1．结构与性质　肝素是天然抗凝剂，是一种含有硫酸基的酸性黏多糖。其分子是由六糖或八糖重复单位组成的线状链状结构。三硫酸双糖（图 8-6）是肝素的主要双糖单位，L-艾杜糖醛酸是此双糖的糖醛酸。二硫酸双糖（图 8-7）的糖醛酸是 D-葡萄糖醛酸。三硫酸双糖与二硫酸双糖以 2∶1 的比例在分子中交替联结。

图 8-6 肝素的三硫酸双糖结构　　图 8-7 肝素的二硫酸双糖结构

肝素及其钠盐为白色或灰白色粉末，无臭无味，有吸湿性，易溶于水，不溶于乙醇、丙酮、二氧六环等有机溶剂，其游离酸在乙醚中有一定溶解性。硫酸化程度高的肝素具有较高的降脂和抗凝活性。高度乙酰化的肝素，抗凝活性降低甚至完全消失，而降脂活性不变。小分子量肝素（分子量为 4000~5000）具有较低的抗凝活性和较高的抗血栓形成活性。

2．生产工艺　肝素广泛分布于哺乳动物的肝、肺、心脏、脾、肾、胸腺、肠黏膜、肌肉和血液里，因此肝素可由猪肠黏膜、牛肺、猪肺提取。其生产工艺主要有盐析-离子交换法和酶解-离子交换法。

（1）盐析-离子交换生产工艺　　工艺路线如图8-8所示。

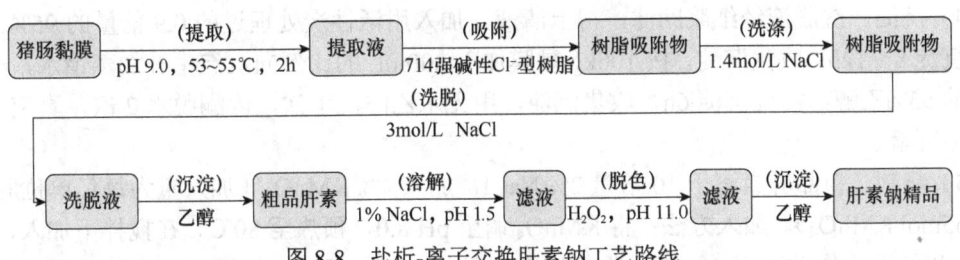

图8-8　盐析-离子交换肝素钠工艺路线

工艺过程如下。

1）提取。取新鲜猪肠黏膜投入反应锅内，按3%加入NaCl，用30% NaOH调pH 9.0，于53～55℃保温提取2h。继续升温至95℃，维持10min，冷却至50℃以下，过滤，收集滤液。

2）吸附。加入714强碱性Cl⁻型树脂，树脂用量为提取液的2%。搅拌吸附8h，静置过夜。

3）洗涤。收集树脂，用水冲洗至洗液澄清，滤干，用2倍量1.4mol/L NaCl搅拌2h，滤干。

4）洗脱。用2倍量3mol/L NaCl搅拌洗脱8h，滤干，再用1倍量3mol/L NaCl搅拌洗脱2h，滤干。

5）沉淀。合并滤液，加入等量95%乙醇沉淀过夜。收集沉淀，丙酮脱水，真空干燥得粗品。

6）精制。粗品肝素溶于15倍量1% NaCl，用6mol/L HCl调pH至1.5左右，过滤至清，随即用5mol/L NaOH调pH至11.0，按3%的量加入H_2O_2（H_2O_2浓度为30%），25℃放置。维持pH 11.0，第2天再按1%的量加入H_2O_2，调整pH至11.0，继续放置，共48h，用6mol/L HCl调pH至6.5，加入等量的95%乙醇，沉淀过夜。收集沉淀。经丙酮脱水真空干燥，即得肝素钠精品。

（2）酶解-离子交换生产工艺　　工艺路线如图8-9所示。

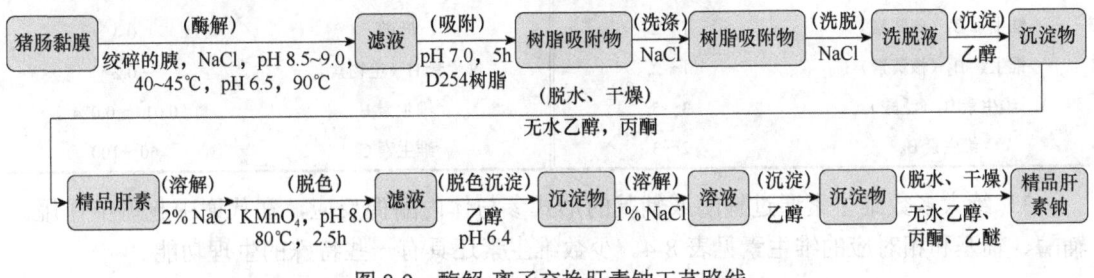

图8-9　酶解-离子交换肝素钠工艺路线

工艺过程如下。

1）酶解。取100kg新鲜猪肠黏膜（总固体5%～7%），搅拌加入绞碎的胰0.5～1kg（含0.5%～1%胰蛋白酶），用40% NaOH调pH至8.5～9.0，升温至40～45℃，保温2～3h。维持pH 8.0，加入5% NaCl 5kg，升温至90℃，用6mol/L HCl调pH至6.5，停止搅拌，保温20min，过滤即得。

2）吸附。取酶解液冷却至50℃以下，用6mol/L NaOH调pH至7.0，加入5kg D254强碱性阴离子交换树脂，搅拌吸附5h，收集树脂，水冲洗至洗液澄清，滤干，用等体积2mol/L NaCl洗涤15min，滤干，树脂再用2倍量1.2mol/L NaCl洗涤2次。

3）洗脱。树脂吸附物用半倍量 5mol/L NaCl 搅拌洗脱 1h，收集洗脱液，再用 1/3 倍 3mol/L NaCl 洗脱 2 次，合并洗脱液。

4）沉淀。洗脱液经纸浆助滤，得上清液，加入用活性炭处理过的 0.9 倍量的 95%乙醇，冷处沉淀 8～12h，收集沉淀，按 100kg 黏膜加入 300mL 的比例向沉淀中补加蒸馏水，再加 4 倍量的 95%乙醇，冷处沉淀 6h，收集沉淀，用无水乙醇洗 1 次，丙酮脱水 2 次，真空干燥，得粗品肝素。

5）精制。粗品肝素溶于 10 倍量 2% NaCl，加入 4% $KMnO_4$（加入量为每亿单位肝素加入 0.65mol $KMnO_4$）。加入方法：将 $KMnO_4$ 调至 pH 8.0，预热至 80℃，在搅拌下加入，保温 2.5h。以滑石粉作助滤剂，过滤，收集滤液，调 pH 6.4，加 0.9 倍量 95%乙醇，置于冷处沉淀 6h 以上。收集沉淀，溶于 1% NaCl 中（配成 5%肝素钠溶液），加入 4 倍量 95%乙醇，冷处沉淀 6h 以上，收集沉淀，用无水乙醇、丙酮、乙醚洗涤，真空干燥，得精品肝素，最高效价为 140U/mg 以上。收率为 2 万 U/kg 肠黏膜（换算成总固体 7%计）。

第五节　维生素及辅酶类药物

维生素是一类维持机体正常代谢机能的、化学结构不同的、小分子有机化合物，人体内不能合成，必须从食物等中摄取。维生素广泛存在于食物中，在机体内的生理作用有以下特点。

1）维生素是一类活性物质，对机体代谢起调节和整合作用，但不能供给能量，也不是组织细胞的结构成分。

2）机体对维生素需求量很小。几种主要维生素的人体日需量见表 8-3。

表 8-3　几种主要维生素的人体日需量

维生素	人体日需量/mg	维生素	人体日需量/mg
维生素 A	0.8～1.6	维生素 D	0.01～0.02
维生素 B_1（硫胺素）	1～2	叶酸	0.4
维生素 B_2（核黄素）	1～2	维生素 H（生物素）	0.2
维生素 B_3（泛酸）	3～5	维生素 E	0.014～0.024
维生素 B_6	2～3	维生素 C	60～100

3）绝大多数维生素通过辅酶或辅基的形式参与体内酶促反应，在代谢中起调节作用。辅酶、辅基和相对应的维生素见表 8-4。少数维生素还具有一些特殊的生理功能。

表 8-4　辅酶、辅基和相对应的维生素

酶	辅酶或辅基	维生素	酶	辅酶或辅基	维生素
转移酶	FAD、FMN	维生素 B_2（核黄素）	转移酶	磷酸吡哆醛	维生素 B_6（吡哆素）
	硫胺素焦磷酸（TPP）	维生素 B_1（硫胺素）	氧化还原酶	NAD^+、$NADP^+$	烟酸、烟酰胺
	CoA	泛酸	异构酶	辅酶 B_{12}	维生素 B_{12}
	生物素	维生素 H（生物素）	裂合酶	TPP	维生素 B_1
	硫辛酸	硫辛酸			

4）当人体内维生素缺乏时，会发生维生素缺乏症，如糙皮病、脚气病和坏血病等。人

体每日对维生素的需要量是一定的,应根据机体需要提供,使用不当,反而会导致疾病。

目前,维生素的研究和生产得到世界各国的重视,已成为制药工业的重点之一。我国维生素产品研究开发近年来也有很大发展,品种已超过 30 种。

一、维生素及辅酶类药物的一般生产方法

维生素及辅酶类药物的生产方法有化学合成法、发酵法和生物提取法。工业生产大多数是利用化学合成法,近年来发展起来的发酵法代表着维生素生产的发展趋势。

1. 化学合成法 根据已知维生素的化学结构,采用有机化学合成原理和方法,制造维生素。近代的化学合成常与酶促合成、酶分解等结合在一起,以改进工艺条件,提高收率和经济效益。用化学合成法生产的维生素有烟酸、烟酰胺、叶酸、维生素 B_1 等。

2. 发酵法 用人工培养微生物方法生产各种维生素,整个生产过程包括菌种培养、发酵、提取、纯化等。目前完全采用发酵法或微生物转化制备中间体的有维生素 B_2、维生素 C 等。

3. 生物提取法 主要采用缓冲液抽提、有机溶剂萃取等方法从生物组织制备,如用新鲜酵母作原料提取辅酶 I,从猪心中提取辅酶 Q_{10} 等。

在实际生产中,有的维生素既用化学合成法又用发酵法,如维生素 C、叶酸、维生素 B_2 等;也有既用生物提取法又用发酵法的,如辅酶 Q_{10} 和维生素 B_{12} 等。

二、维生素及辅酶类药物的生产

本节重点说明提取法的生产工艺和过程。

(一)辅酶 I

辅酶 I(coenzyme I,Co I)又称为 NAD^+,为烟酰胺腺嘌呤二核苷酸,是脱氢酶的辅酶,在生物氧化过程中起传递氢的作用,可加强体内物质的氧化并供给能量。能活化多种酶系统,促进核酸、蛋白质、多糖的合成及代谢,增加物质转运和调节控制,改善代谢功能。临床用于治疗冠心病,可改善冠心病的胸闷、心绞痛等症状。也用于精神分裂症、心肌炎、白细胞减少症、急性肝炎、慢性肝炎、迁移性肝炎及血小板减少症。

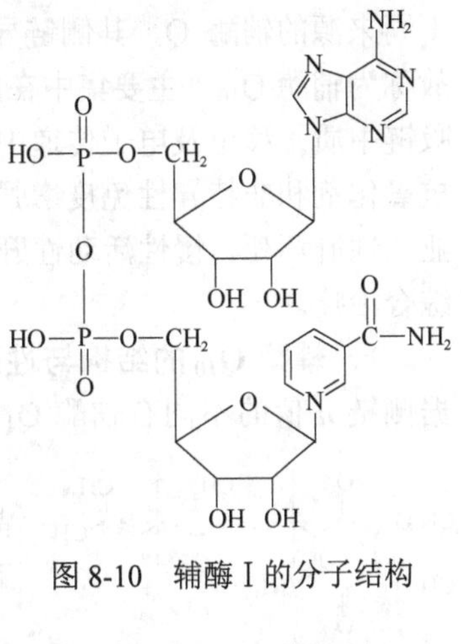

1. 结构与性质 辅酶 I 是由一分子烟酰胺及腺嘌呤与两分子 D-核糖及磷酸组成,其分子结构见图 8-10。

2. 辅酶 I 的生产 辅酶 I 广泛存在于动植物中,如酵母、谷类、豆类、动物的肝等。制备时用新鲜酵母作原料,经分离精制而得黄色粉末。

(1)工艺路线 辅酶 I 的生产工艺路线如图 8-11 所示。

图 8-10 辅酶 I 的分子结构

(2)工艺过程及控制要点

1)细胞破壁、提取。将新鲜压榨酵母在搅拌下加入等量的沸水中,加热至 95℃保温 5min。迅速加入 2 倍酵母重量的冰块。过滤,滤液加入强碱性季铵 I 型阴离子交换树脂(717 树脂),搅拌 16h,过滤,收集滤液。

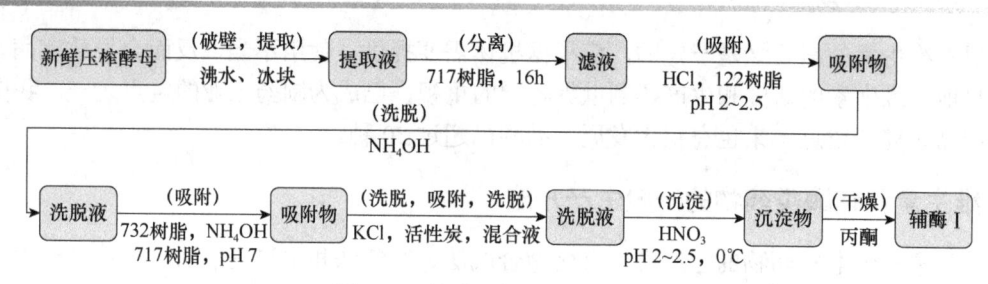

```
新鲜压榨酵母 →(破壁,提取)沸水、冰块→ 提取液 →(分离)717树脂,16h→ 滤液 →(吸附)HCl,122树脂 pH 2~2.5→ 吸附物
                                                                                                              ↓(洗脱) NH₄OH
洗脱液 →(吸附)732树脂,NH₄OH 717树脂,pH 7→ 吸附物 →(洗脱,吸附,洗脱)KCl,活性炭,混合液→ 洗脱液 →(沉淀)HNO₃ pH 2~2.5,0℃→ 沉淀物 →(干燥)丙酮→ 辅酶Ⅰ
```

图 8-11 辅酶Ⅰ的生产工艺路线

2）吸附、洗脱。取滤液用浓 HCl 调 pH 至 2~2.5，流经 122 型阳离子交换树脂柱吸附 CoⅠ。吸附完毕，用无热原水先逆流后顺流洗至流出液澄清，再用 0.3mol/L NH₄OH 洗脱。当流出液呈淡咖啡色时，在 340nm 处测定吸光度，吸光度大于 0.05（稀释 15 倍）时，开始收集，直至流出液呈淡黄色时为止，得洗脱液。

3）中和、吸附。将 732 型阳离子交换树脂加至洗脱液中，搅拌，测 pH 为 5~7 时，过滤，滤饼用无热原水洗涤，合并洗涤滤液，加稀氨水约 15%，调 pH 至 7，为中和液。再将中和液流经 717 树脂柱吸附。吸附完，用无热原水顺流洗涤至流出液澄清无色为止。

4）洗脱、吸附、洗脱。将活性炭柱与 717 树脂串联，用 0.1mol/L KCl 液洗脱 717 树脂柱吸附物，洗脱液流经活性炭柱并被吸附，吸附完后，解除两柱串联，先后用 pH 9.0 的无热原水及 pH 8.0 的 4%乙醇充分洗涤炭柱。最后用无热原水洗至中性，用丙酮：乙酸乙酯：浓氨水（4：1.5：0.02）的混合液洗脱，得洗脱液。

5）沉淀、干燥。上述洗脱液在搅拌下加入 30%~40% HNO₃ 调 pH 至 2~2.5，过滤，置于冷库，冰冻沉淀过夜。过滤，用 95%冷丙酮洗涤滤饼 2~3 次，滤干，滤饼置 P₂O₅ 真空干燥器中干燥，即得辅酶Ⅰ。

（二）辅酶 Q

辅酶 Q（coenzyme Q，CoQ）也称为泛醌，是生物体内广泛存在的脂溶性醌类化合物。不同来源的辅酶 Q，其侧链异戊烯单位的数目不同，人类和哺乳动物是 10 个异戊烯单位，故称为辅酶 Q_{10}，主要集中在肝、心脏、肾、肾上腺、脾、横纹肌等组织。辅酶 Q 在体内呼吸链中质子移位及电子传递中起重要作用，它是细胞呼吸和细胞代谢的激活剂，也是重要的抗氧化剂和非特异性免疫增强剂。临床用于病毒性心肌炎、慢性心功能不全、病毒性肝炎、亚急性肝坏死、慢性活动性肝炎的辅助治疗，以及癌症放疗、化疗等引起的某些不良反应的综合治疗。

1. 辅酶 Q_{10} 的结构与性质　　自然界中存在的辅酶 Q 是一些脂溶性苯醌的总称，根据侧链 n 值的不同有辅酶 Q_4、辅酶 Q_5、辅酶 Q_6、辅酶 Q_7、辅酶 Q_8、辅酶 Q_9、辅酶 Q_{10}（图 8-12）等。辅酶 Q_{10} 为黄色或淡橙黄色、无臭、无味、结晶性粉末。易溶于氯仿、苯、四氯化碳，溶于丙酮、乙醚、石油醚，微溶于乙醇，不溶于水和甲醇

图 8-12 辅酶 Q_{10} 的分子结构

2. 辅酶 Q_{10} 的生产　　本文介绍以猪心为原料的生产辅酶 Q_{10} 的工艺过程。

（1）工艺路线　　辅酶 Q_{10} 的生产工艺路线如图 8-13 所示。

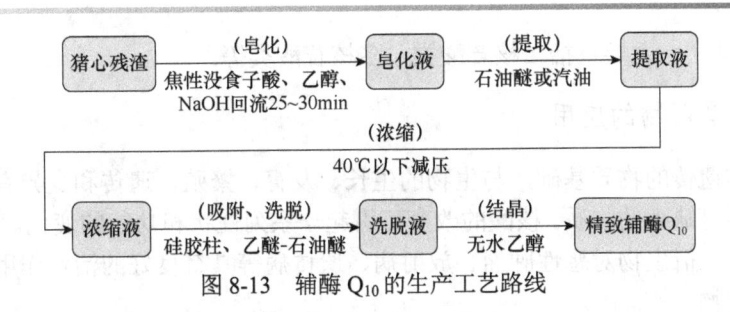

```
猪心残渣 ──(皂化)──> 皂化液 ──(提取)──> 提取液
         焦性没食子酸、乙醇、        石油醚或汽油
         NaOH回流25~30min
                              (浓缩)
                              40℃以下减压
                                │
         ┌────────────────────┘
         ▼
       浓缩液 ──(吸附、洗脱)──> 洗脱液 ──(结晶)──> 精致辅酶Q₁₀
              硅胶柱、乙醚-石油醚          无水乙醇
```

图 8-13 辅酶 Q$_{10}$ 的生产工艺路线

（2）工艺过程

1）皂化。取生产细胞色素 c 的猪心残渣，压干称重，按干渣重加入 30%工业焦性没食子酸，搅匀，缓慢加入干渣重 3~3.5 倍的乙醇及干渣重 32%的 NaOH，置于反应锅内，加热搅拌回流 25~30min，迅速冷却至室温，得皂化液。

2）提取、浓缩。将皂化液立即加入其体积 1/10 量的石油酸或 120 号汽油，搅拌后静置分层，分取上层，下层再以同样量溶剂提取 2~3 次，直至提取完全。合并提取液，用水洗涤至近中性，在 40℃以下减压浓缩至原体积的 1/10，冷却，-5℃以下静置过夜，过滤，除去杂质，得澄清浓缩液。

3）吸附、洗脱。将浓缩液上硅胶柱层析，先以石油醚或 120 号汽油洗涤，除去杂质，再用 10%乙酸-石油醚混合溶剂洗脱，收集黄色带部分的洗脱液，减压蒸去溶剂，获得黄色油状物。

4）结晶。取黄色油状物加入热的无水乙醇，使其溶解，趁热过滤，滤液静置，冷却结晶，滤干，真空干燥，即得辅酶 Q$_{10}$ 成品。有专利报道，用 Amberlite XAD 柱层析，能使辅酶 Q$_{10}$ 含量从 48%提高到 64%，再通过 Hipores HP-20 层析柱，用丙酮：水（9：1）溶液洗脱，浓缩，结晶，可得纯度为 99.4%的辅酶 Q$_{10}$。

第六节 核酸类药物

核酸是生命的最基本物质，存在于一切生物细胞里。脱氧核糖核酸（DNA）主要存在于细胞核的染色体中，核糖核酸（RNA）主要存在于细胞的微粒体中。随着对核酸研究的深入，新的发现不断涌现，应用于临床的核酸及其衍生物类生化药物越来越多，利用核酸及其衍生物战胜危害人类健康的一些疾病，将会有新的飞跃。

一、核酸类药物概述

（一）分类

核酸类药物有的是天然结构的核酸类物质，有的是天然结构核酸类物质的结构类似物或聚合物。依据化学结构和组成可将核酸及其衍生物类药物分为四大类。

1. 碱基及其衍生物 多数是经过人工化学修饰的碱基衍生物，主要有氟尿嘧啶、氟胞嘧啶、别嘌呤醇、硫代鸟嘌呤等。

2. 核苷及其衍生物 依据核苷的碱基或核糖的不同分为腺苷类、尿苷类、胞苷类、肌苷类、脱氧核苷类等。

3. 核苷酸及其衍生物 主要包括单核苷酸类、核苷二磷酸类、核苷三磷酸类、核苷酸类混合物等。

4. 多核苷酸　　主要包括二核苷酸类、多核苷酸类等。

（二）核酸类药物的应用

核酸是生物遗传的物质基础，与生物的生长、发育、繁殖、遗传和变异有密切关系，又是蛋白质合成不可缺少的物质。核酸的改变可引起一系列性状和功能的变化。大量研究表明，核酸及其降解物、衍生物对恶性肿瘤、放射病、遗传病等具有良好的治疗作用，目前已经成为一大类生化药物。

二、核酸类药物的一般制备方法

核酸类药物中，天然、大分子、结构复杂的，多采用生物材料为原料的提取法制造；小分子、结构简单的，多采用生物或化学合成法制造。以下介绍 RNA、DNA 和核苷酸的制备方法。

（一）RNA 与 DNA 的提取与制备

1. RNA 的提取与制备　　核酸存在于一切生物细胞里，任何生物材料理论上都可以用来制备，一般使用动植物组织及微生物的细胞作为核酸的制备材料。

工业生产上，主要采用啤酒酵母、面包酵母、酒精酵母、白地霉和青霉菌等为原料制备 RNA。由于酵母和白地霉含有丰富的 RNA，含 DNA 则很少，不需要特别分离，RNA 又容易提取，故是制备 RNA 的好材料。从酵母和白地霉中制备 RNA 的方法有稀碱法、浓盐法和自溶法，即先使 RNA 从细胞中释放出来，再进行提取、沉淀和纯化。这里介绍稀碱法。

稀碱法以酵母为原料，先用 10g/L NaOH 在 25℃左右处理坚韧的胞壁，使之变性，RNA 从胞内释放出来，然后用 6mol/L HCl 中和到 pH 为 7。RNA 溶于水中，再加热到 90～100℃，破坏分解核酸的酶，迅速冷却到 10℃以下，除去蛋白质和菌体残渣沉淀，RNA 留在上清液中。利用核酸在等电点时的溶解度最小的性质，调节 pH 至 2～2.5，低温放置，使 RNA 从溶液中沉淀，离心收集即得 RNA。提取时间短，成本低，收率为 4%～5%（以干酵母质量计算）。

2. DNA 的提取与制备　　DNA 在 0.14mol/L NaCl 溶液中溶解度最低，RNA 溶解度较大，可从沉淀物中洗去 RNA 等杂质，DNA 仍留在沉淀物中。将沉淀物溶于生理盐水，加入去污剂十二烷基硫酸钠（SDS）溶液，其溶液由稀变黏稠，DNA 与其结合蛋白质解离开来，蛋白质变性，冷藏过夜。再加入 NaCl 使溶液浓度达到 1mol/L，溶液黏稠度下降，这时 DNA 溶解，蛋白质等杂质沉淀，离心除去，得乳白状上清液，过滤后加入等体积 95%冷乙醇，有白色纤维状 DNA 析出，即 DNA 粗制品。再用去污剂精制，进一步去掉蛋白质等杂质，以 95%乙醇沉淀 DNA，如此反复数次，可得较纯的 DNA。

当 DNA 中含有少量 RNA 时，可用核糖核酸酶、异丙醇等处理，用活性炭层析柱及利用在电场内 DNA 与 RNA 不同的流动速度等进行分离。

（二）核苷酸的制备

1. 水解核酸法　　核酸经碱、酸、酶水解生成核苷酸，然后分离提取制备各种核苷酸的方法通称水解核酸法。由于所用催化剂的不同，分为碱水解、酸水解和酶水解等。

（1）碱水解　　在稀碱条件下，RNA 容易水解得到 2′-核苷酸和 3′-核苷酸。RNA 分子中核苷酸之间是以 3′-5′酯键连接的，水解后似乎不应产生 2′-核苷酸。实际上这是由于稀碱水解过程中，先形成一个中间环状物 2′,3′-环状核苷酸，它很不稳定，进一步水解生成 2′-核苷酸和 3′-核苷酸。

（2）酸水解　　在酸性条件下，DNA、RNA 都不稳定，嘌呤碱易水解下来。用 1mol/L HCl 在 100℃加热 1h，能把 RNA 水解成嘌呤碱和嘧啶核苷酸的混合物。

（3）酶水解　　应用 5′-磷酸二酯酶水解核酸可制备各种核苷酸，再用核苷酸进一步生产 ATP、CoA、UTP 和胞二磷胆碱等许多种生化药物。

2. 提取法　　利用动植物和微生物为原料，提取核苷酸。例如，从兔肌肉中提取 ATP，从酵母或白地霉中提取辅酶 A 等。

核苷酸的制备还有发酵法和酶促合成法，如将谷氨酸棒状杆菌人工诱变可得到腺嘌呤营养缺陷型，用于发酵生产肌苷酸（IMP）；利用酶促磷酸化法生产 ATP。

三、重要核酸类药物的生产

核酸及其衍生物类药物有两大类。一类是具有天然结构、多数生物体内能够自身合成的基本物质，缺乏时，能造成生物代谢障碍，发生疾病；充足时，有助于改善机体的物质代谢和能量平衡，加速受损组织的修复，促使缺氧组织恢复正常生理功能。另一类为自然结构碱基、核苷、核苷酸结构的类似物或聚合物，有些是治疗病毒感染、抗肿瘤、艾滋病的重要药物，有些是产生干扰素、免疫抑制的临床药物。这一类药物采用化学合成或天然物结构改造获得，近年来发展了化学-酶合成法，提高收率，降低成本。

（一）腺苷三磷酸

1. 结构与性质　　腺苷三磷酸（ATP）是细胞内能量传递的"分子通货"，储存和传递化学能。在核酸合成中也具有重要作用。ATP 的分子结构如图 8-14 所示。为白色块状物，无臭，味咸，有吸湿性。用于心力衰竭、心肌炎、心肌梗死、脑动脉及冠状动脉硬化、急性脊髓灰质炎、肌肉萎缩、慢性肝炎等疾病的治疗。

图 8-14　腺苷三磷酸的化学结构式

2. 兔肌肉提取生产 ATP　　ATP 生产工艺的演变，典型地代表了一般生化药物的发展。最先以家兔肌肉作原料，每千克可提取 2g 精制 ATP。

在此仅重点介绍兔肌肉提取法生产 ATP 的工艺过程。

（1）工艺路线　　兔肌肉提取生产 ATP 的工艺路线如图 8-15 所示。

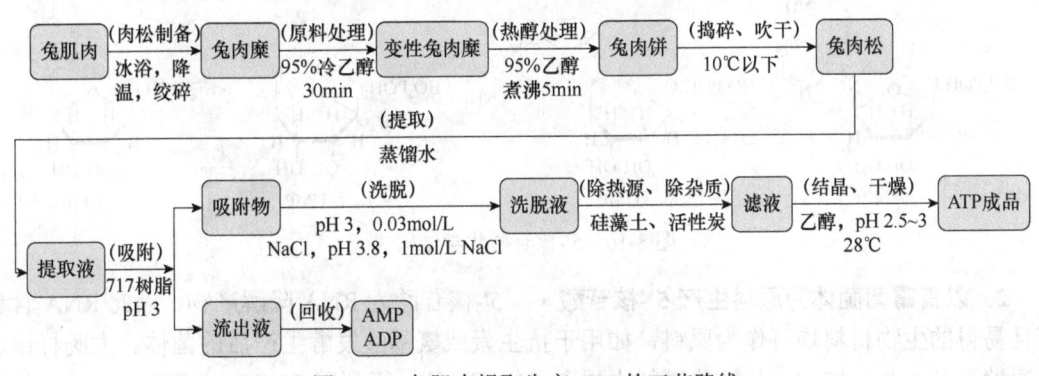

图 8-15　兔肌肉提取生产 ATP 的工艺路线

(2)工艺过程

1)兔肉松的制备。将兔体冰浴降温,迅速剔骨,绞碎,加入兔肌肉质量3~4倍的95%冷乙醇,搅拌30min过滤,压榨、制成肉糜。再将肉糜捣碎,以2~2.5倍量95%冷乙醇同上操作处理1次,然后置于预沸的乙醇中(乙醇为用过2次的),继续加热至沸,保持5min。取出兔肉,迅速置于冷乙醇中降温至10℃以下,过滤,压榨,肉饼再捣碎,分散在盘内,冷风吹干至无乙醇味止,即得兔肉松。

2)提取。取兔肉松加入4倍量冷蒸馏水,搅拌提取30min,过滤压榨成肉饼,捣碎后再加3倍量的冷蒸馏水提取1次。合并2次滤液,按总体积加入4%冰醋酸,再用6mol/L HCl调pH为3,冷处静置3h,经布氏漏斗过滤至澄清,收集提取液。

3)吸附。取处理好的717树脂装入层析柱,柱高与直径之比为(3~5):1为宜,用pH 3的水平衡层析柱。提取液过柱,流速控制在0.6~1.0mL/(cm²·min),吸附ATP。上柱过程中用DEAE纤维素薄层层析检查,出现AMP或ADP时可收集,以备回收AMP或ADP。继续进样,待检查含有ATP流出时,说明树脂已被ATP饱和,终止进样。一般100g树脂可吸附10~20g的ATP。

4)洗脱。已被ATP饱和的树脂柱,先用pH 3、0.03mol/L NaCl溶液洗涤柱内滞留的AMP、ADP及无机盐等,流速为1mL/(cm²·min)。薄层检查无AMP、ADP斑点并有ATP斑点出现时,再用pH 3.8、1mol/L NaCl溶液洗脱,流速控制在0.2~0.4mL/(cm²·min),收集洗脱液。操作在0~10℃进行,以防ATP分解。

5)除热原、杂质。以洗脱液体积计,加入0.6%的硅藻土和0.4%的活性炭后,搅拌10min,用4号垂熔漏斗过滤,收集ATP滤液。

6)结晶、干燥。用6mol/L HCl调ATP滤液至pH 2.5~3,28℃水浴恒温,加入3~4倍量体积的95%乙醇,不断搅拌,使ATP二钠结晶。用4号垂熔漏斗过滤,分别用无水乙醇、乙醚洗涤1~2次,收集ATP二钠结晶,置P_2O_5干燥器内真空干燥,即得ATP成品。

(二)5′-核苷酸

1. 结构及性质   5′-核苷酸的化学结构式如图8-16所示,由磷酸、碱基和核糖组成,为两性电解质,核苷酸药用品为4种单核苷酸二钠盐的复合物,为白色粉末,易溶于水,不溶于乙醇,味鲜。用于治疗白细胞和血小板减少症、放射性疾病,也可用于治疗急性、慢性肝炎和心脏病。各种单核苷酸还可作为保健品和医药中间体。

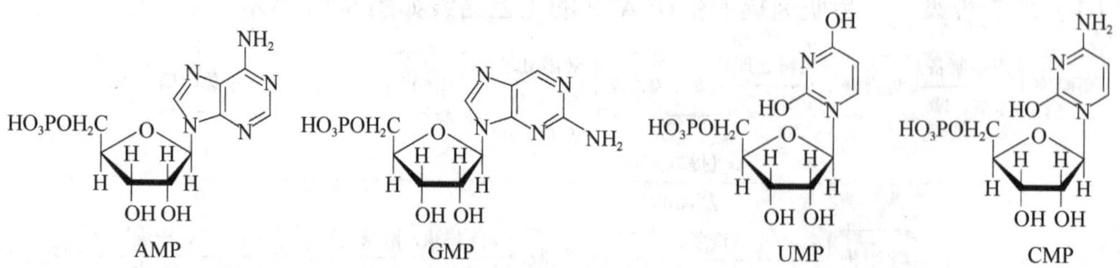

图8-16 5′-核苷酸化学结构式

2. 以青霉菌菌体为原料生产5′-核苷酸   5′-核苷酸为RNA降解产物,因此RNA含量高且易得的生物材料均可作为原料,如用于抗生素或氨基酸发酵生产后的菌体、大肠杆菌、酿酒酵母及一些动植物,从这些原料中提取RNA粗品,再利用5′-磷酸二酯酶对RNA的降解作用生产 5′-核苷酸。下面介绍以青霉菌菌体为原料生产 5′-核苷酸的工艺过程。

（1）工艺路线 以青霉菌菌体为原料生产 5′-核苷酸工艺路线如 8-17 所示。

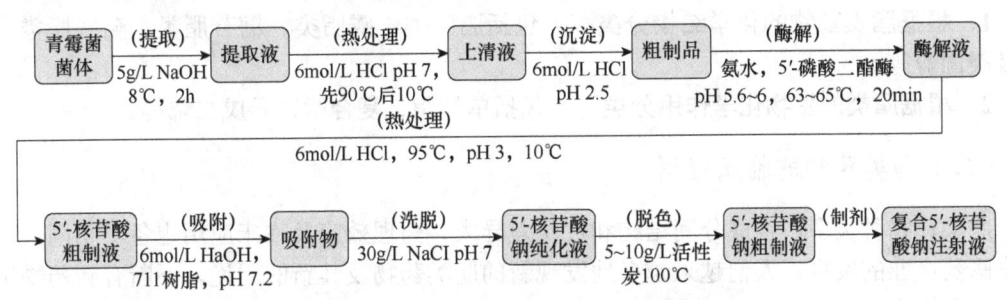

```
青霉菌   (提取)     提取液   (热处理)       上清液   (沉淀)      粗制品   (酶解)              酶解液
菌体   5g/L NaOH          6mol/L HCl pH 7,        6mol/L HCl         氨水, 5′-磷酸二酯酶
       8℃, 2h              先90℃后10℃           pH 2.5             pH 5.6~6, 63~65℃, 20min
                          (热处理)
                          6mol/L HCl, 95℃, pH 3, 10℃

5′-核苷酸   (吸附)       吸附物   (洗脱)        5′-核苷酸   (脱色)      5′-核苷酸   (制剂)   复合5′-核苷
粗制液    6mol/L HaOH,           30g/L NaCl pH 7  钠纯化液  5~10g/L活性  钠粗制液              酸钠注射液
          711树脂, pH 7.2                                   炭100℃
```

图 8-17 以青霉菌菌体为原料生产 5′-核苷酸工艺路线

（2）工艺过程

1) 提取、热处理、沉淀。取新鲜青霉菌菌体加入 3 倍量的 5g/L NaOH 溶液中，在 8℃下搅拌提取 2h，然后用 6mol/L HCl 调 pH 至 7，用蒸汽迅速加热到 90℃，保持 10min，板框过滤，滤液冷却到 10℃以下，用 6mol/L HCl 调 pH 至 2.5，低温静置过夜沉淀核糖核酸，虹吸，除去上清液，沉淀离心，收集沉淀物，得核糖核酸粗制品。

2) 酶解、热处理。取粗制品加水溶解，配成 10g/L 的核酸溶液，用稀氨水调节 pH 为 5.6~6.2（加酶后的 pH 为 5.5~6），在搅拌下加热至 68~70℃。将酶液（1%粗核酸液与 80%以上 5′-磷酸二酯酶之比为 3∶1）预热 45℃，取其一半与核酸液混合，在 63~65℃，反应 20min，再缓缓加入另一半酶液，共计反应 2h。然后通蒸汽加热至 95℃，保温 15min，终止酶反应，冷却至室温，以 6mol/L HCl 调节 pH 为 3，在 10℃以下静置过夜，过滤，沉淀用少量水洗涤，合并滤液和洗涤液即得 5′-核苷酸粗制液。

3) 5′-磷酸二酯酶的制备。取干麦芽根，加 9~10 倍体积的水，用 2mol/L HCl 调 pH 至 5.2，于 30℃条件下浸泡 12~20h，然后加压去渣，浸出液过滤，滤液冷却至 5℃，加入 5℃ 的 2.5 倍体积 95%乙醇，5℃静置 2~3h，去上清液，离心收集沉淀，用少量丙酮及乙醚先洗涤 2~3 次，真空干燥，粉碎得 5′-磷酸二酯酶。

4) 吸附、洗脱、脱色、制剂。取 5′-核苷酸粗制液用 6mol/L NaCl 中和至 pH 为 7.2，以每分钟相当于树脂体积 1/20 的流速上 711 氯型阴离子交换树脂柱至饱和，用蒸馏水冲洗至肉眼看不到树脂层和树脂表面清亮洁净为止，以 30g/L NaCl 溶液洗脱，流速每分钟相当于树脂体积的 1/50~1/40，洗脱液从 pH 7 开始收集，至体积约为树脂体积的 2 倍时为止，得 5′-核苷酸钠纯化液。再将纯化液加入 5~10g/L 活性炭，加热 100℃煮沸 10min，冷却过滤，收集滤液再加 5~10g/L 活性炭，在室温下搅拌 30min，过滤，收集滤液，得 5′-核苷酸钠精制液。取样做热原、毒性、含量测定，除菌过滤、分装、封口制成 5′-核苷酸钠注射液，每支含 50mg。

第七节 脂类药物

一、脂类药物概述

脂类是脂肪、类脂及其衍生物的总称。在动物脑、肝、神经等组织中的含量很高，参与生物体的构造、修补、物质代谢与能量供应等。

（一）脂类药物的分类

1. 根据脂类药物的化学结构分类　　包括脂肪类、磷脂类、糖苷脂类、萜式脂类、固醇及类固醇等。

2. 根据脂类的生物化学作用分类　　包括单纯脂、复合脂、异戊二烯等。

（二）脂类药物的临床应用

脂类药物种类多，各成分间结构和性质差异大，药理效应及临床应用也各不相同。随着生物医药产业的发展，人们越来越多地发现新的脂类药物及其新的用途，不断有新药物进入临床，为人类疾病的预防和治疗做出贡献。

1. 胆酸类药物的临床应用　　胆酸类化合物是人及动物肝产生的甾体类化合物，集中于胆囊，排入肠道对肠道脂肪起乳化作用，促进脂肪消化吸收，同时促进肠道正常菌系繁殖，抑制致病菌生长，保持肠道正常功能。

2. 色素类药物的临床应用　　色素类药物有胆红素、胆绿素、原卟啉、血卟啉及其衍生物。胆红素为抗氧化剂，有清除氧自由基的功能，用于消炎，也是人工牛黄的重要成分；胆绿素药理效应尚不清楚，但胆南星、胆黄素等消炎类中成药均含该成分；原卟啉可促进细胞呼吸，改善肝的代谢功能，临床上用于治疗肝炎；血卟啉及其衍生物为光敏剂，可在癌细胞中滞留，为激光治疗癌症的辅助剂，临床上用于治疗多种癌症。

3. 不饱和脂肪酸类药物的临床应用　　该类药物包括前列腺素、亚油酸、亚麻酸、花生四烯酸及二十碳五烯酸等。前列腺素是多种同类化合物的总称，生理作用极为广泛，其中前列腺素 E_1 和前列腺素 E_2（PGE_1 和 PGE_2）等应用较为广泛，有收缩平滑肌的作用，临床上用于催产、早中期引产、抗早孕及抗男性不育症。亚油酸、亚麻酸、花生四烯酸及二十碳五烯酸均有降血脂作用，用于治疗高脂血症，预防动脉粥样硬化。

4. 磷脂类药物的临床应用　　该类药物主要有卵磷脂和脑磷脂，二者皆有增强神经组织及调节高级神经活动的作用，又是血浆脂肪良好的乳化剂，有促进胆固醇及脂肪运输的作用，临床上用于治疗神经衰弱及防治动脉粥样硬化。卵磷脂也用于治疗肝病，脑磷脂还有止血作用。

5. 固醇类药物的临床应用　　该类药物包括胆固醇、麦角固醇及 β-谷固醇。胆固醇为人工牛黄原料，是机体细胞膜不可缺少的成分，也是机体多种甾体激素及胆酸的原料；麦角固醇是机体合成维生素 D_2 的原料；β-谷固醇可降低血浆胆固醇。

6. 人工牛黄的临床应用　　本品是据天然牛黄（牛胆结石）的组成人工配制的脂类药物，其主要成分为胆红素、胆酸、猪胆酸、胆固醇及无机盐等，是百余种中成药的重要原料药。具有清热、解毒、祛痰及抗惊厥作用，临床上用于治疗热病神昏、癫痫发狂、神昏不语、小儿惊风及咽喉肿胀等，外用治疗疔疮及口疮等。

二、脂类药物的一般生产方法

脂类是广泛存在于生物体内的物质，在体内以游离或结合形式存在于组织细胞中。可采用组织抽提、微生物发酵法制备，也可以利用酶转化及化学合成等方法来生产。工业生产中常依其存在形式及各成分性质采取不同的提取、分离及纯化技术。

（一）脂类药物的制备

1. 直接提取法 在生物体或生物转化反应体系中，有些脂类药物是以游离形式存在的，如卵磷脂、脑磷脂、亚油酸、花生四烯酸及前列腺素等。因此，通常根据各种成分的溶解性质，采用相应溶剂系统从生物组织或反应体系中直接抽提出粗品，再经各种相应技术分离纯化和精制获得纯品。

2. 水解法 在体内有些脂类药物与其他成分构成复合物，含这些成分的组织需经水解或适当处理后再水解，然后分离纯化，如脑干中胆固醇酯经丙酮抽提，浓缩后残留物用乙醇结晶，再用硫酸水解和结晶才能获得胆固醇。原卟啉以血红素形式与珠蛋白通过共价结合形成血红蛋白，血红蛋白于氯化钠饱和的冰醋酸中加热水解得血红素，血红素于甲酸中加还原铁粉回流除铁后，经分离纯化得到原卟啉。在胆汁中，胆红素大多与葡萄糖醛酸结合成共价化合物，故提取胆红素需先用碱水解胆汁，然后用有机溶剂抽提。

3. 化学合成或半合成法 某些脂类药物是以相应有机化合物或来源于生物体的某些成分为原料，采用化学合成或半合成法制备，如用香兰素及茄尼醇为原料可合成辅酶 Q_{10}。

4. 生物转化法 微生物发酵、动植物细胞培养及酶工程技术统称为生物转化法。来源于生物体的多种脂类药物也可采用生物转化法生产，如用微生物发酵法或烟草细胞培养法生产辅酶 Q_{10}，用紫草细胞培养生产紫草素等。

（二）脂类药物的分离

脂类生化药物种类较多，结构多样化，性质差异甚大，一般采用溶解度法及吸附分离法分离。

1）溶解度法是依据脂类药物在不同溶剂中溶解度差异进行分离的方法，如游离胆红素在酸性条件下溶于氯仿及二氯甲烷，故胆汁经碱水解及酸化后用氯仿抽提，其他物质难溶于氯仿，而胆红素则溶出，因此得以分离；又如卵磷脂溶于乙醇，不溶于丙酮，脑磷脂溶于乙醚而不溶于丙酮和乙醇，故脑干丙酮抽提液用于制备胆固醇，不溶物用乙醇抽提得卵磷脂，用乙醚抽提得脑磷脂，从而使三种成分得以分离。

2）吸附分离法是根据吸附剂对各种成分吸附力差异进行分离的方法，如从家禽胆汁中提取的鹅去氧胆酸粗品，经硅胶柱层析及乙醇-氯仿溶液梯度洗脱，即可与其他杂质分离；前列腺素 E_2 粗品经硅胶柱层析及硝酸银硅胶柱层析分离得精品；辅酶 Q_{10} 粗制品经硅胶柱吸附层析，以石油酸和乙酸梯度洗脱，即可除去其中的杂质；胆红素粗品也可通过硅胶柱层析及氯仿-乙醇梯度洗脱分离。

（三）脂类药物的精制

经分离后的脂类药物中常有微量杂质，需用适当方法精制，常用的有结晶法、重结晶法及有机溶剂沉淀法，如经层析分离的鹅去氧胆酸及自牛羊胆汁中分离的胆酸需分别用乙酸乙酯及乙醇结晶和重结晶精制，半合成的牛黄熊去氧胆酸经分离后需用乙醇-乙醚结晶和重结晶精制。

三、重要脂类生化药物的制备工艺

（一）卵磷脂

1. 卵磷脂的结构与性质 卵磷脂（lecithin）是一种甘油磷脂，其化学结构式（R 及 R' 分别为饱和及不饱和脂肪烃链）如图 8-18 所示。卵磷脂存在于动物各组织及器官中，脑、精

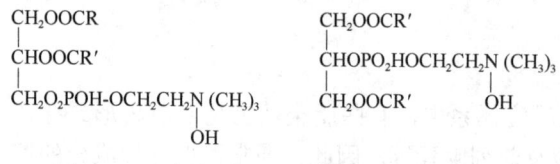

```
CH₂OOCR              CH₂OOCR'
|                    |
CHOOCR'              CHOPO₂HOCH₂N(CH₃)₃
|                    |        |
CH₂O₂POH-OCH₂N(CH₃)₃ CH₂OOCR' OH
       |
       OH
```

图 8-18　α卵磷脂（左）和β卵磷脂（右）的化学分子式

液、肾上腺及红细胞含量最多，卵黄中含量高达 8%～10%，故得名；其在植物组织中含量甚少，唯大豆中含量甚高。

2. 卵磷脂的制备

（1）工艺路线　　卵磷脂的制备工艺路线如图 8-19 所示。

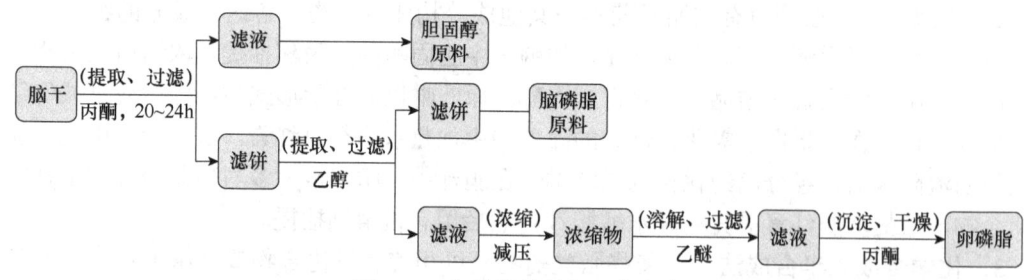

图 8-19　卵磷脂的制备工艺路线

（2）工艺过程

1）提取、浓缩。取动物脑干加 3 倍体积丙酮循环浸渍 20～24h，过滤的滤液待分离胆固醇。滤饼蒸去丙酮，加 2～3 倍体积乙醇浸渍抽提 4～5 次，每次过滤的滤饼用于制备脑磷脂。合并滤液，真空浓缩，趁热放出浓缩液。

2）沉淀、干燥。上述浓缩液冷却至室温，加入 1/2 体积的乙醚，不断搅拌，放置 2h，令白色不溶物完全沉淀，过滤，取滤液于激烈搅拌下加入粗卵磷脂重量 1.5 倍体积的丙酮，析出沉淀，滤除溶剂，得膏状物，以丙酮洗涤两次，真空干燥后得卵磷脂成品。

（二）胆酸

1. 胆酸结构与性质　　除猪胆汁外，胆酸存在于许多脊椎动物胆汁中，牛、羊及犬胆汁中含量最为丰富，并以结合型胆汁酸形式存在。其分子式为 $C_{24}H_{40}O_5$，分子质量为 408.6，化学结构式如图 8-20 所示。

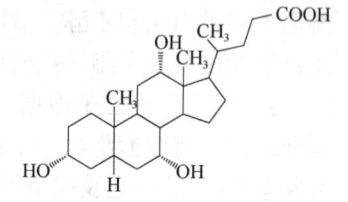

2. 胆酸的制备

（1）工艺路线　　胆酸的制备工艺路线如图 8-21 所示。

图 8-20　胆酸的化学结构式

图 8-21　胆酸的制备工艺路线

（2）工艺过程

1）水解、酸化。牛羊胆汁（或胆膏）加入 1/10 量 NaOH（胆膏为 1∶1，另加 9 倍水），加热回流水解 18h，静置冷却，倾出上层液，下层过滤，合并上清液与滤液，用 30% H_2SO_4 调 pH 至 2～3，形成膏状粗胆酸沉淀，取出沉淀，加等量水煮沸 10～20min，成颗粒状沉淀，反复水洗至中性，50～60℃干燥得粗胆酸。

2）溶解、结晶。取上述粗胆酸加 0.75 倍体积 75%乙醇，加热回流，搅拌溶解，过滤，滤液置 0～5℃结晶过夜，离心甩干并用少量 80%乙醇洗涤，干燥得粗品胆酸结晶。

3）重结晶。取上述粗胆酸结晶加 4 倍体积 95%乙醇和 4%~5%活性炭,加热回流搅拌溶解,趁热过滤,滤液浓缩至原体积的 1/4,置 0~5℃结晶,滤取结晶,用少量 90%的乙醇洗涤,干燥得精制胆酸。

（三）胆固醇

1. 胆固醇的结构与性质　胆固醇（cholesterol）为动物细胞膜重要成分,也为体内固醇类激素、维生素 D 及胆酸的前体,存在于所有组织中,脑及神经含量最高。其分子式为 $C_{27}H_{46}O$,分子量为 386.64,化学结构式如图 8-22 所示。

图 8-22　胆固醇的化学结构式

2. 胆固醇的制备

（1）工艺路线

胆固醇的制备工艺路线如图 8-23 所示。

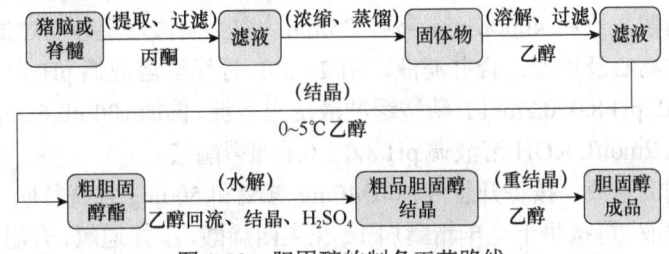

图 8-23　胆固醇的制备工艺路线

（2）工艺过程

1）提取。取动物脑干加 3 倍体积丙酮循环浸渍 20~24h,过滤的滤液待分离胆固醇（见本节卵磷脂生产工艺）。

2）浓缩与溶解。上述大脑干丙酮抽提液蒸馏浓缩至出现大量黄色固体物为止,向固体物中加 10 倍体积工业乙醇,加热回流溶解,过滤,弃去滤渣。

3）结晶与水解。上述滤液于 0~5℃冷却结晶,滤取结晶得粗胆固醇酯。结晶加 5 倍量工业乙醇和 5%~6%硫酸加热回流 8h,置 0~5℃结晶。滤取结晶并用 95%乙醇洗至中性。

4）重结晶。上述结晶用 10 倍量工业乙醇和 3%活性炭加热溶解并回流 1h,保温过滤,滤液置 0~5℃冷却结晶,如此反复 3 次。滤取结晶,压干,挥发除去乙醇后,70~80℃真空干燥得精制胆固醇。

（四）前列腺素

前列腺素（prostaglandin,PG）为二十碳五元环前列腺烷酸的一族衍生物,在体内 PG 皆由花生三烯酸、花生四烯酸及花生五烯酸等经 PG 合成酶转化而成 PGE。本文仅介绍 PGE$_2$ 的结构、性质及生产工艺。

1. 前列腺素 E$_2$ 结构和性质　前列腺素 E$_2$（prostaglandin E$_2$,PGE$_2$）结构如图 8-24。PGE$_2$ 为白色结晶,熔点为 68~69℃,溶于乙酸乙酯、丙酮、乙醚、甲醇及乙醇等有机溶剂,不溶于水。

图 8-24　前列腺素 E$_2$ 的化学结构式

2. 前列腺素 E$_2$ 的工艺路线　前列腺素 E$_2$ 的制备工艺

路线如图 8-25 所示。

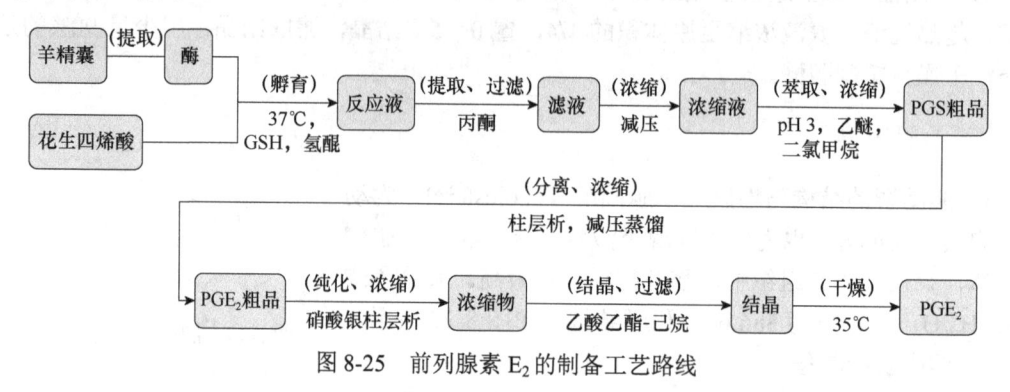

图 8-25 前列腺素 E$_2$ 的制备工艺路线

3. 工艺过程

1）酶的制备。取 -30℃冷冻羊精囊去除结缔组织及脂肪，按每千克加 1L 0.154mol/L KCl 溶液，分次加入匀浆，然后 4000r/min 离心 25min，取上层液双层纱布过滤，滤渣再用 KCl 溶液匀浆，如上法离心及过滤。合并滤液。用 2mol/L 柠檬酸溶液调 pH 为 5.0±0.2，离心弃去上清液。用 100mL pH 8.0、0.2mol/L 磷酸缓冲液洗出沉淀，再加 100mL 6.25μmol/L EDTA-Na$_2$ 溶液搅匀，最后以 2mol/L KOH 溶液调 pH 8.0±0.1 即得酶液。

取上述酶制剂混悬液，按每升悬液称取 40mg 氢醌和 500mg 谷胱甘肽（GSH）计，用少量水溶解后并入酶液。再按每千克羊精囊加 1g 花生四烯酸，搅拌通氧，升温至 37℃并于 37~38℃转化 1h，加 3 倍体积丙酮终止反应并去酶。

2）PGS 粗品制备。上述反应液经过滤，压干。滤渣再用少量丙酮抽提一次，于 45℃减压浓缩回收丙酮，浓缩液用 4mol/L HCl 调 pH 为 3.0，以 2/3 体积乙醚分 3 次萃取，取醚层再以 2/3 体积 0.2mol/L 磷酸缓冲液分 3 次萃取。水层再以 2/3 体积石油醚（沸程 30~60℃）分 3 次萃取脱脂。水层以 4mol/L HCl 调 pH 为 3.0，以 2/3 体积二氯甲烷分 3 次萃取，二氯甲烷用少量水洗涤，去水层。二氯甲烷层加无水 Na$_2$SO$_4$ 密封于冰箱内脱水过夜，滤出 Na$_2$SO$_4$，滤液于 40℃减压浓缩得黄色油状物，即 PGS 粗品。

3）PGE$_2$ 分离。按每克 PGS 粗品称取 15g 100~160 目活化硅胶混悬于氯仿中，装柱。PGS 粗品用少量氯仿溶解上柱，依次以氯仿、98:2 的氯仿：甲醇、96:4 的氯仿：甲醇洗脱，分别收集 PGA 和 PGE 洗脱液（硅胶薄层鉴定追踪），35℃下减压浓缩除有机溶剂得 PGE$_2$ 粗品。

4）PGE$_2$ 纯化。按每克 PGE$_2$ 粗品称取 20g 200~250 目活化 AgNO$_3$ 硅胶（1:10）悬浮于乙酸乙酯：冰醋酸：石油酸（沸程 90~120℃）：水（200:22.5:125:5）展开剂中装柱。样品以少量上述展开剂溶解上柱，并用上述展开剂洗脱，分别收集 PGE$_1$ 和 PGE$_2$ 洗脱液（以硝酸银硅胶 G，1:10，薄层鉴定），分别于 35℃下充氮减压浓缩至无乙酸味，用适量乙酸乙酯溶解，少量水洗酸，生理盐水除银。乙酸乙酯用无水 Na$_2$SO$_4$，充氮密封于冰箱中脱水过夜，过滤，滤液于 35℃下充氮减压浓缩，除尽有机溶剂得 PGE$_2$ 纯品。经乙酸乙酯-己烷结晶可得 PGE$_2$ 结晶品。

小 结

生化制药是把生物体内执行生物功能的生化基本物质，既保持原来的结构和功能，又能在含有多种物质的混合体系中，以较高的纯度分离出来的技术。生化制药不同于传统的化学制药，不仅因为蛋白质、酶和核酸等物质在生物材料中含量很低或者极其少，更是因为这类物质对外界环境非常敏感，结构与功能的关系又比较复杂。因此在整个分离纯化过程中，要严格注意保持温和的分离条件，避免特殊生物活性物质。每一类生化药物，甚至同一类生化药物的生产工艺技术路线均不相同，需根据原料和生物制品的特点选择不同分离纯化的方法及具体流程，但基本选择性的包括预处理、提取、分离、纯化、精制及成品几个过程。

复习思考题

1. 解释蛋白质氨基酸、非蛋白质氨基酸、衍生氨基酸的含义。
2. 氨基酸在实际生活中有何用途？在氨基酸的制备中，通常采用哪些分离方法？
3. 糖类药物具有哪些生理活性？多糖类药物的提取分离和纯化有哪些方法，原理如何？
4. 维生素及辅酶类药物的一般生产方法有哪些？试举例说明。
5. 核酸类药物的一般制备方法有哪些？这些方法的依据各是什么？
6. 脂类药物是如何分类的？脂类药物的一般制备方法有哪些？

第九章
生物技术制药的下游技术

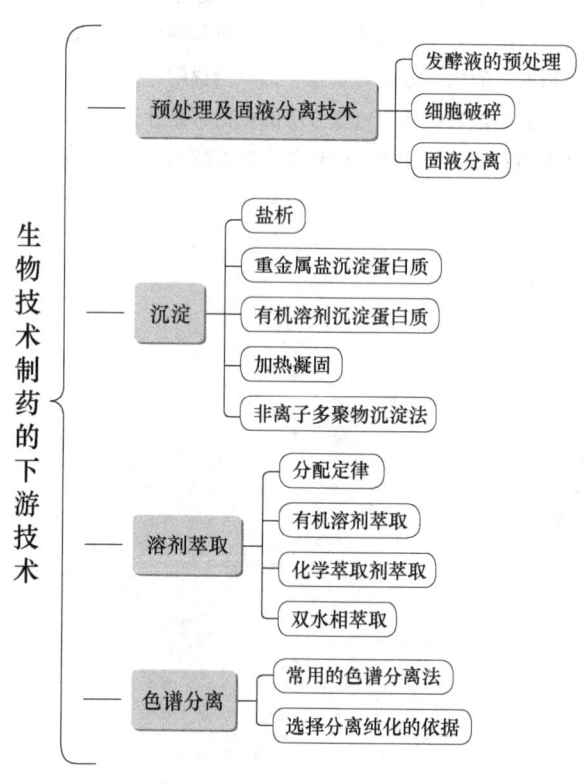

生物技术制药的下游技术
- 预处理及固液分离技术
  - 发酵液的预处理
  - 细胞破碎
  - 固液分离
- 沉淀
  - 盐析
  - 重金属盐沉淀蛋白质
  - 有机溶剂沉淀蛋白质
  - 加热凝固
  - 非离子多聚物沉淀法
- 溶剂萃取
  - 分配定律
  - 有机溶剂萃取
  - 化学萃取剂萃取
  - 双水相萃取
- 色谱分离
  - 常用的色谱分离法
  - 选择分离纯化的依据

生物化工产品通过微生物发酵、酶反应或动植物细胞大量培养获得,从上述发酵液、反应液或培养液中分离、精制有关产品的过程称为下游技术,也称为下游工程或下游加工过程。下游技术是将实验室成果产业化、商品化的技术,它由一些化学工程的单元操作组成,但由于生物物质的特性,有其特殊要求,而且其中某些操作单元在一般化学工业中应用较少。下游技术是生物技术的重要组成部分,发酵液或反应液需要经过下游加工过程才能成为成品,主要工艺过程如图9-1所示。很多工业生物技术产品,包括现代发酵工业产品,其质量的优劣、成本的高低、竞争力的大小,均与下游技术直接相关。传统发酵工业中下游部分的费用占整个工厂投资费用的60%,而对重组DNA生产蛋白质等基因工程产品,下游加工的费用可占整个生产费用的80%~90%。近年来,下游技术得到了长足发展,出现了许多新概念和新技术,有些已经在工业上得到应用,有的虽然还在研究中,但已经显示出良好的应用前景。大致可分为以下几类。

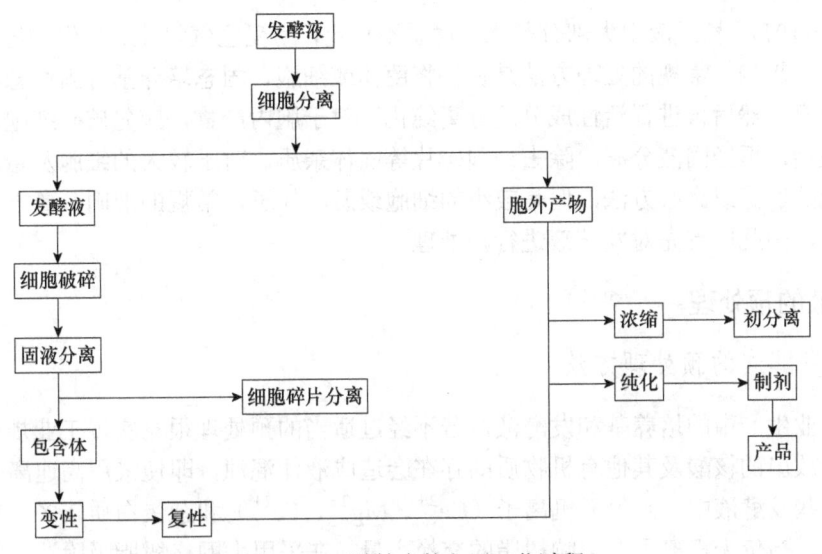

图 9-1　下游技术的主要工艺过程

(1) **固液分离技术**　发酵液菌体特别是细菌的分离一直是生物工业上的难题，近年来，将在污水处理、化学工程和选矿工程上广泛使用的絮凝技术引入发酵液的预处理上，研究开发了菌体及悬浮物絮凝技术，改善了发酵液的分离性能，加之纤维素助滤剂的开发，大大提高了发酵液的固液分离效率。

(2) **细胞破碎技术**　细胞破碎是工业化生产胞内物质所必需的技术，已经开发出球磨破碎、压力释放破碎、冷冻加压释放破碎和化学破碎等技术。

(3) **初步分离纯化技术**　主要开发了沉淀、离子交换、萃取、超滤等技术。

(4) **高度分离纯化技术**　20 世纪 70 年代以来，逐步开发了各种色谱技术，如亲和色谱、疏水色谱、聚焦色谱、离子交换色谱和凝胶色谱等。

(5) **其他新型分离技术**　超临界 CO_2 萃取技术在获取天然生物物质方面有着独特的优势，介于反渗透和超滤之间的纳滤（nanofiltration）技术在生物工业和水处理中有着广阔的应用前景；液膜技术及反胶团技术的研究和应用开发也相继取得了很大进展。

总之，为了得到一定纯度的生物产品，下游加工过程需要采用多种方法，实行多步分离操作。由于处理对象的广泛性，下游技术正向多样性扩展，向深度和广度延伸。这就要求从事生物工业下游技术的科技人员具有相当的化学、物理、物理化学和生物学基础及工程技术知识。由于工业生物技术产品众多，原料广泛，产品性质多样，用途各异，因而其分离、提取、精制技术、生产工艺及相关装备也是多种多样的。根据不同的对象，可采用在生物工业中行之有效的化工单元操作技术，也可采用生物工业中特有的下游新技术。按生产过程划分，生物工业下游技术大致可分为 4 个阶段，即细胞及组织的破碎（预处理及固液分离技术）、沉淀（初步分离）、溶剂萃取、生物药物的色谱分离。

第一节　预处理及固液分离技术

微生物发酵液的成分极为复杂，除了培养的微生物菌体及残存的固体培养基外，还有未被微生物完全利用的糖类、无机盐、蛋白质及微生物的各种代谢产物。发酵产物浓度较低，大多为1%～10%，悬浮液中大部分是水，性质不稳定，易受空气氧化、微生物污染、蛋白酶水解等作用的影响。常规的处理方法是首先将菌体或细胞、固态培养基等固体悬浮颗粒与可溶性组分分离，然后再进行活性成分的分离纯化。对于胞内产物，应先破碎细胞，使生化物质转移到液相，再经固液分离，除去细胞碎片等固体杂质。对于较大的细胞及悬浮颗粒，可以采用常规的过滤或离心方法，但是较小的细胞或悬浮粒子，常规的液固分离方法很难将它们分离完全，因此应首先对发酵液进行预处理。

一、发酵液的预处理

（一）发酵液的预处理方法

生物工业生产中的培养基和发酵液，若不经过适当的预处理很难实现工业规模的过滤，菌体自溶释放出的核酸及其他有机物质的存在会造成液体混浊，即使采用高速离心也难以分离。还有一些发酵液中，高价无机离子（Ca^{2+}、Mg^{2+}、Fe^{3+}）和杂蛋白质较多。在采用离子交换提取时，高价无机离子会影响树脂的交换容量。在采用大网格树脂吸附法提取时，杂蛋白质的存在会降低其吸附能力，采用萃取法时容易产生乳化，使两相分离不清，采用过滤法时，过滤速度下降，过滤膜受到污染。发酵液预处理的目的在于增大悬浮液中固体粒子的尺寸，除去高价无机离子和杂蛋白质，降低液体黏度，实现有效分离。

1. 加热 加热是发酵液预处理最简单、常用的方法。加热能改善发酵液的操作特性。蛋白质是大分子结构物质，加热使蛋白质变性，变性蛋白质的溶解度小。加热是蛋白质变性凝固的有效方法，如柠檬酸发酵液加热至80℃以上，可使蛋白质变性凝固，过滤速度加快。此外，加热能使发酵液黏度明显降低。液体黏度是温度的指数函数，升高温度是降低黏度的有效措施。

2. 凝聚和絮凝 凝聚和絮凝在预处理中，常用于细小菌体或细胞、细胞碎片及蛋白质等胶体颗粒的去除。采用凝聚和絮凝技术能有效改变细胞、细胞碎片及溶解大分子物质的分散状态，使其聚结成较大的颗粒，便于提高过滤速率。

凝聚是指在中性盐作用下，胶粒之间双电层电排斥作用降低，电位下降，使胶体体系不稳定的现象。阳离子对带负电荷的胶粒凝聚能力的次序为：$Al^{3+}>Fe^{3+}>H^+>Ca^{2+}>Mg^{2+}>K^+>Na^+>Li^+$。采用凝聚方法得到的凝聚体，颗粒常常是比较细小的，有时还不能有效地分离。

絮凝是指在某些高分子絮凝剂存在下，基于桥架作用，使微小胶体形成较大絮凝团的过程。近年来发展了许多种类的有机高分子聚合物絮凝剂，它们具有长链线状结构，是一种水溶性聚合物，分子量可高达数万至1000万，在长链节上含有许多活性功能团，可以带有多价电荷（如—NH_2、—COOH、—OH等），也可以不带电荷（非离子型）。它们通过静电力、分子间力或氢键作用，强烈地吸附在胶粒的表面。一个高分子聚合物的许多链节分别吸附在不同颗粒的表面上，形成架桥连接，生成粗大的胶团。

3. 加入盐类 发酵液中加入某些盐类，可除去高价无机离子，如除去钙离子，可加入草酸钠，生成的草酸钙能促进蛋白质凝固，提高溶液质量。除去镁离子，可加入三聚磷酸钠（$Na_5P_3O_{10}$），它与离子形成不溶性络合物。用磷酸盐处理，也能大大降低钙离子和镁离子的浓度。除去铁离子，可加入黄血盐，使其形成普鲁士蓝沉淀。

4. 调节pH 蛋白质一般以胶体状态存在于发酵液中。胶体状态的稳定性与其所带电荷有关。蛋白质属两性物质，在酸性溶液中带正电荷，而在碱性溶液中带负电荷。某一 pH 下，净电荷为零，溶解度最小，称为等电点。由于羧基的电离度比氨基大，因而蛋白质的酸性通常强于碱性，其等电点多数在 pH 4.0～5.5。因此，调节发酵液的 pH 到蛋白质的等电点是除去蛋白质的有效方法。大幅度改变 pH，还能使蛋白质变性凝固。

5. 加入助滤剂 在含有大量细小胶体粒子的发酵液中加入固体助滤剂，则这些胶体粒子吸附于助滤剂微粒上，助滤剂作为胶体粒子的载体，均匀地分布于饼层中，相应地改变了滤饼结构，降低了滤饼的可压缩性，也减小了过滤阻力。目前生物工业中常用的助滤剂有硅藻土，其次是珍珠岩粉、活性炭、石英砂、石棉粉、纤维素、白土等。选择助滤剂应考虑以下几点。

（1）粒度 助滤剂颗粒大，过滤速度快，但滤液澄清度差；反之，颗粒小，过滤阻力大，澄清度高。粒度选择应根据悬浮液中的颗粒和滤液的澄清度通过试验确定，一般情况下，颗粒较小的滤饼应采用细小的助滤剂。

（2）助滤剂品种 根据过滤介质选择助滤剂品种，使用粗目滤网时易泄漏，可选石棉粉、纤维素或二者的混合物有效地防止泄漏；采用细目滤布时，可使用细硅藻土。若采用粗粒硅藻土，则悬浮液中的细微颗粒仍将透过预涂层到达滤布表面，从而使过滤阻力增大。滤饼较厚时（50～100mm），为了防止龟裂，可加入 1%～5%纤维素或活性炭。

（3）用量 间歇操作时，助滤剂预涂层的厚度应不小于 2mm。连续过滤机中根据过滤速度确定。使用硅藻土时，通常细粒为 500g/m^3；粗粒为 700～1000g/m^3；中等粒度为 700g/m^3。助滤剂应均匀分散于悬浮液中而不沉淀，故一般设置搅拌混合槽。另外，若助滤剂中的某些成分会溶于酸性或碱性液体中，对产品有影响时，使用前对助滤剂应进行酸洗或碱洗。

（二）非蛋白质类杂质的去除

非蛋白质类杂质不应忽视，在纯化过程中，需要特别注意几种可能存在的非蛋白质类杂质，它们是 DNA、致热原、病毒、不溶性多糖及高价金属离子。

1. DNA 的去除 DNA 在 pH 4.0 以上呈阴离子状态，可用阴离子交换剂吸附除去。如果目的蛋白 pI 在 6.0 以上，则可选择条件使其吸附在阳离子交换剂上，而避免 DNA 的吸附。利用亲和层析吸附蛋白质，而 DNA 不被吸附，也可分离。疏水层析对分离有效，在上柱时需要高盐浓度，以使 DNA-蛋白质结合物离解，蛋白质吸附在柱上，而 DNA 不被吸附。

2. 致热原的去除 致热原主要是肠杆菌科所产生的细菌内毒素，在细胞溶解时会释放出来，它们是革兰氏阴性菌细胞壁的组分脂多糖，其性质相当稳定，即使经高压灭菌也不会失活。注射用药必须无致热原。从蛋白质溶液中去除内毒素是比较困难的，最好的方法是防止产生致热原，整个生产过程要在无菌条件下进行。所有层析介质在使用前都要先除去致热原，在 2～8℃下进行操作。洗脱液需先经无菌处理，流出的蛋白质溶液也应无菌处理，即通过 0.2μm 微滤膜，并在 2～8℃下保存。

3. 病毒的去除 病毒是成品必须检查的物质之一。病毒最大的来源是由宿主细胞带入，经过色谱分离，一般能将病毒除去，必要时也可以用紫外线照射使病毒失活，或用过滤法将病毒去除。

4. 不溶性多糖的去除 当发酵液中含有较多不溶性多糖时，黏度增大，液固分离困难，可用酶将其转化为单糖以提高过滤速度。例如，在蛋白酶发酵液中加 α-淀粉酶，能将培养基中多余的沉淀水解成单糖，降低发酵液黏度，提高滤速。

5. 高价金属离子的去除 对成品质量影响较大的无机杂质主要有 Ca^{2+}、Mg^{2+}、Fe^{3+} 等高价金属离子，预处理中应将它们除去。去除钙离子，常采用草酸钠或草酸，反应后生成的草酸钙在水中溶解度很小，可以去除钙离子，生成的草酸钙沉淀还能促使杂蛋白凝固，提高过滤速度和滤液质量。镁离子的去除也可用草酸，但草酸镁溶解度较大，故沉淀不完全。此外，还可采用磷酸盐，使生成磷酸钙盐和磷酸镁盐沉淀而除去。除去铁离子，采用黄血盐，形成普鲁士蓝沉淀。

（三）蛋白质类杂质的去除

在蛋白质类杂质中，最主要的是纯化过程中残余的宿主细胞蛋白。除宿主细胞蛋白外，目的蛋白本身也可能发生某些变化，形成在理化性质上与原蛋白质极为相似的蛋白质类杂质。它的去除方法主要有以下两种。

1. 等电点沉淀法 蛋白质是两性物质，在等电点时溶解度最小，能形成沉淀而被除去。有些蛋白质在等电点时仍有一定的溶解度，仅依靠等电点的方法还不能将其大部分沉淀除去，通常可结合其他方法共同处理。

2. 变性沉淀 蛋白质从有规则的排列变成无规则结构的过程称为变性，变性蛋白质在水中溶解度较小易于沉淀。在生物制品中加热是蛋白质变性的常用方法，加热也使液体黏度降低，加快过滤速度，但加热只适合对热稳定的生化物质。使蛋白质变性的其他方法还有大幅度改变 pH、加入有机溶剂、加重金属离子、加有机酸及加表面活性剂。

二、细胞破碎

细胞壁是由坚固的多聚糖、乙酰葡萄糖胺和乙酰胞壁酸形成的网状结构，有一定的韧性。细菌破碎的主要阻力来自网状结构，其结构越致密，越难破碎，除此之外，还与细胞的形状和大小有关，如革兰氏阳性菌主要由肽聚糖组成，故可采用溶菌酶破壁。而革兰氏阴性菌结构中肽聚糖含量少，而且还处于细胞壁的内层，外表面含有大量的脂类，单独使用溶菌酶破碎效果不佳。为了有效地破碎细胞，并尽可能减少产物的破坏，建立了多种细胞破碎的方法，通常分为机械破碎法和非机械破碎法。

（一）机械破碎法

机械破碎法在生产上应用较为广泛，但在机械破碎过程中，机械能转化为热能会使料液温度升高，易造成活性物质的失活，因此在大多数情况下要采取冷却措施。

1. 珠磨法 进入珠磨机的细胞悬浮液与极细的玻璃小珠、石英砂、氧化铝等研磨剂（直径<1mm）一起快速搅拌或研磨，研磨剂、珠子与细胞之间的互相剪切、碰撞，使细胞破碎，释放出内含物。在珠液分离器的协助下，珠子被滞留在破碎室内，浆液流出从而实现连续操作。破碎中产生的热量一般采用夹套冷却的方式降温。珠磨法的破碎率一般控制在 80% 以下，这样可降低能耗，减少大分子目的产物的失活，由于高破碎率产生的细胞小碎片不易分离，给后续操作会带来困难。

2. 高压匀浆法 高压匀浆法破碎细胞的原理是高压下的细胞通过阀门喷出，细胞内外压力降低，由于细胞膜的作用，胞外压力瞬间降至常压，而胞内压力降低较慢，从而在细胞内外形成压力差,使细胞膜破裂。另外,高速流动的液体剪切力对破碎细胞也有一定的作用,这种剪切力是打断 DNA 的主要动力。此法的优点是快速,对蛋白质损伤小,产热小,对缓冲液无特别要求,破碎效率高,但易造成堵塞的团状或丝状真菌、较小的革兰氏阳性菌、含有包含体的基因工程菌(因包含体坚硬,易损伤匀浆阀)不宜用高压匀浆法。

3. 超声波处理法　　超声波处理法是用一定功率的超声波处理细胞悬液,使细胞急剧振荡破裂。此法多适用于微生物材料,用大肠杆菌制备各种酶,常选用 50～100mL 菌液,离心后将菌体重悬于 1mL 缓冲液,在 15～25kHz 频率下处理 10～15min,此法的缺点是在处理过程中会产生大量的热,应采取相应的降温措施。超声波处理细胞悬液时,破碎作用受许多因素的影响,如超声波的声强、频率、液体的温度、压强和处理时间等,此外介质的离子强度、pH 和菌种的性质也有很大的影响。不同的菌种,用超声波处理的效果也不同,杆菌比球菌易破碎,革兰氏阴性菌比革兰氏阳性菌易破碎,酵母效果较差。

(二)非机械破碎法

1. 酶溶法　　酶溶法是利用生物酶将细胞壁和细胞膜溶解的方法。常用的酶有溶菌酶、葡聚糖酶、蛋白酶、甘露糖酶等。溶菌酶对细菌类作用效果较好,其他酶对酵母作用效果好。酶溶法的优点是选择性释放产物,条件温和,核酸泄出量少,细胞外形完整。缺点是酶溶价格高,酶溶通用性差(不同菌种需选择不同的酶),存在产物抑制作用。例如,在酶溶系统中,甘露糖对蛋白酶有抑制作用,葡聚糖抑制葡聚糖酶。利用酶溶法处理细胞时必须根据细胞的结构和化学组成选择合适的酶,并确定相应的使用次序,控制好温度、pH 和酶用量。

2. 自溶法　　自溶是一种特殊的酶溶方式,通过诱发微生物产生过剩的溶胞酶或激发自身溶胞酶的活力来溶菌,而不需要外加其他酶。影响自溶过程的主要因素有温度、时间、pH、激活剂和细胞代谢途径等。缺点是对不稳定的微生物,易引起所需蛋白质的变性,自溶后细胞悬浮液黏度增大,过滤速度下降。

3. 化学法　　某些化学试剂,如有机溶剂、变性剂、表面活性剂、抗生素、金属螯合剂等,可溶解细胞膜上的脂质化合物,使细胞结构破坏,从而使胞内物质有选择地渗透出来。此法取决于化学试剂的类型及细胞壁膜的结构与组成。

(1)表面活性剂　　表面活性剂可促使细胞某些组分溶解,其增溶作用有助于细胞的破碎。天然的表面活性剂有胆酸盐和磷脂等。合成的表面活性剂可分为离子型和非离子型,离子型如十二烷基硫酸钠(SDS,阴离子型)、十六烷基三甲基溴化铵(阳离子型),非离子型如 Triton X-100 和 Tween 等。在一定条件下,表面活性剂能与脂蛋白结合,形成微泡,使膜的通透性增加或使其溶解。

(2)EDTA 螯合剂　　革兰氏阴性菌的外层膜结构通常靠二价阳离子 Ca^{2+} 或 Mg^{2+} 结合脂多糖和蛋白质来维持,一旦 EDTA 将 Ca^{2+} 或 Mg^{2+} 螯合,大量的脂多糖分子将脱落,使细胞壁外层膜出现洞穴。这些区域由内层膜的磷脂来填补,从而导致内层膜通透性的增强。

(3)有机溶剂　　有机溶剂能分解细胞壁中的磷脂层,使胞壁膜溶胀,细胞破裂,胞内物质被释放出来。常用的有机溶剂有甲苯、苯、氯仿、二甲苯、丁醇和丙酮等。

(4)变性剂　　盐酸胍和脲是常用的变性剂。变性剂与水中氢键作用,削弱溶质分子间的疏水作用，使疏水性化合物溶于水。此法的优点是对代谢产物释放有一定的选择性，可使一些较小分子量的溶质如多肽和小分子的酶蛋白透过，而核酸等大分子量的物质仍滞留在胞内，而且细胞外形完整，碎片少，浆液黏度低，易于固液分离和进一步提取。缺点是通用性差，时间长，效率低，一般胞内物质释放率不超过50%，有些化学试剂有毒。

4. 渗透压法 将细胞放在高渗透压的介质中（如一定浓度的甘油或蔗糖溶液），达平衡后，转入渗透压低的缓冲液或纯水中，由于渗透压的突然变化，水迅速进入细胞内，引起细胞溶胀，甚至破裂。

5. 反复冻结-融化法 将细胞放在低温下（约-15℃）突然冷冻，然后在室温下缓慢融化，反复多次而达到破壁作用。由于冷冻，一方面使细胞膜的疏水键结构破裂，增加细胞的亲水性能；另一方面胞内水结晶，使细胞内外溶液浓度变化，引起细胞膨胀而破裂。适用于细胞壁较脆弱的菌体，破碎率较低，需反复多次，此外，在冻融过程中可能引起某些蛋白质变性。

6. 干燥法 干燥法使细胞结合水分丧失，改变细胞的渗透性，同时部分菌体会产生自溶。当采用丙酮、丁醇或缓冲液等对干燥细胞进行处理时，胞内物质就容易被抽提出来。气流干燥主要适用于酵母，一般在25～30℃的气流中吹干，部分酵母产生自溶，再用水、缓冲液或其他溶剂抽提时效果较好。真空干燥多用于细菌。冷冻干燥适于制备不稳定的生化物质，在冷冻条件下磨成粉，再用缓冲液抽提。干燥法条件变化剧烈，容易引起蛋白质或其他组织变性。

三、固液分离

固液分离是将发酵液中的悬浮固体，如细胞、菌体、细胞碎片及蛋白质的沉淀物或它们的絮凝体分离除去。通常可采用膜分离、离心等方法。

（一）膜分离技术

膜分离技术是近几些年迅速发展的高效分离技术，与传统分离技术相比，它具有设备简单、操作方便、分离效率高等优点，已经在许多领域得到广泛应用，它可用于酶、活性蛋白、氨基酸、有机酸等物质的分离纯化。膜是通过使溶液中的某组分优先渗透到膜的另一侧，而另外一侧的浓度差极化和膜污染是影响膜过滤性能的重要因素。众多专家正在进行广泛深入的研究，依据其产生的机制和对膜过程的危害，提出了在过滤过程中完全避免膜污染是不可能的，但是如果采取合适的控制方法，使其效应大大减小，应该是可以做到的。采用同一种膜材料制成的分离膜，由于不同的制膜工艺和条件，其性能可能有很大的差别，合理先进的制膜工艺和最优化的工艺条件是制备优良分离膜的重要保证。目前，商品膜种类甚多、性能各异，可以满足不同的需要。

制备膜的高分子材料很多，工业上较为普遍的是醋酸纤维素和聚砜。醋酸纤维素是将纤维素的葡萄糖分子中的羟基进行乙酰化而制得，乙酰化程度越高就越稳定，因而常以三醋酸纤维素来制造膜。它的优点是透过速度快，截盐能力强，适宜制备反渗透膜；同时，它制造简单、原料来源丰富。其缺点是最高使用温度为30℃；最适操作pH为4～6，不能低于2或超过8，因为在酸性条件下，β-糖苷键会水解，而碱性条件下会脱去乙酰基。醋酸纤维素易与氯作用，造成膜的使用寿命降低。同时，纤维素骨架易受细菌侵染，因而贮存困难。制造高分子膜常采用相转化法和复合膜法。

（二）离心

离心分离是借助于离心机旋转所产生的离心力作用，促使不同大小、不同密度的粒子分离的技术。离心分离对于酵母、细菌和细胞死体能够达到95%以上的截留率，但它更适合于高黏度真菌液和灵敏的悬浮液。但是当原料中含分散的小细胞混合物时，离心分离的困难显著增加。

离心法分离固体和液体的优点是技术容易掌握，分离结果的重复性好。通过增加转速和延长离心时间，可以使一些比较难过滤的物质如细胞碎片沉淀下来。其缺点是难以除尽相对密度较小的碎片，若直接取上清液作为层析柱进料则易使柱堵塞。

第二节 沉 淀

沉淀法常用于生化物质的浓缩和纯化，此法具有简单、经济和浓缩倍数高的优点，它不仅适用于抗生素、有机酸等小分子物质，而且在蛋白质、酶、多肽等成分的回收和分离中应用更多。引起蛋白质沉淀的主要方法有下述几种。

一、盐析

蛋白质溶液中加入大量的中性盐以破坏蛋白质的胶体稳定性而使其析出，这种方法称为盐析。盐析法是一种经典的分离方法，目前仍广泛用来回收或分离蛋白质。

（一）常用的无机盐

常用的中性盐有$(NH_4)_2SO_4$、Na_2SO_4、$NaCl$等，各种蛋白质盐析时所需的盐浓度及pH不同，故可用于对混合蛋白质组分的分离。例如，用半饱和的$(NH_4)_2SO_4$来沉淀血清中的球蛋白，饱和$(NH_4)_2SO_4$可以使血清中的白蛋白、球蛋白都沉淀出来。盐析沉淀的蛋白质，经透析除盐，仍能保证蛋白质的活性。调节蛋白质溶液的pH至等电点后，再用盐析法则蛋白质沉淀的效果更好。$(NH_4)_2SO_4$是常用的盐析剂，因为它价廉，在水中溶解度高，而且溶解度随温度变化小，在低温下仍具有较高的溶解度，0℃时100mL水中可溶解70g，而且对大多数蛋白质的活力没有影响。无机盐可按三种方式加入溶液中：①直接加入固体盐粉末，此种方法用于要求饱和度较高而不增大溶液体积的情况，工业生产常采用此方式，加入无机盐时应边加入边搅拌，防止其局部浓度过高；②加入饱和溶液，用于要求饱和度不高而原来溶液体积不大的情况，实验室和小规模生产可采用此方式，可防止局部浓度过高，但加量较多时，料液会被稀释；③先将盐析的样品装于透析袋中，然后浸入饱和$(NH_4)_2SO_4$中透析，透析袋内硫酸铵饱和度逐渐提高，达到设定浓度后，目的蛋白析出，停止透析。该法的优点在于硫酸铵浓度变化有连续性，盐析效果好，但手续烦琐，需不断测量饱和度，故多用于结晶。

固体硫酸铵的加入量常用饱和度表示其在溶液中的终浓度，见表9-1。必须注意表9-1中规定的温度，一般用0℃或室温两种，加入固体盐后体积的变化已考虑在表中；盐析后一般放置0.5~1h，待沉淀完全后过滤或离心。

（二）影响盐析的主要因素

1. 蛋白质浓度　蛋白质浓度过高，用盐量减少会发生严重的共沉淀作用；在低浓度蛋白质溶液中盐析，所用的盐量较多，而共沉淀作用比较少，因此需要在两者之间进行适当的选择。用于分步分离提纯时，宁可选择稀一些的蛋白质溶液，多加一点中性盐，使共沉淀作用减至最低限度。一般认为 2.5%～3.0% 的蛋白质浓度比较适中。如果沉淀的目的不是分离蛋白质，而是制取成品，那么料液中蛋白质浓度适当提高会使收率提高，耗盐量减少，但过高的蛋白质浓度会导致沉淀中杂质增加。

2. 离子强度和类型　通常离子强度越大，蛋白质的溶解度越低。在进行分离的时候，一般从低离子强度到高离子强度顺次进行。每一组分被盐析出来后，经过过滤或冷冻离心收集，再在溶液中逐渐提高中性盐的饱和度，使另一种蛋白质组分盐析出来。离子种类对蛋白质溶解度也有一定的影响，半径小而电荷很高的离子在盐析方面影响较强；半径大而低电荷离子的影响较弱。下面为几种盐的盐析能力的排列次序：磷酸钾＞硫酸钠＞磷酸铵＞柠檬酸钠＞硫酸镁。

表 9-1　硫酸铵溶液饱和度计算表（25℃）

硫酸铵初浓度（%饱和度）	硫酸铵终浓度（%饱和度）																
	10	20	25	30	33	35	40	45	50	55	60	65	70	75	80	90	100
	每 1L 溶液加固体硫酸铵的克数																
0	56	114	144	167	196	209	243	277	313	351	390	430	472	516	561	662	767
10		57	86	118	137	150	183	216	251	288	326	365	406	449	494	592	694
20			29	59	78	91	123	155	189	225	262	300	340	382	424	520	619
25				30	49	61	93	125	158	193	230	267	307	348	390	485	583
30					19	30	62	94	127	162	198	235	273	314	356	449	546
33						12	43	74	107	147	177	214	252	292	333	426	522
35							31	63	94	129	164	200	238	278	319	411	506
40								31	63	97	132	168	205	245	285	375	469
45									32	65	99	134	171	210	250	339	431
50										33	66	101	137	176	214	302	392
55											33	67	103	141	179	264	353
60												34	69	105	143	227	314
65													34	70	107	190	275
70														35	72	153	237
75															36	115	198
80																77	157
90																	79

3. pH　蛋白质所带电荷越多溶解度越大，净电荷越少溶解度越小，在等电点时蛋白质溶解度最小。为提高盐析效率，多将溶液 pH 调到目的蛋白的等电点处。但必须注意在水中或稀盐液中的蛋白质等电点与高盐浓度下所测的结果是不同的，需根据实际情况调整溶液 pH，以达到最好的盐析效果。

4. 温度　　在低离子强度或纯水中，蛋白质溶解度在一定范围内随温度增加而增加。但在提高温度时必须考虑蛋白质对热的敏感程度。例如，α-淀粉酶较耐热，常可升高温度或在发酵温度下盐析；而蛋白酶耐热性差，受热易变性，应适当冷却后再盐析。在高浓度下，蛋白质、酶和多肽类物质的溶解度随温度上升而下降。一般情况下，蛋白质对盐析温度无特殊要求，可在室温下进行，只有某些对温度敏感的酶要求在 0~4℃ 进行。

二、重金属盐沉淀蛋白质

蛋白质可以与重金属离子如 Hg^{2+}、Pb^{2+}、Cu^{2+}、Ag^{+} 等结合形成盐沉淀，沉淀的条件以 pH 稍大于等电点为宜，因为此时蛋白质分子有较多的负离子易与重金属离子结合成盐。重金属沉淀的蛋白质常是变性的，但若在低温条件下并控制重金属离子浓度，也可用于分离制备不变性蛋白质。

许多有机物质包括蛋白质在内，在碱性溶液中带负电荷，能与金属离子形成沉淀。根据有机物与它们之间的作用机制，可把金属离子分为三类：①能与羧基、含氮化合物和含氮杂环化合物结合的金属离子，如 Mn^{2+}、Fe^{2+}、Vo^{2+}、Ni^{2+}、Cu^{2+}、Zn^{2+}、Cd^{2+}；②能与羧基结合，但不能与含氮化合物结合的金属离子，如 Ca^{2+}、Ba^{2+}、Mg^{2+}、Pb^{2+} 等；③能与巯基结合的金属离子，如 Hg^{2+}、Ag^{+} 等。

蛋白质金属离子复合物的重要性质是其溶解度对溶液的介电常数非常敏感，调整水溶液的介电常数（如加入有机溶剂），即可沉淀多种蛋白。分离出沉淀物后，应将复合物分解，并采用离子交换等将金属离子除去。

金属盐沉淀生化物质已有广泛的应用，如锌盐可用于沉淀杆菌和胰岛素等，碳酸钙用来沉淀乳酸、柠檬酸、人血清蛋白等。除提取生化物质外，还能用于沉淀除去杂质，如微生物细胞中含大量乳酸，它会使料液黏度提高，影响后续操作，盐能选择性地沉淀核酸。

三、有机溶剂沉淀蛋白质

利用和水互溶的有机溶剂使蛋白质沉淀的方法很早就用来纯化蛋白质。有机溶剂沉淀的机制主要是由于加入有机溶剂后，系统的介电常数减小，因而在不同蛋白质粒子表面，具相反电性离子基团之间的吸引力增加，促使它们相互聚集并沉淀。可与水混合的有机溶剂，如乙醇、甲醇、丙酮等，对水的亲和力很大，能破坏蛋白质颗粒的水化膜，在等电点时使蛋白质沉淀。在常温下，有机溶剂沉淀蛋白质往往引起变性，如乙醇消毒灭菌就是如此，但若在低温条件下，则变性进行得较缓慢，可用于分离制备各种血浆蛋白质。此法的优点在于：①分辨能力比盐析法高，即蛋白质或其他溶质只在一个比较窄的有机溶剂浓度下沉淀；②沉淀不用脱盐，过滤较为容易；③在生化制备中应用比盐析广泛。其缺点是对具有生物活性的大分子容易引起变性失活，操作要求在低温下进行。总体来说，蛋白质和酶的有机溶剂沉淀法的使用不如盐析法普遍。

有多种因素影响有机溶剂的沉淀效果。

（1）温度　　低温可保持生物大分子活性，同时降低其溶解度，提高提取效率。因此，在使用有机溶剂沉淀生物大分子时，整个过程应在低温下进行，而且最好是同一温度，防止已沉淀的物质溶解或另一物质的沉淀。

（2）pH　　许多蛋白质在等电点附近有较好的沉淀效果，一般将 pH 控制在待沉淀蛋白质的 pI 附近。应注意少数蛋白质在等电点附近不太稳定，如许多酶的 pI 在 pH 4~5，比其稳定的 pH 范围低，因此 pH 应首先满足蛋白质稳定性的条件，不能过低。

（3）金属离子　一些多价阳离子像 Zn^{2+} 和 Ca^{2+} 在一定的 pH 下能与呈阴离子状态的蛋白质形成复合物，这种复合物在水中或有机溶剂中的溶解度都会下降，而且不影响蛋白质的生物活性。

（4）离子强度　盐浓度太高或太低都影响分离效果，对蛋白质和多糖而言，盐浓度不超过 5%比较合适，使用的乙醇量不超过二倍体积为宜。另外，多价阳离子如 Ca^{2+}、Zn^{2+} 等会与蛋白质形成复合物，该复合物在水或有机溶剂中溶解度降低，因而可以降低使蛋白质沉淀的有机溶剂浓度，对于分离那些在有机溶剂-水溶液中有明显溶解度的蛋白质来说，是一种较好的方法。

四、加热凝固

将接近于等电点附近的蛋白质溶液加热，可使蛋白质发生凝固而沉淀。首先，加热使蛋白质变性，有规则的肽链结构被打开呈松散无规则的结构，分子的不对称性增加，疏水基团暴露，进而凝聚成凝胶状蛋白。蛋白质的变性、沉淀、凝固相互之间有很密切的关系。但蛋白质变性后并不一定沉淀，变性蛋白质只在等电点附近才沉淀，沉淀的变性蛋白质也不一定凝固。例如，蛋白质被强酸、强碱变性后由于蛋白质颗粒带大量电荷，故仍溶于强酸或强碱之中。但若将强碱和强酸溶液的 pH 调节到等电点，则变性蛋白质凝集成絮状沉淀物，若将此絮状物加热，则分子间相互盘缠而变成较为坚固的凝块。

五、非离子多聚物沉淀法

非离子多聚物是 20 世纪 60 年代发展起来的一类重要沉淀剂，最早用于提纯免疫球蛋白及沉淀一些细菌和病毒，近年来逐渐应用于核酸和酶的分离提纯。这类非离子多聚物包括不同分子量的聚乙二醇、壬基酚聚氧乙烯醚（NPEO）、葡聚糖、右旋糖酐硫酸钠等，其中应用最多的是聚乙二醇。聚乙二醇是一种特别有用的沉淀剂，无毒，不可燃，且对大多数蛋白质有保护作用。聚乙二醇沉淀能在室温下进行，得到的沉淀颗粒较大，容易收集。

用非离子多聚物沉淀生物大分子和微粒，一般有两种方法，一种是选用两种水溶性非离子多聚物组成液-液两相体系，不等量分配，而造成分离，此法基于不同生物分子表面结构不同，有不同的分配系数，并外加离子强度、pH 和温度等影响，从而扩大分离效果。另一种是选用一种水溶性非离子多聚物，使生物大分子在同一液相中，由于被排斥相互凝聚而析出沉淀，此法操作时先离心除去大的悬浮颗粒，调整溶液 pH 和适宜温度，然后加入中性盐和多聚物至一定浓度，冷贮一段时间，即形成沉淀。

除了上述沉淀蛋白质的方法外，还有用生物碱试剂及某些酸类沉淀蛋白质，也就是说蛋白质也可与生物碱试剂（如苦味酸、钨酸）及某些酸（如三氯乙酸、过氯酸、硝酸）结合成不溶性的盐沉淀，沉淀的条件应当是 pH 小于等电点，这样蛋白质带正电荷易于与酸根负离子结合成盐。

第三节　溶　剂　萃　取

萃取技术是利用溶质在互不相溶的两相之间分配系数的差异，而使溶质得到纯化或浓缩的技术，是工业生产中常用的分离、提取的方法之一。萃取技术可以根据萃取原理的不同分为物理萃取、化学萃取、双水相萃取和超临界流体萃取等。每种萃取方法各有特点,适用于不同种类的生物产物的分离纯化。20 世纪 60 年代以来相继出现了液膜萃取和反胶团萃取等溶剂萃取新技术。70 年代以后,双水相萃取技术快速发展,为蛋白质特别是胞内蛋白质的提取纯化提供了有效的手段。此外,70 年代后期,利用超临界流体萃取方法对生物活性成分进行精制分离。随着各种萃取新技术出现,液-液萃取技术不断向广度与深度发展。萃取技术将更全面,适用于各种生物产物的分离纯化。

一、分配定律

萃取是溶质在两相中经过充分振摇,达到平衡后按一定比例重新分配的过程。在溶剂萃取中,被提取的溶液称为料液,其中欲提取的物质称为溶质,而用以进行萃取的溶剂称为萃取剂。经接触分离后,大部分溶质转移到萃取剂中,得到的溶液称为萃取液,而被萃取出溶质以后的料液称为萃余液。在恒温、恒压、较稀浓度下,溶质在两相中达到平衡时,溶质在两相中的浓度比值是一个常数(分配系数),即

$$K=\left(\frac{c_1}{c_2}\right)_{恒温、恒压}$$

式中,c_1 为萃取相浓度;c_2 为萃余相浓度;K 为分配系数。

分配定律的应用条件:①必须是稀溶液;②溶质对溶剂的互溶度没有影响;③溶质在两相中必须是同一种分子类型,即不发生缔合或离解。

二、有机溶剂萃取

主要影响有机溶剂萃取的条件如下。

(一)水相物理条件的影响

1. pH 的影响 溶剂萃取常用于有机酸、氨基酸和抗生素等弱酸或弱碱性电解质的萃取。弱电解质在水相中发生不完全解离,仅仅是游离酸或游离碱在两相产生分配平衡,而酸根或碱基不能进入有机相。所以,萃取达到平衡状态时,一方面弱电解质在水相中达到解离平衡,另一方面未解离的游离电解质在两相中达到分配平衡。在抗生素精制中,常使萃取过程在溶媒和水相中选择不同的 pH 进行萃取和反萃取,通过这种反复循环的操作,可使产物纯度提高,如红霉素在 pH 9.4 的水相中用乙酸戊酯萃取,而反萃取则用 pH 5.0 的水溶液。

2. 温度的影响 温度升高则引起互溶的程度增加,当升高至某一温度时,甚至可使两相区消失,不能萃取,故降低系统的温度可提高萃取效率与料液的分离程度。降低温度对热敏产物的提取有利,但降低操作温度会使液体黏度增大,扩散系数减小,并增加整个系统的冷却负荷和动力消耗,所以应综合考虑这些因素,然后选取合适的温度。

3. 盐的影响 无机盐的存在可降低溶质在水相中的溶解度,有利于溶质向有机相中分配,如萃取维生素 B 时加入硫酸铵,萃取青霉素时加入氯化钠等。盐与水结合得越强烈,使得游离水分子数减少,该盐析剂就越有效。但盐的添加量要适当,以利于目的产物的选择性萃取。

(二)有机溶剂的选择

根据相似相溶原理,选择与目的产物极性相近的有机溶剂为萃取剂,可以得到较大的

分配系数。此外，有机溶剂还应满足以下要求：①价廉易得；②与水相不互溶；③与水相有较大的密度差，并且黏度小，表面张力适中，相分散和相分离较容易；④容易回收和再利用；⑤毒性低，腐蚀性小，沸点低，使用安全；⑥不与目的产物发生反应。

三、化学萃取剂萃取

由于氨基酸和一些极性较大的抗生素水溶性很强，在有机相中的分配系数很小甚至为零，利用一般的物理萃取效率很低，需采用化学萃取。可用于抗生素的化学萃取剂有长链脂肪酸（如月桂酸）、烃基磺酸、三氯乙酸、四丁胺和正十二烷胺等。

四、双水相萃取

萃取常用的组分是水相和有机相，利用被提取物在两相中的分配系数不同而实现分离的目的。但对于生物大分子，如蛋白质和酶，加入有机相会使其失活。自 20 世纪 80 年代开始，用双水相萃取蛋白质受到重视。其操作是向水相中加入溶于水的高分子化合物，如聚乙二醇或葡聚糖，可以形成不同的两相，即轻相富含某一种高分子化合物，重相富含盐类或另一种高分子化合物。因两相均含有较多的水，所以称为双水相。

（一）双水相的形成

当两种聚合物溶液互相混合时，究竟是分层还是混合成一相，取决于两种因素：一为熵的增加，二为分子间作用力。两种物质混合时熵的增加与涉及的分子数目有关。因而如以摩尔计算，则小分子间与大分子间的混合，熵的增加是相同的。但分子间的作用力，可看作分子中各基团间相互作用力之和，分子越大，作用力越大。由此可见，对大分子而言，如以摩尔为单位，则分子间的作用力与分子间的混合相比占主要地位，因而主要由前者决定混合的效果。

当两种高分子聚合物之间存在相互排斥时，由于分子量较大，分子间的相互排斥作用与混合过程的熵增加相比占主导地位，一种聚合物分子的周围将聚集同种分子而排斥异种分子，当达到平衡时，即形成分别富含不同聚合物的两相。这种含有聚合物分子的溶液发生分相的现象称为聚合物的不相容性。

如果两种聚合物间存在引力，而且引力很强，如在带相反电荷的两种聚电解质之间，则它们相互结合而存在于一共同的相中。

如果两种聚合物间不存在较强的斥力或引力，则两者能相互混合。几种典型的双水相系统见表 9-2。双水相萃取胞内酶时，PEG-Dextran 系统特别适合从细胞匀浆液中除去核酸和细胞碎片，胞内酶连续萃取流程见图 9-2。

表 9-2　几种典型的双水相系统

组分 1	组分 2
聚丙二醇	聚乙二醇、聚乙烯醇、葡聚糖
聚乙二醇	磷酸钾、硫酸铵、硫酸钠
DEAE 葡聚糖·HCl	聚丙二醇 NaCl、聚乙二醇 Li_2SO_4
羧甲基葡聚糖钠盐	羧甲基纤维素钠盐

图 9-2　胞内酶连续萃取流程图

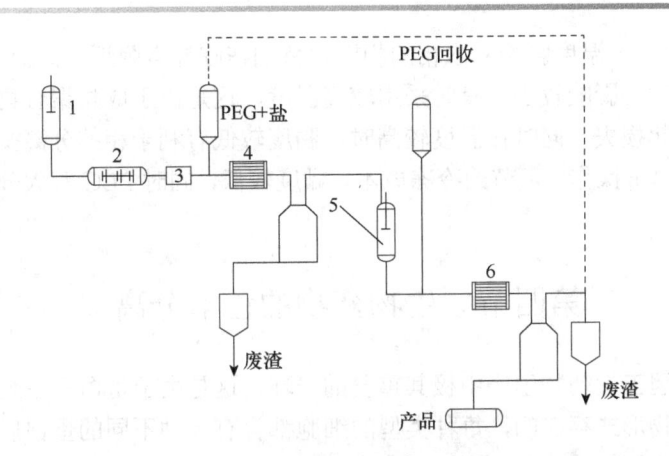

1. 细胞悬浮液；2. 玻璃球磨机；3. 热交换器；4. 静态混合器；5. 容器；6. 静态混合器

（二）双水相中的分配平衡及影响参数

由于影响双水相系统中溶质分配平衡的因素非常复杂，很难建立完整的热力学理论体系。从双水相萃取过程设计的角度出发，确定影响分配系数的主要因素是非常重要的。已有研究表明，生物分子的分配系数取决于溶质与双水相系统间的各种相互作用，其中主要有静电作用、疏水作用和生物亲和作用等。因此，分配系数是各种相互作用之和。

1. 成相物的分子量和浓度的影响

（1）聚合物的分子量普遍规律　　当成相的某种聚合物分子量降低时，蛋白质易分配于富含该聚合物的相。例如，PEG-Dextran 系统中，PEG 分子量减小，则分配系数增大；Dextran 分子量减小，则分配系数减小。无论何种成相聚合物系统与蛋白质都适用此规律。

（2）聚合物的浓度　　当接近临界点时，蛋白质均匀分配于两相，分配系数接近 1。当成相聚合物的总浓度或聚合物/盐的总浓度增加时，系统就远离临界点，系线的长度也增加，两相差距就越大，蛋白质趋向于一侧分配。当远离临界点时，系统表面张力也增加。如果进行分配的是细胞等固体颗粒，则细胞易集中在界面上，因为处在界面上时，界面面积减少，从而使系统能量减少。但对溶解的蛋白质来说，这种现象比较少见。

2. 盐的影响　　盐浓度的提高会使下相体积增大，减小上下相的相比，同时会使细胞碎片有向上相分布的趋势。盐的种类对蛋白质的分配系数有显著影响，如在 PEG-Dextran-磷酸钠系统中，在 pH 6.9 时，溶菌酶带正电，卵蛋白带负电，加入 NaCl 时，查相应的两离子分配表可知，Na^+ 的分配系数小于 Cl^- 的分配系数，故系统上相电位低于下相，则这种电位差使溶菌酶分配系数增大，而使卵蛋白的分配系数减小（可想象为上相带负电，下相带正电，按电荷相互作用来理解）。

3. pH 的影响　　pH 通过改变蛋白表面电荷数（影响其电离程度）而调节其分配系数。pH 还有可能通过影响系统组分盐的电离，而影响相间电位差，进而影响带电蛋白质的分配系数。值得注意的是，pH 的这两种影响方式，在蛋白质表面净电荷为零时（pI 处）都不起作用。通过测量不同盐类存在下，蛋白质分配系数随 pH 的变化可知蛋白质的等电点，这种方法叫作等电点测定的交错分配法。

4. 温度的影响　　温度影响双水相的相图，特别在临界点附近，因而也影响分配系数。但当离临界点较远时，影响较小。有时采用较高温度，这是由于成相聚合物对蛋白质有稳定作用，因而不会引起损失，同时在温度较高时，黏度较低有利于相的分离操作。但在大规模生产中，通常在常温下操作，可节约冷冻成本，黏度较低，同时 PEG 等大分子对蛋白质也有稳定作用。

第四节　生物药物的色谱分离

分离纯化是基因工程药物生产中极其重要的一环，这是由于蛋白质在组织或细胞中一般都是以复杂的混合物形式存在的，每种类型的细胞都含有多种不同的蛋白质。蛋白质的分离和提纯是一项艰巨而繁重的任务，到目前为止，还没有一个单独的或一套现成的方法能把任何一种蛋白质从复杂的混合物中提取出来，但对任何一种蛋白质都有可能选择一套适当的分离提纯程序来获取高纯度的制品。选择纯化方法应根据目的蛋白和杂蛋白的物理、化学和生物学性质的差异，尤其是表面性质的差异，如表面电荷密度、对一些配基的生物学特异性、表面疏水性、表面金属离子、分子大小和形状、等电点和稳定性等。选用的方法应能充分利用目的蛋白和杂蛋白间的上述差异。

分离纯化主要依赖色谱方法，有离子交换色谱、亲和色谱、凝胶过滤色谱、高效液相色谱等。

一、常用的色谱分离法

（一）离子交换色谱

离子交换色谱的基本原理是通过带电的溶质分子与离子交换剂中可交换的离子进行交换，从而达到分离目的。由于蛋白质具有各自的等电点，当蛋白质处于不同的 pH 条件下，其带电状况也不同。当 pH 大于等电点时，蛋白质带负电荷，可与阴离子交换介质进行离子交换结合在色谱柱上，然后通过提高洗脱液中的盐浓度等措施，将吸附在色谱柱上的蛋白质洗脱下来。结合较弱的蛋白质首先被洗脱下来，结合较强的蛋白质可以通过提高洗脱液中盐浓度洗脱下来。由于离子交换色谱分辨率高、容量大、操作容易，此法已成为多肽、蛋白质、核酸和许多发酵产物分离纯化的一种重要工具。用离子交换色谱分离纯化生物大分子可以采用两种方式：一种为正吸附，即将目的产物离子化，然后被交换到介质上，杂质不被吸附而从柱中流出，其优点是得到的目的产物纯度高，还可以用于浓缩，适于处理目的产物浓度低、工作体积大的溶液；另一种为负吸附，即将杂质离子化后交换，目的产物不被交换而直接流出，其优点是适用于处理目的产物浓度高的工体液，通常只可除去 50%～70%的杂质，产物的纯度不高。

1. 离子交换剂的分类及常见种类　　离子交换剂分为两大类，即阳离子交换剂和阴离子交换剂。各类交换剂根据其解离性大小，又可分为强、弱两种，即强酸性阳离子交换剂、弱酸性阳离子交换剂、强碱性阴离子交换剂、弱碱性阴离子交换剂。阴离子交换剂有二乙氨乙基纤维素（DEAE 纤维素），阳离子交换剂有羧甲基纤维素（CM 纤维素）。目前常用的离子交换纤维素列于表 9-3。

表 9-3　目前常用的离子交换纤维素

牌号	形状	溶胀体积/(mL/g)(干)	全交换容量/(mmol/g)	有效交换容量/(mg/g)
DEAE 纤维素 DE-22	纤维状	7.5~7.8	1.0±0.1	450
DEAE 纤维素 DE-23	纤维状	9.1	1.0±0.1	450
DEAE 纤维素 DE-32	微粒	6.3	1.0±0.1	660
DEAE 纤维素 DE-52	微粒	6.3	1.0±0.1	660
CM 纤维素 CM-23	纤维状	7.7	0.6±0.06	150
CM 纤维素 CM-33	纤维状	9.1	0.6±0.06	150
CM 纤维素 CM-32	微粒	6.8	1.0±0.1	400
CM 纤维素 CM-52	微粒	6.8	1.0±0.1	400

葡聚糖凝胶（Sephadex）离子交换剂是以葡聚糖凝胶 G-25 和 G-50 为基质，通过化学方法引入电荷基团而制成的。它既有离子交换作用，又有分子筛性质，可根据分子大小对生物高分子物质进行分级分离，但不适用于分级分离分子质量大于 200kDa 的蛋白质。此类离子交换剂的容量高，由于凝胶母体 G-25 和 G-50 的孔度不同，所以相应的离子交换剂的孔度也不同，G-50 的孔径较大。对于分子质量小于 30kDa 者，G-25 的工作容量较高；分子质量在 30~100kDa 者，G-50 的工作容量较高；分子质量大于 100kDa 的蛋白质由于在表面进行交换吸附反应，所以 G-25 的容量为高。因糖苷键在强酸中可水解，因此应避免使用 pH 2 以下的溶液；由于 DEAE 基团在强碱中不稳定，所以应避免使用高 pH 的溶液。常见葡聚糖凝胶离子交换剂的性能见表 9-4。

表 9-4　常见葡聚糖凝胶离子交换剂的性能

牌号	功能基质性能	粒径（干）/μm	稳定性工作 pH	应用情况
QAE Sephadex A-25	SB	40~120	2~10	低分子量蛋白多肽、核苷酸及巨大分子
QAE Sephadex A-50	SB	40~120	2~11	中等大小的生物分子
SP Sephadex C-25	SA	40~120	2~10	小蛋白及巨大分子
SP Sephadex C-50	SA	40~120	2~10	中等大小的生物分子
DEAE Sephadex A-25	WB	40~120	2~9	小蛋白及巨大分子
DEAE Sephadex A-50	WB	40~120	2~9	中等大小的生物分子
CM Sephadex C-25	WA	40~120	6~13	小蛋白及巨大分子
CM Sephadex C-50	WA	40~120	6~10	中等大小的生物分子

注：SB 为强碱性；SA 为强酸性；WB 为弱碱性；WA 为弱酸性

琼脂糖离子交换剂主要以琼脂糖凝胶 CL-6B（Sepharose CL-6B）为基质，引入电荷基团而构成。这种离子交换凝胶对 pH 及温度的变化较稳定，可在 pH 3~10 和 0~70℃使用，改变离子强度或 pH 时，色谱床体积变化不大。例如，DEAE Sepharose CL-6B 为阴离子交换剂；CM Sepharose CL-6B 为阳离子交换剂。它们的外形呈珠状，网孔大，特别适用于分子质量大的蛋白质和核酸等化合物的分离，既加快流速，也不影响分辨率。

2. 选择离子交换剂原则　应用离子交换层析技术分离物质时，选择理想的离子交换剂是提高得率和分辨率的重要环节。任何一种离子交换剂都不可能适用于所有的样品物质的分离，因此必须根据各类离子交换剂的性质及待分离物质的理化性质，选择一种理想的离子交换剂进行层析分离。选择离子交换剂的一般原则如下。

1) 选择阴离子或阳离子交换剂，取决于被分离物质所带的电荷性质。如果被分离物质带正电荷，应选择阳离子交换剂；如带负电荷，应选择阴离子交换剂，如被分离物为两性离子，则一般应根据其在稳定 pH 范围内所带电荷的性质来选择交换剂的种类。

2) 强型离子交换剂适用的 pH 范围很广，所以常用来制备去离子水和分离一些在极端 pH 溶液中解离且较稳定的物质。弱型离子交换剂适用的 pH 范围狭窄，在 pH 为中性的溶液中交换容量高，用它分离生物大分子物质时，其活性不易丧失。

3) 离子交换剂处于电中性时常带有一定的反离子，使用时选择何种离子交换剂，取决于交换剂对各种反离子的结合力。为了提高交换容量，一般应选择结合力较小的反离子。据此，强酸型和强碱型离子交换剂应分别选择 H^+ 型和 OH^- 型，弱酸型和弱碱型交换剂应分别选择 Na^+ 型和 Cl^- 型。

4) 交换剂的基质是疏水性还是亲水性，对被分离物质有不同的作用性质（如吸附、分子筛、离子或非离子的作用力等），因此对被分离物质的稳定性和分离效果均有影响。一般认为，在分离生物大分子物质时，选用亲水性基质的交换剂较为合适，它们对被分离物质的吸附和洗脱都比较温和，活性不易破坏。

（二）亲和色谱

在生物体内，许多大分子具有与某些相对应的专一分子可逆结合的特性。例如，抗原和抗体、酶和底物及辅酶、激素和受体、RNA 和其互补的 DNA 等。结合的支撑物称为载体，可亲和的一对分子中的一方以共价键形式与不溶性载体相连作为固定相吸附剂，当含有混合组成的样品通过此固定相时，只有和固定相分子有特异亲和力的物质，才能被固定相吸附结合，其他没有亲和力的物质，随流动相流排出，然后改变流动相成分，将结合的亲和物洗脱下来（图 9-3）。生物分子之间这种特异的结合能力称为亲和力，根据生物分子间亲和吸附和解离的原理，建立起来的色谱法称亲和色谱法。亲和色谱中两个进行专一结合的分子互称对方为配基，如抗原和抗体，抗原可认为是抗体的配基，反之抗体也可认为是抗原的配基。将一个水溶性配基在不伤害其生物学功能的情况下与水不溶性载体结合称为配基的固相化。

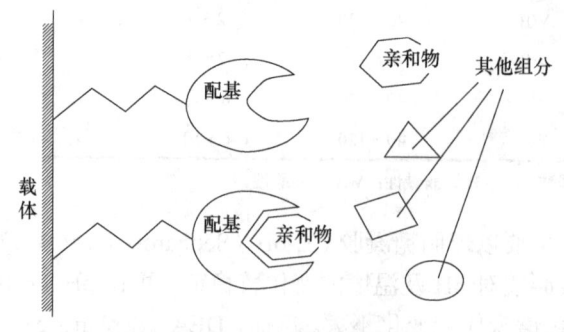

图 9-3 亲和色谱原理

亲和色谱法的基本过程可分为三步：第一步配基固相化，将与纯化对象有专一结合作用的物质连接在水不溶性载体上，制成亲和吸附剂后装柱（称亲和柱）；第二步吸附目的物，将含有纯化对象的混合物通过亲和柱，纯化对象吸附在柱上，其他物质流出色谱柱；第三步解吸附，用某种缓冲液或溶液通过亲和柱，把吸附在亲和柱上的欲纯化物质洗脱出来。

用于亲和色谱的理想载体应具有下列特性：①不溶于水；②疏松网状结构，容许大分子自由通过；③有一定的硬度，最好为均一的珠状；④具有大量可供反应的化学基团，能与大量配基共价连接；⑤非特异性吸附能力极低；⑥能抗微生物和酶的侵蚀；⑦有较好的化学稳定性；⑧亲水性。

选择配基有两条标准：①蛋白质和配基之间必须有强的亲和力，但相反亲和力太大也是有害的，因为在解离蛋白质-配基复合物时所需的条件就要强烈，这样可能使蛋白质变性；②配基必须具有适当的化学基团，这种基团不参与配基与蛋白质之间的特异结合，但可用于活化和载体相连接，同时又不影响配基与蛋白质之间的亲和力。目前，单克隆抗体亲和柱已成功地应用于众多生化分离过程，许多生物工程药物，如 rhIFN-α 等，均以单克隆抗体亲和色谱为主要分离手段，但以其为分离手段也有其难以克服的缺点。单克隆抗体是通过杂交瘤技术制备的，对于每一种目的蛋白，都必须研制其单抗，配基来源困难。因此，这种方法成本高、价格贵，此外单抗与载体的偶联，有时并不大牢固，在使用过程中，特别是洗脱过程中，有将小鼠 IgG 或杂交瘤 DNA 混入产品的可能。在用于生物医药用产品的分离纯化时，显然是不利的。同时，该介质的使用寿命也不长，无疑增加了操作成本。因此，人们去寻找新的配基。近年来发展起来的抗体文库技术和组合化学技术，为选择和研究亲和配基展现了美好的前景。

亲和层析纯化过程简单快速，且分离效率高，对分离含量极少又不稳定的活性物质尤为有效，但本法必须针对某一分离对象，制备专一的配基和要求层析的稳定条件，因此亲和层析的应用范围受到了一定的限制。

亲和层析对某一种蛋白质有很高的选择性，但有时选择性太高，洗脱很困难，需兼顾两者，选择一个最佳的方法。亲和层析介质价格很高，有时为防止介质中毒，在其前面加一保护柱，通常为不带配基的介质。

（三）凝胶过滤色谱

凝胶过滤色谱也称为凝胶渗透色谱、分子排阻色谱。以多孔凝胶（如葡萄糖、琼脂糖、硅胶，聚丙烯酰胺等）作固定相，依据样品分子量大小达到分离。此种分离方法主要用于水溶性大分子化合物，如蛋白质、核酸、多糖类的分离工作，不适用小分子物质的分离。由于大多数原核基因工程重组的细胞因子的分子质量在 15kDa 左右，通常以包含体的形式存在，其中杂蛋白的分子质量在 30kDa，因此应用凝胶过滤很容易分离纯化。

1. 凝胶过滤色谱分离物质的原理　　凝胶过滤色谱是按物质的分子量进行分离。由于凝胶网孔的限制，大分子物质不能渗入凝胶颗粒内部，故在颗粒间隙移动，并随溶剂一起从柱底先行流出。小分子可自由渗入并扩散到凝胶内部，故通过色谱柱阻力变大，流速变慢，后从色谱柱中流出。待分离的物质由于分子大小不同，渗入凝胶颗粒内部的程度不同，因此流出的先后顺序不同，即分子量大的先从柱中流出，分子量小的后流出，见图9-4。

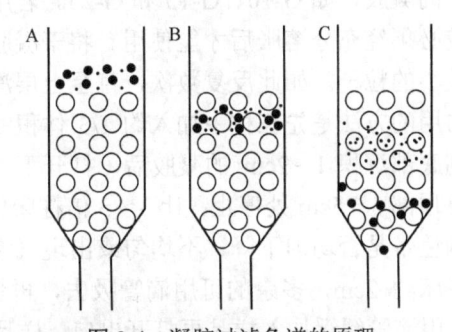

图 9-4　凝胶过滤色谱的原理
A. 待分离的混合物在色谱床表面；B. 试样进入色谱床；
C. 大分子物质行程短，流出色谱床，小分子物质仍在缓慢移动

2. 常用的凝胶　　目前常用的凝胶包括3个主要类型。

(1) 葡聚糖凝胶　　葡聚糖凝胶的商品名称为 Sephadex, 它几乎不溶于溶剂中, 亲水性强, 能迅速在水和电解质溶液中膨胀, 在碱性的环境中十分稳定, 所以可以用碱去除凝胶上的污染物。Sephadex 依其吸水量有不同型号, 如 G-25、G-75、G-100 或 G-200, G 为凝胶, 后面的数字为凝胶吸水量再乘以10, 以 G-25 为例, 表示 1g 干燥的 G-25 凝胶可以吸水 2.5mL。Sephadex G 型只适用于水中, 且不同规格适合分离不同分子质量的物质。常见葡聚糖凝胶型号及性能见表 9-5。

表 9-5　常见葡聚糖凝胶型号及性能

型号	吸水量/(mL/g)	柱床体积/(mL/g)	肽与蛋白质分离范围(分子质量)/kDa	最少溶胀时间(室温)/h	沸水浴/h
葡聚糖凝胶 G-10	1.0±0.1	2~3	<0.7		3
葡聚糖凝胶 G-15	1.5±0.2	2.5~3.5	<1.5		3
葡聚糖凝胶 G-25	2.5±0.2	4~6	1.0~5.0	6	2
葡聚糖凝胶 G-50	5.0±0.3	9~11	1.5~30.0	6	2
葡聚糖凝胶 G-75	7.5±0.5	12~15	3.0~70.0	24	3
葡聚糖凝胶 G-100	10.0±1.0	15~20	4.0~150.0	48	5
葡聚糖凝胶 G-150	15.0±1.5	20~30	5.0~400.0	72	5
葡聚糖凝胶 G-200	20.0±2.0	30~40	5.0~800.0	72	5

(2) 聚丙烯酰胺凝胶　　聚丙烯酰胺凝胶是一种合成凝胶, 商品名为 Bio-Gel P, 干粉颗粒状, 在溶剂中自动溶成胶体, 根据胶的分离范围不同, 分成 Bio-Gel P2 至 Bio-Gel P300, P 后面的数字乘以 1000 为最大过滤限度。聚丙烯酰胺凝胶的结构稳定, 不受微生物侵蚀, 可在 120℃ 消毒 30min, 色谱性能不变。但在极端的 pH 下会被水解, 水解后产生的—COOH 具有离子交换的性质, 因此 pH 应尽量控制在 2~10。

(3) 琼脂糖凝胶　　商品名为 Sepharose, 依凝胶中琼脂糖的百分含量不同, 对含量 2%、4%、6% 的产品分别命名为 Sepharose 2B、Sepharose 4B 和 Sepharose 6B。琼脂糖凝胶是一种大孔凝胶, 该凝胶的特点是孔径大, 排阻极限高, 主要用于核酸或病毒类分子量 400 000 以上的物质, 因其颗粒软, 在分离过程中有时会阻塞管柱, 造成流速减慢, 又因其在 50℃ 以上会融化, 故需在 2~40℃ 进行层析, 因此不能进行高压灭菌。

3. 凝胶过滤操作方法　　首先要确定凝胶的用途, 若用于脱去无机盐, 则可选择型号较小的凝胶, 如 G-10、G-15 和 G-25。若用于生化物质的分离, 则根据分离范围选择, 市售凝胶必须经充分溶胀后才能使用。将干凝胶加水或缓冲液搅拌, 静置, 倾去上层悬浮液, 除去较小的粒子。如此反复数次, 直至上层澄清为止。将凝胶装入管柱的方法有很多种, 实验室常用的方法是先在柱中加入约 1/3 体积的冲洗液, 边轻轻搅拌边将凝胶悬浮液倒入其中, 等到底部沉积 1~2cm 的凝胶后, 打开下方出口让水流出, 上面不断加入悬浮液, 等到沉积到离顶部 3~5cm 处停止, 让 3~5 倍柱床体积的缓冲液流过层析柱。可用蓝色葡聚糖-T2000 检测色带是否均匀下降, 不均匀或出现气泡, 凝胶均需倒出重新填装。冲洗缓冲液仅需留高于柱床约 2cm, 多余的可用滴管吸去, 再将出口打开使冲洗液流到距表面 1~2mm, 关闭出口, 用滴管缓缓加入样品再打开出口, 样品完全渗入凝胶内后, 加入约 4cm 冲洗液, 出口处接上收集瓶开始层析。

使用后的凝胶, 如短期不用, 可加防霉剂, 如 0.02% 叠氮化钠等。若长期不用, 则可逐步以不同浓度的酒精浸泡,最后用95%乙醇脱水,然后在60~80℃烘干。

(四)高效液相色谱

高效液相色谱(HPLC)是现代分析化学中最重要的分离分析方法之一。最初的色谱分析法就是经典的液相色谱法,但由于其分析效率低,因此发展较慢,在20世纪70年代以前,液相色谱的发展和应用远远落后于气相色谱。1969年第一台高效液相色谱仪制成,随着新型填充剂、高压输送、梯度洗脱技术及各种高灵敏度的检测器相继出现,现代液相色谱才得以真正发展。HPLC为肽类物质的分离提供了有利的方法,因为蛋白质、多肽的HPLC应用与其他化合物相比,在适宜的色谱条件下不仅可以在短时间内完成分离目的,更重要的是HPLC能在制备规模上生产具有生物活性的多肽。

HPLC的优点是检测的分辨率和灵敏度高、分析速度快、重复性好、定量精度高、应用范围广。适用于分析高沸点、大分子、强极性、热稳定性差的化合物。其缺点是价格昂贵,要用各种填料柱,容量小,分析生物大分子和无机离子困难,流动相消耗大且有毒性的居多。目前的发展趋势是向生物化学和药物分析及制备型倾斜。

1. 分离过程 HPLC的系统由储液器、泵、进样器、色谱柱、检测器、记录仪等几部分组成。储液器中的流动相被高压输入系统,样品溶液经进样器进入流动相,被流动相载入色谱柱(固定相)内,由于样品溶液中的各组分在两相中具有不同的分配系数,在两相中做相对运动时,经过反复多次的吸附-解吸的分配过程,各组分在移动速度上产生较大的差别,被分离成单个组分依次从柱内流出,通过检测器时,样品浓度被转换成电信号传送到记录仪,数据以图谱形式打印出来,见图9-5。

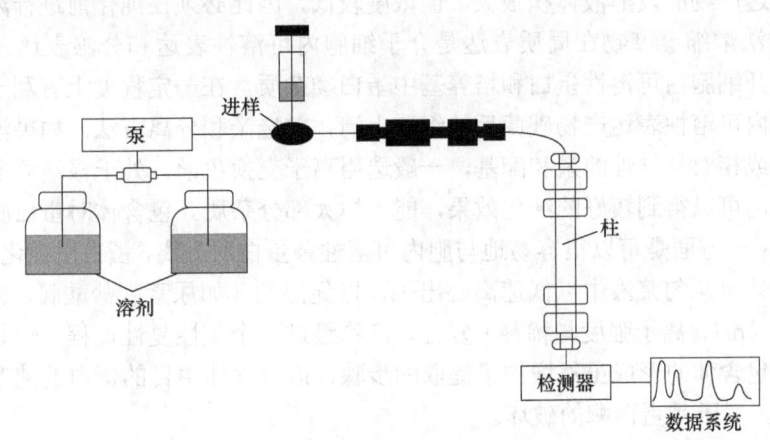

图9-5 高效液相色谱基本原理

2. 分离的原理

(1)液-液分配色谱法(LLC) 液-液分配色谱是以液体为流动相,把另一种液体涂渍在载体上作为固定相。它能适用于各种类型样品的分离和分析,无论是极性的和非极性的、水溶性的和脂溶性的、离子型的和非离子型的化合物。液-液分配色谱的分离原理基本与液-液萃取相同,都是根据物质在两种互不相溶液体中溶解度的差异,具有不同的分配系数。所不同的是液-液色谱的分配是在柱中进行的,使这种分配平衡可反复多次进行,造成各组分的差速迁移,提高了分离效率,从而能分离各种复杂组分。

(2)液-固吸附色谱法(LSC) 液-固吸附色谱是以液体作为流动相,固体吸附剂作为固定相，吸附剂通常是多孔的固体颗粒物质，在它们的表面存在吸附中心。液-固色谱实质是根据物质在固定相上的吸附作用不同进行分离的，与薄层色谱的分离机制相似。主要按样品的性能因极性的大小顺序而分离，非极性溶质先流出层析柱，极性溶质后流出层析柱。

（3）空间排斥色谱法（EC）　空间排斥色谱法主要用于较大分子的分离。与其他液相色谱方法原理不同，它不具有吸附、分配和离子交换作用机制，而是基于试样分子的尺寸和形状不同实现分离的。固定相通常是化学惰性空间栅格网状结构，它近乎分子筛效应。当样品进入时随流动相在凝胶外部间隙及凝胶孔穴旁流过。大分子没有渗透作用，较早地被冲洗出来，较小的分子由于渗透进凝胶孔穴内而较晚被冲洗出来。

（4）疏水作用色谱　疏水作用色谱是利用蛋白质分子表面上的疏水区域（非极性氨基酸的侧链，如 Ala、Met、Trp 和 Phe）和介质的疏水基团（苯基或辛基）之间的相互作用，无机盐的存在使相互作用力增强。在高盐浓度时，蛋白质分子中疏水性部分与介质的疏水基团产生疏水性作用而被吸附。盐浓度降低时蛋白质的疏水作用减弱，目的蛋白被逐步洗脱下来，蛋白质的疏水性越强，洗脱时间越长。

尽管曾研究过不同类型的高效疏水作用固定相，但有实用价值的主要是两类。一类是在基质表面键合上短链烷基或苯基而成；另一类是醚型键合相，在硅胶上先键合上环氧丙氧基三乙氧基硅烷，再在路易斯酸（Lewis acid）催化下接上短链烷氧基而成。

二、选择分离纯化的依据

（一）根据产物表达形式来选择

分泌型表达产物的发酵液体积很大，但浓度较低，因此必须在纯化前进行浓缩，可用沉淀和超滤的方法浓缩。产物在周质表达是介于细胞内可溶性表达和分泌表达之间的一种形式，它可以避开细胞内可溶性蛋白和培养基中蛋白类杂质，在一定程度上有利于分离纯化。大肠杆菌细胞内可溶性表达产物破菌后的细胞上清，首选亲和分离方法。如果没有可以利用的单克隆抗体或相对特异性的亲和配基，一般选用离子交换色谱，处于极端等电点的蛋白质用离子交换分离可以得到较好的纯化效果，能去掉大部分杂质。包含体对蛋白质分离纯化有两方面的影响：一方面是可以很容易地与胞内可溶性杂蛋白质分离，蛋白质纯化较容易完成，另一方面包含体可从匀浆液中以低速离心出来，以促溶剂（如尿素、盐酸胍、SDS）溶解，在适当条件下（pH、离子强度与稀释）复性，产物经过一个变性复性过程，较易形成错误折叠和聚合体，包含体的形成虽然增加了提取的步骤，但包含体中目的蛋白的纯度较高，可达到 20%～80%，又不受蛋白酶的破坏。

（二）根据分离单元之间的衔接选择

应选择不同机制的分离单元来组成一套分离纯化工艺，尽早采用高效的分离手段，先将含量最多的杂质分离去除，将费用最高、最费时的分离单元放在最后阶段，即通常先运用非特异、低分辨的操作单元，以尽快缩小样品体积，提高产物浓度，随后采用高分辨率的操作单元。

色谱分离次序的选择同样重要，一个合理组合的色谱次序能够提高分离效率，同时改变条件，做较少改变即可进行各步骤之间的过渡。当几种方法连用时，最好以不同的分离机制为基础，而且经前一种方法处理的样品，应能适合下一种方法的料液，不必经过脱盐、浓缩等处理，如经盐析后得到的样品，不适宜于离子交换层析，但对疏水层析则可直接应用；亲和层析选择性最强，但不能放在第一步。一方面，因为杂质多，易受污染，降低色谱柱的使用寿命；另一方面，体积较大，需用大量的介质，而亲和层析介质一般较贵，因此亲和层析多放在第二步以后。

（三）根据分离纯化工艺的要求来选择

在基因工程药物分离纯化过程中，通常需要综合使用多种分离纯化技术，一般来说，分离纯化工艺应遵循以下原则。

1）工艺的稳定性包括不受或少受发酵工艺、条件及原料来源的影响，在任何环境下使用都应具有重复性，可生产出同一规格的产品。工艺步骤和技术越少，工艺重复性越好。

2）要求组成工艺的技术具有高效性，一般分离原理相同的技术在工艺中不要重复使用。

3）组成工艺的各技术和步骤之间要相互适应和协调，工艺与设备也能相互适应，从而减少步骤之间对物料的处理和条件调整。

4）在工艺过程中要尽可能少用试剂，以免增加分离纯化步骤，或干扰产品质量。

5）分离纯化工艺所用的时间要尽可能短，因稳定性差的产物随工艺时间的增加收率会降低，产品质量也会下降。

6）工艺和技术必须高效，收率高，易操作，对设备条件要求低，能耗低。

7）要确保去除有危险的杂质，保证产品质量和使用安全，以及生产过程的安全。药品生产必须保证安全、无菌、无致热原、无污染。

小　　结

生物化工产品通过微生物发酵、酶反应或动植物细胞大量培养获得，从上述发酵液、反应液或培养液中分离、精制有关产品的过程称为下游技术。微生物发酵液的成分极为复杂，按生产过程划分，生物工业下游技术大致可分为4个阶段，即细胞及组织的破碎（预处理及固液分离技术）、沉淀（初步分离）、溶剂萃取、生物药物的色谱分离。发酵液预处理的目的在于增大悬浮液中固体粒子的尺寸，除去高价无机离子和杂蛋白质，降低液体黏度，实现有效分离。为了有效地破碎细胞，并尽可能减少产物的破坏，已发展出多种细胞破碎的方法，通常分为机械破碎法和非机械破碎法。固液分离是将发酵液中的悬浮固体，如细胞、菌体、细胞碎片及蛋白质的沉淀物或它们的絮凝体分离除去。萃取技术是利用溶质在互不相溶的两相之间分配系数的差异，而使溶质得到纯化或浓缩的技术，是工业生产中常用的分离、提取的方法之一。生物药物分离纯化主要依赖色谱方法，有离子交换色谱、疏水色谱、反向色谱、亲和色谱、凝胶过滤色谱、高压液相色谱等。

复习思考题

1. 常用细胞破碎的原理、方法有哪些？
2. 盐析法为何能分离蛋白质混合物？盐析法一般用于生物分离的哪个阶段？
3. 简要说明双水相萃取的原理。
4. 离子交换纤维素和离子交换树脂有哪些不同？
5. 亲和色谱主要适用于分离什么物质，其特点是什么？
6. 疏水色谱和反相色谱有何区别？

第十章
医药生物制品

视频

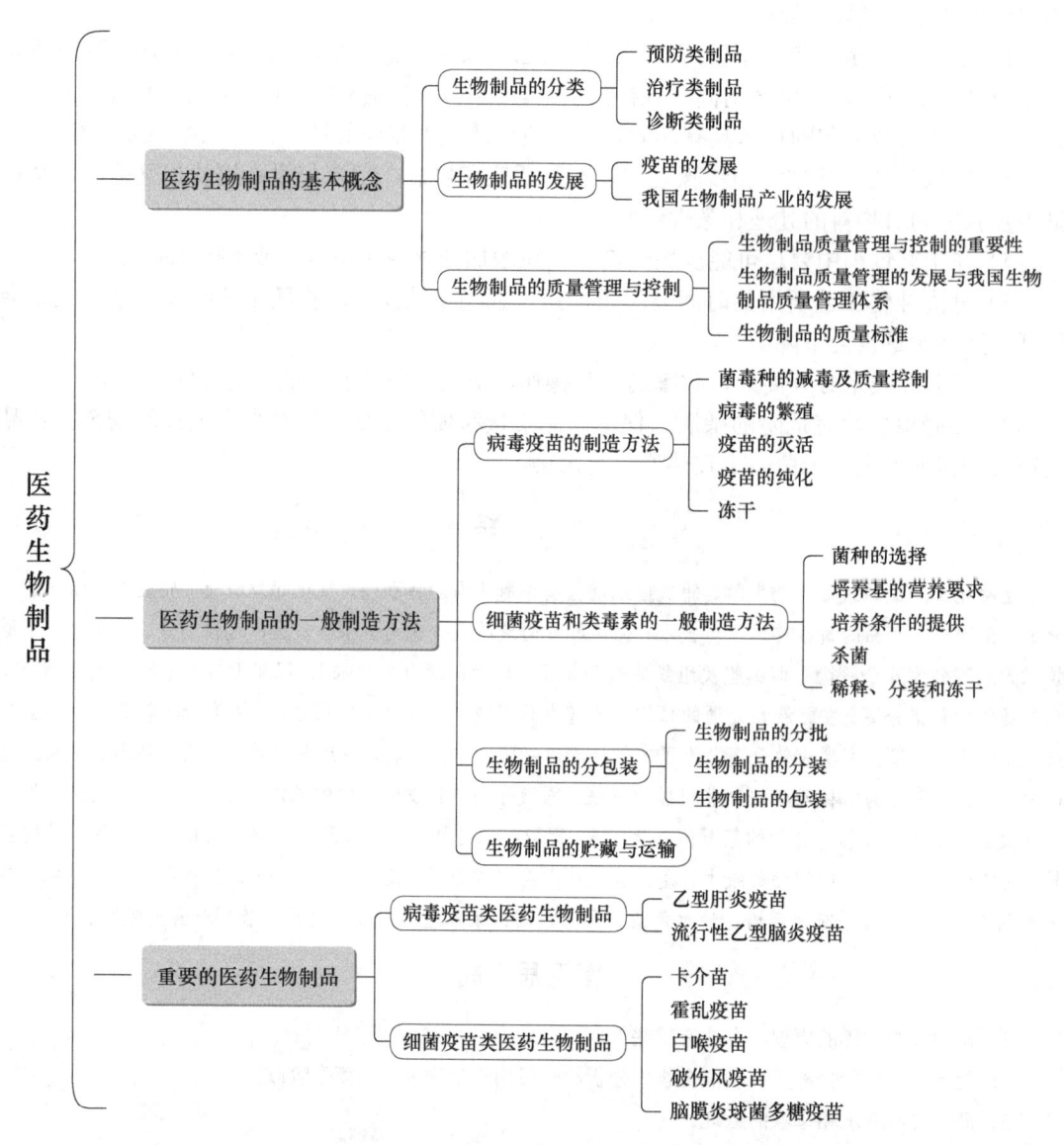

```
医药生物制品 ┬─ 医药生物制品的基本概念 ┬─ 生物制品的分类 ┬─ 预防类制品
                                                  ├─ 治疗类制品
                                                  └─ 诊断类制品
                                ├─ 生物制品的发展 ┬─ 疫苗的发展
                                                └─ 我国生物制品产业的发展
                                └─ 生物制品的质量管理与控制 ┬─ 生物制品质量管理与控制的重要性
                                                          ├─ 生物制品质量管理的发展与我国生物制品质量管理体系
                                                          └─ 生物制品的质量标准
             ├─ 医药生物制品的一般制造方法 ┬─ 病毒疫苗的制造方法 ┬─ 菌毒种的减毒及质量控制
                                                          ├─ 病毒的繁殖
                                                          ├─ 疫苗的灭活
                                                          ├─ 疫苗的纯化
                                                          └─ 冻干
                                    ├─ 细菌疫苗和类毒素的一般制造方法 ┬─ 菌种的选择
                                                                  ├─ 培养基的营养要求
                                                                  ├─ 培养条件的提供
                                                                  ├─ 杀菌
                                                                  └─ 稀释、分装和冻干
                                    ├─ 生物制品的分包装 ┬─ 生物制品的分批
                                                    ├─ 生物制品的分装
                                                    └─ 生物制品的包装
                                    └─ 生物制品的贮藏与运输
             └─ 重要的医药生物制品 ┬─ 病毒疫苗类医药生物制品 ┬─ 乙型肝炎疫苗
                                                      └─ 流行性乙型脑炎疫苗
                              └─ 细菌疫苗类医药生物制品 ┬─ 卡介苗
                                                    ├─ 霍乱疫苗
                                                    ├─ 白喉疫苗
                                                    ├─ 破伤风疫苗
                                                    └─ 脑膜炎球菌多糖疫苗
```

在医药生物制品中，疫苗（vaccine）最为人熟知。《痘疹定论》中记载了宋真宗时期，医者通过接种人痘预防天花的成功案例。16 世纪时，人痘接种术已在我国广为流传。《张氏医通》中综述了痘浆、旱苗、痘衣等多种预防接种方法。《种痘新书》中记载："余祖承聂久吾先生之教，种痘箕裘，已经数代""种痘者八九千人，其莫救者二三十耳"。由于人痘中天花病毒仍具有较高的毒力,健康人接种人痘可能感染天花甚至死亡,危险性极大。1796 年,Edward Jenner 研制出用于预防天花的牛痘苗,接种人体后取得成功。1870 年,Louis Pasteur 通过连续培养鸡霍乱弧菌,发明并制备出第一个细菌减毒活疫苗,即鸡霍乱疫苗。

疫苗在预防、控制及消灭人类传染病方面,起到了极其重要的作用。由于疫苗的发展,危害人们身体健康的脊髓灰质炎、麻疹、破伤风、白喉、百日咳、肺结核的发病率越来越低。

目前,生物制品学已经发展成为以基因工程、细胞工程、发酵工程、蛋白质工程等现代生物技术为基础的一门独立学科。随着现代生物技术的不断发展,类毒素(toxoid)、抗毒素(antitoxin)、抗血清(antiserum)、病毒疫苗(virus vaccine)、亚单位疫苗(subunit vaccine)、基因工程亚单位疫苗(gene engineered subunit vaccine)、诊断血清(diagnostic serum)、血液制品(blood product)、微生态制剂(microecologics)、免疫调节剂(immunomodulator)、细胞因子(cytokine)等医药生物制品不断涌现,为人类的健康生活提供了有力的保障。

第一节 医药生物制品的基本概念

一、生物制品的分类

生物制品是指以微生物、细胞、动物或人源组织和体液等为起始原料,用生物学技术制成,用于预防、治疗和诊断人类疾病的制剂,如疫苗、血液制品、细胞因子、微生态制剂、免疫调节剂、诊断制品等。

《中华人民共和国药典》(三部)(本章中均指 2020 年版)新增收载预防类生物制品 6 种、治疗类生物制品 12 种、体外诊断类生物制品 2 种,共收载了 153 种生物制品,包括预防类生物制品 54 种、治疗类生物制品 88 种、体内诊断类生物制品 4 种、体外诊断类生物制品 7 种。

(一)预防类制品

预防类制品主要用于感染性疾病的预防,统称为疫苗。

1. 细菌疫苗(bacterial vaccine)　　细菌疫苗是指一类用细菌、支原体、螺旋体或其衍生物制成的进入人体后可使机体产生抵抗相应细菌能力的生物制品。

(1)类毒素疫苗(toxoid vaccine)　　类病毒疫苗是指从细菌培养液中提取细菌外毒素蛋白,然后用化学方法脱毒制成的无毒但保留免疫原性的疫苗,如破伤风疫苗。

(2)细菌多糖疫苗(bacterial polysaccharide vaccine)　　细菌多糖疫苗是指利用细菌荚膜纯化得到的细菌多糖制备而成的疫苗,如 b 型流感嗜血杆菌多糖疫苗。

2. 病毒疫苗(virus vaccine)　　病毒疫苗是指用病毒、衣原体、立克次体或其衍生物制成的,进入人体后诱导机体产生抵抗相应病毒能力的生物制品。

3. 减毒活疫苗(attenuated live vaccine)　　减毒活疫苗是指采用病原微生物的自然弱毒株或经培养传代、物理或化学等方法处理获得致病力减弱、免疫原性好的病原微生物制成的疫苗,如皮内注射用卡介苗。

4. 灭活疫苗(inactivated vaccine)　　灭活疫苗是指先将病原微生物培养、增殖,再采用物理方法(如加热处理)或化学方法(如福尔马林、戊二醛、β-丙内酯处理)杀死病原微生物，使之失去毒力，制成保留免疫原性的疫苗，如乙型脑炎灭活疫苗。

5. 亚单位疫苗（subunit vaccine） 亚单位疫苗是指病原微生物经培养后，提取其有效抗原成分，除去病原体中对激发保护性免疫无用的甚至有害的成分而制成的疫苗。亚单位疫苗包括类毒素疫苗、多糖疫苗等，如白喉疫苗、脑膜炎球菌多糖疫苗。

6. 基因工程亚单位疫苗（gene engineered subunit vaccine） 基因工程亚单位疫苗是指将纯化后的基因工程表达抗原蛋白与一定的佐剂配制而成的疫苗。基因工程亚单位疫苗属于新型亚单位疫苗，与传统亚单位疫苗相比，基因工程亚单位疫苗具有安全性高、经济效益好、免疫原性较弱等特点。

7. 联合疫苗（combined vaccine） 联合疫苗是指两种或两种以上不同病原的抗原按特定比例混合，制成预防多种疾病的疫苗。联合疫苗包括多联疫苗和多价疫苗。多联疫苗可预防多种疾病。例如，吸附百日咳、白喉、破伤风联合疫苗（DTP）可以预防百日咳、白喉和破伤风3种疾病。多价疫苗可用来预防不同亚型或血清型引起的同种疾病。由人乳头状瘤病毒（HPV）的6、11、16和18型主要衣壳蛋白L1的纯化病毒样颗粒（VLP）制备而成的HPV 4价重组疫苗可用来预防6、11、16和18型HPV感染。

8. 结合疫苗（conjugate vaccine） 结合疫苗是指由病原微生物的保护性抗原成分与蛋白质载体结合制成的疫苗。例如，A群C群脑膜炎球菌多糖结合疫苗是采用A群和C群脑膜炎奈瑟菌荚膜多糖抗原与破伤风类毒素蛋白共价结合而成，可预防流行性脑脊髓膜炎。

9. 核酸疫苗（nucleic acid vaccine） 核酸疫苗是指将外源基因克隆到真核质粒表达载体上，然后将重组的质粒直接注射到生物体内，使外源基因在生物体内表达，产生的抗原激活机体的免疫系统，引发免疫反应。例如，石药集团研发的呼吸道合胞病毒mRNA疫苗已于2024年7月获国家药品监督管理局批准，可在我国开展临床研究。

（二）治疗类制品

治疗类制品可以分为抗血清（antiserum）、抗毒素（antitoxin）、血液制品（blood product）和其他生物制品。

1. 抗血清 抗血清是指用细菌、病毒、类毒素、毒素等特定抗原免疫注射动物或人体后，收集含有高效价抗体的血清，经提纯制备成的含有完整抗体或抗体片段的免疫球蛋白，如抗炭疽血清。

2. 抗毒素 抗毒素是指对细菌毒素或类毒素具有中和作用的特异性抗体或含有这种特异性抗体的血清，如白喉抗毒素。

3. 血液制品 血液制品是指源自人类血液或血浆的治疗产品。根据成分和功能，血液制品可分为全血制品、血浆制品、血细胞制品和血浆蛋白制品。全血制品是指采集于含有抗凝保存液的容器中且不会发生凝固的血液。血浆制品是指采集于含有抗凝保存液容器中的血液经分离血细胞后保留的液体部分。血细胞制品是指采用不同的制备工艺和方法得到的单一的血细胞成分。血浆蛋白制品是指通过现代分离纯化技术或现代生物技术制备的白蛋白、人免疫球蛋白、凝血因子和其他血浆蛋白成分。常用的血液制品见表10-1。

4. 其他生物制品 《中华人民共和国药典》（三部）还收载了人干扰素、人白介素、人促红细胞生成素、人粒细胞集落刺激因子、人粒细胞-巨噬细胞集落刺激因子、牛碱性成纤维细胞生长因子、人表皮生长因子、人胰岛素、精蛋白人胰岛素、甘精胰岛素、赖脯胰岛素、人生长激素、鼠神经生长因子、A 型肉毒毒素、治疗用卡介苗、重组人表皮生长因子受体单克隆抗体、重组人血管内皮生长因子受体-抗体融合蛋白等具有治疗作用的生物药物。

表 10-1 常用的血液制品

血液制品的种类		常用制品
全血制品		新鲜血、库存血、自体血
血浆制品		新鲜冰冻血浆、普通冰冻血浆、新鲜液体血浆和冷沉淀
血细胞制品	红细胞制品	浓缩红细胞、悬浮红细胞、少白细胞红细胞、洗涤红细胞、辐照红细胞、冰冻红细胞、年轻红细胞
	血小板制品	浓缩血小板、洗涤血小板、少白细胞血小板、辐照血小板、冰冻血小板、自身血小板
	白细胞制品	浓缩白（粒）细胞
血浆蛋白制品	白蛋白制品	人血清白蛋白、重组人白蛋白
	人免疫球蛋白制品	正常人免疫球蛋白、乙型肝炎人免疫球蛋白、破伤风人免疫球蛋白、狂犬病患者免疫球蛋白
	凝血因子制品	人纤维蛋白原、人凝血酶原复合物、人凝血酶、凝血因子Ⅶ、凝血因子Ⅷ、凝血因子Ⅸ、血管性血友病因子
	其他	抗凝血酶、α_1-抗胰蛋白酶、人蛋白质 C、C1 酯酶抑制剂

（三）诊断类制品

诊断类制品包括体内诊断制品和体外诊断制品。

1. 体内诊断制品 由变应原（过敏原）或有关抗原材料制成的免疫诊断试剂，如结核菌素纯蛋白衍生物、卡介菌纯蛋白衍生物、布鲁氏菌纯蛋白衍生物、锡克试验毒素等，用于体内免疫诊断。

2. 体外诊断制品 由特定抗原、抗体或有关生物物质制成的免疫诊断试剂或诊断试剂盒。例如，乙型肝炎病毒表面抗原诊断试剂盒、丙型肝炎病毒抗体诊断试剂盒、人类免疫缺陷病毒抗体诊断试剂盒、人类免疫缺陷病毒抗原抗体诊断试剂盒等，用于体外免疫诊断。表 10-2 为常用的体外诊断用品。

表 10-2 常用的体外诊断制品

体外诊断用品的分类		常用制品
细菌诊断用品		乙型副伤寒诊断菌液；伤寒、副伤寒及变形杆菌诊断菌液（肥达试剂）；药敏检测纸片；药敏检测琼脂；结核分枝杆菌快速鉴定和药敏检测试剂盒
免疫诊断用品	抗原诊断用品	乙型肝炎病毒表面抗原诊断试剂盒
	抗体诊断用品	丙型肝炎病毒抗体诊断试剂盒
	抗原抗体诊断用品	人类免疫缺陷病毒抗原抗体诊断试剂盒
	凝集试剂	梅毒螺旋体抗体诊断试剂盒（凝集法）
	酶免疫测定用品	丙型肝炎病毒抗体诊断试剂盒
	放射免疫测定用品	甲状旁腺激素放免试剂盒
肿瘤诊断用品		肿瘤坏死因子诊断试剂盒

生物制品除体外诊断试剂外，其他均可直接用于人体，故各国及世界卫生组织（WHO）对其质量均制定了严格要求。

二、生物制品的发展

（一）疫苗的发展

在10世纪时，我国发明了人痘接种法预防天花，可以减轻病情、减少死亡。17世纪时，种痘术传到俄国、土耳其、英国、日本、朝鲜、东南亚各国，后又传入美洲、非洲。1796年，Edward Jenner 发明了接种牛痘苗的方法来预防天花；此法安全有效，很快流传到世界各地。牛痘苗是第一种安全有效的生物制品。

19世纪，随着微生物学和化学的发展，生物制品逐渐发展起来。Louis Pasteur 分别于1881年、1885年研制出炭疽杆菌减毒活疫苗和狂犬病毒减毒活疫苗。1890年，Emil Adolf von Behring 和 Shibasaburo Kitasato 用化学法灭活白喉和破伤风毒素制备类毒素，并以类毒素免疫山羊使其产生抗血清，再利用抗血清治愈了白喉患者。1896年，Wilhelm Kolle 研制出霍乱弧菌灭活疫苗。Richard Pfeiffer 与 Wilhelm Kolle、Almroth Wright 分别于1896年、1897年相继研制出伤寒灭活疫苗。

进入20世纪，随着微生物学和免疫学的迅速发展，生物制品的研究与制备水平有了进一步的提高。1921年，Albert Calmette 和 Camille Guérin 开发出卡介菌（BCG）制成的减毒活疫苗。1923年，Gaston Ramon 研制出白喉类毒素（diphtheria toxoid）疫苗。1926年，Alexander Thomas Glenny 发现了明矾佐剂可以提高白喉类毒素疫苗的免疫力。1938年，Max Theiler 研制出17D黄热病疫苗。1956年，Jonas Salk 研制出注射用脊髓灰质炎灭活疫苗。Germanier Rene 从野生型伤寒沙门氏菌Ty2菌株诱变出Ty21a突变株，制备出预防伤寒的Ty21a减毒活疫苗，于1983年在欧洲上市；Ty21a减毒活疫苗具有较好的保护力和安全性，但需要口服。随后，病毒疫苗不断诞生，如麻疹减毒活疫苗、风疹减毒活疫苗、水痘减毒活疫苗、甲肝病毒灭活疫苗、甲肝病毒减毒活疫苗等，极大地增加了人类抵抗传染病的能力。

伴随分离技术的发展，多糖疫苗不断涌现。1978年，14价肺炎球菌多糖疫苗（PPV14）被 FDA 批准上市。1983年，PPV23 研制成功。由于 PPV 为非胸腺依赖性抗原，在婴幼儿（2岁以下）体内难以产生有效保护性抗体，所以用于预防肺炎链球菌感染时，PPV14、PPV23仅能用于2岁及以上儿童与成人。1985年，一种纯化的b型流感嗜血杆菌（Hib）荚膜多糖疫苗在美国上市，但由于其保护性差，1988年被停止使用。John B. Robbins 纯化出Ty2菌株的荚膜（Vi）多糖，利用Vi多糖研制出伤寒Vi多糖亚单位疫苗，于1994年在美国上市；伤寒Vi多糖亚单位疫苗具有安全、稳定、耐热、使用方便等特点，但对2岁以下儿童无效，且重复接种不能产生加强效应。

将多糖与蛋白质等结合可改善多糖疫苗的抗原性，据此研制出多糖结合疫苗。1987年，首个Hib多糖结合疫苗在美国上市，该疫苗将Hib的荚膜多糖与白喉类毒素结合，提高了疫苗的保护性。此后，分别以破伤风类毒素、无毒白喉毒素变异体和脑膜炎球菌外膜蛋白复合体作为结合蛋白的Hib荚膜多糖结合疫苗相继上市。

1981年，血源性乙肝疫苗正式上市，该疫苗利用生物化学方法，从乙肝病毒携带者的血浆中沉淀和纯化乙型肝炎表面抗原（HBsAg）制备而成。血源性乙肝疫苗具有强免疫原性、安全性好等特点，但是存在血源污染、质控困难、成本高且难以大规模生产的困难。随着分子生物学、基因工程等学科的发展及超滤、单克隆等新技术的应用，1986年，利用酵母DNA重组HBsAg 制备的重组乙肝疫苗（酿酒酵母）上市，标志着基因工程亚单位疫苗的诞生。重组乙肝疫苗克服了血源性乙肝疫苗潜在致病性的问题，具有成分单一、效果明确、价格低廉、无致病作用的优点。血源性乙肝疫苗逐步退出了历史舞台。目前，有多种重组乙肝亚单位疫苗上市，如重组乙肝疫苗（酿酒酵母）、重组乙肝疫苗（汉逊酵母）、重组乙肝疫苗（CHO 细胞）。

21 世纪，随着生物技术的发展，重组疫苗、多联疫苗、多价疫苗的研制成为现代疫苗研发的主流。2000 年，A 群 C 群脑膜炎球菌多糖结合疫苗研制成功。2000 年，7 价肺炎球菌多糖结合疫苗（PCV7）经 FDA 批准上市；PCV10 和 PCV13 分别于 2009 年、2010 年经 FDA 批准上市；PCV7、PCV10、PCV13 均可用于预防婴幼儿感染肺炎链球菌。2005 年，赛诺菲·巴斯德研发的 A、C、Y、W135 群四联奈瑟脑膜炎多糖结合疫苗上市。2006 年，默沙东公司研制出可预防宫颈癌的人乳头瘤病毒（HPV）4 价疫苗；该疫苗是首个可以预防癌症的疫苗。戊型肝炎病毒（HEV）尚不能体外培养，难以进行灭活疫苗和减毒活疫苗的研究；2012 年，以大肠杆菌系统表达的 HEV 疫苗即重组 HEV-239 疫苗上市，实现了 HE 的预防。2015 年，以肠道病毒（EV）71 型为抗原，我国率先研制出预防手足口病（HFMD）的 EV71 全病毒灭活疫苗，可以有效预防由于 EV71 导致的重症 HFMD。致病力最强的埃博拉病毒亚种是扎伊尔埃博拉病毒（ZEBOV），其包膜糖蛋白在感染和致病中具有关键作用；2019 年基于重组疱疹口炎病毒（rVSV）载体的重组埃博拉疫苗 rVSV-ZEBOV 获批上市。2019 年 12 月，新冠疫情突如其来。针对新冠疫情，我国研制出 3 款灭活疫苗、1 款腺病毒载体疫苗和 1 款重组亚单位疫苗共 5 款新型冠状病毒疫苗（2019-nCoV vaccine）（表 10-3），有效控制了新冠疫情的传播，为保障人类的健康做出巨大贡献。

表 10-3 国产新型冠状病毒疫苗对比

疫苗	附条件上市时间	疫苗类型	技术路线	接种针数
北京国药疫苗	2020 年 12 月 31 日	灭活疫苗	体外培养新冠病毒增殖并灭活，将灭活病毒颗粒注射至人体中，诱导人体产生免疫反应	2~3 针
科兴疫苗（克尔来福）	2021 年 2 月 5 日	灭活疫苗	体外培养新冠病毒增殖并灭活，将灭活病毒颗粒注射至人体中，诱导人体产生免疫反应	2~3 针
康希诺疫苗（克威莎）	2021 年 2 月 25 日	腺病毒载体疫苗	以腺病毒作为遗传信息载体，植入新冠病毒抗原基因。抗原基因不会自我复制，但可在人体细胞内表达出新冠病毒的抗原蛋白，刺激人体免疫系统产生抗体	1 针
武汉国药疫苗	2021 年 2 月 25 日	灭活疫苗	体外培养新冠病毒增殖并灭活，将灭活病毒颗粒注射至人体中，诱导人体产生免疫反应	2~3 针
中国科学院-智飞重组新冠疫苗（智克威得）	2021 年 3 月 18 日	基因工程亚单位疫苗	通过基因工程技术，在工程细胞内表达病毒抗原蛋白，然后制成疫苗	3 针

注：附条件上市是指为应对重大突发公共卫生事件急需的疫苗或者国务院卫生健康主管部门认定急需的其他疫苗，经评估获益大于风险的，国务院药品监督管理部门可以附条件批准疫苗注册申请。对附条件上市的疫苗应继续开展相关研究工作，完成附条件的要求并及时提交后续研究结果

（二）我国生物制品产业的发展

新中国成立后，我国生物制品产业逐步走上轨道。20 世纪 80 年代之后，由于生物技术的发展和我国医药市场的开放，开展生物制品研究的机构和生产生物制品的企业急剧增多，生物制品的生产规模由小变大。我国生物制品进入高速发展期，生物制品的种类和剂型不断

增加,生物制品的质量与国际接轨,达到 WHO 标准。国家提出以血液制品生产企业为代表的生物制品企业要达到 GMP 要求,以争取进入国际市场。我国陆续出现了单克隆抗体、基因工程重组制品、基因治疗制品、微生态制剂,生物制品的种类日益丰富。伴随着大容量离心机及生产规模液相层析分离系统在细菌疫苗纯化工艺中的应用、超滤系统及大型滤压设备在灭活疫苗和血液制品生产纯化工艺中的应用、快速分装机及冻干机在生物制品成品分装冻干工艺中的应用,生物制品的生产规模大大提升。目前,细菌类产品的生产规模均已超过吨级水平;病毒类疫苗的细胞培养以传代细胞生物反应器培养为主;哺乳动物细胞表达系统生产基因工程重组产品已达到数十吨的规模。截至 2023 年,我国共有 45 家疫苗生产企业,可生产 63 种疫苗,预防 34 种传染病,年产能超过 10 亿剂。

三、生物制品的质量管理与控制

(一)生物制品质量管理与控制的重要性

生物制品是用于预防传染病、临床治疗、急救和诊断的具有生物活性及生物易变性的制品。相比普通药品(化学药和中药),生物制品具有如下特性:①生物制品原料均为生物活性物质;②生产过程为生物过程,需无菌操作;③部分生物制品有效成分为大分子物质,具有复杂的空间构象,对温度敏感,易失活,易染菌,易分解;④生物制品多采用生物学方法进行质量检定,变异性大;⑤预防类生物制品的使用对象是健康人(多数是婴幼儿)。生物制品的质量具有自身的特殊性和重要性,必须更加强调"质量第一"的原则。

生物制品与普通药品不同,其中预防类生物制品是用于健康人群,特别是用于儿童的计划免疫,其质量的优劣,直接关系下一代的身体健康和生命安危;治疗类生物制品如血液制品、抗血清、细胞因子或其他免疫调节剂,都是通过非胃肠途径,直接用于特定患者,往往是危重患者的治疗和急救用品,其质量关系到患者的疗效和安全;即使是体外诊断用品如诊断抗原、诊断血清或其他免疫标记诊断盒,其质量也关系到能否对患者标本进行正确的检验和诊断,避免误诊或贻误病情的不良后果。因此,生物制品的质量必须加以严格管控。生物制品的质量必须同时满足安全性、有效性和可控性:使用安全、副作用小;使用后应产生相应的效力;生物制品的生产工艺、成品的药效稳定性等都是可控的。

为保证生物制品的质量,满足安全、有效、可控的要求,WHO 要求各国必须履行以下职能:①具有完整的关于生物制品审批程序和审批标准的法规文件;②审批结论要基于临床试验数据;③实行生物制品国家批签发制度;④具有评价生物制品质量的法定实验鉴定机构和实验室设施;⑤对生产生物制品的企业实施 GMP 定期检查;⑥对上市生物制品的有效性和不良反应进行监测。

(二)生物制品质量管理的发展与我国生物制品质量管理体系

1. 生物制品质量管理的发展阶段　　随着药品质量控制理念的发展,生物制品质量管理可分为三个阶段。

(1)质量检验阶段　　源于"质量源于检验"(QbT)的理念,该阶段强调产品质量是通过检验来控制的,仅对产品的质量进行事后把关。

(2)对生产过程进行质量控制的阶段　　源于"质量源于生产过程"(QbP)的理念,该阶段强调产品质量是生产制造出来的,在生产过程中严格控制影响产品质量的因素,对产品质量提供了保证。

(3) 全面质量管理的阶段　　源于"质量源于设计"(QbD)的理念,该阶段强调产品质量首先取决于设计,其次取决于制造过程。该阶段认为产品生产过程的质量控制和产品生产后的质量检验均无法弥补产品设计的缺陷,必须实施包括研发阶段的质量设计、生产过程的质量控制和全方位的质量检验在内的全过程质量管理,即全面质量管理。

2. 我国生物制品质量管理体系　　我国生物制品质量管理体系采用全面质量管理模式,即医药工作的相关从事人员都是药品质量的相关者。国家药品监督管理部门负责药品监督管理工作,确定药品检验机构,承担依法实施药品审批和药品质量监督检查所需的检验工作。药品生产、经营和使用等药事单位在药品的研发、生产、经营和使用过程中遵循有关法律法规和规章制度,设置药品质量管理相关机构,负责药品质量工作。

我国生物制品质量管理体系由法律、法规、部门规章和行业标准组成,包括《中华人民共和国药品管理法》《中华人民共和国药品管理法实施条例》《药物非临床研究质量管理规范》(GLP)、《药物临床试验质量管理规范》(GCP)、《药品生产监督管理办法》《药品注册管理办法》《药品生产质量管理规范》(GMP)、《药品经营质量管理规范》(GSP)、《中华人民共和国疫苗管理法》《药品不良反应报告和监测管理办法》《药品召回管理办法》《药品说明书和标签管理规定》《生物制品批签发管理办法》《中华人民共和国药典》。

(三) 生物制品的质量标准

药品质量标准是国家针对药品质量指标、检验方法和生产工艺等技术规定,是具有强制性的技术准则和法定依据;国家药品监督管理部门和药事单位必须遵循药品质量标准。2019年修订的《中华人民共和国药品管理法》规定《中华人民共和国药典》和药品标准为国家药品标准;药品应当符合国家药品标准。经国务院药品监督管理部门核准的药品质量标准高于国家药品标准的,按照经核准的药品质量标准执行;没有国家药品标准的,应当符合经核准的药品质量标准。基于《中华人民共和国药典》,辅以药品标准,构成了我国药品生产、经营、使用、检验和监督管理部门需共同遵循的药品质量标准体系。

1. 我国新药研发中的质量管理　　新药研发是一项技术创新的系统工程。在新药研发过程中,需要通过试验研究持续改进药物性能,证明药物质量的安全性、有效性和可控性,最终需通过申报和审批而取得上市资格。

(1) 新药研发阶段的 QbD 理念　　基于 QbD 理念,新药研发的模式如下:①确认新药研发目标,包括具体药物或制剂及该药物或制剂的相关物理、化学、生物学等具体质量指标;②全方位收集新药研发目标的相关信息,包括理论、文献及试验信息;③设计生产方案,并通过试验等手段确定产品的关键质量属性(CQA);④将全部 CQA 与原辅料的影响因素及工艺参数相联系,依据对工艺的控制程度,建立各个质量因素在药品注册要求下的可变化范围即设计空间;⑤完成并完善生产方案设计;⑥在后续药品质量改善过程中进行有效管理。通过在新药研发过程中引入过程分析技术和风险管理,可以在特定范围内通过调节偏差来保证药品质量稳定性的生产工艺,从而实现在研发阶段控制药品质量。

(2) 新药研发阶段的质量管理　　在生物制品新药研发阶段,需遵循的质量管理体系包括《中华人民共和国药品管理法》《中华人民共和国药品管理法实施条例》《药品注册管理办法》及 GLP 和 GCP。药品监督管理部门依据相关法律法规和部门规章监督和控制研发机构的药品研发质量;研发机构则依据这些法律法规和部门规章进行临床前试验及临床试验的设计、操作、质量管理、安全性评价和药品注册。《药品注册管理办法》规定，生物制品的研发全部按照新药流程执行，不区分创新药和仿制药。

2. 生物制品生产过程的质量保证　　生物制品生产过程中需遵循的质量管理体系包括《中华人民共和国药品管理法》《中华人民共和国药品管理法实施条例》及 GMP。《中华人民共和国药品管理法》规定，从事药品生产活动应当遵循 GMP，建立健全药品生产质量管理体系，保证药品生产全过程持续符合法定要求。《中华人民共和国药品管理法实施条例》规定，省级以上人民政府药品监督管理部门对药品生产企业的认证工作的组织应当遵循 GMP 和国务院药品监督管理部门规定的实施办法和实施步骤。

GMP（2010 年修订）自 2011 年 3 月 1 日起施行，是我国 GMP 的最新版本，包括总则、质量管理、机构与人员、厂房与设施、设备、物料与产品、确认与验证、文件管理、生产管理、质量控制与质量保证、委托生产与委托检验、产品发运与召回、自检、附则共计 14 章，凡 313 条。根据 GMP 第 310 条规定，对无菌药品、生物制品、血液制品等药品或生产质量管理活动的特殊要求，由国家药品监督管理局以附录方式另行制定。随着药品生产和质量保证技术的不断发展，GMP 的内容不断完善，要求不断提高。截至 2024 年 1 月，国家药品监督管理局已制定无菌药品、原料药、生物制品、血液制品、中药制剂、放射性药品、中药饮片、医用氧、取样、计算机化系统、确认与验证、生化药品、临床试验用药品共 13 个附录。2020 年修订了生物制品和血液制品附录；2023 年发布了血液制品附录的修订稿征求意见稿，增加了要求："采用信息化手段如实记录原料血浆采集、贮存、运输及检验数据""企业应当采用信息化手段如实记录生产、检验过程中形成的所有数据，确保生产全过程持续符合法定要求，并基于质量风险评估情况对关键生产、检验环节采取必要的可视化监控措施。对于人工操作（包括人工操作、观察及记录等）步骤，应当将该过程形成的数据及时录入相关信息化系统或转化为电子数据，确保相关数据的真实、完整和可追溯"。

为了保证生物制品的质量，除了研发过程严格遵循 GCP 和 GLP，生产过程严格遵循 GMP 进行管理外，在生产的各个环节严格地进行质量检定，以保证生物制品的质量。生物制品的质量检定包括理化检定、安全性检定、效力检定。生物制品的理化检定内容包括检定其物理性状、测定其化学成分。生物制品的安全性检定内容包括一般安全性检测、灭活脱毒情况及残余毒力检查、外源性污染检查和过敏性物质检查。生物制品的效力检定内容包括动物保护力即免疫力试验、活菌数及活病毒滴度测定、血清学试验和其他相关的检定与评价。

3. 生物制品的国家批签发　　生物制品的国家批签发是指国家药品监督管理部门对规定的生物制品，在每批产品上市销售前或进口时，实行强制性资料审查和实验室检验，以决定是否签发上市的管理制度。根据《生物制品批签发管理办法》（2020）第 2 条的规定，批签发申请人应当是持有药品批准证明文件的境内外药品上市许可持有人。批签发产品应当按照经核准的工艺生产，并应当符合国家药品标准和药品注册标准。每批产品上市销售前或者进口时，批签发申请人应当主动提出批签发申请，依法履行批签发活动中的法定义务，保证申请批签发的产品质量可靠以及批签发申请资料和样品的真实性。批签发申请人申请批签发时，应当按规定提供证明性文件、资料及样品。疫苗批签发应当逐批进行资料审核和抽样检验，其他生物制品批签发可以采取资料审核的方式，也可以采取资料审核和样品检验相结合的方式进行，并可根据需要进行现场核实。批签发机构根据资料审核、样品检验或者现场检查等结果作出批签发结论。符合要求的，签发生物制品批签发证明，加盖批签发专用章，发给批签发申请人。不予批签发或者撤回批签发的生物制品，由所在地省、自治区、直辖市药品监督管理部门按照有关规定监督批签发申请人销毁。不予批签发或者撤回批签发的进口生物制品由口岸所在地药品监督管理部门监督销毁，或者依法进行其他处理。

第二节 医药生物制品的一般制造方法

一、病毒疫苗的制造方法

理想的疫苗应具备以下条件：①供疫苗生产的毒株性质稳定，具有可靠的安全性和有效性；②用于生产疫苗的组织、细胞、溶液和生产过程中不含有对人有害的因子；③疫苗生产工艺容易控制，设备条件简便，经济可行，成本低；④疫苗使用方便，在人群大量多次接种无不良反应，免疫效果良好，免疫力持久；⑤疫苗耐热性好，储运方便，有效期长。

不同疫苗的具体制备工艺各异，但主要程序相似。图 10-1 为一般灭活疫苗和减毒活疫苗的制备工艺流程。

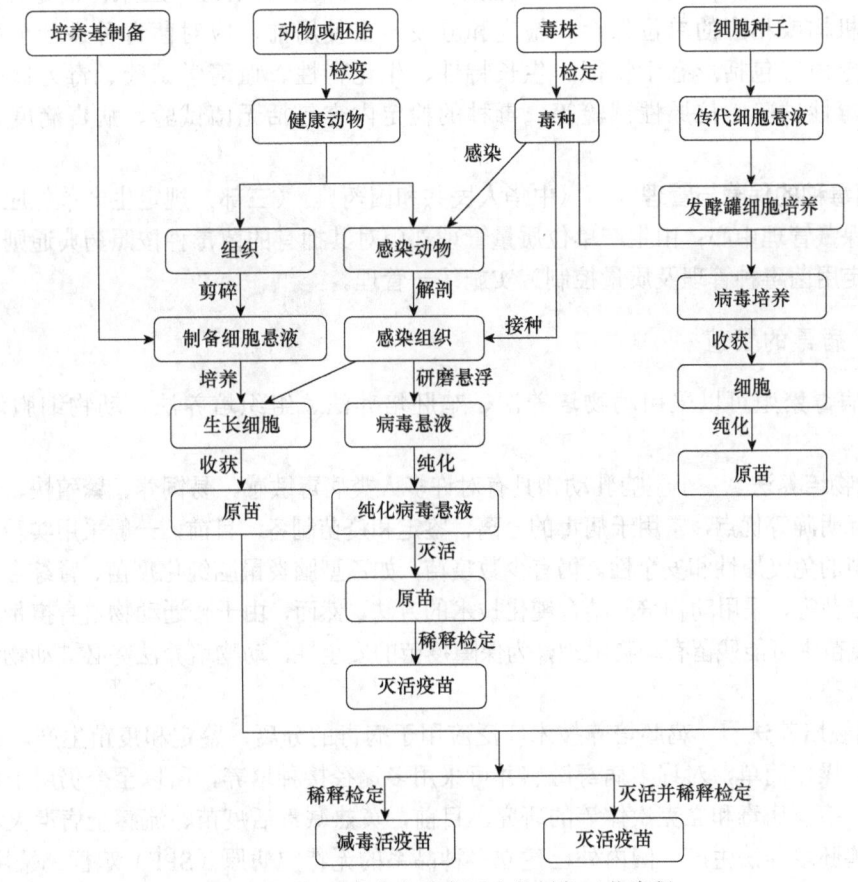

图 10-1 灭活疫苗和减毒活疫苗制备工艺流程

（一）菌毒种的减毒及质量控制

菌毒种是生物制品生产的种子，是生物制品研究、生产、检定的物质基础。

1. 菌毒种　　菌毒种是指直接用于生物制品制造和检定的细菌、真菌、支原体、放线菌、衣原体、立克次体或病毒。菌毒种的特性，如抗原结构、免疫原性、毒力、传代变异性等，对生物制品质量有很大影响，必须严格控制菌毒种的质量。

2. 菌毒种的减毒　　用于制备减毒活疫苗的毒种，需要在特定条件下进行多次传代，降低其毒力，直至无临床致病性，才能用于生产。例如，制备麻疹减毒活疫苗的 Schwarz 株，经传 148 代后才符合要求。

3. 菌毒种的质量控制　　应严格按照《中华人民共和国药典》（三部）的规定进行菌毒种的质量控制。GMP 规定应建立种子批系统，以保证生物制品的稳定性和可靠性。

（1）种子批系统的建立　　种子批系统是指特定菌株、病毒或表达目的产物的工程细胞的贮存物。种子批系统通常包括原始种子、主种子批和工作种子批。为保证生产使用的菌毒种代次一致，由原始种子制备主种子批、由主种子批启开后至工作种子批及由工作种子批启开后至发酵罐培养，传代次数均应不超过《中华人民共和国药典》（三部）规定的传代次数。

（2）菌毒种的质量检定　　生物制品生产及检定使用的菌毒种应来源清楚，应由国家药品检定机构或相应的单位保存、检定和分发。在使用前，应对菌毒种进行全面检定。菌种的检定内容包括形态学特征、生长特性、生化特性、血清学试验、毒力试验、免疫力试验、毒性试验、抗原性试验等。毒种的检定内容包括无菌试验、病毒滴度、纯毒试验等。

4. 菌毒种的保藏与管理　　《中华人民共和国药典》（三部）规定生产单位应建立自己的菌毒种保藏管理中心；由生产单位质量管理部门对其拥有的菌毒种按照药典通则《生物制品生产检定用菌毒种管理及质量控制》实施统一管理。

（二）病毒的繁殖

动物病毒繁殖可以采用动物培养法、鸡胚培养法、组织培养法、动物细胞培养法等方法。

1. 动物培养法　　小型哺乳动物具有对许多人类病毒敏感、易饲养、繁殖快、病毒感染后显性指标明确等优点，常用于病毒的分离、鉴定和疫苗制备。目前，一般采用实验动物来检验病毒疫苗的免疫原性和安全性。仍有少数疫苗，如乙型脑炎鼠脑纯化疫苗、肾综合征出血热鼠脑纯化疫苗等，采用动物培养结合纯化技术的方法。然而，由于普通动物自身携带的诸多外源因子、疫苗中可能残留有动物组织，为保障疫苗的安全性，动物培养法势必被动物细胞培养等技术所代替。

2. 鸡胚培养法　　鸡胚培养技术广泛应用于病毒的分离、鉴定和疫苗生产。由于鸡胚来源方便，操作简单，对许多病毒敏感并可采用多途径接种培养，所以至今仍用于痘病毒、黏液病毒、疱疹病毒和立克次体等的研究。目前，黄热减毒活疫苗、流感全病毒灭活疫苗等疫苗仍用鸡胚培养法生产。国内外已建立多种品系的无特定病原（SPF）鸡群。采用 SPF 鸡胚可以大幅度降低疫苗被外源因子污染的机会。

3. 组织培养法　　组织培养法是指从生物体内取出活的组织（或组织块），通过模拟体内的生理环境，在无菌及适当的体外条件下生长。从 20 世纪 50 年代开始，组织培养法已广泛用于病毒培养。由于生存环境的改变，组织块不可能长期保持其原有结构和功能不变，其所包含的各种细胞趋向于成为单一类型的细胞，即组织培养最终成为细胞培养。

4. 动物细胞培养法 用于生物制品生产的细胞称作细胞基质。疫苗生产用细胞基质通常包括原代细胞（primary cell）、连续传代细胞（continuous cell）和二倍体细胞（diploid cell）。疫苗生产时应只限于使用原始培养的细胞或有限传代的细胞（原始细胞传代一般不超过5代）依据培养所用容器、设备及目的不同，动物细胞的体外培养方式可分为静置培养、转瓶培养、微载体培养和中空纤维培养。

（1）静置培养 细胞悬液按一定细胞数接种于玻璃瓶或高分子塑料瓶，在适宜温度（如37℃）静置培养，使细胞贴于瓶壁生长成片，形成单层细胞。依据培养器皿不同，静置培养可分为密闭培养和通气培养（5% CO_2 条件下维持一定的pH）。由于静置培养是贴壁生长，因此静置培养的细胞在传代或扩大培养时，需要采用酶进行消化，将培养物分离成单个细胞后再进行培养。

（2）转瓶培养 以圆柱形玻璃瓶或高分子塑料瓶作为载体，在转瓶机上以一定转速（每4～8min转一圈）培养。此法可增加细胞贴壁面积，提高培养病毒的数量。由于受设备条件限制，一般采用密闭培养法。转瓶培养存在培养参数无法监控、批间差异较大等问题。

（3）微载体培养 以葡聚糖、明胶、聚乙烯、聚丙烯酰胺等微小颗粒作为细胞附着载体，在磁力搅拌瓶或生物反应罐中以一定转速进行搅拌，使微载体悬浮于营养液中，在微载体表面培养贴壁依赖性细胞。此法可以增加细胞贴壁面积，支持病毒培养，是目前疫苗大规模生产所采用的方法。但此法对设备性能要求较高，所用生物反应罐需具有自动控制pH、温度、转速和溶解氧的装置。

（4）中空纤维培养 将管壁极薄的管状半透膜制成中空纤维束，封装于圆筒内，即得中空纤维培养系统。中空纤维管内空间灌流培养液；细胞在中空纤维管外贴壁生长；培养液中的养分可穿过半透膜供给细胞生长；病毒也可穿过半透膜进入中空纤维管内而被收集。此法须采用中空纤维反应器，推广使用有限。

（三）疫苗的灭活

为保障疫苗中有足够的抗原量，灭活疫苗时既要彻底灭活病毒，又要最大限度地保持疫苗的免疫原性。疫苗的灭活方法包括使用灭活剂（如甲醛、β-丙内酯、硫柳汞等）、加热、紫外线照射、γ射线照射等，其中以使用灭活剂的方法最为常用。

灭活剂的使用浓度与疫苗所含动物组织量有关。例如，鼠脑疫苗、鼠肺疫苗等疫苗含有动物组织量较多，需使用较高浓度的灭活剂，如0.2%～0.4%甲醛溶液。若是组织培养的疫苗一般含动物组织量少，可使用较低浓度的灭活剂，如0.02%～0.05%甲醛溶液。

应依据病毒的生物学性质和热稳定性质来确定灭活温度和时间。例如，脊髓灰质炎灭活疫苗需在37℃下灭活12d；斑疹伤寒疫苗仅需在18～20℃下灭活3d。

（四）疫苗的纯化

通过疫苗纯化，可以去除疫苗中的动物组织及其内含物等，降低疫苗接种后可能引起的不良反应。针对不同的疫苗制品，应选用适宜的分离纯化路线。一般来说，疫苗纯化过程分为初级分离和纯化精制两个基本阶段。初级分离阶段的任务主要是分离细胞和培养液、破碎细胞释放产物（若产物在胞内）、浓缩产物和去除大部分杂质等。纯化精制阶段的任务是采用高分辨率方法将产物和干扰杂质分离，直到达到质量标准要求。

（五）冻干

疫苗在温度较高时稳定性较差。在 2~8℃下，疫苗一般能保存 12 个月；当温度升高后，疫苗效力很快降低。在 37℃下，许多疫苗只能稳定几天或几小时。采用冻干法干燥疫苗可以提高疫苗的稳定性。

冻干法是指将含有大量水分的物料（溶液或混悬液）先冻结至冰点以下形成固体，然后在高真空条件下加热，使固体中的水分直接升华为气态并被抽离的干燥方法。冻干法具有以下优点：①避免疫苗因高热而分解变性；②所得产品质地疏松，加水后溶解迅速，恢复原有特性；③含水量低，一般在 1%~3%，同时干燥在真空中进行，不易氧化，有利于产品长期贮存；④产品剂量准确，外观优良。

二、细菌疫苗和类毒素的一般制造方法

细菌疫苗和类毒素的制备均从细菌培养开始，但前者是用菌体作为进一步加工的对象，而后者则对细菌所分泌的外毒素进行加工。不同的细菌疫苗，其制备工艺不尽相同，然而其主要程序颇为相似。一般细菌疫苗和类毒素制备的工艺流程见图 10-2。

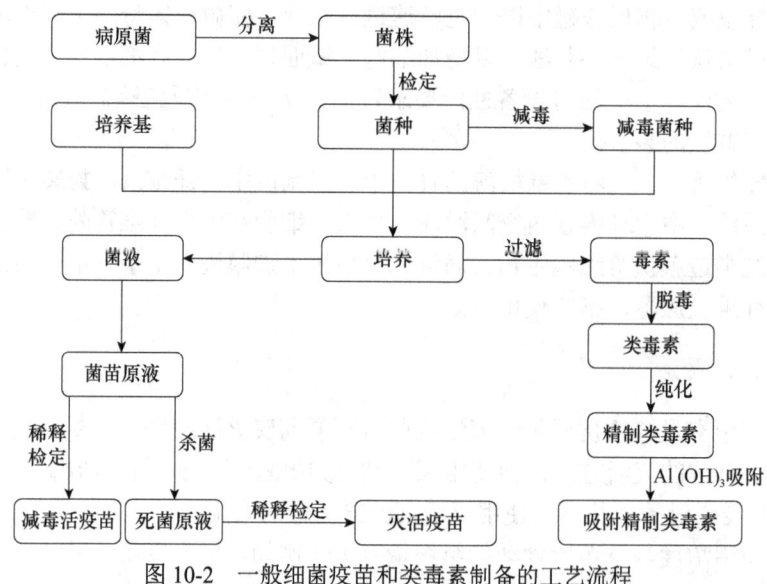

图 10-2 一般细菌疫苗和类毒素制备的工艺流程

（一）菌种的选择

在选用菌毒种时，需考虑安全性、免疫原性、遗传稳定性、无致癌性、生产适用性等原则。

1. 安全性 灭活疫苗的菌毒种一般毒力较高，在生产时必须彻底灭活。减活毒疫苗的菌毒种一般对易感人群具有致病力；需对菌毒种的残余毒力加以控制，兼顾其免疫原性和临床反应。由于治疗或体内诊断类生物制品的使用者为健康人，更应注意其菌毒种的安全性。此外，菌毒种在人工繁殖的过程中，不应产生神经毒素或能引起机体损害的其他毒素。

2. 免疫原性 用于生产预防类生物制品的菌毒种，应具有良好的免疫原性，以保证预防接种后能使机体产生高滴度的保护性抗体，迅速激发细胞免疫反应，并达到良好的免疫

持久性。用于生产治疗或诊断类生物制品的菌毒种，也应具有良好的免疫原性，以保证接种后可迅速产生特异性抗体。

3. 遗传稳定性 应选用遗传稳定的菌毒种，以防止发生毒力返祖现象。遗传稳定表现在菌毒种具有恒定的培养特性和生化特性，并在传代过程中，能长期保持这些特性不发生变异。

4. 无致癌性 菌毒种及其代谢产物应不具有致癌作用。在采用人工诱变方法来筛选菌种时，不应使用有致癌性的药物，以免带来对人的危害。

5. 生产适用性 菌毒种应易于在人工培养基上或特定的组织、细胞中培养并可进行规模化生产。生产亚单位疫苗时，选用的菌毒种应含有大量的有效成分。

（二）培养基的营养要求

除碳源、氮源和无机盐类等培养细菌所需要的一般营养要素外，某些细菌由于其生理特殊性，需要特殊营养物才能生长。例如，结核分枝杆菌需以甘油作为碳源；分解糖类能力较差的梭状芽孢杆菌需以氨基酸作为能量及碳氮来源；百日咳杆菌需以谷氨酸和胱氨酸作为氮源。

为了促进细菌的生长，需要根据细菌的营养需求来配制细菌生长培养基。不同细菌的生理功能差别极大，各自的营养要求也不一致。有的细菌能在成分简单的培养基内生长；某些细菌则需要十分复杂的营养物质；少数专性寄生菌，仅能在活组织内生长。

（三）培养条件的提供

1. 细菌的一般营养要求与基础培养基 细菌所需的营养物质基本相同，据此可配制基础培养基。常用的细菌基础培养基是营养肉汤培养基。若在营养肉汤培养基中加入葡萄糖，则为葡萄糖肉汤培养基；若分别加入硝酸钾、硫乙醇酸钠、碎牛肉渣，则为硝酸盐肉汤、硫乙醇酸盐肉汤、碎肉肉汤培养基；若加入 0.05%～2% 琼脂，就可配制成半流体、半固体和固体等不同状态的培养基；若加入明胶，则为明胶培养基；若从营养肉汤培养基中去掉牛肉浸粉，则为胨水培养基。胨水培养基可用作各种糖发酵的基础培养基，也可作靛基质、硫化氢、霍乱红等生化试验的培养基。

2. 细菌的特殊营养要求与富集培养基 某些细菌对营养要求较高，在基础培养基上难以生长，称为难养细菌。它们的生长需要诸如血液、血清、蛋黄、马铃薯、酵母浸膏和生长因子等特殊营养物质。在一般培养基中加入特殊营养物质，即可成为富集培养基。例如，培养百日咳杆菌的 Bordet-Gengou 培养基含有马铃薯、甘油和脱纤维血液。培养流行性感冒杆菌的巧克力琼脂培养基含有血液，通过加热可以释放出 X 和 V 因子。培养脑膜炎奈瑟菌的卵黄琼脂培养基含有卵黄和玉米淀粉。培养白喉棒状杆菌的 Loeffler 培养基中 75% 的成分是血清。培养结核分枝杆菌的 Lowenstein 培养基的主要成分是鸡蛋液。

（四）杀菌

灭活菌苗制剂在制成原液后需要采用物理或化学方法杀菌。杀菌的目的是彻底杀死细菌，同时必须保证菌苗的防病效力。甲醛是我国常用的杀菌剂，其终浓度不超过 1%，置 37℃或于 2～8℃作用一定时间后应无目标菌生长。例如，制造百日咳疫苗原液时，采用的杀菌剂为终浓度小于 0.1% 的甲醛溶液。

(五）稀释、分装和冻干

一般使用含防腐剂的缓冲液或生理盐水将杀菌后的菌液稀释至所需浓度；在无菌条件下分装于适当容器，封口后在 2~8℃保存。若分装后进行冻干处理，可以延长灭活菌苗的有效期。

三、生物制品的分包装

《中华人民共和国药典》（三部）通则《生物制品分包装及贮运管理》规定了生物制品生产过程中分批、分装、包装、贮藏与运输的通用要求。

（一）生物制品的分批

批号是用来区分和识别产品批的标志，用来避免发生混淆与差错。质量管理部门应对生物制品的批号进行审定。一般批号的编码顺序为"年-月-年流水号"；其中年号为4位数，月份为2位数；年流水号为2位数或3位数，一般按生产企业生产的批数编制。有时，批号中可以加入英文字母或中文来表示特定含义。亚批号的编码顺序为"批号-数字序号"。例如，某制品批号为201001001，其亚批号为201001001-1、201001001-2、201001001-3等。《生物制品分包装及贮运管理》规定，同一批号的制品，应来源一致、质量均一，按规定要求抽样检验后，能对整批制品作出评定。《生物制品分包装及贮运管理》对批号确定的原则进行了解释，如成品批号应在半成品配制后确定，半成品配制日期即为生产日期；非同次配制、混合、稀释、过滤、分装的半成品不得作为一批。批及亚批的编制应保证每批制品被加工处理的过程是一致且均质的。同一制品的批号不得重复；同一制品不同规格不应采用同一批号。

（二）生物制品的分装

由于绝大多数生物制品对温度较为敏感，因此生物制品分装后一般不再进行灭菌。在生物制品分装前，需要采用适当方法处理使其成为无菌状态，并保持其应有的活性。《生物制品分包装及贮运管理》针对分装及冻干用容器与用具、分装及冻干车间与设施、分装及冻干人员、待分装半成品、分装要求、冻干要求、分装及冻干标示与记录、抽样与检定做出规定。《生物制品分包装及贮运管理》规定，分装设备、除菌过滤系统和无菌分装应经验证；除菌过滤系统在每次使用前应进行完整性测试。分装前应加强核对，防止错批或混批。分装规格或制品颜色相同而品名不同的制品不得在同室同时分装。分装过程应严格按照无菌操作的要求进行。制品应尽量由原容器直接分装；若同一容器的制品的灌装时长超过 24h，应有充分的风险评估论证和依据的支持。液体制品分装后立即密封；冻干制品分装后应立即进入冻干工艺过程。活疫苗及其他对温度敏感的制品，在分装过程中制品的温度最高不得超过 25℃；除另有规定外，分装后的制品应尽快移入 2~8℃环境贮存。含有吸附剂的制品或其他混悬状制品，在分装过程中应保持混合均匀。

分装一般可分为包装容器的准备、灌装和封口3个步骤。应依据制品性质、包材相容性等选择适合的内包材。灌装必须在 100 级的净化室中按照无菌操作法进行。药液灌装要准确，药液不沾瓶壁，不受污染。注入容器的量要比标示量多，以抵偿在给药时由于瓶壁黏附和注射器及针头的吸留而造成的损失，保证用药剂量的准确。《中华人民共和国药典》（三部）制剂通则《0102 注射剂》中对注射剂的标示装量与增加的装量规定如表 10-4 所示。

表 10-4　制剂通则《0102 注射剂》规定的分装附加量

标示装量/mL	增加量/mL 易流动液	增加量/mL 黏稠液
0.5	0.10	0.12
1	0.10	0.15
2	0.15	0.25
5	0.30	0.50
10	0.50	0.70
20	0.60	0.90
50	1.0	1.5

（三）生物制品的包装

包装是指采用一定的技术及设备，将药品封闭于一定的容器与包装材料中的操作过程。通过包装可以达到保护内装物、方便使用、构成商品、促进销售等作用。包装对保证生物制品在贮存期间的质量，具有重要的作用，应认真对待。

生物制品包装涉及的说明书及标签管理应符合国家药品监督管理部门的相关规定。《生物制品分包装及贮运管理》针对包装车间的要求、灯视检查、标签和说明书、包装步骤与要求等内容做出了规定。包装车间应干净整洁，环境温度应不高于 25℃。同一车间有数条包装生产线同时进行包装时，各包装线之间应有隔离设施。外观相似的制品不得在相邻的包装线上包装。每条包装线均应标明正在包装的制品名称及批号。说明书应与国家药品监督管理部门批准的内容一致。

包装标签的文字描述应以说明书为依据，不得超出说明书内容，不得加入无关的文字或图案。应在说明书中注明必要的风险提示，以警示临床使用，如本品（皮内注射用卡介苗）为皮内注射，严禁皮下或肌内注射。人血液制品应注明病毒安全性风险提示，供临床使用时权衡利弊。生产过程中使用抗生素、甲醛、裂解剂等原料时，应在说明书中注明对所用原料过敏者不得使用的相关警示语。

包装过程中应仔细核对相关信息，防止错误和混淆。在包装过程中，如发现制品的外观异常、容器破漏或有异物者应剔除。瓶签应与容器贴实，不易脱落，瓶签内容不得用粘贴或剪贴的方式进行修改或补充。直接印字的制品字迹应清楚。不同制品或同一制品不同规格，其瓶签应采用不同颜色或式样，以便于识别。每个最小包装盒内均应附有说明书。外包装箱标签内容应直接印在包装箱上。批号和有效期应采用适宜的方法直接打印在包装箱上，字迹应清楚，不易脱落和模糊。制品包装全部完成后，应及时清场并填写清场记录，同时应对包装材料和制品数量进行物料平衡计算；完成包装的成品应及时交送成品库。

四、生物制品的贮藏与运输

疫苗等生物制品对温度敏感，所以在保存和运输时，通常要求采用冷链（cold chain）系统进行全程（包括装卸搬运、转换运输方式、外包装箱组装与拆除等环节）的温度控制。按冷链系统所采用的温度，可将生物制品分为冷藏制品和冷冻制品。冷藏制品（如重组乙肝疫苗、麻疹减毒活疫苗、百白破联合疫苗、卡介苗、人血清白蛋白等）的贮藏和运输温度为 2~

8℃。冷冻制品的贮藏和运输温度要求在0℃以下。由于保存温度会影响有效期，所以《中华人民共和国药典》要求药品标签上只能规定一种保存温度及有效期。例如，口服脊髓灰质炎减毒活疫苗（猴肾细胞）、脊髓灰质炎减毒活疫苗糖丸（人二倍体细胞、猴肾细胞）3种疫苗均要求运输应在冷藏条件下进行；当在-20℃以下保存时这三种疫苗的有效期均为24个月；但是当在2~8℃保存时，口服脊髓灰质炎减毒活疫苗（猴肾细胞）的有效期为12个月，而脊髓灰质炎减毒活疫苗糖丸（人二倍体细胞、猴肾细胞）的有效期为5个月。

第三节　重要的医药生物制品

一、病毒疫苗类医药生物制品

（一）乙型肝炎疫苗

乙型肝炎是病毒性肝炎中最严重的一种，是由乙型肝炎病毒（HBV）引起的一种传染病。重症乙肝和部分慢性乙肝可发展成肝硬化或肝癌，危及病人生命。

1. 血源性乙肝疫苗的生产　　由于血源性疫苗取自无症状带毒者血浆，因此疫苗须经黑猩猩安全试验，以检查HBV灭活是否完全及有无甲型或非甲非乙型肝炎等病毒因子，故费用大，生产周期长达65周。又因制备的原料均来自HBsAg阳性血，血源性抗原难以满足大规模接种的需要，所以我国于1998年停止了血源性疫苗的生产，2000年起停止使用该疫苗。

2. 基因工程乙肝疫苗（重组HepB疫苗）生产工艺　　国际上生产重组HepB疫苗主要使用两种抗原表达系统：酵母（酿酒酵母、汉逊酵母和甲基营养型酵母）表达系统和CHO细胞表达系统。

（1）酵母表达系统生产HepB疫苗　　建立HepB疫苗酵母表达系统后，将3.2kb *HBsAg* 基因组DNA插进酵母表达质粒载体，转进酿酒酵母，在编码甘油醛脱氢酶（GAPDH）Ⅰ基因的强启动子作用下进行转录。该载体上有细菌及酵母两者的DNA复制起点（穿梭质粒），后加ADH-1作为终止子形成一个基因盒；它可以通过转化进入大肠杆菌或酵母，并在其中复制和表达，见图10-3。当上述表达载体进入酵母后，在发酵罐内酵母细胞不断繁殖，并产生大量病毒蛋白，占酵母总蛋白量的1%~2%。重组蛋白可形成与乙肝患者体内免疫原性积聚体同样性质的蛋白质聚体（直径20mm）。

生产工艺要点：①制备种子批并繁殖足够数量，对其进行各项检定以保证符合生产要求；②生产时用大罐培养酵母细胞，收集细胞；③纯化时，破碎细胞后收集抗原，采用硅胶吸附、疏水色谱法、硫氰酸盐处理等步骤或经批准的方法提取、纯化，即HBsAg纯化产物，检定后保存；④原液采用甲醛灭活并使用铝佐剂吸附抗原；⑤按批准工艺将吸附抗原配制成半成品并检定；⑥按规定进行分批和分装。

（2）CHO细胞表达系统生产疫苗　　我国构建的CHO表达细胞株为C_{28}株。用含 *HBsAg* 基因的质粒转化CHO细胞；CHO细胞用单层或悬浮培养可表达HBsAg。

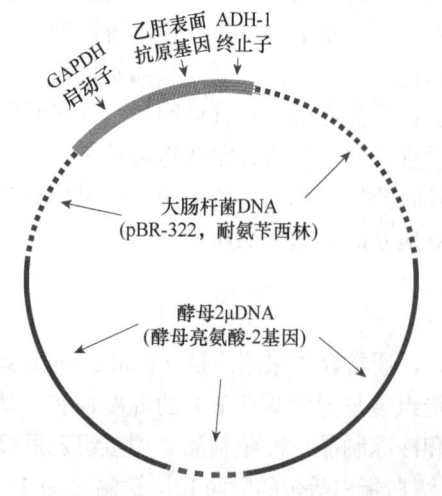

图10-3　重组酵母细胞乙肝基因工程构建图

生产工艺：CHO 表达细胞株→转瓶细胞培养，表达 HBsAg→收获培养细胞并进行检定→采用柱色谱法进行纯化，脱盐，除菌过滤，即得纯化产物→甲醛灭活、除菌过滤并进行检定即得原液→稀释加佐剂并检定即得半成品→分批分装并检定即得成品。

该工艺的抗原纯化简单，适于大规模工业化连续生产。

（二）流行性乙型脑炎疫苗

流行性乙型脑炎是由乙型脑炎病毒（JEV）引起的急性传染病，主要通过蚊虫（三带喙库蚊）和脊椎动物（家猪和鸟类）传播，在人畜间流行。乙脑患者症状轻重不一，重症患者病死率很高，幸存者常残留有明显的后遗症。

1. 乙脑减毒活疫苗生产工艺 乙脑减毒活疫苗相关生产信息如下。

（1）毒株 生产用毒种为 SA14-14-2 减毒株或其他经批准的减毒株。原始种子传代应不超过第 6 代，主种子批应不超过第 8 代，工作种子批应不超过第 9 代，生产的疫苗应不超过第 10 代。

（2）生产用细胞及培养方法 生产用细胞为原代地鼠肾细胞或连续传代不超过 5 代的地鼠肾细胞。挑选生长致密的单层细胞，接种病毒进行培养，病毒接种量及培养条件按批准的执行。

2. 乙脑灭活疫苗生产工艺 《中华人民共和国药典》（三部）仅收载了冻干乙型脑炎灭活疫苗（Vero 细胞）；未收载利用地鼠肾细胞生产的乙脑灭活疫苗。

（1）毒种 生产用毒种为乙脑病毒 P_3 株或其他经批准的 Vero 细胞适应株。乙脑病毒 P_3 株原始种子应不超过第 53 代，主种子批和工作种子批应不超过批准的限定代次。

（2）生产用细胞及培养方法 生产用细胞为 Vero 细胞；应符合"生物制品生产检定用动物细胞基质制备及质量控制"规定；各级细胞库细胞代次应不超过批准的限定代次。细胞生长成致密单层时，接种病毒进行培养，病毒接种量及培养条件按批准的执行。

二、细菌疫苗类医药生物制品

（一）卡介苗

结核病是由结核分枝杆菌（MTB）引起的人畜共患慢性传染病。自 20 世纪 50 年代以后，全世界结核病的流行有明显的下降，其原因除结核病的化学药物疗法外，卡介苗的预防接种起到了重要的作用。《中华人民共和国药典》（三部）收载的卡介苗包括皮内注射用卡介苗和治疗用卡介苗。

下面介绍皮内注射用卡介苗的生产工艺。

1. 菌种 用于生产疫苗的菌株，必须具备毒力低、免疫原性好、生长稳定及耐受冻干能力强的特性。我国生产用的菌种为上海卡介苗 D_2 PB302 菌株；该菌株为 1948 年自丹麦引进的丹麦 823 株经长期传代而成的子代菌株。工作种子批启开至菌体收集传代应不超过 12 代。

2. 生产用培养基 生产用培养基为苏通马铃薯培养基、胆汁马铃薯培养基或液体苏通培养基。

3. 原液制造 挑取生长良好的菌膜，移种于改良苏通综合培养基或经批准的其他培养基表面静止培养。

4. 半成品配制及冻干 卡介苗半成品的浓度是以重量为单位，现在所用皮内注射用卡介苗半成品的浓度为 1.0mg/mL 或 0.5mg/mL。经检定合格的原液，用特定的稳定剂稀释成半成品。然后分批分装并立即冻干，冻干后立即封口。

（二）霍乱疫苗

霍乱是由霍乱弧菌引起的一种古老且流行广泛的烈性消化道传染病。《中华人民共和国药典》（三部）收载的霍乱疫苗为重组 B 亚单位/菌体霍乱疫苗（肠溶胶囊）。该疫苗是用霍乱毒素 B 亚单位基因重组质粒（pMM-CTB）转化大肠杆菌，使其高效表达霍乱毒素 B 亚单位（CTB），并制成 CTB 冻干粉；培养 O1 群霍乱弧菌，经灭活、冻干制成菌粉；将 CTB 冻干粉和菌粉混合后加入适宜辅料制成肠溶胶囊。

重组 B 亚单位/菌体霍乱疫苗（肠溶胶囊）相关生产工艺如下。

1. 菌种 重组 CTB 表达菌株为大肠埃希菌工程菌株。霍乱弧菌原液采用 O1 群古典生物型霍乱弧菌 16102 菌株或 Eltor 生物型霍乱弧菌 18001 菌株。主种子批菌种启开后传代次数不得超过 5 代；工作种子批菌种启开后至接种生产用培养基传代次数不得超过 5 代。

2. 培养 大肠埃希菌工程菌株采用培养罐液体培养，培养过程中可加入适宜的诱导剂。霍乱弧菌采用适宜方式培养，在培养过程中取样进行纯菌检查、涂片革兰氏染色镜检，如发现污染杂菌，应废弃。

（三）白喉疫苗

白喉是由白喉棒状杆菌所致的急性呼吸道传染病。白喉毒素（DT）是白喉棒状杆菌的主要毒力因子。DT 具有很强的毒性和免疫原性，经甲醛脱毒可变成无毒且有免疫原性的白喉类毒素（白喉疫苗）。

白喉疫苗是一种安全有效预防白喉的自动免疫制剂，一般由产毒力高的白喉棒状杆菌培养液脱毒后精制而成。通常制成吸附白喉疫苗或与其他预防制剂配成联合疫苗（如白破疫苗、百白疫苗、百白破疫苗）使用。《中华人民共和国药典》（三部）收载了吸附白喉疫苗和吸附白喉疫苗（成人及青少年用）。吸附白喉疫苗系由白喉棒状杆菌在适宜培养基中培养产生的毒素经甲醛脱毒、精制，加入氢氧化铝佐剂制成。

吸附法制备白喉疫苗的生产工艺如下。

1. 菌种及培养基 菌种采用 PW8 株（CMCC 38007）或由 PW8 株筛选的产毒高、免疫力强的菌种，或其他经批准的菌种。主种子批菌种启开后传代次数不超过 5 代；工作种子批菌种启开后至疫苗生产，传代次数应不超过 10 代。生产用培养基采用胰酶牛肉消化液培养基或经批准的其他适宜培养基。

2. 培养 采用培养罐液体培养，培养过程中应严格控制杂菌污染，凡经镜检或纯菌检查发现污染者应废弃。采用类毒素絮状单位（Lf）测定法检测培养物滤液或离心上清液，当其毒素浓度不低于 150Lf/mL 时收获。

3. 精制 可采用硫酸铵、活性炭二段盐析法或经批准的其他适宜方法精制。透析过程可加适量抑菌剂，有肉眼可见染菌者应废弃。

4. 脱毒 毒素或精制毒素中加入适量的甲醛溶液，置适宜温度进行脱毒。精制毒素也可加入适量赖氨酸后再加入甲醛溶液脱毒。脱毒到期的类毒素或精制类毒素应每瓶取样进行絮状单位测定。脱毒检查时采用体重 2.0kg 左右的家兔作为受试动物。精制类毒素可加

0.1g/L 硫柳汞作为抑菌剂，毒素精制法制造的精制类毒素未除游离甲醛者可免加抑菌剂。

（四）破伤风疫苗

破伤风为破伤风梭状芽孢杆菌所致。破伤风杆菌感染伤口后，在缺氧条件下生长繁殖，分泌外毒素，引起以肌肉强直及阵发性痉挛症状为特征的神经系统中毒症状。破伤风杆菌的外毒素分为破伤风溶血素和破伤风痉挛毒素两种。破伤风毒素一般是指破伤风痉挛毒素。将破伤风毒素采用甲醛脱毒后可获得破伤风类毒素（破伤风疫苗）。

破伤风疫苗是用由产毒力高的破伤风杆菌菌种在适宜培养基中产生的毒素，经甲醛脱毒、精制，加入氢氧化铝佐剂制成的自动免疫制剂，可用来预防破伤风病。通常制成吸附破伤风疫苗或与其他预防制剂配合成混合制剂（如白破疫苗、百白破疫苗）使用。《中华人民共和国药典》（三部）收载了吸附破伤风疫苗。

采用吸附法制备破伤风疫苗时，应注意以下几个环节。

1. 菌种 使用破伤风梭状芽孢杆菌（CMCC 64008）或其他经批准的破伤风梭状芽孢杆菌菌种。主种子批菌种启开后传代次数应不超过 5 代；工作种子批菌种启开后至疫苗生产，传代次数应不超过 10 代。

2. 生产培养基 采用酪蛋白、黄豆蛋白、牛肉等蛋白质成分经深度水解后的培养基。

3. 产毒培养 采用培养罐液体培养。培养过程应严格控制杂菌污染，经显微镜检查或纯菌检查发现污染者应废弃。

4. 脱毒 毒素或精制毒素中加入适量甲醛溶液，置适宜温度进行脱毒，制成类毒素。脱毒到期的类毒素应每瓶取样做絮状单位测定。脱毒检查时采用体重 300~400g 的豚鼠作为受试动物。

5. 精制 类毒素或毒素可用等电点沉淀、超滤、硫酸铵盐析等方法或经批准的其他适宜方法精制。类毒素精制后可加 0.1g/L 硫柳汞防腐剂，并应尽快除菌过滤。

（五）脑膜炎球菌多糖疫苗

流行性脑脊髓膜炎是由脑膜炎奈瑟菌引起的急性呼吸道传染病。脑膜炎奈瑟菌为革兰氏阴性双球菌，有荚膜和菌毛，无鞭毛，需氧，对营养要求较高，在含血、血清或卵黄的培养基上才能生长，培养时间过长时会由于自身产生的自溶酶而发生自溶。我国诱发流脑的脑膜炎奈瑟菌血清群主要为 A 群（69.20%）、B 群（27.55%）和 C 群（0.97%）。脑膜炎奈瑟菌的主要致病因子为荚膜多糖（主要成分为酸性多糖）、外膜蛋白和内毒素脂寡糖。由于 B 群脑膜炎奈瑟菌的荚膜多糖免疫原性较低，不适合作为疫苗的抗原，所以多采用 A 群、C 群、Y 群、W135 群脑膜炎奈瑟菌的荚膜多糖作为疫苗的抗原。

脑膜炎球菌多糖疫苗是经毒株培养后，提取、纯化荚膜多糖抗原，加入适宜稳定剂冻干制成的疫苗。《中华人民共和国药典》（三部）收载的可用于预防流脑的疫苗包括 A 群脑膜炎球菌多糖疫苗、A 群 C 群脑膜炎球菌多糖疫苗、A 群 C 群脑膜炎球菌多糖结合疫苗和 ACYW135 群脑膜炎球菌多糖疫苗。

下面以 A 群脑膜炎球菌多糖疫苗为例进行介绍其疫苗的生产。

1. 菌种 使用 A 群脑膜炎奈瑟菌 CMCC29201（A4）菌株。主种子批启开后至工作种子批，传代应不超过 5 代；工作种子批启开后至接种发酵罐培养，传代应不超过 5 代。

2. 生产培养基 采用改良半综合培养基或经批准的其他适宜培养基。培养基不应含有与十六烷基三甲基溴化铵（CTAB）能形成沉淀的成分。含羊血的培养基仅用于菌株复苏。

3. 培养 采用培养罐液体培养。培养过程中取样进行纯菌检查，涂片做革兰氏染色镜检，如发现杂菌污染，应废弃。

4. 收获及杀菌 于对数生长期后期或静止期前期收获，取样进行菌液浓度测定及纯菌检查，合格后在收获的培养液中加入甲醛溶液杀菌。杀菌条件以确保杀菌完全又不损伤其多糖抗原为宜。

5. 纯化 采用 CTAB 沉淀法提取复合多糖；采用乙醇溶液沉淀来制取粗制多糖；采用冷苯酚法对多糖进行纯化。

小 结

医药生物制品可以分为预防类、治疗类和诊断类三大类制品。生物制品质量管理经历了质量检验、对生产过程进行质量控制和全面质量管理三个阶段。基于《中华人民共和国药典》，辅以药品标准，构成了我国药品生产、经营、使用、检验和监督管理部门需共同遵循的药品质量标准体系。在生产病毒疫苗时，需严格控制毒种的质量；制备病毒疫苗的环节包括繁殖病毒、灭活疫苗、纯化疫苗等。在生产细菌疫苗和类毒素时，需选择优良的菌毒种和适宜的培养基；制备细菌疫苗的环节包括培养、杀菌、稀释等；制备类毒素的环节包括培养、过滤、脱毒、纯化、吸附等。重要的医药生物制品包括乙型肝炎疫苗、流行性乙型脑炎疫苗、卡介苗、霍乱疫苗、白喉疫苗、破伤风疫苗、脑膜炎球菌多糖疫苗。

复习思考题

1. 什么是生物制品，它是如何进行分类的？
2. 为保证生物制品的质量，WHO 规定生产生物制品必须满足哪些条件？
3. 如何理解 QbD 的理念？
4. 我国生物制品质量管理体系由哪些部分组成？
5. 什么是生物制品的国家批签发？
6. 理想的病毒疫苗应具备哪些条件？
7. 制造病毒疫苗一般包括哪些环节？
8. 病毒繁殖可采用哪些方法？
9. 举例说明，病毒的灭活可采用哪些方法？
10. 制造细菌疫苗和类毒素一般包括哪些环节？
11. 优良的菌毒种应具有哪些特性？
12. 如何对生物制品进行分批、分装和包装？
13. 生物制品的贮藏和运输有哪些要求？
14. 酵母表达系统生产 HepB 疫苗有哪些工艺要点？
15. CHO 细胞表达系统生产 HepB 疫苗工艺包括哪些环节？
16. 乙脑减毒活疫苗与乙脑灭活疫苗分别采用什么毒种和生产用细胞？

主要参考文献

敖宗华，陶文沂．2006．生物工程技术对现代制药业的影响．科技前沿与学术评论，21（5）：51-55
毕心宇，吕雪芹，刘龙，等．2021．我国微生物制造产业的发展现状与展望．中国工程科学，23（5）：59-68
蔡友华，吴子豪，黄晓辰，等．2022．还原型谷胱甘肽的特性、工业生产及在大健康行业的应用研究进展．食品与机械，38（11）：1-10
曹琰，王晓娟，赵雄，等．2020．《中国药典》2020年版（三部）增修订概述．中国药品标准，21（4）：290-294
晁二昆，苏新尧，陈士林，等．2019．药用植物活性成分的细胞工厂合成研究进展．中国现代中药，21（11）：1464-1474
陈斌，魏明春，岳淑贤．2010．QbD在药品产业化进程中的应用及有关问题的探索．上海医药，31（7）：320-322
陈晗．2018．生化制药技术．2版．北京：化学工业出版社
陈红霞．2005．酶工程在医药工业中的应用．化学与生物工程，（10）：5-7
陈来同．2004．生化工艺学．北京：科学出版社
成静，郭勇．2000．植物细胞工程药物生产的研究进展．江西科学，18（1）：60-62
楚品品，蒋智勇，勾红潮，等．2018．动物细胞规模化培养技术现状．动物医学进展，39（2）：119-123
崔晓雨，李薇，李娟，等．2014．麻腮风联合减毒活疫苗批签发情况的总结与质量分析．中国生物制品学杂志，27（9）：1220-1223
邓红涛，吴健，徐志康，等．2004．酶的膜固定化及其应用的研究进展．膜科学与技术，24（3）：47-53
邸胜苗．2022．生物制药的研究进展．生物化工，8（3）：164-167
董佳鑫，杨梅．2018．转基因技术在生物制药上的应用与发展．中外医学研究，16（9）：178-181
董娜，董文宾，田颖．2011．猪胃黏膜中胃膜素提取工艺的优化．食品科学，32（2）：39-42
董志伟，王琰．2002．抗体工程．北京：北京医科大学出版社
杜娟，崔富强．2024．全球乙型肝炎疫苗预防接种进展．中国预防医学杂志，25（1）：9-12
范友华，黄军，陈泽君．2007．固定化酶载体的研究现状及其应用．湖南林业科技，34（2）：29-31
冯美卿．2021．生物技术制药．2版．北京：中国医药科技出版社
冯美卿，曹秀格，卢永辉．2000．L-丝氨酸制备方法评述．氨基酸和生物资源，22（3）：42-44
高向东．2021．现代生物技术制药．北京：人民卫生出版社
高振，段珺，黄英明，等．2019．中国生物制造产业与科技现状及对策建议．科学管理研究，37（5）：69-74
谷亨杰，张力学，丁金昌．2016．有机化学．3版．北京：高等教育出版社
顾觉奋．2002．分离纯化工艺原理．北京：中国医药科技出版社
郭葆玉．2000．基因工程药学．上海：第二军医大学出版社
郭舒杨，郭胜楠，白玉．2019．破伤风类毒素、降低抗原含量的白喉毒素和无细胞百日咳联合疫苗的临床研究及其应用进展．中国生物制品学杂志，32（8）：923-928，933
郭勇．2007．生物制药技术．2版．北京：中国轻工业出版社
郭中平．2014．我国生物制品质量标准体系的探讨．中国新药杂志，23（9）：994-997，1003
郭子杰，卢冬梅．2007．固定化技术在医药上的研究应用．现代食品与药品杂志，17（2）：20-23
国家卫生健康委员会．2021．国家免疫规划疫苗儿童免疫程序及说明（2021年版）．中国病毒病杂志，11（4）：241-245
哈洛E，莱恩D．2002．抗体技术实验指南．沈关心，龚非力，译．北京：科学出版社
何思然，丁峥嵘．2017．中国白喉的预防控制效果与免疫策略综述．中国疫苗和免疫，23（6）：711-715
滑静，杨柳，张淑萍，等．2006．生物工程制药研究进展．中国畜牧兽医，33（10）：G25-G29
黄冠华，夏仕文．2007．酶法拆分D,L-苯丙氨酸制备D-苯丙氨酸．合成化学，15（1）：69-72
黄榕珍．2010．基因工程制药应用及研究进展．海峡药学，22（12）：5-8
黄永东，韩彦丽，甘一如，2001．蛋白质的化学合成．中南药学，2（3）：164-167

蒋南，胡学铮，夏咏梅，等．2004．酶催化手性拆分旋光异构体．现代化工，24（1）：24-27
金洪峰，聂飞．2009．基因工程药物研究进展．畜牧兽医科技信息，（2）：9-10
金少鸿，粟晓黎．2011．基于QbD理念的药品质量分析研究新概念．药物分析杂志，31（10）：1845-1849
金瑜，姚东宁，邵蓉．2014．我国生物医药产品的发展及监管．中国药科大学学报，45（3）：378-382
静国忠．1999．基因工程及其分子生物学基础．北京：北京大学出版社
雷雯，鲁俊鹏，刘闯，等．2012．细胞转瓶培养技术研究进展．中国兽药杂志，46（5）：58-61
李德山．2010．基因工程制药．北京：化学工业出版社
李继．1994．现代酶工程及其在医药工业中的应用．中国药学杂志，29（5）：299-301
李津，俞霆，董德祥．2006．生物制药设备和分离纯化技术．北京：化学工业出版社
李良铸，李明烨．2002．最新生化药物制备技术．北京：中国医药科技出版社
李敏，常卫红．2017．生物制品质量标准研究与建立一般原则的探讨．中国新药杂志，26（16）：1887-1893
李敏，郭志鑫，付志浩，等．2023．生物制品的研发现状和发展趋势．中国食品药品监管，（12）：18-33
李淑惠．2005．天然药物化学．北京：高等教育出版社
李孙华，王士义，李丽洁，等．2015．生物制品研发机构质量管理体系的构建策略．中国当代医药，22（21）：137-139，143
李校堃，黄昆．2021．生物技术制药．武汉：华中科技大学出版社
李自良，赵彩红，王美皓，等．2020．动物细胞生物反应器研究进展．动物医学进展，41（6）：103-108
林红燕，王煊，何聪，等．2021．中药植物紫草天然产物的生物合成及其功能研究进展．遗传，43（5）：459-472
刘昌孝．2015．抗体药物的药理学与治疗学研究．北京：科学出版社
刘娟娟，张妍，赫卫清．2021．利用CRISPR-Cas9系统与核糖体工程获得新型可利霉素产生菌．生物工程学报，37（6）：2116-2126
刘丽辉，杨伊侬．2005．发展我国生物制药业问题及对策．工业技术经济，24（3）：41-43
刘庆彬．2004．酶催化工艺用于制药工业的研究进展．化工进展，23（6）：590-594
刘啸尘，范代娣，杨帆，等．2021．人参皂苷化合物生物合成进展．中国生物工程杂志，41（1）：80-93
卢艳花．2006．天然药物的生物转化．北京：化学工业出版社
陆九芳，李总成，包铁竹．1993．分离过程化学．北京：清华大学出版社
吕昀，李云飞，张闻，等．2016．药品研发质量管理体系分析和对策探讨．中国药事，30（11）：1063-1068
梅兴国．2004．现代生物技术制药丛书——生物技术药物制剂（基础与应用）．北京：化学工业出版社
任怡，赵建中．2022．我国抗破伤风毒素单克隆抗体的临床开发和评价．中国临床药理学杂志，38（14）：1701-1704
沈立新，魏东芝，张嗣良，等．2002．固定化 E. coli BL21（pTrc-gsh）细胞催化合成谷胱甘肽．华东理工大学学报，28（1）：24-27
石凯，熊晓辉，许建生．2002．固定化动物细胞大规模培养技术研究进展．化工进展，21（8）：556-559
苏娴，高云佳．2017．QbD理念在药品研发中的应用．中国医药导报，14（29）：178-180
汤娇雯．2009．基因工程制药的研究现状与发展前景．生物技术通报，（8）：22-31
唐嘉悦，吕明鑫，殷朝阳，等．2022．QbD理念在药品质量控制中的应用．赤峰学院学报（自然科学版），38（11）：50-53
陶文沂，李江华．2002．生物催化剂在制药工业的应用．无锡轻工大学学报，21（5）：538-544
王彩娟．2008．人乳头瘤病毒（6，11，16，18型）四价重组疫苗．世界临床药物，（5）：317-319
王凤山，邹全明．2016．生物技术制药．3版．武汉：人民卫生出版社
王俊丽，聂国兴．2022．生物制品学．3版．北京：科学出版社
王蕾，杨培昌，邢志先．2016．口蹄疫疫苗研究进展．当代畜牧，（10）：48-51
王旻．2003．生物制药技术．北京：化学工业出版社
王晓娟，曹琰，赵雄，等．2020．《中国药典》2020年版三部细菌制品增修订概况．中国药品标准，21（4）：295-298
王晓娟，曹琰，赵雄，等．2020．2020年版《中国药典》三部人用疫苗总论增修订概况及建议．中国药学杂志，55（19）：1561-1563
王晓勋，张中洋．2023．不同微载体细胞培养技术在生物制品领域的应用．中国生物制品学杂志，36（12）：1515-1521，1529
王延华，李官成，Zhou X F．2005．抗体理论与技术．北京：科学出版社
王峥，周伟澄．2006．酶催化的立体选择性反应在手性药物合成中的应用．中国医药工业杂志，37（7）：498-504
吴函蓉，王莹，黄英明，等．2021．以基地平台为抓手，促进生物技术创新与转化．中国生物工程杂志，41（12）：141-147
吴梧桐．1994．酶工程技术的研究及其在医药领域的应用．药学进展，18（3）：129-134

夏焕章. 2016. 生物技术制药. 3 版. 北京：高等教育出版社

夏启中. 2017. 基因工程. 北京：高等教育出版社

谢娜, 罗智, 项光亚, 等. 2003. 酶法水解在消旋体拆分中的应用. 华中科技大学学报（医学版）, 32（3）: 289-290

辛秀兰. 2016. 现代生物制药工艺学. 2 版. 北京：化学工业出版社

熊宗贵. 1999. 生物技术制药. 北京：高等教育出版社

严祥辉, 薛屏, 卢冠忠. 2006. 非水相中固定化脂肪酶的催化特性及其在手性化合物拆分合成中的应用. 分子催化, 20（5）: 473-481

晏静, 鲁守东. 2023. 中国医药冷链物流的现状及发展对策研究. 中国储运,（7）: 107-108

杨柳青, 何南, 张玉彬. 2000. 手性药物的生物转化. 中国新药杂志, 9（12）: 817-820

杨汝德. 2004. 基因克隆技术在制药中的应用. 北京：化学工业出版社

杨晓明. 2009. 生物制品的现状和发展前景. 上海预防医学杂志, 21（7）: 351-353

姚传义, 张金红, 俞耀庭. 2000. 酶法手性化合物的合成与拆分. 化工进展,（6）: 35-37, 56

姚昕, 毛群颖, 梁争论. 2012. EV71 全病毒灭活疫苗的研究进展. 中国生物制品学杂志, 25（10）: 1391-1394

叶家楷, 曹雷, 余文周, 等. 2022. 中国 2020-2021 年国家免疫规划疫苗常规免疫报告接种率. 中国疫苗和免疫, 28（5）: 576-580

余响华, 邵金华, 袁志辉, 等. 2013. 植物细胞工程技术生产紫杉醇研究进展. 西北植物学报, 33（6）: 1279-1284

于洋, 刘琦, 吕静, 等. 2021. 碳酸酐酶固定及在二氧化碳捕集应用研究进展. 洁净煤技术,（2）: 69-78

张林生. 2008. 生物技术制药. 北京：科学出版社

张树政. 1984. 酶制剂工业. 北京：科学出版社

张星, 崔向伟, 李宗霖, 等. 2020. 基于能量循环再生系统酶法生产谷胱甘肽. 华东理工大学学报（自然科学版）, 46（5）: 688-693

赵东阳, 万鹏, 由汪洋, 等. 2022. 国产 ACYW135 群脑膜炎球菌多糖结合疫苗儿童 12 月龄加强免疫安全性和免疫原性的Ⅲ期临床试验. 中国疫苗和免疫, 28（6）: 666-672

赵红玲, 高杨, 尹志峰, 等. 2013. 发酵法生产还原型谷胱甘肽的研究进展. 承德医学院学报, 30（6）: 516-518

赵雄, 王晓娟, 曹琰, 等. 2021.《中国药典》2020 年版（三部）生物技术产品增修订概况. 中国药品标准, 22（1）: 5-9

甄永苏, 邵荣光. 2002. 抗体工程药物. 北京：化学工业出版社

郑景山, 刘大卫. 2011. 吸附无细胞百白破、灭活脊髓灰质炎和 b 型流感嗜血杆菌（结合）联合疫苗（DTaP-IPV/Hib 五联疫苗）应用技术指南. 华南预防医学, 37（2）: 67-71, 74

智丽飞, 蒋育澄, 胡满成, 等. 2006. 氯过氧化物酶在手性有机合成中的应用. 化学进展, 18（9）: 1150-1156

Abbott N L, Hatton T A. 1988. Liquid-liquid-extraction for protein separation. Chem Eng Prog, 84: 31-41

Abu S R, Azmi K, Hamdan A, et al. 2018. Comparison of early effects of pneumococcal conjugate vaccines: PCV7, PCV10 and PCV13 on *Streptococcus pneumoniae* nasopharyngeal carriage in a population based study; The Palestinian-Israeli Collaborative Research (PICR). PloS one, 13(11): e0206927

Ahmad M, Anjum N A, Asif A, et al. 2020. Real-time monitoring of glutathione in living cells using genetically encoded FRET-based ratiometric nanosensor. Scientific Report s, 10(1): 1-9

Badr H, El-Baz A, Mohamed I, et al. 2021. Bioprocess optimiza-tion of glutathione production by *Saccharomyces boulardii*: Biochemical characterization of glutathione peroxidase. Archives of Microbiology, 203(10): 6183-6 196

Bailey J E, Ollis D F. 1986. Biochemical Engineering Fundamentals. New York: McGraw-Hill Book Co

Cao H, Li C C, Zhao J, et al. 2018. Enzymatic production of glutathione coupling with an ATP regeneration system based on polyphosphate kinase. Applied Biochemistry and Biotechnology, 185(2): 385-395

Carter P J, Lazar G A. 2018. Next generation antibody drugs: pursuit of the'high-hanging fruit'. Nature Reviews Drug Discovery, 17(3): 197-223

Chames P, van Regenmortel M, Weiss E, et al. 2009. Therapeutic antibodies: successes, limitations and hopes for the future. British Journal of pharmacology, 157(2): 220-233

Chen J L, Xie L, Cai J J, et al. 2013. Enzymatic synthesis of glutathione using engineered *Saccharomyces cerevisiae*. Biotechnology Letters, 35(8): 1259-1264

Cui X W, Li Z M. 2021. High production of glutathione by *in vitro* enzymatic cascade after thermostability enhancement. AIChE Journal, 67(1): e17055

Enders J F, Weller T H, Robbins F C. 1949. Cultivation of the lansing strain of poliomyelitis virus in cultures of various human embryonic tissues. Science, 109(2822): 85-87

Gaucher C, Boudier A, Bonetti J, et al. 2018. Glutathione: Antioxidant properties dedicated to nanotechnologies. Antioxidants, 7(5): 62-82

Gibson D G, Glass J I, Lartigue C, et al. 2010. Creation of a bacterial cell controlled by a chemically synthesized genome. Science, 329(5987): 52-56

Guo H, Chen H, Zhu Q, et al. 2016. A humanized monoclonal antibody targeting secreted anterior gradient 2 effectively inhibits the xenograft tumor growth. Biochemical and Biophysical Research Communications, 475(1): 57-63

Hashimoto Y, Tada M, Iida M, et al. 2016. Generation and characterization of a human-mouse chimeric antibody against the extracellular domain of claudin-1 for cancer therapy using a mouse model. Biochemical and Biophysical Research Communications, 477(1): 91-95

Higgins S J, Hames B D. 1999. Protain Expression. Oxford: Oxford University Press

Hopwood D A, Malpartida F, Kieser H M, et al. 1985. Production of hybrid antibiotics by genetic engineering. Nature, 314(6012): 642-644

Huang C, Yin Z M. 2019. Highly efficient synthesis of glutathione via a genetic engineering enzymatic method coupled with yeast ATP generation. Catalysts, 10(1): 33-45

Jancsik V, Beleznai Z, Keleti T. 1982. Enzyme immobilization by poly (vinyl alcohol) gel entrapment. J Mol Catal, 14(3): 297-306

Jiang Y, Tao R S, Shen Z Q, et al. 2016. Enzymatic production of glutathione by bifunctionaly-glutamylcysteine synthetase/glutathione synthetase coupled with *in vitro* acetate kinase-based ATP generation. Applied Biochemistry and Biotechnology, 180(7): 1446-1455

Jonathan M Pitt, Simon B, Helen M S, et al. 2013. Vaccination against tuberculosis: How can we better BCG? Microbial Pathogenesis, 58: 2-16

Katoh S, Kambayashi T, Deguchi R et al. 1978. Performance of affinity chromatography columns. Biotechnol Bioeng, 20: 267-280

Köhler G, Milstein C. 1975. Continuous cultures of fused cells secreting antibody of predefined specificity. Nature, 256(5517): 495-497

Kontermann R. 2010. Antibody Engineering Volume 2. Berlin: Springer Berlin Heidelberg

Littlefield J W. 1964. Selection of hybrids from matings of fibroblasts *in vitro* and their presumed recombinants. Science, 145(3633): 709-710

Luo X Z, Reiter M A, Espaux L. 2019. Complete biosynthesis of cannabinoids and their unnatural analogues in yeast. Nature, 567(7746): 123-126

Mullard A. 2021. FDA approves 100th monoclonal antibody product. Nature Reviews Drug Discovery, 20(7): 491-495

Niemann H, Kues W A. 2007. Transgenic farm animals: an update. Reprod Fertil Dev, 19(6): 762-770

Paddon C J, Westfall P J, Pitera D J, et al. 2013. High level semisynthetic production of the potent antimalarial artemisinin. Nature, 496(7446): 528-532

Rees A R, Sternberg M J E, Wetzel R. 1992. Protein Engineering. NewYork: Oxford University Press

Srinivasan P, Smolke C D. 2020. Biosynthesis of medicinal tropane alkaloids in yeast. Nature, 585(7826): 614-619.

Stefan H E K, January W, Fordham V R. 2017. Novel approaches to tuberculosis vaccine development. International Journal of Infectious Diseases, 56: 263-267

Stephanie G, Kate T, Isis J T, et al. 2015. Complete biosynthesis of opioids in yeast. Science, 349(6252): 1095-1100

Zhang J, Hansen L G, Gudich O, et al. 2022. A microbial supply chain for production of the anti-cancer drug vinblastine. Nature, 609(7926): 341-347

Zhang J, Quan C, Wang C, et al. 2016. Systematic manipulation of glutathione metabolism in *Escherichia coli* for improved glutathione production. Microbial Cell Factories, 15(1): 1-12

Zhang X, Cui X W, Li Z L, et al. 2020. Enzymatic synthesis of glutathione based on energy regeneration system. Journal of East China University of Science and Technology, 46(5): 688-693

Zhang X, Wu H, Huang B, et al. 2017. One-pot synthesis of glutathione by a two-enzyme cascade using a thermophilic ATP regeneration system. Journal of Biotechnology, 241: 163-169

Zhang Y X, Perry K, Victor A. 2002. Genome shuffling leads to rapid phenotypic improvement in bacteria. Nature, 415(6872): 644-646